大是文化

拿下全中國

仗該怎麼打，地該怎麼占？
從秦到清，成就霸業統一全國的軍事戰略

「中央帝國密碼三部曲」暢銷破十萬冊、
前《21世紀經濟報導》記者

郭建龍 —— 著

目錄

第二部　分裂時代：從黃河移到長江，長江成為戰略主角……167

（西元一八九年～西元五八九年，三國到南朝）

第三部　失衡時代：游擊戰和運動戰，叛亂者的最佳戰略……323

（西元三八四年～西元九〇七年，隋到唐）

推薦序一

從地理形勢，看中國兩千年來的戰爭邏輯

時空偵探．文化工作者／宋彥陞

十九世紀中葉，普魯士（按：位於現今德國和波蘭境內的王國，存在於一七〇一年至一九一八年，為從一八七一年至一戰戰敗前領導德意志帝國的政治實體）首相奧托．馮．俾斯麥（Otto von Bismarck），曾在議會預算委員會激昂宣稱要解決德意志的統一問題，唯有憑恃「鐵與血」（借喻戰爭）才能辦到。在他的主導下，普魯士積極發動統一戰爭，最終締造盛極一時的德意志帝國。

一百六十年後，即便我們衷心期盼世界各國可以和平共存，但仍必須了解戰爭的本質和邏輯，才能在詭譎多變的強權政治中努力求生。

關於戰爭這回事，相信大家都聽過「天時不如地利，地利不如人和」這句話，典出《孟子．公孫丑下》，意指有利的時機比不上地理的優勢，地理的優勢又比不上人心的支持。不過，若我們從千百年來的無數戰例歸納出一套戰爭邏輯，將會發現時機和人心經常難以掌握，唯有地理幾乎恆久不變。

事實上，地利未必總是決定勝負的關鍵因素，卻是軍事家制訂戰略的構想基礎。是故，想要明白戰爭的前因後果，往往不能忽略地理條件造成的深遠影響。舉例來說，**中國從秦朝到清朝這段長達兩千年的歷史當中，幾乎都由北方政權完成統一事業**。顯然，中國的地理形勢與歷代的戰爭邏輯存在著某種關聯，而本書作者則是少數對這些因果關係提出精闢解釋的研究者之一。

就以大家耳熟能詳的《隆中對》來說，很多朋友都知道劉備聽從諸葛亮的建議，先後占領荊州和益州作為奪取天下的根據地。然而本書進一步指出，荊州不只是蜀漢實踐《隆中對》的重要拼圖，同時也是東吳落實「江東戰略」——先控制長江流域再出兵北方——的關鍵要地。是故，一旦蜀漢掌握荊州，吳國為了履行江東戰略，勢必為此拚個你死我活；而失去荊州的蜀漢即意謂著《隆中對》正式被破解，進而失去統一天下的可能性。

以筆者致力研究的宋朝為例，本書並未陷入以往討論宋代軍事，多過度強調「重文輕武」的窠臼，另從地理條件詳實分析北宋為何執著於奪取燕雲十六州，而南宋又是如何利用四川——襄陽——淮河防線苦撐四十多年才亡於蒙古之手，著實讓人有耳目一新之感。

相較於戰史研究者大都「紙上談兵」，郭建龍先生實地走訪諸多古戰場遺址，得以對當地山川地理有更深一層的認識，故能用精準論述深入剖析地利對於軍事行動的重要性。簡言之，本書從地理形勢觀察中國兩千年來的戰爭邏輯，誠摯推薦給喜歡中國歷史或是軍事戰略的讀者朋友。

推薦序二

成就霸業，除了天命，還要地理

「即食歷史」臉書部落客／seayu

在名著《三國演義》的開首，有著這麼一句：「天下大勢，分久必合，合久必分。」雖然只是短短的幾個字，卻已經一針見血的道破了中國歷史的一個循環——不斷的改朝換代，又不斷的經歷分裂、統一、再分裂、再統一的情況。

縱觀歷朝歷代曾經逐鹿和爭霸天下的大人物，都有個共通點，就是喜歡詮釋自己是天命所歸，以取得民心所向。這些人當中，有的成功，成為了天下之主；有的無法更進一步，只當了個割據一方的梟雄；有的失敗，被扣上叛亂的帽子而湮滅在歷史中。然而，能夠成功改朝換代的人，他們真的只是因為天命所歸、民心所向，而順應潮流所使然嗎？

要成就大業，天時、地利與人和，缺一不可。在過去數千年的華夏文明史中，天時與人和固然重要，時代巨輪產出天下改變之勢，是為天時，民心所向和賢能扶助，是為人和。有了以上條件的爭霸者，要被時代選中，最根本的致勝之道，卻是地利。

落後於中原各國而偏居一隅的秦國，為何最終能夠消滅六國、一統天下？寒微出身的劉邦為何能夠擊敗名將項羽，建立漢朝？與魏吳對峙的蜀漢，諸葛亮為何五次北伐仍然徒勞無功？魏晉南北朝的大分裂時期，何以維持了三百多年？安史之亂為何拖垮了強盛的唐王朝，後期藩鎮割據又因何形成，並開啟五代十國的紛亂時代？強幹弱枝的兩宋為何總在對外戰爭中節節敗退？突然崛起的蒙古憑什麼能夠建立橫跨歐亞的巨大帝國？朱元璋為何能達成史上唯一一次南統一北的壯舉？清王朝初年的西征，如何奠定了今天中國的基本版圖？

這些看似是獨立的歷史問題，其實卻有著微妙的關係。現代中國領土，是一個西部有著崇山峻嶺、以天險阻擋著中亞干涉的超穩定封閉地理系統。這樣的地理，導致了古代所有外患皆來自北方的游牧民族，而發生在這裡的戰爭，大都是生活在這片大地的人的內部紛爭。因此，懂得運用地理優勢訂立軍事策略，就是奪取天下的契機，這也塑造了中國軍事史的特殊性——重戰略，輕武器。

究竟為什麼有人得以建功立業，有人又全盤失敗？本書作者仔細分析中國地理形勢對古代戰爭的影響，抽絲剝繭的告訴我們，中國歷史上每一次改朝換代、每一個紛亂時代，都能在既有的中國地理形勢上，找到共通點。

推薦序三

戰爭，是上帝教導我們地理的方式

球歷史 Ball History

「我認為，戰爭是上帝教導我們地理的方式。」

——保羅・羅德里格斯（Paul Rodriguez）

戰爭，這個名詞不只代表著軍事之間的衝突，更多的是政治、文化、文明、宗教之間的衝突，從中世紀因宗教發起的十字軍東征、帝國主義力求貿易而波及全球的殖民地戰爭、二十世紀因為不同政治理念而爆發的第二次世界大戰，以及戰後因為文化與宗教差異而發生的多次中東戰爭，綜觀人類歷史其實就是戰爭史，戰爭也是最直接透露人類行為與思想的行動；而中國歷史可以說是以上的綜合體。

從古至今，中國歷經多次改朝換代，對內和對外的征戰也不在少數，從早期秦始皇一統中國到後來的楚漢之爭、百家爭鳴到三國鼎立、晉朝分裂到宋朝統一、蒙古人入侵到明朝崛起，以及之後清朝與多國的抗衡，中國隨著朝代的更迭，烽火也持續了數千年。

只要有戰爭必然會有勝者與敗者的產生，那又是什麼決定勝者與敗者呢？人類從長矛弓箭到飛機火炮，揭露了不同型態的武器所帶來不同的戰爭形式，攻城戰與機動戰又會帶來不同的軍事理論，**任何關於戰爭的東西都在歷史的長河中改變，只有一個東西是不會變的，那就是地理。**

當敵我雙方擁有一樣的軍事水準，誰能夠掌握最多的地理優勢，誰就能取得勝利，迦太基（按：坐落於北非海岸〔今突尼西亞一帶〕的城市，與羅馬隔海相望）著名的軍事家漢尼拔（Hannibal），曾在坎坷的局勢中透過地理優勢與戰術擊敗不可一世的羅馬軍隊，雖然為期十八年的戰爭，迦太基不敷征戰最後失敗，然而當羅馬後世提起漢尼拔這個名字時還是會心驚膽顫，這不只證明了戰術運用的重要性，更多的是地形的運用與決策。

直到今天，科技縱然再怎麼進步，許多地理問題還是無法跨越，任何軍隊的調度、戰術採用，乃至後勤輜重都仰賴於地理，因此戰爭的行動永遠是脫離不了地理的，為此，人們從古至今皆不斷的研究戰爭地理。

而中國也不乏許多戰爭地理的考究，早在春秋戰國時期，中國便開始研究戰略地理的重要性，相較於西方國家的研究提早了好幾百年。不難理解其中的原因在於，中國數千年歷史裡爆發了許多大大小小的戰爭，不論對內還是對外，背後都蘊藏著許多對於戰爭地理的研究。隨著中國的版圖擴大，征戰的規模也逐漸擴大，讓人更大範圍的認識中國的戰爭地理。

本書詳細的講解了中國在不同朝代，地理在戰爭中是如何發生作用，並分析戰爭成敗的深層原因，揭示地理因素在戰爭中的重要影響。如果有興趣了解古代中國戰爭地理的影響，這會是一本適合的書。

前言

仗該怎麼打，地該怎麼占？成就霸業的軍事邏輯

所有戰爭都是典型的零和遊戲，一方的所得，必然意味著另一方的所失。由於戰爭的損耗，即便所得的一方，也要遭受巨大損失。

在整體上，戰爭對整個人類造成的是破壞和傷痛。人類不得不透過戰爭重新分配利益，這本身就是一種悲劇的博奕。

對於人類社會而言，戰爭只有一個好處：將國家統一起來，形成統一的市場。在這裡，國家統一只是手段，市場統一才是人類的福祉。

在世界上，中國之所以一直作為大國存在，就在於它的地理天然形成了一個巨大的疆域，在這個疆域內的人們傾向於成為一個整體。

在統一的國家中，**人力**、**物資**、**資金**這三種最重要的要素都可以較為自由的流動。在國界之內，人們也不用過多擔憂人身和資本的安全。

正是統一市場的出現，使得統一戰爭一結束，當社會恢復了和平，就會形成一次新的盛世。不管生活在古代盛世還是現代盛世，人們都是幸福的，他們安居樂業，形成了大規模的社會協作，共同創造了財富的黃金時代。

戰爭促進了統一，統一又會開啟下一回戰爭

但是，歷史上不是所有的戰爭都是統一戰爭，還有許多戰爭導致了國家的分裂。根據這兩點，我們把戰爭分成了統一戰爭和衰亡戰爭。

也因為這種劃分，中國的戰爭就有了第一個密碼：在亂世時期，戰爭促進了統一，統一又結束了戰爭；但是，隨著戰爭的結束和經濟的發展，人們的生活變得富裕，大國崛起的幻象會讓很多和平時期的人再次渴望戰爭；這種戰爭就帶有巨大的破壞性，即便是打勝了，也會造成社會不可磨滅的傷痕。

這就是為什麼在朝代初期，人們總是謳歌（按：唱歌或歌詠以頌功德）那些將國家統一的戰爭，因為透過戰爭，他們獲得了長久的和平，能夠在穩定的大市場中過上好日子。

當日子剛剛開始變好時，人們更加珍惜這得來不易的機會，害怕和平被新的戰爭打斷，這時對戰爭的看法就變得負面起來，更傾向於從個人的遭遇角度去解剖戰爭的殘酷。可社會發展到更富足的程度時，沒有經過戰亂的民眾在民族情緒的刺激下會渴望武力，戰爭的陰影再次復活，整個社會就面臨著巨大的威脅，很可能要進入衰落期了。

朝代中後期的戰爭對社會的影響主要是經濟上的。為了戰爭，政府必然要加稅，而加稅又必然導致社會的凋敝。在中國封建社會裡，一旦經濟進入了下行週期，官僚集團的膨脹速度反而會增加，因為當社會上沒有了賺錢的機會，許多人就會考公務員進入官僚隊伍，所以，社會下行時，養官成本不僅不會減少，反而會增加。這種增加最終會拖垮社會經濟，到了這一步，就可能進入下一個改朝換代的週期。

如果我們把朝代之初的戰爭視為統一戰爭，那麼朝代中後期發生的戰爭，則可以稱為衰亡戰爭，它導致了社會的分裂和衰落。

但衰亡戰爭又是很難避免的。在封建帝國中，必然存在著強大的宣傳機器，用於鼓動人們的情緒。當社會發展到一定程度，民眾情緒的積累必然失控，到這時，不是皇帝領導社會去打仗，而是社會自發的推動皇帝向戰爭方向前進。也正是這個原因，我對於人類的智慧不抱太高的期望，在未來，戰爭必定還會出現，也許現在已經在路上。

既然戰爭無法避免，就進入了本書探討的最主要問題：**那些歷次戰爭的勝利者是怎麼勝利的？那些失敗者為什麼會失敗？其中有什麼祕密可言？**

戰爭的地理邏輯

與人們強調人心所向不同，亂世時期的戰爭最關鍵的因素之一反而是**地理**。

中國人對於戰爭的認知大都來自那句古話：天時不如地利，地利不如人和。但實際上，真正能夠進入戰略的只有地利。所謂天時，更多是戰術層面把握的稍縱即逝的機會，而人和也並非是可以客觀衡量的標準。只有地理是長久不變的，如果論山脈，從人類出現後就基本上沒有變化；如果說水體，在幾十年裡也是相對固定的。

中國古代的任何一個軍事戰略家，大都是一個精通地理的人。當劉邦進入咸陽時，蕭何首先想到的是進入秦宮室將天下圖籍搜走，就是為了了解地理關隘的所在，為後來的楚漢戰爭指明了戰略方向。諸葛亮的《**隆中對**》之所以著名，在於他**率先將南方的地理納入戰略考量，制訂了從南方如何反制北方，甚至統一北方的戰略**。在他之前，人們普遍認為，只有從關中和中原出發，才能獲得天下，諸葛亮的策略雖然最後沒有成功，卻極大的豐富了南方戰略，使得他之後的軍事家都必須在他的基礎上重新制訂全國戰略。

本書所考察的，就是以地理為基礎的軍事戰略，並試圖總結其中規律性的因素。

本系列的前兩本《龍椅背後的財政祕辛》和《中央帝國的哲學統治密碼》都能區分出明確的歷史大循環，比如秦漢以來的中國財政大週期只有三次，而哲學大週期只有兩次。但在軍事上，戰爭的邏輯卻並不能區分出如此明確的週期。

實際上，軍事規律是隨著人們地理視界的打開而變化的。秦漢時期的戰略家在統一戰爭中很少考慮南方，因為當時的地理中心在北方，南方太微不足道了。可是，到了三國時期，南方的長江就成了戰略重點之一。在秦漢時期，關中是全國最重要的地理要素，可是唐代之後，關中地區雖然還是很重要，卻再也不是戰略地理中心了。這是因為秦漢時期的中原和長江都還不夠富裕，到了唐代，東部的財富遠超西部，對於東部的地理也已經探索完畢。

不同時代的發展，決定了軍事戰略的演化。中國的軍事戰略演化可以分為五個時代，分別是：關中時代、分裂時代（長江時代）、失衡時代（第二次關中時代）、中原時代，以及以蒙古和滿洲少數民族為代表的帝國時代。

第一個時代是**關中時代（見第一部）**，包括了春秋戰國到秦漢的數百年時間。這個時代最典型的地理基礎是，當時的中國文明國家大都以關中和中原兩個地方為中心，唯一的例外是占據了江淮地帶的楚國，以及剛剛進入文明視野的四川。

當歷史局限在這個區域之內時，人們會發現關中具有無與倫比的優勢地位。這主要是由於，**除了關中之外的其他地區沒有形成可以防禦的封閉式結構**，比如中原雖然足夠富裕，卻沒有足夠的天險抵擋四面的攻擊。只有**關中**是一個四塞之地，在它的**四面都環山，而且有函谷關**、**武關**、**大散關**、**蕭關四大關口保護著其中的土地**，只要把守這些關口，從任何一面進攻關中都是極其困難的（見第五十六頁圖）。

即便在秦漢時期，僅僅靠關中仍然不足以與全部中原和江淮對抗。關中的優勢在於，**還有兩個富裕的盆地成了它的附屬**，那就是**漢中盆地和四川盆地**（見下頁圖），一旦關中的政權同時掌握了漢中和四川，就擁有了足以與整個中原對抗的資源，同時由於關中、漢中、四川都地處上游，打擊中原更加占有形勝。

秦國正是藉著這個戰略統一了中國。當秦朝崩潰後，漢高祖又按照幾乎同樣的方式，利用關中、漢中和四川反攻中原成功。

但關中模式也有一個弱點，這個弱點隨著時間的延續和江淮的經濟發展變得越來越明顯，那就是：**關中、漢中和四川三地中的任何單獨一個，所擁有的資源都無法與中原抗衡，只有三者統一在一個政權之下，聯手才可以對付中原**。東漢光武帝就利用這個弱點，乘關中、漢中、四川等地四分五裂時，以中原為基地反擊關中得手。這次反擊，也預示著關中優勢已經成為過去。

關中時代雖然結束了，但人們探索關中地理戰略所留下的經驗，還會在以後的戰爭中屢屢被使用。從這個意義上，任何一個時代的落幕，並不意味著前人探索經驗的失效，它只會以更高級的形式出現在新的戰略框架之中。

第二個時代是**分裂時代（見第二部），是長江成為中國戰略主角的時代**。關中時代是圍繞著黃河制訂終極目標的，長江地區由於發展較晚，處於附屬性地位。但隨著長江地區經濟發展，這裡逐漸擁有了與北方抗衡的資本。特別是光武帝順著長江三峽進攻四川，將四川與湖北打通。在這之

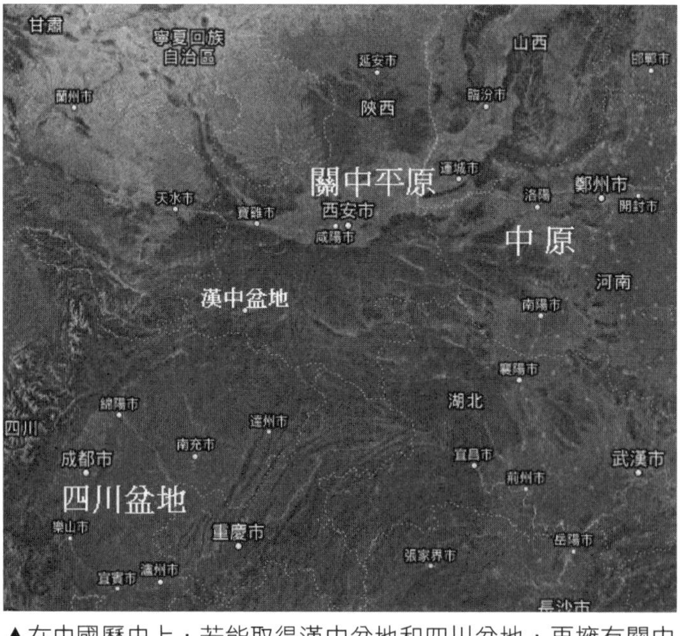

▲在中國歷史上，若能取得漢中盆地和四川盆地，再擁有關中平原，經常能成就霸王之業。

前，通往四川的主道是從關中出發的蜀道，這使得四川一直是關中的附屬地，但自從四川透過長江與湖北直聯之後，四川逐漸加入了南方陣營，與關中的關係反而疏遠了。

在分裂時代的開篇，是兩個劃時代的軍事戰略，分別是東吳張紘提出的江東戰略，與蜀漢諸葛亮提出的《隆中對》。兩個戰略的共同點，是提出長江不再是北方的附屬，而是足以與北方對抗的基地。

張紘指出了江東地區的重要性，認為首先占領了江東，再順長江而上，將贛江谷地（江西）、湘江谷地（湖南）收入囊中，最後進攻荊州，甚至四川，這些地區加起來已經足以和中原對抗。諸葛亮則認為，只要占據了荊州和四川，就擁有了兩條北上的道路。在中國南北之間溝通的主要通道本來只有三條，占據了兩條，就足以借助四川糧倉，向中原發動鉗形攻勢，甚至統一中國。

張紘和諸葛亮的戰略雖然都沒有完成統一中國，卻是對長江流域最好的戰略探索，為日後的中國戰爭增加了足夠的深度。

東晉南北朝更是進一步對長江

▲在《隆中對》戰略中認為，只要占據了荊州和四川，就擁有了兩條北上的道路，可以向中原發動鉗形攻勢。

進行探索，特別是中下游區域，探索出了「**建康（南京）——荊州**」軸心，這兩個超級城市成了南方軍事和政治的中心。**一個軸心、兩個重點區域（南京和荊州）、三個湖（洞庭湖、鄱陽湖、巢湖）、四條江（長江、漢江、湘江、贛江）、五座城市（鎮江、馬鞍山、九江、岳陽、武漢），構成了南方的軍事戰略基礎**。

但在探索結束時，人們發現，南方雖然足以稱霸，卻很難統一全國。這和**南方較少戰略縱深**有關。北方由於有太行山和山西高地，構成了足夠的縱深，使得南方對北方的攻擊不可能畢其功於一役，必然在某一個點被迫停滯。而北方對南方的進攻，卻只要攻克了長江就行，再往南的地方缺乏足夠的縱深空間和富庶的糧倉，構不成對北方的有效抵抗。

南方的這種缺陷，導致它可以豐富中國的軍事戰略，卻很難顛覆北方的優勢。於是，北朝借助地理優勢最終統一了南方，結束了分裂時代。

隋唐時期開始的第三個時代（**失衡時代，見第三部**），**戰略重心又回到了北方的關中地區**，但這時的關中已不足以支撐整個龐大帝國的戰略中心，使得唐代的戰略一直處於失衡狀態。由於關中不夠富裕，為了保衛和養活關中，唐王朝花費了大量的財富，卻仍然無法解決失衡問題。加上無法解決養兵難題，唐朝皇帝發明了節度使這種制度，卻將帝國送上了不歸路。

但是，安史之亂中，叛軍由於戰略錯誤並沒有占上風。這時山西的作用凸顯了出來，唐朝就是從山西太原起家統一全國的，安史之亂中，也是由於唐軍守住了山西，並防住了襄陽、商丘一線，使得安祿山的軍隊被壓縮在華北平原一個倒「L」形的平原區域（見第三百九十二頁圖）。這個區域由於缺乏制高點，使得安祿山如同風箱中的老鼠，四處挨打。如果唐王朝完全採取李泌的關門打狗策略（見第十二章），安史之亂將更快被平定且後遺症較少。但可惜的是，唐朝沒有採取這種策略，雖然平定了叛亂，卻造成了藩鎮割據的局面。

失衡時代，另一個戰略浮出水面，成了後世的叛亂者們經常使用且屢屢奏效的戰略。也就是黃巢的**游擊戰和運動戰**。當一個帝國處於不穩定狀態時，起事者最好的方式不是建立基地，而是以運動的形式進行長征，攻擊帝國最虛弱的地方，直到引起它的財政和行政崩塌，滅亡帝國。黃巢作為中國歷史上最能長征的人，給後來的李自成等都提供了範本。

失衡時代表示長安再也無力主導中國的戰略發展，於是，中國軍事戰略史進入了第四個階段：中原時代（見第四部）。這個時代以北宋為代表，甚至可以延續到明清時期。

中原時代的關鍵是，在中原地區找到一個足夠富裕又擁有戰略優勢的中心點。不幸的是，宋太祖趙匡胤雖然看上了洛陽，卻由於過早去世，讓**開封成了北宋首都**。**這個失誤造成了中國的指揮中心處於無法防守的大平原上**，加上北方燕雲十六州的丟失，使得游牧民族可以長驅直下，直搗龍庭。

北宋的策略失誤到了明代被彌補，明成祖將首都選在了最具有防守優勢的北京。但到了明朝後期，北京的劣勢又被放大：由於地理的關係，北京可以防禦北方的攻擊，卻無力抵禦來自南方的叛亂。

在中原時代繼續的同時，另一個時代也到來了，那就是元朝和清朝所代表的**帝國時代**（見第五部）。這個時代，中原、長江等漢人居住區已經更加合為一體，皇帝要做的更多的是，將邊緣地帶一一整合進入中央帝國。

如果沒有元朝和清朝，中國的國土面積將縮小一半以上。元朝是劃定中國新疆邊界的開始，可以說，元帝國當年征服過的地方，大部分現在都還保留在中國之內，元帝國沒有征服的地方就永久性的成了外國。越南和雲南就是典型的例子，它們在宋朝時都不屬於中國本土，但由於蒙古人征服了大理，使得雲南徹底併入了中國版圖。而因為越南擊退了蒙古人，便永久的成了外國。

清朝雖然是靠擊敗李自成取代明朝而占據了中原，但它獲得蒙古、新疆、青海、西藏等地，是靠和當時另一個霸主準噶爾人競爭而贏得的。**清朝與準噶爾的戰爭，是中國歷史上一個關鍵性節點，如果準噶爾人獲勝，中國將是一個小得多的國家**，但清朝的勝利，為我們留下了一個多元化的龐大遺產。

本書敘述了中國歷史上軍事戰略的詳細演化過程，探討每一個時代的軍事關鍵點，尋找那些成功者和失敗者的祕密。理解了這些，才能理解中央王朝如何成長，直到成為現在中國的模樣。

本書與傳統的軍事史書有兩大區別：

第一，本書既不探討三十六計，也不強調民心可用，而是**從技術化的角度出發，聚焦於最不易變的地理因素**，旁及其他，來敘述中國兩千年的軍事戰略演化史。這樣做，是想讓讀者在讀歷史時，不光是看熱鬧，而是知道每一場戰爭背後的邏輯所在。只有客觀的了解歷史，才會更加珍惜這來之不易的和平。

第二，**閱讀本書，實際上是理解中國地理的一個過程**，從關中出發，直到新疆、西藏，隨著閱讀的深入，讀者會更加理解中國土地上發生的一幕幕悲喜劇，並在談論中國現狀時，也更能理解它的演化和邏輯所在。

楔子

中國古代最大規模的協同作戰

為了進攻南宋首都臨安，蒙古人選擇現在甘肅境內的達拉溝作為進攻起點，以雲南大理為中間點，實現了上萬里的大迂迴，在世界戰爭史上都是最有想像力的進攻之一。

宋元時期，溝通中國南北的主要通道有三條，分別是長安（漢中）四川道、南襄隘道，以及淮河平原交通網。北方進攻南方，通常選擇三條道路的一條或者幾條。

蒙古人在傳統的三條道路上都遭到了南宋軍隊的頑強抵抗，從機動戰變成了攻堅戰。他們必須重新掌握機動性，才有可能擊敗南宋。蒙古人重新獲取機動性的方法，是首先進攻雲南，再以雲南為基地，從南方包抄打擊南宋的重慶與湖北地區，形成大迂迴。

為了進攻雲南，蒙古人在中國西部開闢了幾條前無古人的進軍通道，完成了這個上萬里的大迂迴。獲得雲南後，蒙古人在數千里的戰線上組織了一次規模巨大的協同作戰，這本來是一次載入歷史的大戰略，卻由於一個人的死亡而功敗垂成。

在天時、地利、人和諸因素中，地理是討論戰爭問題的基礎。本書的目的，就是拋棄那些主觀的成分，討論中國的地理在歷代戰爭中的作用，以及每次戰爭的具體邏輯，引導讀者了解戰爭背後的客觀事實。

甘肅與四川交界的一個小山溝，成了中國歷史上一場偉大奇襲的起點。

這座山溝叫達拉溝，位於一條叫做白龍江的河流上游地區。如果現代人想從中國去往這個偏僻的山溝，首先必須從西安出發，跨越巨大的隴山山脈，去往三百五十公里外的甘肅天水，再從天水向南，前往兩百三十公里外的隴南市。

從天水到隴南同樣要翻越好幾個山谷，才進入位於迭山山脈以南的一條河谷盆地，隴南市就坐落在這個小盆地上。

這裡看上去相當偏僻，除了市區之外，四處都是高山大壑，在中國古代，已經屬於極端的邊疆地區。但是，隴南仍然不是故事的起點。

隴南所在的河谷叫白龍江谷地，是由一條同名的河流沖刷而成的。從隴南開始，白龍江繼續向東南方奔流幾百公里，匯入著名的嘉陵江。而要想到達本書提到的現場，不是沿河向下，而是向著河流上游方向再西行兩百多公里。

一路上，這兩百多公里都是沿著白龍江所在的峽谷前行，谷地極端狹窄，即便最寬處也只有幾百公尺。在峽谷的南北兩岸，是兩列高聳入雲的山脈。這兩條山脈近在咫尺，卻截然不同，南側是著名的岷山山脈，而北側的叫迭山山脈。

在河谷靠近迭山山脈的一側，有一座小城叫做舟曲，這裡在西元二〇一〇年曾經發生了巨大的土石流，引起了全國的震撼。

在舟曲附近，河谷越來越狹窄，由於山脈太高，是滑坡、落石、土石流的高發地帶，行走在峽谷中，彷彿已經離開了文明。

從舟曲繼續向前，到達一個叫做迭部的縣城。在這裡，白龍江已經縮成了一條季節性的小水溝，抬頭可以望見岷山山脈巨大的雪峰。已經是河流的極上游，再往西走，地勢會突然變平坦，就進入青藏高原的邊緣地帶了。從隴南到迭部雖然只有兩百多公里，卻路途艱難，即便開車，也往往需要一整天時間。

但迭部縣還不是故事的起點，這裡距離達拉溝還有數十公里。從迭部縣城出發，向東走三十公里，從白龍江的北岸過到南岸，就會看到一條湍急的小河（也是白龍江的主要支流）在岷山山脈上劈開了一個山谷。順著小河走到山谷的盡頭，形成了一片山間小盆地，這個小盆地才是達拉溝的所在。

從西安到達拉溝，即便借助最便捷的交通，也需要兩天時間才能到達。達拉溝如此偏僻，但在七百多年前的元憲宗三年（西元一二五三年），這個谷地裡卻集結了一支遠征的大軍，在如今荒蕪的高寒樹下和草甸中，曾經人聲鼎沸、馬嘶刀鳴。對這支大軍來

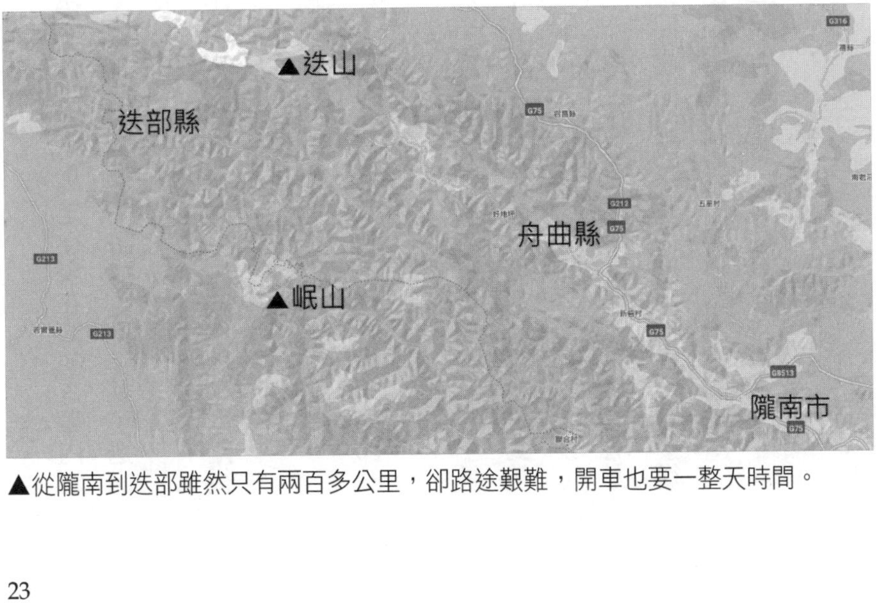

▲從隴南到迭部雖然只有兩百多公里，卻路途艱難，開車也要一整天時間。

說，達拉溝還不叫現在的名字，而是被稱為「忒剌」[1]。

在來到這個偏僻地方之前，遠征軍已經跋涉了千山萬水。主要人馬是從現在的蒙古境內趕來，經過內蒙古、陝西北部、寧夏，到達現在的甘肅境內，又從甘肅蘭州附近的臨洮穿越了迭山山脈，才到達了達拉溝[2]，集結時間就花費了整整一年。

這支大軍的統領叫做忽必烈，在當時，他的身分是蒙古大汗蒙哥的弟弟。副統帥則是剛剛從俄羅斯境內回來的大將兀良合台，他也是蒙古人最驍勇善戰的勇士速不台的兒子。

那麼，蒙古人如此大動干戈，他們攻擊的最終目標是哪裡呢？

答案出乎意料：他們之所以出現在這個西部的小山溝裡，最終的目標竟然是位於中國東部的南宋首都臨安（杭州）。

即便到了現在的高鐵和柏油路時代，從杭州到達拉溝的距離也在兩千兩百公里以上，幾乎是繞著當時的中華文明轉了一整圈。如此遙遠的距離，蒙古人在這裡集結重兵，要何時才能打到杭州？為什麼要選擇這裡作為打擊杭州的跳板呢？

更令人想不通的是，當時蒙古人已經占領了現在山東、河南、江蘇的許多土地，從這些地方出發，距離杭州最近的不過只有三、四百公里，也沒有太大的高山阻隔，為什麼蒙古人不直接從更近的地方發起攻擊，反而要找數千里之外、隔著重重高大山脈的西部小山溝作為出發點呢？

解讀這次戰爭的過程，我們能充分領略作為世界戰爭大師的蒙古人的謀略。

南宋，蒙古征服史中最頑強的對手

南宋理宗端平元年（西元一二三四年），蒙古人與南宋聯合將金國滅亡。但也從這時開始，失去了屏障的南宋直接與蒙古人對壘了，雙方之間發生了連綿不絕的戰爭。

最先進攻的是南宋，南宋的目的是收復被金國占據的三大京城：「東京」汴梁（開封府，現河南開封）、「西京」洛陽（河南府，現洛陽）和「南京」應天（應天府，現河南商丘）。這三大京城都在黃河以南，借助收復三京，可以鞏固黃河南岸的防禦系統，將北方民族趕到黃河以北。至於號稱「北京」的大名（大名府，現河北大名），由於已經過了黃河，是無法收復的（見下頁圖）。

但事與願違的是，南宋收復三京之戰不僅以失敗告終，還激發了蒙古人的好戰性，於是戰爭就演變到了下一個階段：蒙古人進攻，南宋防守。

不過戰爭也並非一面倒，蒙古人在進攻南宋時，發現原來南宋也並沒有看上去那麼不堪一擊。實際上，它可能是蒙古人自從離開蒙古高原後遇到的最頑強對手。

在宋蒙對峙時期，雙方的分界線大致以秦嶺淮河為界，從東面靠海的海州（現江蘇連雲港）

1 《元史．世祖本紀一》。

2 元世祖平雲南碑：「秋九月出師，冬十二月濟河，明年春歷鹽、夏，夏四月出蕭關、駐六盤，八月絕洮，踰吐蕃，分軍為三道，禁殺掠焚廬舍。」

出發，直到西面的岷州（現甘肅天水以南的西和縣）。雖然南方與北方有著數千里的分界線，但實際上，由於山脈阻隔，溝通南北方的傳統通道只有三條，北方的軍隊如果想占領南方，要從這三條通道（見第五百六十二頁圖）經過，才能順利的到達南方的地界。

這三條通道的西道，是從長安（現陝西西安，已經被蒙古人控制）出發，翻越秦嶺，到達南宋控制的漢中地區，再從漢中地區走古代的蜀道進入四川，這也是三國時期魏國滅蜀的主路線。如果能夠控制四川，再從四川順長江而下橫掃湖北、湖南，甚至直達長江中下游地區，這是西晉

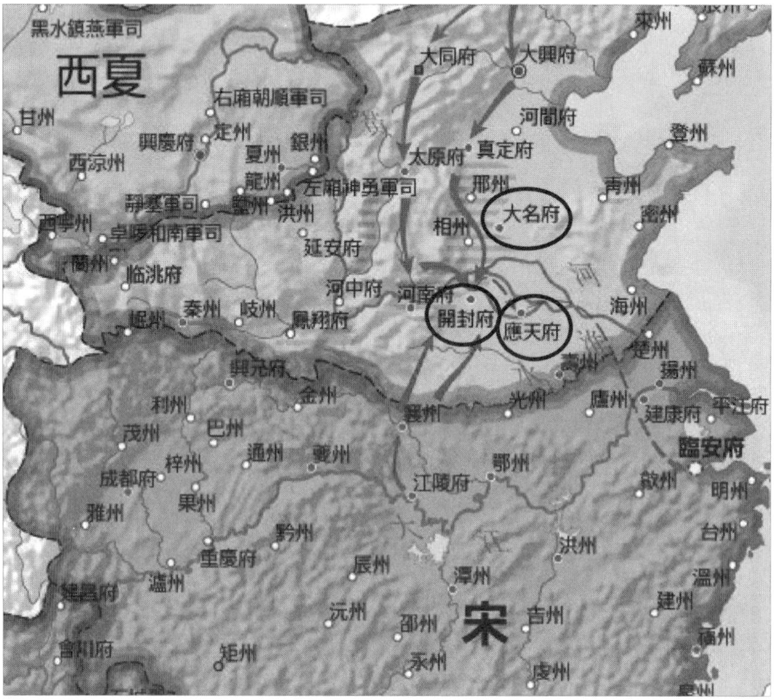

▲南宋收復三京之戰失敗，宋蒙戰爭開始。

滅吳之戰的主路線之一。

西道是三條通道中繞得最遠的一條，從位於杭州的南宋中央政府視角來看，這條路過於迂迴，且必須通過兩個最艱難的關口：從漢中到成都的蜀道，以及連接湖北和四川的長江三峽，蒙古人幾乎不可能短期內打通這些關口。

從西道往東，就遇上了巍峨連綿的秦嶺山脈。在中國古代，秦嶺就是天險，幾乎是不可通過的，只有繞過秦嶺尋找進攻機會。在秦嶺東側還有一系列的小山脈：熊耳山、外方山、伏牛山、桐柏山、大別山，這些山脈從河南西部一直延伸到江蘇、安徽、江西，將北方與南方隔開，也不容易通過。

但是，這一連串小山脈之間卻有一個空隙。這個空隙位於伏牛山和桐柏山之間，在歷史上稱為南襄隘道（按：南指南陽，襄指襄陽），也叫方城隘道。宋蒙對峙時期的中道就位於這條隘道上。南襄隘道從現在河南的方城縣，經過河南的南陽市到達湖北的襄陽市，從襄陽可以繼續向南走陸路，到達長江邊的荊州，也可以在襄陽順漢江而下，走水路到達湖北武漢（宋朝時叫鄂州）。從荊州和武漢，可以過江去往湖南，也可以順江而下進攻江西和江蘇。

在中國古代歷史的大部分時間裡，中道都是最主要的南北通道，宋蒙對峙時期，蒙古人占領了中道北端的唐州（現河南唐河縣及其周邊區域）和鄧州（現河南鄧州市），也就是將南襄隘道的南陽部分占領了，而宋朝則占據了襄陽，雙方形成對峙。

從中道再往東，又是連綿的桐柏山和大別山，這些山脈向東南方延伸。在兩山的東側，終於到達了位於現在江蘇、安徽的淮河平原地區。淮河就是從桐柏山發端，向東流入大海。

按常理講，既然到達了平原地區，那麼這裡的道路系統就應該是四通八達，也是最容易進攻的。但不幸的是，淮河平原卻是個例外。這裡河湖縱橫，充滿了沼澤，非常不利於行軍。蒙古人擅長騎馬，卻對河湖地區不夠適應，反而不容易發揮機動性。

在淮河平原上，人們經過數千年的交通實踐，發現利用這裡豐富的河網系統，也能找到幾條比較容易行軍的水陸交通。所謂的東道，就是指在淮河平原上形成的一系列的水道和陸路的綜合通道。

最著名的通道是：從曾經是北宋首都的開封出發，附近有數條淮河的支流，分別是東面的汴河，中間的渦水，以及西面的潁水，北方的軍隊可以從這幾條水路出發，進入淮河。再從淮河轉入陸路，或者仍舊走水路，進入長江。

在長江北岸（以及西岸），又有兩個著名的戰略要地，分別是揚州（位於現江蘇省）與和州（現馬鞍山市和縣）。在揚州的江對岸，是另一個著名重鎮京口（現江蘇鎮江），當年南宋高宗逃避金軍追殺，就是從這裡渡江。而在和州的對岸也有一個城市叫當塗（現馬鞍山市），這裡擁有長江上著名的江岸礁石采石磯，駐兵采石磯附近，就可以封鎖長江水道，防止北兵前來。

既然從北方攻打南方的傳統通道只有三條，那麼蒙古人在這三條通道中選擇哪一條為主攻方向呢？在世界上的大部分軍事行動中，往往會採取以一路主攻，其餘方向佯動（牽制敵人兵力）來進攻。

但一個有趣的事實是，作為進攻大師的蒙古人很少採取「一路主攻，其餘佯動」的做法，而是習慣於數路大軍並進。由於他們的機動性太強，在每一個方向都配備實力雄厚的大將，幾路大軍是競爭關係，他們爭先恐後，誰先獲得突破，誰就是主攻方向。這種做法在北亞、中亞、西亞都獲得了巨大的成功，敵人根本無法配置兵力在廣闊的戰線上做出有效抵抗。當某一處被突破後，蒙古人就蜂擁而入，整條戰線潰不成軍。

在最初的宋蒙戰爭中，蒙古人也採取了同樣的做法，三路並進，進攻南宋。但這一次，蒙古人卻遭遇了巨大的困境：南宋的疆域太龐大了，地形也過於複雜，超過了蒙古之前併吞的任何國家。要想在如此龐大的戰線上進行機動作戰是非常困難的。

比如，在中亞，兩路大軍之間往往只隔了兩、三天的行程，透過快馬傳遞消息，就可以做到各路軍之間的協調與協作。但是，中國南北三條道路之間卻隔著十幾天甚至幾十天的行程，三路大軍之間很難協調，更無法取得聯繫，在進攻中紛紛變成了局部的孤軍奮戰，從機動戰變成了陣地戰。

在西道，如果要從西安進攻四川，首先要拿下的是漢中地區。漢中是秦嶺以南、巴山以北的一塊小盆地，是入蜀道路的中點，當年劉邦被項羽封為漢王，根據地就在這裡。南宋端平三年（西元一二三六年），蒙古人順利的攻克了漢中，獲得了進入四川的跳板。

此後，蒙古人數次進入四川盆地，甚至攻陷了成都，但他們接下來碰到了另一個問題：他們試圖從成都平原沿長江三峽進入湖北的宜昌、荊州地區，一旦過了三峽，也就可以乘勝攻克湖南、湖北。但南宋守將孟珙卻在三峽部位扎住了口子（按：關口）。蒙古人經過數次嘗試，不僅無法突破三峽，甚至連四川都守不住。他們每次攻克城池，劫掠完畢後，都因為後勤以及當地人反抗問題，無法久守，最終還是得撤出四川盆地。

與此同時，南宋蜀地守將余玠也找到了正確抗擊蒙古人的做法。四川盆地內部和邊緣分布著許多小山，他在各地的山上建立了一系列的城堡進行死守，將蒙古人擅長的機動戰變成了攻堅戰。蒙古人在西道的進攻雖然讓四川成了廢墟，卻無法獲得更大的進展。

在中道，蒙古人曾短暫的占領了襄陽，但隨後，南宋在中道的守將孟珙建立了完善的防護體系，讓蒙古人在中道也喪失了機動性，變成了持久戰。

而在東道，蒙古人的馬隊不熟悉水戰，騷擾之後，也無法形成穩固的進攻點。

傳統的三條路線都無法獲得突破，在全世界罕有對手的蒙古人第一次嘗到了僵持的滋味。善於快速作戰的他們被迫進入了漢人的戰爭模式，雙方圍繞著一城一池展開了爭奪，將蒙古人耗在了中國廣大的土地上。

如果要打破這種僵持，就必須重新機動起來，回歸到蒙古人習慣的作戰模式中。但是，他們到底要如何做才能重新機動，打破僵局呢？這時，蒙古人想到了一位漢人將領曾經提出的極其大膽的主張，正是他的奇謀讓一場千里躍進式的奇襲載入了史冊……。

蒙古人的第二戰場

當我身臨其境的站在滔滔金沙江邊時，心中想的卻是一位叫做郭寶玉的元代將領。

郭寶玉，字玉臣，自稱唐代著名將領郭子儀的後代。他曾經在金朝為官，後投降了蒙古。當時，蒙古人還沒有滅金，成吉思汗向他詢問如何才能奪取中原，郭寶玉提出了大膽的主張：**開闢**

第二戰場。

他認為，不管是金國還是宋國，對於中原的山川地理都很熟悉，要想奇襲，非常困難，只要對方不犯錯，蒙古人就必須付出極大的代價才能贏得勝利。蒙古人最大的優勢是機動性，因此，必須開闢新的進攻路線，出其不意，才能更快速的滅亡金國，乃至滅亡南方的大宋。

郭寶玉看上的進攻區域在西南。在宋、金的西南方，是位於現在西藏的吐蕃和位於現在雲南的大理。西面是中原的上水方向，一旦蒙古人將吐蕃、大理收入囊中，再順流直下，奪取中原，會方便得多[3]。

郭寶玉提出建議時，蒙古還沒有滅亡金國，因此他主要針對的是金國。當時蒙古人並沒有採納他的建議。反而是金國滅亡之後，蒙古人在對宋作戰的三條戰線上都碰了釘子，才終於想起了當年郭寶玉的提議。於是，在提出四十多年後，進攻西南的戰略終於上了檯面，大理進入了蒙古人的視野。

蒙古人決定先拿下大理，再以此為跳板合圍南宋。但是，雲南大理怎麼會成為蒙古人攻打南宋的新跳板呢？大理與杭州的距離在兩千五百公里以上，甚至比從達拉溝到杭州還要遙遠。更何況，在宋代，雲南並不屬於宋朝版圖，當年宋太祖趙匡胤用玉斧在地圖上劃界，將雲南劃在了界外，宣布宋朝不謀求併吞雲南。即便蒙古人能夠打下雲南，又怎麼千里躍進去打擊南宋？

這就要從蒙古的另一個戰略與雲南的地理位置談起。

3　《元史．郭寶玉傳》：「中原勢大，不可忽也。西南諸蕃勇悍可用，宜先取之，藉以圖金，必得志焉。」

在人類歷史上，北方游牧民族的騎兵是最會機動作戰的軍隊。與其他游牧民族不同，為了獲得機動性，蒙古人還是最會打迂迴戰的民族。

所謂迂迴，包括戰術與戰略兩個方面。兩者的區別是規模的大小。在戰場上，面對敵人的正面進攻，派遣騎兵繞到敵後夾擊，這是戰術方面。許多軍事家也都擅長戰術迂迴。但在戰略上能夠做到迂迴的統帥就不多了。戰略迂迴要求在更廣大的範圍內開闢另一條行軍路線，迂迴數百數千里，以求達到奇兵的效果。

比如，在攻打金國時，蒙古人為了包抄金國（主要位於現在的河南）後路，就從現在的陝西轉戰漢中，順著漢江繞到湖北境內，出現在金國的後方（南方），與北面的軍隊配合，形成包圍圈，最終消滅了金國。這次迂迴的直線距離達到了數百里。

在宋蒙戰爭時代，當從北方進攻南宋的三條路線都演化成了持久戰之後，蒙古人想到的也是在南方開闢一條新的戰線，與北方形成包夾，快速將宋軍擊敗。可是，與迂迴金國相比，迂迴南宋的難度要大得多。迂迴金國只不過是數百里，要想迂迴南宋，卻必須達到數千里才有可能。

南宋的南方疆域包括現在的廣東、廣西和四川南部。廣東的南面是大海，無法進行迂迴。但廣西的南面卻是一個叫做安南的國家，也就是現在的越南北部。安南是南宋的屬國，實際上卻保持著獨立性。南宋面向安南的重鎮是老蒼關（崑崙關附近，現廣西南寧附近），如果能夠從南路攻破老蒼關，就可以繼續北上桂林。

在桂林附近有一條古代著名的通道，向南流的灕江和向北流的湘江都發源於此。兩條江的源頭近在咫尺，秦代開闢了一條人工運河叫靈渠，將兩個源頭連在了一起，這裡就成了古代溝通嶺南與中原的首選。人們從湖北進入湖南，沿著湘江向南，到達源頭附近，再通過靈渠進入灕江水系，也就進入了兩廣地區。

蒙古人可以反其道而行，從灕江北上湘江，順湘江而下，經過潭州（現湖南長沙）直達鄂州（現湖北武漢），在鄂州附近與北路軍南北夾攻，將兩湖地區（湖南和湖北）收入囊中。一旦獲得了兩湖地區，南宋也就失去了半壁江山，距離滅亡不遠了。

安南比南宋更加弱小，容易攻取，因此，只要蒙古人先拿到了安南，就可以借助安南進攻南宋。但接下來的問題是：安南距離蒙古人控制區域達數千里之遙，更何況它們中間隔著南宋，蒙古人又從哪條路去攻克安南呢？

除了南宋可以通往安南之外，第二個可以通往安南的地區叫大理國（現雲南省境內）。如今的雲南省河口縣，仍然是中越兩國最繁榮的邊境城市之一。一條叫做紅河的河流經過小城靜靜流淌，順著紅河而下，就可以到達一片叫做紅河三角洲的平原，這裡就是安南的中心（現越南首都河內）。如果蒙古人能夠拿下大理國，就可以順紅河而下前往安南。

雲南的戰略重要性不只是做通往安南的中間站。實際上，大理國除了繞道安南之外，還有著其他數條孔道可以共同壓迫漢境。

在宋代，通往雲南的道路，在四川境內與現在的成昆鐵路基本吻合，從成都出發，經過雅安、涼山，再經過攀枝花之後進入雲南。但進入雲南後，並沒有沿現在的鐵路向東拐向昆明，由於當時雲南的政治中心在大理，道路直接向楚雄方向延伸，經過大姚、姚安，最終到達大理。也就是說，如果蒙古人可以得到大理，就可以反向走這條路進入四川盆地和成都地區，對四川形成壓力。

不過，蒙古人最感興趣的還不是利用雲南壓迫成都，而是想突破長江三峽和兩湖地區。從雲南出發還有另外幾條路，除了通向安南和四川成都之外，在雲南東部，另一條古代經常使用的道路，是從雲南的昆明和曲靖，經過貴州的六盤水、畢節，到達四川宜賓（南宋時稱敘州）和瀘州的道路。到瀘州後，可以順長江繼續去往重慶府。

在南宋末年，重慶以及北面的合州釣魚城已經成了余玠防衛體系中最堅固的堡壘，蒙古人從北方進攻合州，一直無法攻克。如果能從雲南出發，截斷釣魚城的後方，再南北合擊，那麼重慶地區就可能落入蒙古人手中。有了重慶，就可以繼續順江而下進攻三峽。

從雲南還有兩條路也非常重要：一是從雲南曲靖，橫穿貴州，到達湖南懷化，進入兩湖（湖南、湖北）盆地；另一條是從雲南直接進入廣西，與從安南進入廣西的道路相會合，再順著灕江、湘江進入兩湖。這兩條路繞過了三峽，直接出現在了兩湖盆地中，威脅性更大。

不管是進攻重慶，還是借道廣西、貴州進攻兩湖，都給了蒙古人最大的選擇性，提供了充分的機動性以包抄和夾擊。一旦獲得了兩湖和重慶，蒙古人就可以從東西兩面夾擊宜昌和長江三峽一帶，將荊州、襄陽地區收入囊中。

總結起來，如果蒙古人能夠拿下大理，進而拿下雲南甚至安南，就可以獲得更廣闊的戰略空間，並至少為蒙古開闢兩條新的進攻路線，第一條是經過宜賓、瀘州，從重慶南部打擊重慶。第二條是經過貴州、安南或者廣西，進入湖南，從南方夾擊湖南、湖北地區。

由於兩條進攻路線都是在南方，將牽制南宋一半的兵力，使得原本已經捉襟見肘的宋朝軍事力量更加分散，也利於蒙古人的快速打擊。這樣做，比一味的從北方三線進攻層次要豐富得多，也更符合蒙古人的性格。

在蒙古人的戰略中，雲南已經提上了日程。但接下來最大的問題出現了：雲南與蒙古人控制的陝西、甘肅之間，仍然隔著一個巨大的四川地區，南宋在四川的守衛力量並不弱。那麼他們到底怎樣越過四川，去打擊雲南呢？

這難不倒被稱為戰爭之王的蒙古人。

最偉大的行軍

在蒙古人之前，雲南曾受過來自漢地的數次入侵。他們大都採取了兩條進攻路線。

在戰國時期，楚國人莊蹻（按：音同角）進入雲南，成了一代滇王。之後秦代開發出一條五尺道，從四川的宜賓，經過雲南的昭通或者貴州的畢節，再從曲靖進入雲南的昆明附近。

秦代和漢初，由於雲南的中心在昆明，道路的終點大都在滇池，古滇國的首都也在滇池附近。古滇國的歷史直到現代，隨著滇王墓葬的發掘，以及當年漢代皇帝賜給滇王金印的出土，才從重重迷霧中重新浮現。

漢武帝時，由於張騫在西域聽說有一條從四川經過雲南進入印度，再去往中亞的道路（現在被稱為絲路南道），漢政府開始加大昆明以西的開發，大理和洱海逐漸進入了人們的視野。這時，人們又找到了另一條路（稱為新道）：從成都，經過西昌、姚安，直接去往大理的道路。

唐代時，五尺道已經逐漸衰落，新道反而成了最常用道路。

南宋時期，大理已經成了雲南地區的中心。不管是走老道，還是新道，如果要去往大理，在進入大理盆地（也叫洱海壩子[4]）之前，首先都必須經過一個小盆地，也就是現在的彌渡壩子。在彌渡壩子和洱海壩子之間，有一條小山嶺叫定西嶺。越過定西嶺，就可以進入洱海盆地。

古代大理地區的統治者都知道定西嶺的重要性，於是在定西嶺下建立了一座城池叫做白崖城。所以，要想進入洱海壩子，首先必須翻越定西嶺，如果要翻越定西嶺，又要先拿下白崖城。白崖城遺址也是近年才透過考古發掘，重新進入了人們的視野。

但就算翻越了定西嶺，進了洱海壩子，仍然不見得能夠打下大理。從定西嶺方向進入壩子之後，首先到達的是洱海南岸的東側。在宋代時，洱海南岸還是一片荒地，大理真正繁華的所在位於洱海西岸的平地上。

洱海壩子是一個不平均的盆地，在盆地中間是叫洱海的湖泊。洱海周長一百二十八公里，是一個形似耳朵的湖泊，南北長，東西短，東西兩岸間距只有幾公里。由於形狀的原因，南北兩岸地方很狹窄，且充滿了沼澤地。在洱海的東面，也沒有平坦的土地，而是直接與山地相接。只有在洱海的西側才有大片的平地，這裡才是南詔和大理的故鄉。

宋元時期的大理都城位於現在的大理古城，位於洱海西側平地上。出於戰略需要，古城的位置選得特別有利於防守的一方。首先，古城的東面是洱海，西面是巨大的蒼山山脈，這兩面被山水阻斷，無法進攻。只有南北兩面有兩條通道可以到達大理城。要想進攻大理，必須先繞到洱海南面或者北面，再利用這兩條通道進城。

但大理國在通道的兩端各設立了一個關口。在北方的叫做龍首關，也叫上關。在南方的叫龍尾關，也叫下關。如果從白崖城和定西嶺方向進入洱海盆地，那麼一般會選擇南面的龍尾關。但龍尾關並不好攻打，因為從洱海流出一條河（西洱河），把洱海南岸和西岸隔開了，龍尾關就在西洱河的北側，要想攻打龍尾關，首先必須渡過西洱河。

西洱河與蒼山交界的地方，是巨大的懸崖絕壁。從地形上，龍尾關被夾在了東面的洱海、南面的西洱河，與西面的蒼山之間，很難攻克。

唐代天寶年間，大將李宓就是越過定西嶺，進入洱海盆地後，在攻打龍尾關時，在西洱河邊大敗。至今，大理的下關區域還有兩座巨大的墳塋（按：墓地），分別稱為千人塚和萬人塚，就是當年唐朝將士的埋骨之所。天寶戰爭讓人們認識到大理是一個非常難以攻打的地方。

如果蒙古人還是按照唐軍的路線來進攻大理，那麼必須克服好幾個障礙：首先，李宓是走從成都出發的新道進入雲南、前往大理的，而成都還掌握在南宋手中；其次，經過白崖城和定西嶺時必須與大理軍隊鏖戰；第三，如何突破大理在洱海蒼山之間的防禦工事（龍首關或者龍尾關）？這三個困難中的任一個都可能決定蒙古人的成敗。

但如果僅僅從前人的路線去揣測蒙古人，那就大錯特錯了。蒙古人並沒有選擇傳統的路線，而是走了一條令人瞠目結舌的天路。

西元一二五三年八月，忽必烈大軍來到了如今甘肅南部的臨洮。之前，為了準備這次遠征，

4 雲南習慣於將山間小盆地稱為壩子。

忽必烈調動了一切資源。蒙古人把各個征服的地方分給不同的宗王治理，忽必烈治理的土地在如今的陝西、山西一帶。由於山西解州產優質的鹽，忽必烈把鹽當作報酬付給商人，要他們把糧食輸送到嘉陵江上游的軍隊。為了更充分保證軍需，還在陝西鳳翔一帶屯田積攢糧食。最後，為了籌措經費，他還模仿宋朝和金國發行了紙幣[5]。

蒙古人打仗習慣於奇襲，但絕不是偷襲。在臨洮，忽必烈派遣了三位使者前往大理勸降。但由於中間路程山重水複，三位使者都沒有到達。

大軍從臨洮出發後，順著洮水向南，到達了洮州（現在的臨潭）。這裡的南部有兩條平行的大山，分別是迭山和岷山，兩山中間部位是那條叫做白龍江的河流，這兩山一河阻斷了蒙古人的去路。

但在崇山峻嶺中，卻有一條羊腸小徑穿過了兩山一河。在迭山的西部，有一條叫做車壩溝的山溝穿過迭山，順著這條山溝就可以進入白龍江河谷。

過了江，忽必烈的大軍在岷山的達拉溝中做了最後一次集結。這條山溝就因為這次集結被記入了史冊。

如果順著這條山溝繼續南走，越過岷山山脈，就會到達川北地區一個著名關口黃勝關，過了黃勝關，有一條小路通往四川西北部的松潘地區[6]。對於現代人來說，松潘地區意味著風景名勝九寨溝，但對古代人，卻意味著這是一條通往四川盆地的道路。

這條路大致上與今天人們去往九寨溝和松潘的公路重合。從成都去往九寨溝旅行的人們如果坐汽車前往，會從成都經過都江堰市，再北行經過汶川、茂縣、松潘、川主寺，就到了九寨溝的附近。

成都平原最重要的一條河叫做岷江，著名的都江堰水利工程就建在岷江上。古代從四川通往川北、甘肅的道路就順著岷江直上。如果蒙古人要想攻打雲南，把這條路反過來走，順著岷江向南，進入四川盆地，應該是人們最容易想到的道路。

但蒙古人卻並不滿足於這條路。實際上，就在達拉溝，忽必烈突然決定，將大軍分為三路，向著數千里外的雲南前進出發。

三路大軍中，只有最不重要的抄合、也只烈率領的東路軍選擇了岷江道，在達拉溝與其他兩路分開後，東路軍從達拉溝翻越岷山，經過黃勝關到達川主寺，沿著這條路到達成都的西面，在都江堰附近，擦過成都和四川盆地的西邊緣前往雅安，再順著如今的成昆鐵路線方向行走，順著人們常用的新道到達雲南邊境，渡過金沙江後，從雲南姚安縣去往大理。這條路雖然是最普通最好走的路線，但由於許多地段經過了宋朝國境，並不容易通過。蒙古的東路軍看上去更像是一支牽制部隊，為了吸引南宋軍隊的火力，而不是主攻方向。

東路軍之外，忽必烈親自率領的中路軍，以及大將兀良合台的西路軍，才真正展現了蒙古人的想像力。他們選擇了兩條對於當時人來說不可思議的道路。在當時人看來，岷江以西橫亙著無數的高大山脈，這些山終年積雪，處處是懸崖峭壁，充滿了無法逾越的障礙。蒙古人到底從哪裡

5 忽必烈南征過程參考《元史．世祖本紀》。

6 嚴耕望：《唐代交通圖考》，第四卷篇二五，上海古籍出版社，二〇〇七。

通過，才能不經過四川盆地，直插雲南呢？

在現在的四川省阿壩州西部，以及甘孜州境內，有數條巨大的南北流向的河流，除了已經被開發的岷江之外，在西面還有大渡河（以及上游支流大金川）、雅礱江（及其複雜的支流系統）、金沙江。這幾條河流在宋代還屬於化外之地，但對於早已居住在那兒的羌族和藏族人，卻並不是不可跨越的天險。特別是大渡河與雅礱江通道，只要順著河兩岸的高山一直向南，就可以與金沙江最終匯合，越過金沙江，進入雲南。

忽必烈的另兩路大軍就利用了這兩條通道，穿越在崇山峻嶺之中，在山高谷深的川西大地上縱橫馳騁，超越了當時人們能夠想像的極限。

其中兀良合台率領的西路軍在翻越岷山後向西疾行，經過晏當（今天的四川壤塘縣）直插藏區，利用雅礱江河谷向南到達金沙江。

雖然無法完全復原當時的路線，但整個路線極有可能經過如今的阿壩縣、壤塘縣、爐霍縣、新龍縣、理塘縣，再擦過稻城北部，進入鄉城，翻越大雪山進入雲南的中甸（如今稱為香格里拉）。從中甸南下麗江，到達大理北郊的龍首關。

忽必烈親自率領的中路軍是主力軍，則可能選擇了大金川——大渡河河谷向南，經過如今的若爾蓋縣、紅原縣、瑪律康縣，沿著大渡河直下金川、丹巴、康定、瀘定一帶，到達了南面大渡河邊的滿陀城（又稱盤陀寨，在如今的漢源縣附近）。從這裡渡過大渡河後，沿著安寧河谷的青溪古道一路前行，經過如今的西昌、鹽源，進入雲南的寧蒗縣（永寧鎮）境內，此時距離麗江和大理都不遠了。

一個很有趣的事實是，在現在雲南境內，還有一支保留了走婚傳統（按：男女雙方不會正式結婚，男方晚上到女方偶居，清晨回到自己家中。生下的小孩歸女方家撫養，生父不會與子女同住）的族群，叫做摩梭人。這個民族在宋元時期就已經存在了，《元史》中稱之為「摩娑蠻人」。摩梭人現在主要分布在瀘沽湖地區，而在宋元時期分布卻更加廣泛，他們在金沙江流域也有活動。當蒙古大軍經過時，摩梭人沒有選擇抵抗，而是迅速歸順，成了蒙軍的幫手。

蒙古大軍利用北方常用的羊皮筏子迅速渡過了金沙江。西元一二五三年十二月，這兩路（中路和西路）大軍神不知鬼不覺就繞過了南宋控制區域，進入了雲南，完成了對大理的進攻集結。

此時的大理已經處於衰落之中。蒙古人到來前，渡過金沙江後，忽必烈按照蒙古傳統，不搞偷襲，再次派人要求大理投降，結果使者被殺。

忽必烈來到龍首關，大理國王段興智和權臣高泰祥倉促出戰，被擊敗了，只好退回龍首關和龍尾關之間的大理城，借助地理優勢死守。

此刻，蒙古人東路軍也趕到了。忽必烈與兀良合台可能駐紮在龍首關，而東路軍可能從龍尾關前來。就算三路大軍集結完畢，忽必烈仍然沒有直接攻打大理，繼續採取震懾策略，他派人從北面繞到了蒼山之後，在如今的大理州漾濞彝族自治縣（簡稱漾濞縣）境內的蒼山西坡，有一條小道可以直上蒼山頂。在如今蒼山玉局峰和龍泉峰之間，還有一個叫做洗馬潭的小池塘，據說就是當年忽必烈翻越蒼山洗馬的所在。

蒙古人把旗幟立在了蒼山頂上，可以俯瞰大理全城，這也意味著蒙古人只要衝下蒼山，就突破了龍首關和龍尾關防線，直達大理城下了。眼見大理失去了蒼山天險，大理國王段興智與權臣高泰祥只好選擇了逃跑，大理城門頓開，蒙古人完成了對大理的進攻。

接下來的兩年，蒙古人在大將兀良合台的指揮下，以大理為基地，向東和向南橫掃了整個雲南地區，完成了對雲南的直接控制。

到了西元一二五七年，兀良合台進攻安南，於第二年逼迫安南國王向蒙古人請降。安南一直沒有像雲南這樣進入蒙古人的直接管轄，只是屬國狀態。但蒙古人已經獲得了經過安南的權力，也就可以借道安南進攻南宋了。到這時為止，蒙古人第一階段的戰爭以全部實現目標而結束。

在獲得了雲南之後，如何利用雲南攻打南宋呢？這就進入了戰爭的第二部分。

功敗垂成，毀於一場意外

西元一二五八年，雲南、安南平定後，蒙古人獲得了西南方的交通要道，元憲宗蒙哥大汗開始了他上任以來對宋朝的第一次重大軍事行動。

這次行動是中國歷史上，在最廣闊疆域內同時發動的最大規模的聯合作戰，戰場幾乎席捲了整個南中國，進軍路線和戰場涉及現在的寧夏、甘肅、陝西、四川、重慶、河南、湖南、湖北、江蘇、安徽、雲南、廣西、貴州等省分。總結起來，可以稱為三大戰場、五大方向。

所謂三大戰場，仍然以南北交界的三條通道而言，也就是西面的四川戰場、中間的兩湖（湖南、湖北）戰場，以及東面的江淮戰場。但與之前不同的是，為了進入這三大戰場，除了北方的三大方向外，又增加了兩條從南方進攻的方向，這兩條新的方向是由於獲得了雲南才打通的（見下圖）。

具體來說，針對四川戰場，有兩個方向。北方，蒙哥大汗親自率領大軍從陝西進入漢中地區，再利用漢中通往四川的道路，從北面進攻四川。同時，在南方，鎮守雲南的兀良合台也派出人馬，從雲南經過瀘州直趨重慶，與蒙哥大汗在重慶附近會合，掃平四川。之後，兩支大軍再一起從長江向湖北地區掃蕩。

針對兩湖戰場，也採取兩個方向共同攻擊。忽必烈和大將張柔率軍從北方進攻鄂州（現在的武昌）。南方，則由兀良合台親自率領人馬，帶著雲南的部隊進入廣西，再從廣西進入湖南，從南方與忽必烈形成合圍。

除了這兩大戰場之外，淮河戰場雖然離杭州最近，卻仍然是牽制戰場，由

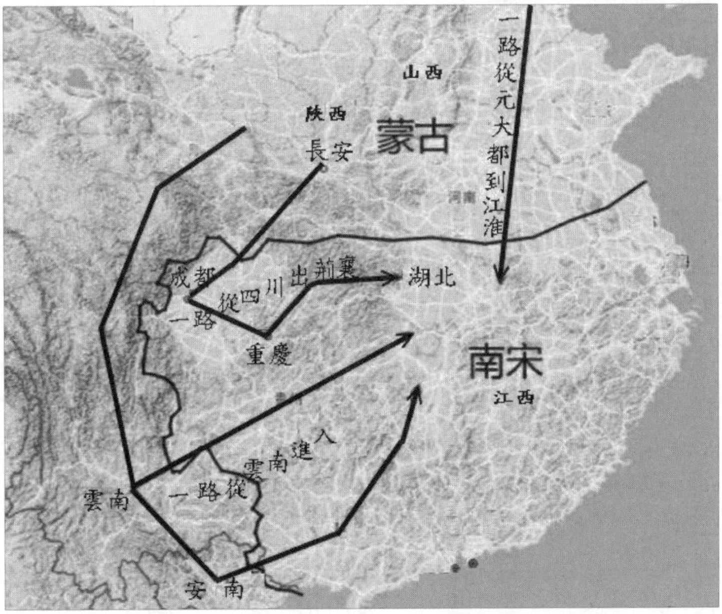

▲蒙古滅宋的大縱深迂迴戰略，最終因主將的死而告終。

大將塔察兒率領，進攻方向在荊山，荊山位於現在安徽蚌埠市的懷遠縣境內，是淮河與數條支流的交匯處。蒙古人不習水戰，所以這條路線更多是牽制性的，讓南宋不得不分兵防禦。

計畫已定，就差執行。接下來蒙古人的進攻，讓人們不得不佩服他們的軍事協調能力。在如此大的區域內，一旦制訂了軍事協同方案，各方立刻開始了分步實施。

在四川戰場，南路軍迅速打通了雲南東北通道，將前來防衛的三萬人擊潰之後，奪取了兩百多艘船順金沙江而下，直趨重慶與合州。

與此同時，北方大軍也迅速行動，經過漢中地區向四川前進。從漢中進入四川一般有兩條道路，第一條是走劍閣的金牛道，這條路主要是前往成都地區；而另一條更少走的被稱為米倉道，漢中正南方有一座米倉山，如果翻越了這座山，就進入了四川盆地的東部，古代的人們常常翻越米倉山前往重慶。

蒙哥同時利用這兩條道路，與南方軍會兵於合州釣魚城下。只要攻克了這座城，南宋在四川的抵抗就基本瓦解了。與前幾次進攻不同的是，此次蒙古人占領四川不是以掃蕩為主，而是要長久占領，並與進攻湖北的軍隊合力向杭州進軍。

蒙古人在四川接近成功時，進攻兩湖的部隊也取得了重大進展。

在湖南地區，最重要的據點是潭州城，也就是現在的長沙。兀良合台的雲南方面軍接到的命令就是從雲南躍進到湖南，占領潭州。他招募了上萬雲南蠻人，加上三千騎兵，從雲南進入廣西，在現在南寧附近的老蒼關擊潰了宋軍六萬人。之後乘勝追擊，進入桂林，經過現在的懷化地區進入湖南境，直抵潭州城下。在潭州城，他擊潰了南宋二十萬守軍，圍城月餘，也基本上完成了任務。雲南方面軍的戰績是：大小打了十三次戰役，殺敵四十餘萬，從來沒有敗北。

從北面進攻鄂州的忽必烈和張柔方面軍在渡過淮河後，也在三個月的時間內掃平了江淮地區，並順利渡過了長江，將長江南岸的鄂州（現湖北武昌）重重圍困。一旦攻克鄂州和潭州，湖南、湖北的兩大據點長沙和武漢就都掌握在蒙古人手中了。

如果再與重慶的西路軍會合，湖北西部的荊州、襄陽地區也就保不住了。一旦湖南、湖北失守，再加上江蘇和安徽的長江北岸地區易手，那麼宋朝的江東（江南）部分就很難維持超過一年。但就在這時，事情卻出現了戲劇性的反轉。西元一二五九年八月，蒙古大汗蒙哥死於釣魚城下。蒙哥可能死於疾病，但對於漢人來說，他們更願意認為他是死於漢軍的炮火。

大汗的死亡，讓幾乎沒有弱點的蒙古人突然顯現出一個最大的弱點：一旦大汗死去，蒙古各路諸侯將匯集到漠北的斡難河邊（按：今鄂嫩河）舉行新的選舉。汗王之間的鉤心鬥角，讓所有的人都必須撤軍，趕去爭奪權位。

忽必烈是蒙哥之後最有權勢的汗王，也最有可能繼承大汗之位。他試圖繼續進攻鄂州，為爭奪王位留下點可以稱道的成果，但隨著汗位鬥爭形勢的惡化，他不得不與南宋簽訂合約，趕快北返爭奪汗位去了。南宋在已經接近崩潰時突然間獲得了新生。這次撤兵，讓趙氏江山又苟延殘喘了二十年時光。

中國歷史上最具想像力的一次軍事行動，竟然因為一個人的死亡而以失敗告終，不得不說，這就是戰爭的魅力之一。不過，蒙古人遠征雲南並非毫無成果，我們不去總結蒙古人獲得了什麼，而是看它給中國歷史帶來了什麼。

蒙古人最大的貢獻，就是使雲南從此徹底併入了中國版圖。

在蒙古人到來前，雲南與中國的關係是若即若離的，在秦漢時代，雲南的部分地區曾經屬於中央政府，唐代喪失了大理地區，卻還保留著一部分疆土。到了宋代，雲南大理雖受冊封，但相對獨立。是蒙古人的征服行動，讓雲南永久性的與中國合一。蒙古人沒有征服的越南、泰國、緬甸，則再也沒有屬於過中國的版圖。

蒙古人的另一個貢獻出現在忽必烈進軍的六百八十一年後，一支衣衫襤褸的部隊幾乎沿著蒙古人進攻的反向，重走了這條道路，他們就是中國工農紅軍。在我訪問蒙古人遺跡之路上，經常會看到紀念長征的紀念碑。比如，在達拉溝附近，就是舉行紅軍俄界會議的所在。而在麗江蒙古西路軍渡江南下處，也是某支紅軍渡江北上之地。

蒙古人還有一個小貢獻，在如今的湖南省桑植縣境內，竟然還有一支白族人倖存。雲南大理是白族人的故鄉，在數千里之外又怎麼會有另一支白族人呢？

他們的祖先就是跟隨兀良合台征戰湖南的蠻人士兵。據說，當蒙古人決定撤軍時，兀良合台就地解散了雲南部隊，讓他們自行回家。大部分人都歸去了，但還有一小部分留在了湖南，在深山裡披荊斬棘，開闢了另一片天地。

蒙古人在阿富汗留下了哈扎拉人，在中亞產生了烏茲別克人、哈薩克人，將吉爾吉斯人從蒙古趕到現在的中亞，他們也在雲南留下了蒙古族、回族的後代，而給湖南的禮物，就是那一支白族人。

地理是戰爭的基礎

我們常說，在戰爭中，天時不如地利，地利不如人和。這句話本身並沒有錯誤，就像蒙古人的奇襲，最終卻毀於一個人的意外死亡，這就是人和因素。

但人們對這句話過於迷信，就容易產生反作用，過分的去強調人和，而忽略了戰爭中更多的客觀因素。把戰爭理解為一種情緒的鼓動，或者精神式傳銷，只要有了士氣，一切都迎刃而解，至於其餘的一切，都是可有可無的，不需要深究。

實際上，**戰爭卻是有規律可循的，最基礎的要素就是地理。**

地理之所以重要，是因為其他因素都是變化的，只有地理是相對固定的。天時是不固定的，雖然季節有規律，但天氣每天都在變。所謂人和，也充滿了偶然性，不容易把握。只有山川是近乎靜止的，只要掌握了地理規律，就可以計畫一場戰爭，至於人和、天時，都是在根據地理制訂了作戰計畫之後，才去考慮的因素。

中國歷史上的軍事家，都是很好的地理學家。以蒙古人為例，許多蒙古將領在從蒙古到俄羅斯，再到西亞、高加索、東歐，以及中國、東南亞的巨大範圍內調兵遣將，他們的活動空間比地理學家徐霞客不知道大多少倍，出行也並不是遊山玩水，必須在短時間內摸透已知世界的地理特徵，才能準確的設計出大戰略。

蒙古人最常用的戰術是分兵迂迴、出其不意快速打擊，至於人們常常談到的屠城，雖然可以起到心理震懾的作用，卻不是戰場上的決定因素。蒙古人如此，其他歷次戰爭的勝利者也都必須對地理有清晰的認識。也只有這樣，才能理解自古及今戰爭的邏輯。

不僅是東方，西方的戰略大師們也往往強調地理因素，在第一次、第二次世界大戰中，德國人制訂的施里芬計畫（按：其主要目標為應付來自德國東西兩面的兩個敵盟國——俄國與法國的夾攻）雖然在戰前就已經被論證過無數次，看上去已經無祕密可言，但真的打起仗來，德國人還是能在這個戰略上進行修改，加入一定的變化。也就是說，大戰略不變的情況下，在小戰略上做調整，之所以這樣，也是因為法國和德國之間的地理就已經決定了。

但人類對於地理的認識是逐漸升級的。比如，中國從古代到現在，華夏民族的征服從三代時期的陝西、河南開始，地圖逐漸打開，到了戰國，加入了華北、四川、西北，再到秦漢時期，長江流域、珠江三角洲也進入了古人的視野。至於長江成為戰爭中的一極，已經是三國時期的事了。宋元時期，西南、東北也進入了戰爭考量，現代的疆域才逐漸形成。

在每一個時代，地理規模的不同，導致地理特徵也有區別。而這些地理特徵，就決定了戰爭的走向。總而言之，地理不見得是決定因素，卻是討論戰爭邏輯的基礎。

本書試圖分析的，不是人們早已經翻爛了的《孫子兵法》，而是利用具體的戰爭，引導人們熟悉中國的戰爭地理，理解在秦漢時期為什麼得關中者得天下，三國時期諸葛亮的《隆中對》為什麼那麼高瞻遠矚，南北朝時期的長江爭奪戰，安史之亂的睢陽堅守，這些戰爭之所以如此發生，其背後的邏輯都在於地理所帶來的大戰略。

於是，我們將視野拉回到中央帝國形成之初，兩千多年前的另一場戰爭，這又是一次不啻蒙古人的大迂迴……。

第一部

關中時代：繞黃河定戰略，得關中者得天下

西元前七七一年～西元一八九年，秦到東漢

第一章

得關中者得天下，秦、漢以此奠定王朝根基

西元前七七一年～西元前二二一年

秦漢時期，由於中國的核心區域集中在函谷關兩側的關中與中原地區，在這樣的地理條件下，關中平原成了爭奪天下的最佳起點。

秦漢時期，中原地區缺乏適合防禦的密閉地形，因此屢被關中軍隊攻克。

關中平原四周都是大山，在大山中有著名的關中四塞，只要控制了四塞，外面的力量就很難進攻關中，這種地貌使得關中具備了「得關中者得天下」的軍事地理優勢。

春秋與戰國時期戰爭的最大區別，是春秋的戰爭不以殺人為目的，而戰國的戰爭是以殺光敵方有戰鬥力的部隊為原則，只有這樣才能徹底擊敗對方。用戰敗者的頭顱疊金字塔，是古代戰爭的特徵之一，並非蒙古人的發明。這種號稱「京觀」的人頭塔至今仍有遺存。

秦國鞏固了關中地區後，並沒有首先向東方進攻，而是先攻占了「天下之砝碼」的四川，既獲得了物資支援，也獲得了上游的優勢戰略地位，從而為統一中原創造了條件。

趙武靈王除了胡服騎射之外，也是唯一一個發現了對抗秦國可能性的人，他發現了進攻秦國的北路。不幸，他的發現並沒有被利用，反而成了秦國統一之後防範游牧民族的工具。

秦國統一六國，分為北線、中線和南線，歷代國王在三線中首先挑選最強大的國家作為敵人，而與其他國家暫時結盟，如此循環，將各國逐漸蠶食。

從關中和四川發起的聯合進攻，幫助秦擊破了楚國的首都郢都，並獲得了整個楚國西部。這次戰役也成了人類歷史上第一次有記載的借助長江發動的戰爭。

解決了楚國的問題，秦軍利用長平之戰消滅了趙軍的主力，完成了統一戰爭中最重要的一次突破。長平之戰只是一次戰術上的迂迴作戰，卻由於趙括的輕舉妄動而中了並不複雜的圈套。

秦國的統一可以概括為：扎根關中，先取四川，同時擁有關中與四川，占據上游，再從北、中、南三路依次打擊中原，這是秦漢時期最大的軍事密碼。

西元二〇一五年九月底，在甘肅省博物館內正在進行著一場特殊的展覽。這場展覽的主角是一批從法國返回中國的文物，最著名的是幾片巨大的鳥形金箔。這些文物在兩千多年前曾經屬於秦國早期的某位國君，在他下葬時，金箔片曾經附著在他的棺槨上埋入地下，直到一九九〇年被盜墓者挖掘。

文物的出土地點在甘肅省禮縣的大堡子山。由於盜墓事件的曝光，人們才逐漸發現這裡就是秦國早期的都城所在，在古代被稱為犬丘。與後來秦國占據的關中平原不同，大堡子山位於甘肅南部的崇山峻嶺之中，在西漢水之畔，西周時代曾經是少數民族西戎的地盤。

關於秦人的來歷，有人認為，他們本來就是戎狄之人，所以才占據了犬丘這個地方。另一批人則認為，他們是周初從東方遷徙過來的。不管怎樣，在西周末年，秦國仍然是一個不起眼的邊緣國家。然而，隨後發生的事件改變了秦國的命運。

西元前七七一年，西方蠻族犬戎聯合申侯與繒國攻陷了西周的首都鎬京（也叫宗周），殺死了周幽王，占領了位於陝西的關中平原（按：又稱渭河平原）。

關中平原是周的發源地，擁有著極其重要的戰略地位。當這裡陷入蠻人的蹂躪時，新立的周平王只能帶著他的政府班子向東撤離，過了函谷關，退向了今天河南洛陽一帶，歷史上稱此後的周代為東周。在當時，洛陽一帶建有另一個大都市成周（也叫洛邑），平王東遷後，成周成為東周的新首都。

在東遷時，一位叫做秦襄公的秦國國君離開了大堡子山的本土，率軍從山上進入了關中平原，護送周平王到雒邑。周平王為了感謝，封他為諸侯，並表示如果秦襄公能夠收復關中平原西部，就把這裡當作秦襄公的封地。

周平王的分封只是客套話，因為整個關中平原已經從周王室手中丟失，成了戎狄的牧馬場。秦國只是一個弱小的國家，又如何能與善於打仗的戎狄相抗衡？他沒有想到的是，這次分封卻為未來留下了巨大的變數。更為要緊的是，當周王室東遷之後，整個關中地區陷入了徹底的無政府狀態，必然為另一個勢力的崛起鋪平道路。

那麼，關中地區為什麼這麼重要呢？這就要從關中的地理位置說起。

四面皆險的關中平原

周文王覬覦商王朝的東方之地時，絕沒有意識到造物主在西方已經給了他一份多麼大的禮物。這個禮物叫做關中平原，也就是現代以西安為中心的平原地帶。

這個平原寬五十公里，長三百多公里，以現代的眼光看並不算大。但在周代，關中之外的中國大部分領土都處於蠻荒之中，僅有的文明區域只是現在的河南大部分，以及河南與山東、河北、山西交界附近的領土。在這有限的已知世界內，關中平原占據了大約三分之一的世界，**土地肥沃，氣候適宜，必然成為一代王國的開基之地。**

在商周時期，以位於河南、陝西交界附近的函谷關、崤山為界，其西為關中，其東為中原地區。在中原，最重要地區大都位於現在的河南省內。但並非整個河南省都很重要，現在河南省的糧倉是鄭州以東的大平原，但在周代，東部卻仍然是水網縱橫、沼澤密布、坑坑窪窪的溼地，並不適合人居住，只有在中部和西部靠近山區的土地上，才適合人生存。這些土地大都位於現在的洛陽到鄭州之間。

另外，還有一些適合耕種的土地分布在河南與山西交界地帶的山區，以及與河北、山東交界的山腳平原。這些土地雖然適合耕種，卻有一個最致命的弱點：缺乏地理上的安全性。

在周代之前，中國最大的城市是商代的首都商城（位於現在安陽的殷墟），這座城市規模巨大，被稱為「大邑商」。然而，商城的地理位置卻並不優越。

它的西面是太行山脈，東面是黃河。在商代，黃河的河道並非今天的河道，而是沿著太行山東麓向北流去，在天津附近入海[1]。安陽位於黃河與太行山之間，屬於這個區域中最安全的位置，如果從東方攻擊大邑商，必須渡過滔滔黃河，從西方則需要翻越高聳的太行山脈。然而，大邑商在南方卻有一個巨大的弱點：這裡有一條天然的通道存在，進攻者只要順著這條道路過來，就可以輕易到達首都。

這條通道也處於黃河與太行山之間，位於黃河北岸。在山西、陝西和河南交界地帶，奔湧

1 吳忱、何乃華：《兩萬年來華北平原主要河流的河道變遷》、《華北平原古河道研究論文集》，中國科學技術出版社，一九九一。

的黃河從北方而來，突然拐了個九十度的大彎改向東流。在黃河的北岸是太行、王屋等山脈，但在黃河與這些山脈之間，有一條平坦的過渡地帶一直在黃河北岸延伸，只需要越過幾個低矮的山丘，就可以經過現在的河南濟源、慶陽、焦作等地，暢通無阻到達大邑商。

周武王時代，周朝的軍隊就是從洛陽北上渡過黃河，在黃河北岸再沿著這條路東進，攻克了大邑商，建立了周王朝。商朝首都尚且有這麼大的弱點，其餘地區更是無法安守。

崤山以東的區域沒有形成封閉的防禦地理，崤山、函谷關以西的關中地區卻是天然的防禦寶地。它形成了一個盆地地貌，在盆地的正中心，是海拔較低的關中平原，這個平原主要由渭河和涇河兩條河谷組成，適合農業生長。盆地四周則是一圈易守難攻的高山，從地理上保護關中平原不受侵略（見下圖）。

在盆地的南方，是一道巨大的山脈——秦

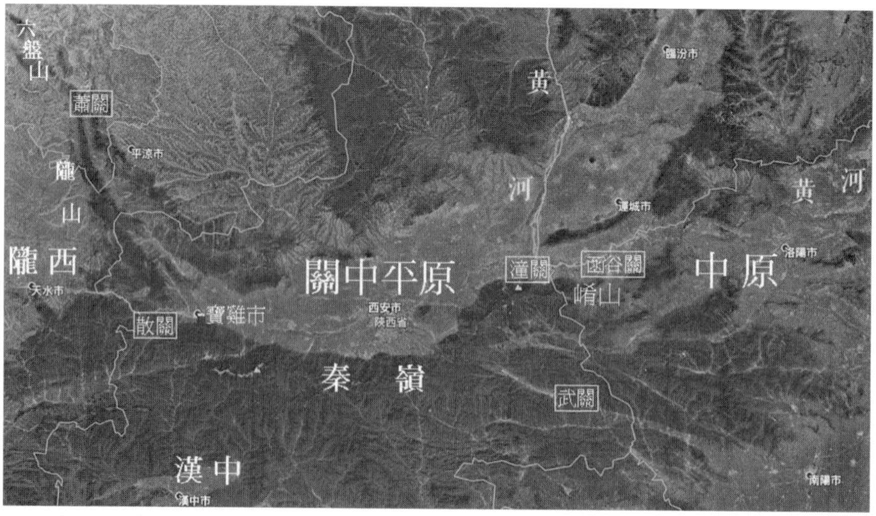

▲關中平原（灰色區塊處）四面環山，且有關口保護。

嶺，諸多的山峰高達三千公尺以上，將盆地與陝西南部的漢江谷地分開。在盆地的北方，是一系列被總稱為北山山系的山脈，與陝北高原隔離。在盆地的西方，寶雞以西迅速爬升，進入了南北走向的六盤山，廣義的六盤山又分成了兩組山脈，北方是六盤山，南方是隴山，這兩列山脈把盆地與西方的甘肅和寧夏分開。在盆地的東方，黃河以南，順著秦嶺餘脈向東形成了幾個小的山脈：小秦嶺、崤山、外方山、熊耳山、伏牛山，黃河以北則是太行山、中條山，將中原與關中盆地隔開。

在中國古代以人力和畜力為主要動力的時代，這些山脈構成了巨大障礙，任何人想攻打關中地區，都充滿了艱難險阻，無法做到奇襲或者快速進襲。如果要攻打關中，在這些群山中只有幾條孔道可以通過，這些孔道就成了兵家必爭的關塞之地。在盆地的東南西北四個方向，各有一個關塞最著名，構成了著名的「關中四塞」。

在東方，洛陽和西安之間的黃河南岸，是著名的函谷關。黃河南岸有著典型的溝壑丘陵地貌，從遠古以來，這裡的大地上就充滿了巨大的蝕溝，高達數百公尺，任何人想要通過，都必須在這些巨大的蝕溝中翻來翻去，把體力消耗殆盡。在這些蝕溝中，在現在河南陝縣與靈寶之間，有一條規模巨大的蝕溝，如果軍隊順著這條蝕溝行走，可以較為容易進入西面的關中平原，這就成了古代人聯通關中與中原的通道。人們走在溝底，望著兩側的山脈，如同走在箱子底部，這就是函谷關名字的由來。

自古以來，**函谷關就是從關中到中原的必經之路**。從關中盆地沿渭河進入黃河谷地，再順著函谷關進入三門峽一帶，最後離開黃河河岸，向南突破小秦嶺和崤山，進入前往洛陽的大道。這條道路經歷過無數軍隊、皇帝、文人墨客的造訪，是中國古代最著名的連接兩京（長安和洛陽）的大道。

在南方，龐大的秦嶺山脈中，有幾條河谷南北向縱切秦嶺，成了古人翻越秦嶺的孔道。最重要的有五條：

第一，在寶雞附近有一個關口叫做大散關，從散關向南有一條通道到達漢中地區，這條路就是著名的散關道，也叫陳倉道、故道。

第二，在散關道以東，有兩條山谷縱切了秦嶺，它們分別是北面的斜谷與南面的褒谷，古人就從北方的斜谷進入，直達秦嶺的山脊附近，再順著褒谷下行，到達漢中地區，這條路也非常著名，被稱為褒斜道。

第三，褒斜道以東，又有一對山谷縱切秦嶺，連接了關中與漢中，這對谷地叫做儻谷和駱谷，因此道路被稱為儻駱道。

第四，繼續向東，又有一條叫做子午谷的山谷溝通了關中與漢中（也可以去往現在的安康地區），被稱為子午道。

第五，繼續向東，來到長安的東南方，有一條山谷，經過藍田和武關，前往湖北的襄陽地區，這條道被稱為武關道。

這五條道路中，前四條都是為了到達漢中，再從漢中進入四川，第一條還可以向西南方向進入甘肅南部。第五條則是例外，

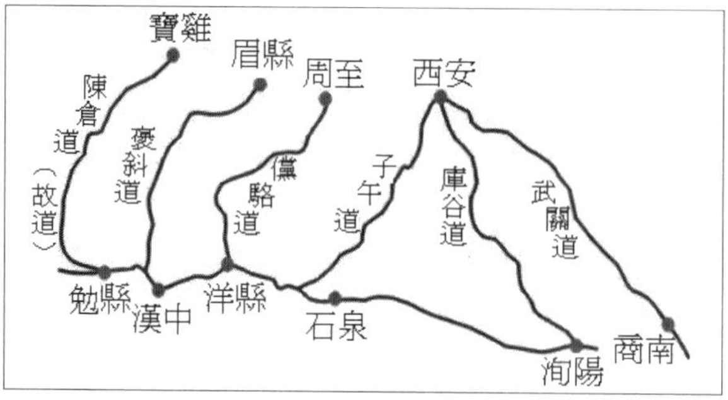

▲古蜀道示意圖。

它溝通了關中與湖北，可以不經過中原，直接從湖北北上南陽盆地，再斜插越過秦嶺進入關中。

在這五條道路中，商周時期最有戰略意義的是第一條和第五條，其餘各條由於道路險阻，在當時還不適合大軍行動。在西周時代，周王向楚地的征伐大都走第五條武關道，而西部的戎狄則透過第一條散關道騷擾周王。邊遠的秦人要想進入關中盆地，也必須經過大散關附近的寶雞進入平原。大散關與武關，就和函谷關一樣，成了關中四塞中的兩塞。

在西北方，擋住了盆地外戎狄的則是龐大的六盤山脈，在山脈的深處，卻有一條古代的道路貫穿。從寧夏境內賀蘭山開始，沿著黃河到達中衛，再從中衛沿著清水河進入一塊相對平坦的小平原，這就是如今的固原地區。

從固原繼續向南就到達六盤山下，越過幾道黃土山梁，可以進入一條涇河的支流，經過平涼與涇河匯合。從固原到平涼之間的六盤山就成了西北最著名的軍事要地，這裡在歷史上被稱為三關口，在三關口西側有一道巨防，稱為蕭關。

東面的**函谷關**、東南的**武關**、西南的**大散關**和西北的**蕭關**，就成了防護關中平原的四個最重要關塞，被稱為**關中四塞**。西周王朝之所以立足，就是因為掌握了關中四塞的險要。只要掌握好四塞附近的控制權，外人就很難攻入關中地區。

然而，關中盆地也並非無機可乘。比如，西周的滅亡就在於西北方向的失手。在西周時代，面向西北的蕭關外有一片緩衝地帶，現代稱之為固原平原，如果西周能夠同時占領蕭關和固原，那麼固原就能成為蕭關的前哨，避免敵人的襲擊。

在西周後期，固原一帶變成了少數民族犬戎的勢力範圍，犬戎經常越過蕭關進攻西周腹地，並最終從這裡出發，攻陷了西周的京城，滅亡了西周。

秦國：從化外到關中

在如今的河北易縣，有一片巨大的廢墟記錄著兩千多年前的戰爭。現在易縣最著名的地點是清朝皇帝的西陵，以及穿越太行山的關隘紫荊關，熙來攘往的遊客大都匆匆而過，前往這兩個知名的景點。遊客們很少知道，在縣城外的南方幾里處，就是當年一個巨大的都城所在。

戰國時期，這裡叫燕下都，如今的遺址內仍然聳立著數座巨大的夯土墩臺，它們是當年宮殿的遺跡。根據當地的傳說，燕昭王招賢和燕太子丹請荊軻刺秦王的故事都發生在這裡。可如今這片遺跡上最大的謎題卻是十幾座巨大的土丘。當人們無意中打開其中一個時，卻發現了中國僅存的京觀遺存。

所謂京觀，是指戰爭中，戰勝者把戰敗者的頭顱收集起來，集體埋葬形成的土丘。當成吉思汗的蒙古人橫掃中亞，修築人頭金字塔時，實際上他是繼承了漢族人的傳統。燕下都京觀的發現，至少表明**中國自從戰國時期，就有割去人頭聚集成塔的習慣**。

西元二〇一五年七月底，我到了燕下都城南五里的解村，看到了那幾座土丘。雖然說這種土丘曾經有十四座，但我去的時候，大部分都已消失，有顯著地表凸起的只找到了三座。在其中的一座土丘上，有一個巨大的盜洞，地上散落著大量的頭骨碎片，有的相對完整，有的已經在水浸的作用下，變得像一團海綿。在地表最多的是人類的牙齒，這些牙齒都來自兩千多年前的戰士。據估算，每一座土丘下都埋葬著上千個人頭，十四座土丘內的人頭總數將近有數萬個。

至今，沒有人說得清楚這些戰士死於哪場戰爭。最可能的戰爭是發生在燕王噲三年（西元前三一八年）的子之之亂。根據史書記載[2]，燕王噲學習堯舜禪讓，將燕國的王位讓給了國相子之（可能也是燕國宗室），他的太子隨即發動叛亂，引起了一場燕國內部的大屠殺。隨後，齊國和中山國乘機侵略了燕國。直到太子平繼位成為燕昭王後，這場動搖了燕國根基的內亂加外患才終告結束。

這些人頭可能就是在子之之亂中死難的士兵。不過，我們卻不知道他們到底屬於子之的人馬，還是太子平的人馬，抑或是趕走齊國侵略者時遭斬首的敵方士兵。

在戰國時期，類似規模的屠殺不計其數，人頭墩在華夏大地上也不只一處。甚至這一處並不算最大的，只是它穿越了歷史，保存到現代，讓我們體會到當年的腥風血雨。

人頭墩的發現也向人們揭露了戰國時代的一個戰爭祕密。在**春秋時期，戰爭不是以殺人為主，它只是一種政治手段**，戰爭雙方並沒有想要滅絕對方，而是點到為止，最終是為了簽訂條約，獲得對方幾座城池。

但是到了**戰國時代，戰爭變成了你死我活的併吞手段，最終的目的是消滅對方的國家**。在戰國時期，人們的國家歸屬感也非常強烈，一個趙國人哪怕投降了秦國，一旦被釋放，他仍然會回

2 《史記．燕召公世家》。

到家鄉變成一個趙國人，下次打仗時，秦軍又會在戰場上看到同一個趙國人。

秦國唯一能夠消滅趙國抵抗力的有效手段，就是將對方的年輕人都殺光。於是，戰國時期的戰爭突然間變得腥風血雨，失去了原本文質彬彬的特徵。秦國是最早體會到戰爭變化的國家，也更加嫻熟的完成了對敵國有戰鬥力的部隊的屠殺。

但在秦國崛起之初，他們首先要做的還不是與六國廝殺，而是怎樣從化外的一個邊緣小國變成統一關中的強國。

西周滅亡、周平王東遷後，整個關中盆地成了犬戎的牧馬場。幾乎所有的周王室諸侯都跟隨平王逃往了函谷關以東，只有秦國由於地處偏遠，留在了西方。

此刻的秦國也沒有占領關中平原，而是在隴山西面、位於甘肅禮縣的崇山峻嶺中生存。不過，周王室離開後的真空，以及犬戎無力建立政治結構，給了秦國足夠的機會。

秦人占領關中平原的第一步，是從襄公時期開始的。由於西部面臨的戎人壓力太大，襄公決定將秦人的勢力向平原移動。秦襄公十二年（西元七六六年），他率領人馬進攻了盤踞在岐邑的戎人，並死在了戰爭之中。他的兒子文公隨後將都城遷往了陝西眉縣附近的汧渭之會，進入了關中平原的西部，控制了如今的寶雞地區。

文公在汧渭之會一共統治了四十六年，他南征北戰，將盤踞在平原中西部的戎人趕走。秦國的勝利讓那些留在西部的周朝遺民看到了希望，他們成了秦國的忠誠擁躉。

西元前六九七年，秦武公繼位，這時距離周平王東遷已經七十多年，秦國經過幾代國君的努力，終於將蠻人趕出了曾經的西周土地，將整個關中平原據為己有。然而，直到戰國時期，秦國仍然沒有辦法將關中所有的戰略要地掌握在手中。對它的威脅來自東方的魏國和南方的楚國。

在秦國東部，直接接壤的是從晉國分出的魏國和韓國。

周威烈王二十三年（西元前四〇三年），晉國下屬的三個次級封君取代了原來的晉國君室獲得了諸侯的資格，強大統一的晉國消失了，取而代之的是韓、趙、魏三個國家。這三個國家中，趙國地處東部，不與秦國直接接壤，而韓國和魏國卻控制了數個戰略要地，對秦國構成了巨大的威脅。

在戰國七雄中，領土最分散的是魏國（見下圖）。魏國的領土包括了黃河以西（河西，現在的陝西北部）、黃河以東（河東，現在山西境內，臨近陝西與河南的黃河大拐彎處，以首都安邑為中心）、黃河以北（河內，現在河北境內）、黃河以南（河外，現在河南省，以後來的首都大梁為中心）四大部分，從現在的陝西延安一帶一直延續到河南的開封。

在關中地區，除了四塞之外，在關中平原的東北方向還有一個缺口。這個缺口位於現在的韓城方向，順著缺口可以從陝西的關中平原越過黃河到達山西的汾河谷地。不過，這個缺口有個天然的屏障：黃河。也就是說，秦國的陝西和魏國的山西之間，只隔著一

▲戰國七雄分布圖。

條黃河，如果秦國想保持疆域的安全，就必須占領黃河以西全部的土地，把黃河作為天險進行防衛。如果東方國家（魏國）跨過了黃河，秦國就會感覺到危險。

魏國的第一個正式國君魏文侯是個雄才大略之人，一方面，他重用李悝、吳起、樂羊、翟璜、西門豹等人，聚集了大批的名將文臣；另一方面，魏文侯一眼看穿了關中平原的戰略地位，他避免與其他山東五國爭鬥，而是將秦國的關中平原作為主攻方向。

在三家分晉之前的魏文侯二十七年（西元前四一九年），魏國侵入黃河以西，在少梁（現在的陝西韓城）築城，取得了軍事據點。隨後在吳起、李悝的聯合攻勢下，魏軍進攻了位於關中平原的鄭地（如今的陝西華縣），並占領了秦國洛河（注意：是位於陝西的北洛河，不是位於洛陽的南洛河）與黃河之間的大量據點，推進到了涇河一線。隨後，魏國築了一道長城，加強了對黃河以西地區的控制。此時，魏國的首都就設在黃河東岸的安邑（山西夏縣境內），距離中原地區路途遙遠，卻距離秦境很近，可見魏文侯的軍事重心所在。

魏文侯的擴張讓秦國的關中地區不再完整，隨時受到魏軍的威脅。此後幾十年，秦國被迫收縮防線，與中原地區斷了聯繫。

但秦國的麻煩並不僅僅在東北（河西地區），還在於函谷關。最初秦國與晉國分別占有了函谷關兩側，三家分晉後，韓國繼承了晉國函谷關東側的土地。隨後，魏國攻占少梁，將函谷關西側的土地也據為己有，這個對秦國價值最大的關塞也不再被秦所控制。

在東南的武關地區，由於楚國的擴張，秦國也無法透過武關威脅楚國。函谷關和武關的斷絕，使得秦國無法染指中原事務，被中原六國長期當作夷狄。為了向東擴張，秦國首先必須打開函谷關、武關通道，並占領魏國的河西之地。

國家成戰爭機器

在強敵壓境的情況下，秦國卻激發出了最強的動力。在歷代秦王的領導下，秦國一直致力於兩方面的變革：

第一，從制度上建立一種能夠供養龐大軍隊、激發士兵鬥志的財政和社會系統，這個系統必須比六國的更加持久，也更加能夠組織起龐大的軍事供給。

第二，多殺人，消滅六國有戰鬥力的部隊，讓他們因人員不足，從財政和社會上出現崩潰。

致力於戰爭的財政和社會制度是由商鞅建立的。西元前三五六年和西元前三五〇年，商鞅在秦孝公的支持下連續兩次進行變法，將秦國社會打造成了一部專門為戰爭服務的財政機器。商鞅變法的內容包括[3]：

第一，在地方上推行中央集權制度。在商鞅之前，華夏各個國家流行的是分封建制，國君並不能直接統治國家的所有土地，他把一部分土地分給了一些下級封君，讓他們代自己進行統治，在已經分封出去的土地上，國君並不能直接插手經營，這就減少了國家的稅收。商鞅在全國建立

3　參見郭建龍：《龍椅背後的財政祕辛》，大是文化出版社，二〇一八。

了郡縣制，各縣由中央直接管轄，官員由中央統一指派，減少了下級封君反抗的可能性。他還在民間建立什伍制度，五家為一保，互相監督，加強政府對社會的管控能力。政府的稅收也大大增加，可以組織更加龐大的軍隊。

第二，控制糧食流通管道，限制人口自由流動。雖然土地屬於農民，但農民不得擅自離開土地。透過把他們固定在土地上，每一個農民就都被「標準化」了，他們活著的意義就是生產糧食，並透過政府控制的流通管道輸送到秦國的戰爭機器之中。

第三，實行軍爵制，將整個社會生活和軍事掛鉤。一個人只有在軍事上有所貢獻，才能得到爵位，爵級共二十個級別，一個人先受封低級爵位，下一次再受封，就可以累積到更高級，依次累積，直到最高級。爵位越高，他的社會地位也越提升。

第四，秦國由於發展晚，土地充足，而山東六國的土地不夠，人口眾多，商鞅就**鼓勵六國向秦國移民**。一旦這些人移居到秦國，就分給他們土地，並免除他們三代人的兵役，讓他們專心種田。這些人就轉化成了秦國的生產機器，而打仗參軍則由原來的老秦人承擔。

一個生活在秦國的人，不管他是做什麼職業，都被一整套的國家制度納入了軍事體系之中，這個體系能夠產生出足夠的軍人和糧食，完成對外作戰。

當秦國的軍事體系建立之後，對外擴張成了必然。商鞅證明自己不僅僅是一個政治家，還是一個目光卓越的軍事家。在他的策劃和努力下，秦國扭轉了百年的頹勢，從魏國、韓國、楚國手中收回了關係命運的幾大戰略要地，重新鞏固了秦的疆域。

在秦孝公繼位四年後的西元前三五八年，秦國出擊伐韓，四年後伐魏，拉開了鞏固關中的序幕。最能表現商鞅謀略的是奪取魏國河西之地的戰爭。

戰爭的序幕是魏國在東方的失誤。周顯王二十八年（西元前三四一年），魏國在馬陵之戰慘敗於齊國，由於孫臏的計謀，魏國主將龐涓被迫自殺。魏文侯之後，魏國幾代國君失去了先輩的睿智，文侯始終知道最大的敵人是秦國，然而隨後的武侯、惠王卻缺乏目標的單一性，將重心逐漸轉移到了中原地區，時常發起韓、趙、魏三國的內鬥，又捲入了與齊國的戰爭，最終在桂陵之戰和馬陵之戰中兩次被齊國擊敗。

就在魏國東線失敗的同時，西線的秦國乘機發動戰爭。秦孝公派遣商鞅率軍收復河西，魏軍派出公子卬迎戰。商鞅在魏國時，與公子卬是朋友，他寫信給公子卬，回顧以前的交往，希望能夠見面締結盟約，維持和平。公子卬按照春秋時期的君子戰爭規則欣然前往，但商鞅卻毫不留情的採取了戰國時期的小人規則，將公子卬扣留，失去了主帥的魏軍大敗。

這場戰爭讓魏國割讓了河西所有的領土。由於失去了河西，距離秦國太近的首都安邑已經不再安全，魏惠王不得不將首都遷到了東部的大梁（現開封），遠離了與秦國作戰的前線。

魏國的遷都意味著它已經將重心轉移到了東部，不再參與西部的糾紛，秦國可以舒服的在黃河以西活動，並逐漸占領了韓國和魏國在函谷關一帶的戰略要地。

在南方，秦國也在與楚國交界的武關一帶加強了軍備，修築了關塞。武關、函谷關的天險從此掌握在了秦國手中。關中地區鞏固了。

關中四塞的占領，意味著秦國已經成了獨一無二的大國，擁有了其餘六國無法比擬的戰略地位，下一步，自然就是向東擴張。然而，秦國穩固了關中之後，並沒有再接再厲向中原擴張，而是又走了一步誰也想不到的妙棋——進軍四川。

四川，天下之砝碼

秦惠文王九年（西元前三一六年），在中國西部發生了一起足以影響戰國軍事格局的事件。執政的秦惠文王是秦孝公的兒子，他一上臺就殺掉了商鞅，對於商鞅的改革措施，卻全部繼承。惠文王時代，是戰國時期變動最大的時代，他執政十四年後，各個國家的國君不滿足於稱「公」或者「侯」，也就是周王的下屬，紛紛也和周王一樣改稱王。隨著稱呼的改變，列國戰爭頻發，蘇秦在函谷關以東的六國頻繁穿梭，進行合縱，聯合六國共同抗擊秦國。

就在這一年，秦國周邊出現了兩起需要用兵的事件：第一起，秦國東面的韓國派兵攻打秦國，秦王想出兵迎擊，順便入侵韓國教訓它一下；第二起，秦國南面隔著崇山峻嶺，有兩個處於文明之外的國度，分別是位於現在重慶地區的巴國，和位於現在成都的蜀國。這兩個國家之間出現了爭執，紛紛派遣使者翻山越嶺，來秦國求助，秦王看到了這是一個併吞巴蜀的好時機。

然而，秦國的兵力不足以同時雙線出兵，到底先幹哪一票，群臣們在朝堂上議論紛紛，意見不一致。兩派的代表人物分別是伐韓派的客卿張儀和伐蜀派的大將司馬錯。兩人觀點迥異，卻各有道理。

張儀的理由非常充足：韓國的地理位置太重要了，位於天下的中心，攻取了韓國，就有了號令天下甚至挾天子以令諸侯的戰略地位。相對而言，作為化外蠻荒之地的蜀國簡直無足輕重。兩相對比，伐韓比伐蜀有利得多。

在戰國中後期，韓國和（丟失了河西的）魏國是兩個有趣的國家，它們的領土面積是七國中最狹小的，也是軍事實力最弱的，卻處於七國的正中心，是連接各國的戰略要地，被稱為天下之樞。在現代地圖上，韓國的土地包括河南西部和南部的丘陵山地，加上山西南部一部分山谷地帶，以及河南東部平原上的首都新鄭[4]。而魏國的土地主要在河南東部平原，河北、河南交界地帶，以及山西西南部的河谷盆地[5]。

這兩個國家占據的地方恰好是從秦國的關中平原去往中原地帶的主要道路。從秦國往中原去的路主要有兩條：一條是走函谷關的大道，這條路在黃河以南，從函谷關出來，所經過的土地大都屬於韓、魏，如陝地屬於魏國，宜陽和成皋、滎陽屬於韓國；另一條在黃河北岸，也就是黃河與中條山、太行山之間的狹長通道，道路同樣被韓、魏阻斷，中間的上黨屬於韓國，兩端的蒲阪、皮氏、汲等屬於魏國。

除了秦國與山東（崤山以東）地區的交通需要經過韓、魏之外，還有一條南北走向的大道，從燕趙通往楚國，這條路同樣要從韓國和魏國經過。正是因為溝通了南北和東西的交通，韓、魏才成了天下的樞紐之地。

4　《漢書．地理志》：「韓地，角、亢、氐之分野也。韓分晉得南陽郡及潁川之父城、定陵、襄城、潁陽、潁陰、長社、陽翟、郟，東接汝南，西接弘農得新安、宜陽，皆韓分也。」

5　《漢書．地理志》：「魏地，觜觿、參之分野也。其界自高陵以東，盡河東、河內，南有陳留及汝南之召陵、強、新汲、西華、長平，潁川之舞陽、郾、許、傿陵，河南之開封、中牟、陽武、酸棗、卷，皆魏分也。」

張儀的計謀是：秦國採取各個擊破的方法，第一次出兵只針對韓國，甚至為了襲擊韓國，要主動去聯絡魏國和楚國，秦國從北方進攻，截斷韓國北方的領土上黨，魏國從中間襲擊韓國黃河兩岸的腹地，而楚國則從南部襲擊韓國的首都。

擊敗韓國之後，秦國可以謀取更大的目標：韓國曾經的首都宜陽與周天子所在成周（洛陽）距離很近，秦軍利用攻韓的機會，可以順便出擊洛陽，直抵周天子最後的領地，脅迫周天子，取得象徵天子權勢的寶鼎，達到挾天子以令諸侯的效果。

一旦獲得了韓國和周天子的領土，秦國就取得了天下之樞的一半，為接下來進攻其他國家做好了地理上的準備。

張儀認為，與韓國的地理位置相比，蜀地所在的四川只是蠻荒之地，與中原的聯繫非常鬆散。如果要從秦國去往四川，必須先穿越秦嶺（走子午道）前往漢中，再沿著一條狹窄的小道（金牛道）進入四川盆地。由於地理遙遠，取得了四川對秦的意義也不大。

張儀的分析代表了當時的主流觀點，人們普遍認為，決定天下命運的是中原腹地，秦國既然處於西面，就應該時時刻刻想著去占領函谷關以東的中原領土，逐漸蠶食，最後統一，至於西南、西北，並不是主要的戰場。

幸運的是，有一個人反對張儀的提議，他就是秦國的大將司馬錯。

司馬錯的觀點與張儀相反，他認為暫時放棄韓國，進攻四川才是最明智的做法。這個觀點在當時看來是驚世駭俗，但司馬錯為什麼這麼認為呢？

在司馬錯死後兩千兩百年，英國的一位戰略學家李德・哈特（Liddell Hart）提出了一個概念：間接戰略（Strategy of Indirect Approach）[6]。

所謂間接戰略，就是在目標明確的前提下，並不是直接向目標前進，而是適應環境，隨時做好改變路線的準備，積攢必要的「勢」，當萬事俱備時，再向最終目標發動總攻。司馬錯的觀點恰好與哈特的戰略是一致的。

為什麼不直接攻打韓國？司馬錯認為，秦國的目標雖然是統一天下，但這個目標如果過早的暴露出來，不僅無法實現，反而會讓六國變得更加警惕，聯合起來對付秦國。

韓國的地理位置重要，是六國皆知的事實，所以，當秦國攻打韓國的關隘、圖謀周王時，韓國和周王會立即覺察到秦國的野心，轉而向齊國和趙國求救。

同時，雖然秦國想聯合楚、魏一同伐韓，但韓和周為了拉攏楚國和魏國，會把周王的寶鼎送到楚國，把韓國的土地割讓給魏國，再一同抗擊秦軍。到最後，秦國的野心暴露無遺，卻沒有撈到任何好處，戰略徹底失敗。

秦國之所以達不到目的，終歸還是因為它的實力沒有強大到可以滅亡六國，缺乏足夠的「勢」。土地不夠多、兵不夠強、國家不夠富裕，如果這些問題不解決，那麼秦國未來的征戰都會遭遇困難。如何解決這些困難？司馬錯給出的答案是：走間接戰略——伐蜀。透過征服蜀地來擴充土地，增加財富，達到富國強兵的目的，最後再進軍中原，統一全國。

6（英）李德·哈特（B. H. Liddell Hart）：《戰略論：間接路線》（*Strategy: The Indirect Approach*），上海人民出版社，二〇一八。

蜀雖然是偏僻的國度，卻是蠻人中最強大的一個，又恰逢內亂，攻取了蜀地，就等於秦國在西方的勢力獲得了最大化。對秦最重要的是：蜀地已經是極其富裕的國家，一旦被秦國攫取，就可以利用蜀地的財富進行備戰。

實際上，如果要統一（當時認為的）全世界，一個關中地區仍然不足以積累足夠的財富，可是加上一個蜀地，情況就不同了。從這個角度說，如果把韓、魏當作天下的樞紐，那麼蜀地就是天下的砝碼。秦國無法憑藉關中與整個山東六國抗衡，可是加上蜀地這個砝碼帶來的資源，勝利的天平就朝秦國傾斜了。

除了資源之外，蜀地的戰略地位其實也並不低。在秦國的敵手中最強大的是楚國。楚國地方五千餘里，一個國家的地域就與韓、趙、魏、燕四國相當。楚國依靠著巴山秦嶺的天險、漢江長江的天塹，足以抵抗秦國的進攻。但楚國也有一個弱點：它位於長江和漢江的下游地區，而上游正是漢中和蜀地。如果秦國控制了這兩條江水的上游，就可以順流而下，利用地理上的天然優勢壓迫楚國。

所以，要想併吞六國，首先要占領蜀國，在不知不覺間獲得資源和地理上的優勢，趁別國還沒有注意到，已經成了最強大的國家。

司馬錯的提議，也是第一次將四川的戰略地位提了出來。在中國軍事歷史的關中時代，蜀地一直是勝利天平上決定勝負的那塊砝碼。如果一個國家只占據了關中地區，那麼因為資源不夠，很可能無法統一中原，可如果同時占領了四川和關中，就具有了統一的資本。

不僅僅是秦代，在楚漢相爭中，四川仍然在背後默默的支撐著劉邦的補給，它雖然不出名，沒有直接參與戰鬥，卻是決定勝負的重要因素。

秦國的幸運在於，司馬錯的提議已經超出了當時人們的視野範圍，卻出人意料的被採納了。執行戰爭命令的，就是主張伐韓的張儀。當年十月，秦國大軍從子午道越過了秦嶺，乘著巴蜀的內亂，將蜀地收入囊中。

由於蜀地在六國的關注之外，當秦國走出這個重要的勝負手時，六國都毫無反應，不知道勝利的天平已經在朝秦國傾斜。直到秦國利用蜀地的地理優勢開始進攻楚國時，人們才意識到，秦國占領蜀地是多麼重要的一步。

武靈王，河套大迂迴戰略

周赧王十六年（西元前二九九年）前後，已經足夠強大的秦國迎來了一位不速之客。有一天，一隊趙國的使節出現在秦國首都咸陽，並獲得了當時秦國國君秦昭王的接見。

昭王看見使臣裡有一個人相貌雄偉，舉止威嚴。更不同尋常的是，其他使節在與這人打交道時，都不由自主帶著恭敬的痕跡，即便想掩飾，但仍不自覺的流露出來。接見完畢，使節的隊伍離開了首都。秦昭王仍然納悶，這個人不像是位居人下的臣子。出於好奇，他派人騎馬追趕，試圖再問個究竟，卻發現此人已經騎快馬先行離去了。

這是一個俄國彼得大帝式的故事，因為秦昭王見到的這個人就是當時他最大的敵手之一：趙武靈王。武靈王冒險進入秦國首都，就是來探秦國的虛實，以及地理情報的。就在秦國迂迴四川，獲得資源和地理上的雙重優勢時，武靈王也發現了一條大迂迴襲擊秦國的通道。這條道路對於戰國時期的中國人來說，同樣是具有開拓性的。

如今，在內蒙古包頭北面的山中，仍然保留有兩道古代的長城，它們分別是秦國統一後修建的石長城，以及趙武靈王當年修建的趙長城。從包頭去往固陽的省道二一一上，從一個叫大廟村的村子分出一條岔路通往石拐區，從大廟開始，有一道低矮的土堤時隱時現，伴隨著公路一直向東。這條土堤就是當年的趙長城。

趙長城與後來的長城不同，並沒有修建在高高的山脊上，而是修建在兩道小山脈中間的谷地裡，它只是一道邊牆，很少有敵樓，代表了中國早期的長城形態。如果敵人攻打長城，必須首先翻上北面的山脈，然後衝到谷地裡，在谷地最深的地方遭遇到這道長城。

由於坍塌和被土埋入地下，趙長城已經成了一道不明顯的土堤，但人們依然可以沿著長城走上數公里，不至於迷失。隨著現代的開山築路，有的地段把土挖開，露出了長城的剖面，可以看見雄偉的夯土牆體。在長城邊上，偶爾可以看到後來各個朝代屯戍的痕跡。

趙武靈王修建的這道長城，表明趙國的北疆已經延伸到了黃河「几」字形最北端的陰山深處，那兒無法進行耕種，卻有著無比重要的軍事價值。到了秦國統一六國後，秦始皇不滿足於趙長城的簡陋，派遣大將蒙恬在趙長城北方幾十公里的一道山脊上，劈山取石建了另一道石長城。與趙長城建在谷地不同，秦長城已經選擇建在山脊上，進攻難度更大了很多，也表明秦朝的疆域比起趙國又向北推進了幾十公里。

趙武靈王之所以跑到遙遠的北方築城，正是要從後門進入關中平原，對秦國進行打擊。他是戰國後期唯一一位制訂詳細計畫打擊秦國的君主。當其他國家紛紛迎合秦國時，武靈王卻奮發圖強，為進軍秦國做著準備。

在武靈王時期，秦國的關中四塞已經成形，武備森嚴，從武關和函谷關入境打擊秦軍都已經不可能了。當別國束手無策時，武靈王卻發現了一條遙遠的道路，可以繞過武關和函谷關，進入關中平原。這條路就是：從北方塞外進入河套地區，然後翻越北山山系進攻秦國。

在關中四面的群山中，只有北面的北山山系是低矮且充滿了豁口的，武靈王就是想利用地圖的寬度繞過太行山，從北面進入河套和陝北高原，再打通北山山系進入關中平原。

到了秦始皇時期，他也意識到從河套到首都咸陽這條道路的重要性，故主持修建了一個偉大的工程：秦直道。秦直道筆直的從咸陽出發，穿越陝北高原，越過黃河，終點就是包頭。

如果趙武靈王的戰略得以實現，這條路就是趙國打擊秦國心臟的出兵之路，但因為秦國統一成功，武靈王的發現成了秦國防範北方匈奴人的運兵道。

當趙武靈王認識到可以從北方打擊秦國時，趙國的北方還有中山等白狄國家，以及更加北方的胡人（林胡、東胡、婁煩等）。為了增強趙軍的戰鬥力，與胡人周旋，武靈王決定改穿更加方便打仗的胡服，減少笨重的戰車使用，利用馬匹和弓箭增加機動性。趙武靈王的胡服騎射成了戰國後期最著名的一次軍事技術改革，並直接影響了未來軍事發展的方向。

完成改革後，武靈王花了十年時間滅掉了中山，進入了胡人的區域，將趙國的疆域直接推至黃河河套以北，占領了現在內蒙古境內的雲中、九原，作為進攻秦軍的後備基地，並越過黃河，到達了陝西北方的米脂、延安一帶，初步具備了打擊秦國的能力。也就是在這時，武靈王率隊冒險潛入了秦國首都，完成了對秦國的最後觀察。

為了做進軍秦國的軍事準備，他甚至將王位讓給了兒子惠文王，自稱趙主父，專心準備軍事行動。在當時世間沒有**太上皇的說法**，這個詞是**漢高祖劉邦為他父親發明的**，所謂主父，其實就是太上皇之意。如果趙武靈王能夠活得更久一些，那麼他對秦國的進攻將會成為現實。但不幸的是，當他決定讓位給兒子時，事實上鑄就了自己的毀滅之路。

雖然讓位給了惠文王，但他在兩個兒子（惠文王與安陽君）之間一直態度不明，致使兒子之間出現了內鬥。西元前二九五年，武靈王突然被惠文王圍困，三個月後，這位雄才大略的君主帶著無數的征服夢想，被活活餓死在沙丘宮。

武靈王死後，趙國的政治從對外擴張變成了守成，沒有人能夠繼承他的雄才大略，也沒有人有他的眼光，能夠看到那條北方遙遠地帶的道路有多重要。進攻秦國成為泡影。不過，趙武靈王的胡服騎射改革卻為趙國留下了一支兵強馬壯的軍隊，到了戰國後期，趙軍的戰鬥力已經成了秦國統一的最大障礙。也正因為此，趙軍成了戰爭中損失最慘重的軍隊。

趙武靈王另一個想不到的是，在他餓死八十五年後，沙丘宮迎來了另一個帝王——秦始皇。在巡行全國的途中，到達沙丘宮時，秦始皇患病身死，讓沙丘宮成了帝王們最詛咒的地方。

統一的代價：長平枯骨與郢都赤地

事情已經過去了兩千多年，但高平這座城市，仍然彷彿只為一場戰爭而存在。

當我還在去往高平的火車上時，鐵道旁的牆上就出現了長平之戰的地圖和宣傳畫。打開任意一張高平地圖，就會被許多怪異的地名所吸引：企甲院（棄甲院）、箭頭村、圍城村、王降村、三軍村……這樣的地名有幾十個。在火車上，老人們已經開始向我推薦：一定要去谷口村和骷髏王廟看一看……。

實際上，高平就是一座建在古戰場上的城市，在兩千多年前，這片戰場曾經屍骨遍野，丹河水為之變色。為了說明戰爭的規模，先舉一個例子：第二次世界大戰的轉捩點史達林格勒戰役中，德軍被殲滅三十三萬人，而在兩千年前的長平之戰中，趙軍投降的一共四十餘萬，被秦將白起悉數坑殺（按：後有考古專家研究表示，非坑殺活埋，應是阬殺，也就是殺死敵人再埋）。

在戰國時代，一個國家能夠組織的兵力最多只有百萬之眾，在所有國家中，秦國和楚國是最強大的兩國，能夠達到百萬，其餘國家的兵力都只有幾十萬人而已。長平一戰，消滅了趙國的大部分軍隊，使其在秦統一之前再也沒有恢復元氣（見下頁表1）。

由於地理的關係，韓、趙、魏三國是在抗秦戰爭中損失最為慘重的國家，其次是楚國。僅以秦國武安君白起發動的戰爭來計算，除了長平之戰坑殺趙國四十多萬人之外，白起還在伊闕之戰中斬首韓魏聯軍二十四萬人；秦昭襄王三十四年（西元前二七三年）戰役中，斬首（加沉河）魏趙聯軍十五萬人；秦昭襄王四十三年（西元前二六四年）斬首韓國五萬人[7]。

另外，在惠文君七年（西元前三三一年），秦軍斬首魏軍八萬人。惠王（惠文君，稱王後改

7　《史記．白起王翦列傳》。

表1　蘇秦、張儀時代七國的軍事實力[8]

國別	蘇秦的說法	張儀的說法
燕	地方二千餘里，帶甲數十萬，車六百乘，騎六千匹，粟支數年。	
趙	地方二千餘里，帶甲數十萬，車千乘，騎萬匹，粟支數年。	
韓	地方九百餘里，帶甲數十萬，天下之彊弓勁弩皆從韓出。	地方不滿九百里，無二歲之所食。料大王之卒，悉之不過三十萬，而廝徒負養在其中矣，為除守徼亭障塞，見卒不過二十萬而已矣。
魏	地方千里。（地名雖小，然而田舍廬廡之數，曾無所芻牧。人民之眾，車馬之多，日夜行不絕，輷輷殷殷，若有三軍之眾）武士二十萬，蒼頭二十萬，奮擊二十萬，廝徒十萬，車六百乘，騎五千匹。	魏地方不至千里，卒不過三十萬。地四平，諸侯四通，條達輻輳，無有名山大川之阻。從鄭至梁不過百里，從陳至梁二百餘里。馬馳人趨，不待倦而至梁。
齊	齊地方二千餘里，帶甲數十萬，粟如丘山（臨淄之中七萬戶……不下戶三男子，三七二十一萬，不待發於遠縣，而臨淄之卒固已二十一萬矣）。	
楚	地方五千餘里，帶甲百萬，車千乘，騎萬匹，粟支十年。	
秦		秦帶甲百餘萬，車千乘，騎萬匹，虎摯之士，跿跔科頭，貫頤奮戟者，至不可勝計也。

元紀年）七年（西元前三一八年），斬首韓、魏、趙、燕、齊和匈奴聯軍八萬兩千人；十三年（西元前三一二年）斬首楚軍八萬人。

武王四年（西元前三〇七年）攻克宜陽，斬首韓軍六萬人。昭襄王六年（西元前三〇一年）斬殺楚軍兩萬人；十年（西元前二九七年），再斬殺五萬人；三十二年（西元前二七五年）攻魏斬首四萬人；五十一年（西元前二五六年）攻韓斬首四萬人。[9]

秦國的統一，實際上是將中原國家的人口資源消耗乾淨，使得他們無力反抗才獲得的。在中國歷代戰爭中，以血腥消耗人口為代價獲得勝利的例子並不多，除了秦之外，就只有蒙古人的對外擴張，以及清朝對準噶爾人的鎮壓。在大部分時候，戰爭是為了讓對方臣服，而不是消滅。

秦的統一之所以如此殘暴，和中國第一次進入統一帝國模式有關。在進入帝國模式之前，每一個國家的人民都有地域歸屬感，哪怕暫時被打敗，也牢記自己是楚國人、趙國人，不是秦國人。一旦進入了帝國模式，人們自認為屬於一個國家，就會隨時做好歸順勝利者的準備，在天下一家的心理作用下，征服者不用做動員，人民已經做出了「正確的」選擇，這時，殺人就變成了輔助手段，最重要的反而是人心。

我們總是把秦國的統一當作一個事件，實際上，它卻是很長時間段內各種事件積累的結果。秦始皇之所以能夠併吞六國，其根基是在**孝公時期**打下，並由歷代秦王透過蠶食逐漸積累優勢而

8　根據《史記》、《戰國策》整理。
9　《史記．秦本紀》。

來的。

秦孝公之後，繼承了孝公擴張思想的是秦惠文王（在位二十七年）和秦昭襄王（在位五十六年）。惠文王時期主要的政策制訂者是張儀，張儀的主要任務是破壞諸侯的合縱政策。在當時，由於秦國軍事優勢已經越來越明顯，六國意識到必須聯合起來才能對抗秦國，一位叫蘇秦的縱橫家推出了合縱政策，遊說六國國君共同抗秦。蘇秦死後，張儀的任務就是幫助秦國破掉六國的合縱，他採取了新的措施：連橫。

在張儀時代，韓、魏這兩個國家地域狹小、實力有限，而趙國（趙武靈王）、燕國、齊國與秦國沒有接壤，趙武靈王雖然試圖打通北方通道進攻秦國，卻還沒有引起秦國的重視。

在惠文王和張儀的眼中，對秦國構成最大威脅的是南方大國楚國。以領土而論，楚國比秦國還要龐大，是齊國領土的二．五倍，幾乎與燕、趙、韓、魏四國領土相當。以軍事而論，只有秦、楚可以組織起百萬軍隊。雙方領土相接，在武關形成對峙，這樣的楚國成了秦擴張最大的障礙。張儀十年的工作重心，就在於孤立楚國、削弱楚國，擊碎六國的合縱夢想。

秦惠文王十二年（西元前三一三年），身為合縱國首領的楚懷王在郢都（現湖北荊州偏北）的宮殿中迎接了一位不速之客：秦國的使者張儀。

張儀戲楚

張儀向楚懷王推銷連橫之術，認為秦、楚本是友邦，不應兵戎相見。然而真正打動楚懷王的卻是張儀許諾，為表誠意，秦國向楚國獻出商於地區的六百里土地。商於之地在武關之外、秦嶺之南，本來屬於楚國，後來被秦國奪得。由於它已經越過了秦嶺山脈，深入楚國的腹地，一直讓楚國如鯁在喉。這片土地的面積很大，幾乎相當於韓國的三分之二。

對於土地的渴望讓楚懷王昏了頭，他乾淨俐落的與齊國絕交，派人前往咸陽去接受土地。然而，回到咸陽之後的張儀卻消失了，三個月內一直稱病不出。懷王認為秦國的拖延，是在檢驗自己的態度是否堅決，於是派人去臨淄的宮廷內大罵齊王。齊王大怒，決定與秦聯合。

楚懷王的一廂情願換來的卻是恥辱。秦國拒絕承認割地一事。懷王終於明白上了當，決定對秦國採取軍事行動，結果，八萬楚軍被秦國殲滅。楚國沒有得到商於之地，反而丟失了軍事價值極為重要的漢中地區東部。

漢中地區是溝通關中和四川的交通要地，秦國雖然已經征服了四川，但如果漢中不穩定，關中和四川的聯繫就會中斷。在此之前，秦國只是占領了漢中地區的西部，這次終於獲得了整個漢中。更讓楚懷王感到恥辱的是，欺騙了他的張儀隨後再次出現在他的宮廷，這一次，張儀是來要求楚國的黔中郡。

這時，秦國併吞巴蜀的優勢就顯現了出來。黔中郡位於如今湖南西部的沅陵，是楚國的南方領土，本來與秦國距離最遙遠。但秦獲得了四川盆地之後，重慶地區已經與黔中郡接壤了；更重要的是，秦國的四川盆地更加富饒，而楚國的黔中郡卻是邊緣的貧瘠之地，沒有辦法與四川盆地相抗衡。

在這樣的背景下，張儀的威脅就顯得更加現實。張儀聲稱，如果楚國不割地，秦軍就要從四川順水而下，經過長江直搗楚國首都。至於黔中郡，秦軍也可以越過武陵山，順沅江而下，收入囊中。昏庸的楚懷王在威逼之下決定求和，割讓了一部分黔中郡，與秦國締結和約。黔中郡的割地，讓秦軍在楚國的南方有了進攻點，形成了夾擊之勢。楚國更加危險了。

在秦國歷史上，對統一貢獻最大的是在位五十六年的秦昭襄王。他在穰侯魏冉和將軍白起的幫助下，南征北戰，將楚國、魏國、韓國、趙國等一一削弱。他的繼承人完成統一已經只差臨門一腳。

昭襄王的戰略，可以視為中國戰略思想的高峰之一。他熟練的挑選對手，每一次都先認準最強的那個對手進行打擊，而與其他的弱者相聯合。當把強者削弱後，他再從其他對手中選出下一個最強的，如此反覆，直到所有的國家都疲弱不堪。在他的威逼利誘之下，其他的國家只能被動的接受秦式和平，或者被動迎戰。

在昭襄王時代，趙國已經完成了北方攻勢，占領了大片胡人的地區，從北方河套地區與秦國接壤，趙國對山西北部的占領也讓秦國與趙國在黃河兩岸對峙。韓、魏兩國作為一個整體雖然已經沉淪，但它們的領土包括了黃河兩岸的許多戰略要地，也必須一一奪取，以便成為進攻趙國、齊國、楚國的跳板。

南方的楚國雖然被削弱，卻仍然是六國之中最強的國家。昭襄王必須從北線（對趙）、中線（對韓、魏）、南線（對楚）這三線中來回移動，決定下一次出擊何方。

他首先把目光瞄準了最強大的對手楚國。這時的楚國仍然是楚懷王當政，為了迷惑懷王，秦國先和楚國結盟，讓韓、趙、魏等國再次怨恨楚國。隨後，秦國尋找藉口進攻楚國，由於楚國的朝三暮四，其他國家袖手旁觀。

當進一步削弱楚國後，秦國再次提出結盟，邀請楚懷王和秦王在雙方邊境上的武關相會，商討和平條約。楚懷王剛到武關，就被劫持到了秦國首都咸陽，客死他鄉。

秦國劫持楚王，目的是逼迫他進一步割地。這次秦國想要的是巫郡和整個黔中郡，巫郡位於長江三峽附近，黔中郡位於湖南的沅陵，如果要從秦國控制的四川進入楚國所在的湖北，走長江則必經過巫郡，走沅江則必經過黔中郡，楚國若丟失了這兩處領土，意味著國家的西大門朝秦國洞開。

令秦王沒有想到的是，囚禁中的楚懷王拒絕了秦國的要求。楚國也另立了新君，表明了與秦國對抗的決心。昭襄王依靠陰謀奪取楚國領土的計畫失敗了，只能採取武力解決問題。但為了準備對楚戰爭，秦國不得不暫時把注意力轉到中路的韓國和魏國。

戰神白起的成名之戰——伊闕之戰

如果要繼續攻打楚國，必須經過武關進入南陽盆地，再南下楚國的首都郢城（現在的荊州）。但是，秦軍一旦到達南陽盆地，就必須考慮側翼的危險：在南陽盆地的北方，隔著伏牛山就是韓、魏的地界，如果韓、魏從北方襲擊秦軍，與南方的楚軍相配合，必然導致秦軍的被動。

為了解決側翼問題，秦軍首先要對韓、魏發動進攻，切斷韓國和魏國南下的路徑。於是，就有了秦國統一中第一場決定性的戰役——伊闕之戰，這也是白起登上戰爭舞臺的一戰。

秦昭襄王十四年（西元前二九三年），秦軍對伊洛盆地（洛陽所在盆地）以南的新城發動攻勢，試圖掌握從洛陽地區前往南陽的通道鎖鑰。韓、魏派出大軍前往解救。此刻，指揮秦軍的就是左更白起。

白起放棄了新城據點，率軍抄了韓魏聯軍的後路，把韓魏聯軍向南壓縮。在伊水谷地的深處，有一處叫做伊闕的山谷，這裡兩山並立，伊水從中流出，越往上游，峽谷越狹窄，龐大的韓魏聯軍在谷地中無法施展，被白起盡數殲滅。

伊闕之戰，韓魏聯軍共被斬首二十四萬人，成了戰國時期長平之戰外的第二次大屠殺。這場戰爭消滅了韓國和魏國的主力部隊[10]，使得兩國無法組織起對秦國的攻勢。秦國乘機繼續擴大戰果，將魏國的河東之地據為己有。在河南、陝西、山西交界地帶即黃河大拐彎處，山西境內有一塊三角突出地帶，如果秦軍從黃河南岸進入中原，這片三角地帶就是很好的側翼突襲基地，秦軍占領這片三角地帶之後，出入關中已經毫無阻礙，函谷關天險已成坦途。

除此之外，秦軍還占領了韓國在山西汾河谷地的領土武遂[11]，為秦軍提供了一條沿著汾河谷地進入太原的道路。經過此次戰役，秦國已經與趙國領土接壤了。秦昭襄王二十七年（西元前二八〇年），在解決了側翼問題之後，秦國終於邁出了決定性的一步，著手解決最大的對手楚國，直接向它的國都進軍，也開啟了中國歷史上一次著名的千里躍進。

楚國的首都郢在如今的荊州城東北角、長江岸邊。這也是荊州歷史上第一次成為決定生死的主戰場。從地理上說，楚國選擇郢作為首都，有著無比的地利優勢。郢所在地是長江流域的江漢平原，在平原的北方是桐柏山，西方是巴山、巫山的天險和長江三峽，南方則是武陵山連綿的山地。東方腹地廣闊龐大，提供了無盡的糧食和兵力資源。這樣的地理對於楚國是有利的，對進攻方的秦國卻充滿了艱辛。

由於秦國在楚國的西北，如何越過北方和西方的山地，就成了秦國首要解決的問題。在傳統上，秦國進軍路線是走武關，進入南陽盆地，再越過大洪山、荊山埡口到達郢城。但這條路也是楚國最嚴防死守的道路。

當秦國打通巴蜀之後，另外兩種選擇出現在了秦國的戰略板上。由於巴蜀在戰國時期仍然屬於化外之地，楚國很難想到秦國會借助巴蜀躍進江漢。

秦國鎮守巴蜀的仍然是老將司馬錯，根據秦王命令，司馬錯從陝西進入四川，再沿著岷江進入長江，到達重慶，在重慶兵分二路。一路翻越巍峨的武陵山脈，進入湖南的洞庭湖盆地，沿著沅水占領黔中（現沅陵，之前秦國已經割走了一部分）。黔中這個楚懷王到死也不願放棄的地方終於歸秦所有。占領黔中後，秦就抄了楚國南方的後路。

司馬錯另一路大軍沿著長江而下，進入三峽，進攻西陵，對楚國的西面進行包抄。這是有記載的第一次沿長江攻擊。在人類歷史早期，山區的主要交通是沿著江河岸邊的谷地前行，然而長江卻由於峽谷眾多，一直是人類通行的障礙，直到三國時期才正式確立了長江的交通地位。秦國利用長江是人類歷史上早期的探索之一。

10　根據張儀測算，韓、魏兩國士兵不過五十萬人，見本節中的表1。

11　韓國有兩個武遂，一個在現山西臨汾一帶、一個在現山西垣曲東南。此處指的是第一個武遂。

在西路和南路進攻的同時，秦國的北路軍也從傳統路線逼近楚國。秦王命令白起掌管北軍，由於楚國必須三路分軍把守，應接不暇之際，白起已經乘機攻克了大片領土，將戰略要地鄢（現湖北襄陽宜城市境）、鄧（河南鄧州市）均收入囊中，並與中路軍一起攻克西陵。到這時，秦軍完成了對楚國都城北、西、南三方面的包抄。

秦昭襄王二十九年（西元前二七八年），郢都被秦軍攻陷，秦軍不僅大掠都城，還將楚王的陵墓盡數燒毀。殘餘的楚國勢力將首都遷往陳（河南省淮陽縣），隨後又前往壽春（安徽壽縣），進入了淮河中下游地區，江漢盆地劃入秦國版圖。

秦國對江漢盆地的占領，將楚國遠遠的驅逐到了對秦不產生威脅的淮河流域，楚國的戰略地位一落千丈，不再對秦構成威脅，最大的對手被除掉了。

併吞了楚國西部之後，秦國最大的敵人瞬間轉換成為趙國。在其他國家經受重大損失之時，趙國卻仍然保持著兵強馬壯。趙武靈王改革的成果仍然持久的影響著這個國家。

趙國的地理戰略地位也很強大，它位於韓、魏的北面，如果趙國保持強大，秦軍在出擊韓、魏時，很可能會遭到趙國在背後的襲擊。同時，只要趙國存在，就很難越過趙國去攻打北方的燕國和東方的齊國。

趙國還是一個領土廣闊的國家，它包含了北方的草原地帶，也有險峻的太行山區，易守難攻，更有太行山東麓的首都邯鄲，遠離秦的邊界，要想進攻，必須進行遠端打擊，不管是對士兵還是後勤都是巨大的麻煩。

為了對付趙國，秦國必須從韓、魏入手，層層推進，將韓、魏在黃河兩岸的戰略要地一一收入囊中，推進到趙國的邊界上，再實行打擊。

此時，秦國已經得到了韓國的宜陽、南陽，魏國的河內、安城、陶等地。為了更加東進，秦軍以新獲得的楚地為依託，從南方向魏國的大梁（現河南開封）發起了進攻，並在韓國的華陽大敗趙魏聯軍，斬首十五萬人。這是除了長平、伊闕之外，殺敵第三多的戰役。這次戰役徹底打擊了韓國和魏國的軍事實力，從此以後，韓國幾乎沒有能力給秦國造成麻煩，而魏國在秦趙的長平之戰前，也沒有能力再幫助鄰國。

隨後，秦國直接對趙國發動攻擊，在通往邯鄲、位於太行山中的閼（按：音同餓）與要道被趙奢領軍的趙軍擊敗。這證明，秦軍過於遠離家鄉，進攻半徑太大，突破並不容易。

然而，就在這時，一個巨大的機會擺在了秦軍的面前。這個機會來自韓國的上黨地區。所謂上黨，是現在山西境內以長治為中心的一片山間高地，夾在山西高原的太行山與太岳山之間，它的東側和南側是太行山，西北側是太岳山，自古以來是連接山西與河南的要道，也是晉中山地去往黃河的重要通道，同時還處於從關中通往趙國首都邯鄲的路途中間。如果秦軍要進攻趙國首都邯鄲，最便捷的途徑就是經過上黨，再穿過東面的太行山，直達邯鄲城下。

戰國時期的上黨地區分成了兩塊，以濁漳水為界，北部屬於趙國，南部屬於韓國。

除了上黨地區，韓國的主要領土位於黃河以南的新鄭一帶。上黨與南方國土之間由一條狹窄的中間地帶相連接，在這狹窄地帶上有三個主要城市——**平陽**、**野王**、**南陽**，都位於黃河以北和太行山以南。如果秦軍占領了這三個城市，就切斷了韓國南方和北方的聯繫，可以逼迫韓國讓出上黨地區。一旦韓國的上黨地區被秦國併吞，就可以作為打擊趙國的前線基地。

秦昭襄王四十三年（西元前二六四年），白起率軍攻克韓國南陽，正式將韓國上黨與首都隔斷，韓國國土被分割成了兩部分。

秦軍的本意是逼迫韓王割讓上黨，然而，這個計策卻被上黨的守將馮亭識破了，為了斷絕秦軍的念頭，他率部隊投奔了趙國。秦王大怒，派兵進軍趙國，雙方在上黨以南的長平形成了對峙，由此拉開了長平之戰的序幕。

長平之戰，白起坑殺四十萬趙兵

在趙國，曾經的抗秦英雄趙奢已經去世，趙軍的指揮權歸屬了老將廉頗。在如今的高平一帶，到現在人們都還能指出廉頗修築石長城的所在。

趙國的長平防線一共三道，廉頗到任時，位於最西面的防線已經失守，最東面的防線則是一條建在山脊上的石長城。為了占據險要，廉頗率領趙軍退居石長城，但為了形成縱深，他又在石長城以西，沿著丹河的谷地構建了一條新防線，丹河防線位於失守的西防線的東面，和石長城的西面，是位於中間的一條防線。如果丹河防線失守，趙軍就可以全體撤退到石長城進行防守。

在廉頗的指揮下，雖然趙軍的損失不小，卻阻止了秦軍的推進，如果假以時日，秦軍糧草耗盡，就是趙軍勝利之時。但這時，趙王卻不滿於廉頗的防守策略，派遣趙括替代了廉頗，要求提前發動進攻。

此時，秦軍將領白起假裝撤退，引誘趙括率領趙軍主力離開了石長城，前往中間的丹河防線，以便繼續西進打擊秦軍。

當趙軍主力離開石長城之後，白起卻派遣奇兵包抄到丹河防線以東，奪取了石長城。這時，趙軍就被秦軍包圍在西防線和東防線（石長城）之間。所謂丹河防線其實只是沿著丹河的一條谷地，缺乏高度，成了甕中捉鱉之勢。石長城本來是趙軍防禦秦軍用的，現在卻被秦軍用來截斷了趙軍的歸路。

白起的做法，實際上是戰術層面的迂迴作戰，即正面撤退，側翼迂迴到敵人後方，形成包抄，將敵人圍困。如果是有經驗的將領指揮趙軍，是可以將白起的戰術識破的，只要牢牢守住最後一道防線石長城，秦軍就無法將趙軍圍困住。

白起圍困了趙軍之後，又派另一支奇兵衝擊趙軍的中部，將趙軍斬斷，分成兩截。四十多萬趙軍就此被困在了狹小的丹河谷地中，前後兩段都自顧不暇，無法協同突圍。四十多天後，糧草匱乏的趙軍試圖突圍，主將趙括身死，四十萬趙軍被白起活埋。

到秦趙長平之戰結束的時候，秦統一六國的命運已經無法改變。對於六國而言，中原地區的戰略要地喪失殆盡。韓、趙、魏的主力部隊已經被消滅。齊國、燕國雖然由於偏安而暫時沒有受到影響，卻也無力與占據了半壁天下的秦軍抗衡。楚國的實力大打折扣，只有防守之力，無力組織進攻。

西元前二四六年，經過了兩個短暫的秦王之後，年幼的秦王政繼承了王位。在呂不韋、李斯等大臣的輔佐下，秦國開始了最後的統一階段。

統一中最大的障礙仍然是趙國。長平之戰後，趙國又湧現出一位優秀的將軍李牧，在武靈王開創的軍事傳統下，繼續與秦軍抗爭。為了對付趙國，秦軍花了九年時間，才最終攻克了邯鄲。

趙國滅亡後，秦國統一的步伐迅速加快。此刻，韓國已不戰而降。秦始皇二十年（西元前二二七年），滅趙後的大軍在王翦的率領下，直接向北進攻燕國，燕國滅亡。兩年後，在進攻楚國前，王翦的兒子王賁在伐楚前順便滅亡了魏國。楚國的抵抗更久一些，經過李信的一次失敗遠征後，王翦重新披掛上陣，滅亡了楚國。從第一次出兵到最終結束，花了兩年半時間。當秦軍進攻齊國時，這個曾經的東方大國連反抗的勇氣都沒有，就投降了。

從最初的落地關中，到緩慢蠶食山東地區，再到獲得四川基地，進攻楚國，最後摧枯拉朽般橫掃六國，秦國的成功可以概括為幾個方面：

第一，關中地區的封閉環境，有利於秦國統一關中，又有利於秦國守衛邊境，防止六國攻入家園。

第二，同時獲得關中和四川後，有足夠的後方生產糧食，保證了軍事供應。

第三，秦國由於後起，國內的行政較為簡單，便於商鞅透過變法將國家打造成一臺戰爭

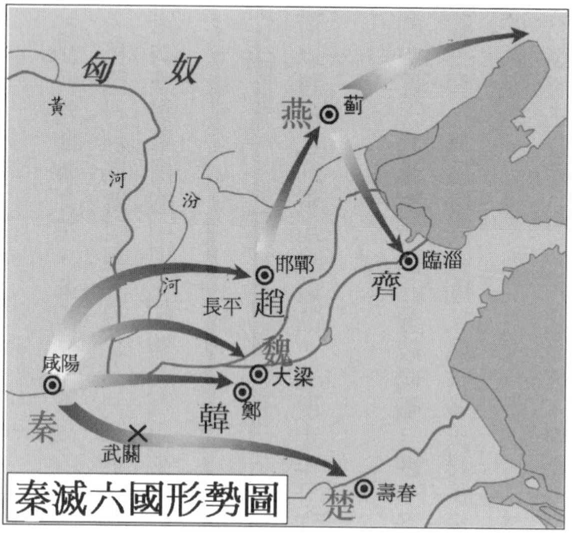

▲秦滅六國的順序為韓→趙→魏→楚→燕→齊。

機器，從民間壓榨出最大的能量用於戰爭。

第四，關中、漢中、四川地區的上游位置，便於秦國包抄進攻楚國，擊潰這個最大的敵人。

第五，中原地區的碎片化，讓秦國可以從容不迫的進行連橫，各個擊破。

在秦統一的過程中，關中地區的優勢地位顯現無疑，也為那一個時代提供了勝利的法門，這個法門是：

第一，同時占領關中和四川，就有了足以對抗中原的資源優勢。

第二，對於中原地區的人來說，如果不想被關中打敗，就要避免關中和四川掌握在同一個敵人手中。

漢高祖劉邦採取第一點統一了天下，而漢光武帝劉秀則是利用第二點，挫敗了關中的敵人。

在關中時代，秦統一的難度也是最大的，由於處於摸索階段，許多戰略都是由秦國的嘗試而定型。比如，對楚地的打擊必須從上游著手，並利用分路包抄，才可能取得成果，這一點被後來的王朝無數次利用。另外，從四川進攻湖南、長江三峽、趙武靈王的北方通道，都是首次進入人們的視野。

當這些戰略要地被秦摸索出來，之後歷代的將軍們都可以循著秦的足跡去排兵布陣。加上人心逐漸適應了一統的局面，統一全國的難度在逐漸降低。這就是為什麼秦國要花幾百年完成的統一，到了漢高祖時期，只需要五年就可以複製一遍。

第二章

西楚霸王錯封劉邦、三秦王失天下

西元前二〇九年～西元前二〇二年

戰國與秦時期的三種長城反映了戰術的變遷：包頭趙長城建立在谷地之中，是長城的早期形態；固原秦長城建立在面向敵軍的緩坡上，並有著嚴格的「兩牆夾一壕」形態，便於防守，萬一長城失守後，也可以利用車陣從山頂衝下，對敵人進行打擊；秦統一之後的包頭長城建立在陡峭的山脊上，更加易守難攻，是長城的完成形態。

秦國之所以崩潰，除了政治層面之外，在軍事層面上，在於它無法在原有的六國區域內建立穩定的軍事結構，又無法將六國的年輕人吸收進入中央軍隊，從而造成了關東地區的失控。

四十八歲的劉邦在和二十四歲的項羽比較中，展現出了更多的戰略性眼光。項羽有年輕人的衝擊力，卻缺乏足夠的閱歷去理解軍事地理的重要性，他選擇了最不具有軍事價值的西楚，卻把最具軍事價值的關中留給了劉邦。

劉邦占據的漢中與四川是最偏僻的，卻由於項羽把關中分成了三個國家，被劉邦各個擊破，迅速占領了全部關中。於是，劉邦按照秦國的戰略，在同時擁有關中和四川的情況下，完成了另一次統一。

項羽的西楚是一片沒有險阻的四戰之地，經濟富裕卻沒有戰略價值。關東地區分散成為十五個國家，也無力對抗強大的關中劉邦，這樣的失敗是必然的。

韓信的北方戰略和側翼攻擊，是楚漢戰爭中巨大的勝負手（按：比喻逆轉勝負的一手），也是中國歷史上一次著名的大迂迴。

滎陽的戰略地位在漢初達到了頂峰。滎陽以西是山地地貌，以東是平原。只要控制了滎陽，位於西部的中央政府就可以鎮壓來自東部的對抗。

在如今的寧夏固原一帶，保留著一道雄偉的長城。秦統一六國之前，這裡曾經是秦國的邊境所在。春秋戰國時期的「關中四塞」中，北方的**蕭關是通往塞外的門戶**。蕭關在平涼以西的六盤山上，位於一條叫做彈箏峽的峽谷之中。這條峽谷溝通了關中與塞外，從彈箏峽北上，可以到達寧夏固原所在的固原臺地，再順清水河而下，即可到達黃河沿岸，順著黃河，南可到蘭州，北可往銀川，如果從陸路向西，就是去往河西走廊之路。

從古至今，從黃河入固原，過蕭關進入關中平原，就是北方蠻人進入華夏核心區的一條最主要通道。蕭關因為地理位置重要，必然成為歷代定都關中的統治者最關注的要塞之一。然而，僅僅守衛蕭關是不夠的。在蕭關以北，就是一個小盆地——固原。對於蠻族而言，**固原是進攻蕭關的前哨**，哪怕暫時沒有獲得蕭關，但只要占據了固原，就獲得了一個前進基地，也是一個補給基地，從固原長期騷擾蕭關，總有一天會將其攻占。

對於關中政權而言，為了保衛蕭關，必須占領固原作為緩衝。有了固原才能破壞掉蠻人的進攻企圖。秦國在惠文王之前，占據固原地區的是少數民族義渠，惠文王出兵滅掉了義渠，獲得了固原，隨後秦國開始在固原以北修建長城，將這裡變為國界。

固原的秦長城穿越了歷史，直到現在仍然清晰可辨。秦朝統一之後的包頭長城建立在陡峭的山脊上，而趙長城則建立在山谷裡，固原秦長城與這兩者都不相同，選擇建立在面向敵軍的緩坡上，位於半山腰位置。

長城的這種形態也反映了這個時期的軍事戰術。此刻，諸侯的戰陣仍然是以步兵配合車陣為主。將長城修建在緩坡上，有利於修築更複雜的結構。固原的秦長城是中國早期長城修築的典範，它有著雙重城牆結構，進攻者首先要翻越一道矮牆，到達一條壕溝，越過壕溝，再翻越高聳的內牆，才能占領長城。

另外，這段長城有著嚴密的敵樓結構，每隔百米，就會有一座圓形的敵樓。如今這些敵樓仍清晰可辨，即便都變成了土堆，卻體積巨大，與城牆構成了獨特的項鍊結構。

城牆修築在半山腰，還有利於防守方的二次防禦。哪怕進攻方攻入了半山腰的長城，守城者也可以從山頂借助地形優勢，從高處衝下，對進攻方造成二次殺傷。

固原秦長城到秦國統一六國就完成了使命。統一之後，國境線推向了北方。黃河以北的巴彥淖爾、包頭一帶早已被趙國征服，也併入了秦國的版圖。秦國在這裡修建了第二條長城，包頭的石長城就是這段時期的傑作。

為了防止北方蠻族的進攻，秦國的歷代國君可謂花盡心思。統一之後，秦始皇仍然在抽調大量的人力修建長城和直道，應對游牧民族的攻擊。他沒有想到的是，毀掉了秦朝社稷的力量並不來自外部，而是在內部滋生。秦始皇死去的第二年，西元前二〇九年，在中原地區的內部叛亂就毀掉了這個統一帝國。

秦末起義：制度之失

秦朝為什麼會如此迅速的滅亡？最大的原因在於制度。

戰國時期的秦國是一臺典型的戰爭機器，每一個人活著的意義，就是為這臺機器添磚加瓦。

農夫種地，多餘的糧食要供應戰備，商人養馬賣給部隊，人們要想受到社會尊敬，必須取得軍功，獲得軍爵，一切都是以戰爭為標竿來衡量的。

統一之後，這臺戰爭機器由於慣性卻停不下來，對於人民的嚴苛統治仍在繼續，秦朝的龐大機器開始深入六國的土地，對民間經濟進行抽血。由於一下子無法找到如此眾多的理解秦朝體制的官員，秦的政策不僅沒有讓人民馴服，反而激起了人們普遍的不滿，只要有一丁點兒的火星，就可以形成燎原之勢。

另一個原因則隱藏在軍事之中，秦朝雖然已經統一了全國，但在軍事上仍然是關中本位的。它把主要兵力放在了如何保衛關中上，在六國區域內沒有建立起強大有效的軍事組織。

征服六國後，如何防止六國的民間反抗？秦始皇採取的措施是：收繳天下的兵器，只准秦國的軍隊持有武器。但政府卻沒有辦法把六國的年輕人吸納進秦朝的精銳部隊之中，秦軍的組織仍然以關中兵為主。六國地區的年輕人無法參軍，經濟又由於管制下滑，上升通道被堵死，在民間形成了巨大的不滿。

為了對付六國民間的不滿，最有效的方法本應該是在六國加強駐軍，並形成聯合指揮。可是，秦始皇在建立民政組織的同時，把中原地區的兵力也分散了，分散在每個郡的官員手中，缺乏統一領導和調度。而秦國的大部隊仍然集中在關中地區和北方邊境。這種處理方法，使得中原地區一旦有事，各個郡中的少量守軍立即土崩瓦解，全國三分之二以上的領土由於沒有政府軍，反而成了游擊隊的天堂，陳勝、項羽、劉邦等人都出自這樣的游擊隊。

秦二世元年（西元前二〇九年），政府徵發戍卒前往北方的漁陽地區，楚地的九百名戍卒在大澤鄉附近因為下雨，無法按時趕到。戍卒的首領之一陳勝於是掀起了造反的大旗。

陳勝的起義讓秦朝軍事部署上的缺陷被無限放大。軍隊歸各個郡縣自行管轄，缺乏統一的指揮，中原地區又沒有精銳部隊，陳勝採取各個擊破的戰術，占領了周圍的幾個縣城，並把各縣的兵力收歸己有。當他到達陳邑（現河南省淮陽縣）時，已經聚集了騎兵上千人，士兵總數達到了數萬。陳勝隨後定都於陳，建立了張楚政權。

如果僅僅是一個陳勝，那還好解決。更令秦二世沒有想到的是，陳勝成了各地反抗者

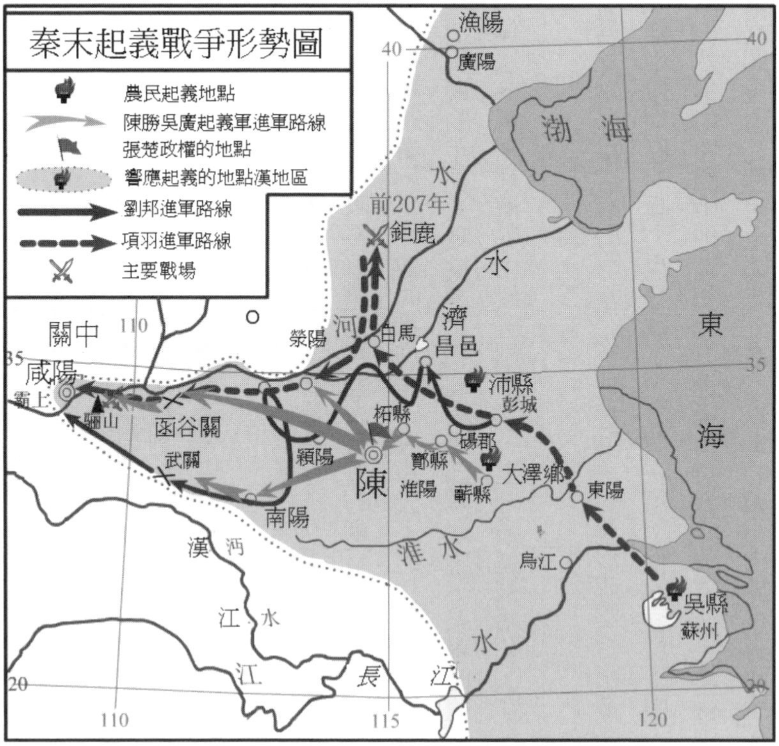

▲秦末起義始於陳勝、吳廣領導的大澤起義，其後各地響應。

的榜樣，當他在陳邑建立政權時，各地也紛紛響應。他們都發現，秦朝在中原的軍事控制力是如此有限，根本沒有辦法對付蜂擁而起的反抗集團。

這些反抗集團包括兩種：一是和陳勝一樣的民間反抗者，借助世間紛亂的機會脫穎而出；二是剛剛滅亡了十幾年的六國貴族後代，他們想重新建立貴族政權。於是，在很短的時間內，各地紛紛仿效六國的模式建立了政權。

除了陳勝建立的張楚之外，陳勝派到北方趙地去的將軍武臣，在收復了原來趙國的土地之後，自稱趙王。武臣被部將李良殺害後，他的部將張耳、陳餘又擊敗了李良，選了一個趙國宗室的後裔趙歇為趙王。趙國復辟了。

武臣曾經派部將韓廣收復燕國地界，韓廣隨即自稱燕王。這是唯一一個沒有六國後裔（或者宗室）血統的王。

齊國的王室後裔田儋起兵恢復了齊國。田儋死後，他的弟弟田榮爭當齊王，但齊國人卻選擇了齊國最後一個國君齊王建的弟弟田假為王。齊國復辟了。

陳勝死後，楚國人項梁選擇了楚國楚懷王的孫子，名叫心，立為楚王，也號稱楚懷王。與戰國時期一樣，楚國的勢力也是最強大的，劉邦、項羽都出自楚國名下。所謂「楚雖三戶，亡秦必楚」就這樣實現了。

陳勝部將周市選擇了魏國的宗室魏咎，立他為魏王。魏咎死後，他的弟弟魏豹繼承了魏王。

韓國人張良請求項梁尋找韓國宗室公子成，立為韓王。

當六國復辟後，整個函谷關以東地區已非秦所有，秦朝的疆域退回到了關中一隅。然而，中原豪傑們普遍沒有戰爭經驗，隊伍擁有極大的熱情，卻沒有戰鬥力。當秦二世從關中調來軍隊時，中原各支武裝迅速轉為劣勢。

首當其衝的是陳勝。陳勝曾經派遣將軍周文率軍乘著混亂闖過函谷關，進入了關中平原，試圖顛覆秦政權，卻被秦朝大將章邯領導的臨時拼湊的刑徒軍隊（正規部隊大都在邊疆築長城）擊敗。隨後，章邯越過函谷關，進攻陳勝的首都陳邑，再次獲勝，陳勝在逃跑途中被叛徒所殺。

陳勝死後，章邯在華北平原的南部，如今的河南、河北、山東、江蘇、安徽交界地帶與魏、齊、楚的軍隊相周旋。在臨濟一戰中，殲滅了魏王咎，平定了魏國，並殺死了前來救援的齊王田儋。在定陶一戰中，消滅了項梁為首的楚軍主力。然而，楚軍主力雖失，但楚懷王心還是退回了彭城，項羽、劉邦等人跟隨著他。

章邯沒有等到完全殲滅楚國，就掉轉矛頭，北上攻擊趙國。根據秦國統一的經驗，每一次出擊都應該先找對方最強的部隊。項梁死後，反抗力量中最強的已經變成了趙國（趙歇），如果擊敗了趙國，就可以威脅北方的燕國（韓廣）和東方的齊國（田榮、田假），所以章邯的選擇並沒有錯誤。

但此時的秦軍與統一六國過程中的秦軍有一個區別：在統一戰爭時期，秦國盡量每一次選擇一個敵人，將其他的對手透過連橫變成朋友，至少脅迫他們不要幫助敵人。但章邯與反抗軍對峙的過程中卻沒有辦法結交朋友，隨時都必須做好與所有反抗軍隊同時作戰的準備。在這種條件下，即便楚軍已經被削弱，卻仍然會北上幫助趙國抵抗秦軍。

秦二世二年（西元前二〇八年），章邯率軍北上，擊敗趙王歇。趙王歇帶著他的部將張耳逃入鉅鹿城，並向齊、楚、燕三國求救。三國紛紛出兵援助趙國，卻又紛紛作壁上觀，不肯與秦軍交戰。此時，決定戰爭的另一個偶然因素出現了：誰也不會想到，一個只有二十四歲的年輕人決定了戰局。楚軍統帥原本是更加懂得兵法（也更加謹慎）的宋義，宋義擬採用拖延戰術，直到秦軍疲憊。但項羽卻打破了這種默契，殺死了宋義，自任統帥，破釜沉舟，與秦軍大戰，擊敗秦軍，解了鉅鹿之圍。

到這時，章邯的秦軍已經過了巔峰期，他選擇了逃走。如果能夠逃跑成功，秦軍仍然可能占據關中，與關東地區形成割據。等待關東群雄們內部發生爭鬥，就是秦軍重新採取連橫之策，統一中原的時機。但項羽並沒有給章邯留下機會，他率軍緊追不捨，在邯鄲以南（現河南、河北交界地帶）截住了章邯的後路，逼迫二十萬秦軍投降。

為了防止秦軍再次叛亂，項羽在向關中進軍途中，在新安（現河南省義馬市）坑殺了二十萬秦軍。曾經龐大的如猛獸一般的秦國主力部隊就這樣不存在了。這也是戰國以來最後一次大規模的殺俘事件。

項羽之所以要殺害俘虜，是因為戰國遺風猶在，士兵的地域性忠誠讓他們很難被對手所利用，叛亂的可能性很大。漢朝之後，中國進入了統一時代，士兵的地域性減弱，也就不用靠殺俘來防止叛亂了。

從項羽參加的數次戰役來看，他不愧為戰國的繼承人，作戰英勇，身先士卒，在殺俘上也繼承了當年的做法。從軍事角度上說，是一個極具衝擊力的將才。可是，項羽在接下來的戰爭中，為什麼無法憑藉這種衝擊力繼續取勝呢？為什麼不起眼的劉邦反而能夠超越項羽，成為勝利者？

楚漢爭霸：大叔與小鮮肉的戰鬥

關於劉邦為什麼會崛起，項羽為什麼無法統一全國，答案可以有很多。有一條重要的原因：**項羽太年輕了**，鉅鹿之戰時他只有二十四歲，可以打仗，卻缺乏戰略眼光。那一年劉邦卻已經四十八歲，早已懂得戰略和謀士的重要性。

在戰略中，最重要的因素是地利與人和。所謂**人和**，並不是人們通常理解的士氣，而是**一個有效的組織形式，最能夠激發戰鬥力的制度**。所謂**地利**，指的是必須**了解全國的山川地理，以便選擇主攻點和戰場**。

項羽是一位戰術家，在局部戰役時可以選擇戰場，但他不是戰略家，並不了解全國山川關隘的優勢所在，所以才會在分封諸侯時，將所有戰略要點都拱手讓給別人，只選擇了最不能守的平原之地給自己。要想認清人才、制度和地理的重要性，必須經過足夠的歷練才行，項羽太年輕了，沒有辦法積累這些經驗。

在項羽依靠年輕人的衝擊力發動鉅鹿之戰時，在遠處的劉邦卻已經展現出他戰略天才的一面。劉邦對於中國的地理結構要更熟悉，當他從彭城向關中地區前進出發時，首先選擇了通往關中的最主要通道：長安（咸陽）洛陽道（函谷關大道）。為了獲得這條通道的控制權，首先要奪取洛陽。為了進攻洛陽，劉邦先占領了嵩山以南的陽城。在陽城與洛陽之間，是一道著名的關隘——轘轅關，越過關口後，就可以襲擊洛陽。

但劉邦的兵力太弱小了，雖然秦朝的主力已經北上，但他仍然無法攻克洛陽。如果是項羽，可能會選擇在洛陽與秦軍決一死戰，但劉邦卻選擇了迂迴戰略。既然洛陽不容易攻打，就繞過去。除了函谷關大道，在洛陽以南的南陽盆地，還有一條越過秦嶺，經過武關直插關中的道路，也是當年楚國與秦國對峙的主要通道。

劉邦從洛陽回到陽城後，折向了西南方，越過了伏牛山脈進入南陽盆地。他的戰略其實是鑽了一個空子：當章邯帶著主力與項羽鏖戰時，秦朝關中的兵力已經不足。同時，由於項羽的主力部隊隨時可能從函谷關進攻關中，秦王必須把函谷關作為第一保護目標，不敢從函谷關調兵去支援武關，使得武關一直處於空虛狀態。

劉邦藉著這個空檔，在武關打敗守軍，進入了關中平原，又在藍田附近取得另一次勝利。他的出現引起了關中地區的恐慌。此時秦朝早已出現了嚴重的內鬥，權臣趙高殺死了秦二世，立子嬰為秦王，他本人又被子嬰殺死。沒有執政經驗的子嬰在獲悉了藍田的失敗後，放棄抵抗投降了劉邦。曾經不可一世的秦王朝在劉邦不起眼的起義軍面前消失了，此時，起義軍主力項羽的部隊還沒有趕到關中。

當子嬰投降後，所有的將士都無比激動的開始了狂歡，紛紛到秦朝的各個府庫中瞄準金銀珠寶時，只有一個人顯得與這樣的場景格格不入。而這個人的所作所為，也預示著未來楚漢戰爭的走向。他就是蕭何。

蕭何進入秦王的宮殿後，並沒有被其中的華麗所吸引，只是默默的將秦丞相府和御史處的法令、文書與天下圖籍收藏了起來。日後，這些圖籍成了劉邦的重要資料，天下的關塞、戶口、強弱，蕭何都了解得清清楚楚，也只有這樣，才能在戰略上進行針對性的軍事準備。劉邦對於蕭何

表2 項羽分封的十九諸侯[1]

國名	諸侯名	原屬於	管轄地域	都城
漢	劉邦	秦	巴蜀、漢中	南鄭
雍	章邯	秦	咸陽以西的關中地區	廢丘
塞	司馬欣	秦	咸陽以東的關中地區，東至黃河	櫟陽
翟	董翳	秦	上郡	高奴
西魏	魏豹	魏	河東	平陽
殷王	司馬卬	魏	河內	朝歌
河南	申陽	韓	黃河南岸的韓地，現河南西部	洛陽
韓	韓成	韓	剩餘韓地，現河南南部	陽翟
代	趙歇	趙	代地	代
常山	張耳	趙	趙地	襄國
九江	英布	楚	九江地	六
衡山	吳芮	楚	現湖南	邾
臨江	共敖	楚	南郡，現湖北	江陵
西楚	項羽	楚	楚地九郡	彭城
遼東	韓廣	燕	遼東地	無終
燕	臧荼	燕	燕地	薊
膠東	田市	齊	膠水之東	即墨
齊王	田都	齊	齊地	臨淄
濟北	田安	齊	濟水之北	博陽

的倚重，表明了一個擁有足夠閱歷的人的智慧，而蕭何的謀略則是劉邦勝利的保證。

西元前二〇六年，項羽入關，對各路將領進行論功行賞，共封了十九個國家（見上頁表2）。項羽的分封是周代的封建制繼續，在他的理想中，世界並不需要統一，只需要如同戰國時代一樣分為許多國家各自為政，再由一個如同春秋五霸那樣的「霸王」進行總約束。不過這個霸王只是負責監管國際秩序，並不干預各國的內政，就像現在的美國扮演的角色。

十九國也只是七國時代的更加碎片化。在滅秦戰爭中，由於需要犒賞的人太多，項羽將原七國疆土中每一國，都再次分成大小不等的幾部分，比如，齊國分成了三國（濟北、齊、膠東），韓、趙、魏、燕各分為二（依次為：河南、韓；常山、代；殷、西魏；燕、遼東），秦國和楚國由於地域廣大，各分為四（依次為：

1 根據《史記·項羽本紀》。

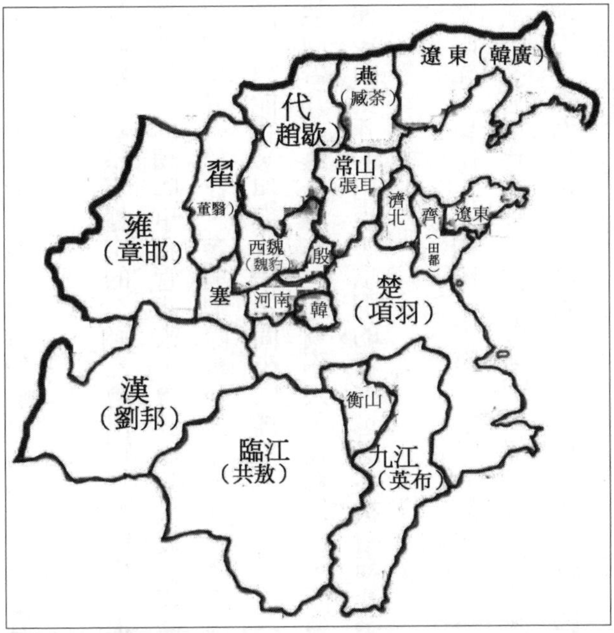

▲項羽分封諸侯，企圖恢復戰國時期封建割據的局面，沒想到卻引發戰亂。

漢、雍、塞、翟；西楚、九江、臨江、衡山），其中項羽的西楚出自楚國，劉邦的漢只是原秦朝領土中最偏僻的一個。

但項羽沒有預料到，這種更加碎片化的政治局勢是不穩定的，必然會出現許多摩擦，很難透過一個「霸王」協調國際秩序。如果西楚想把所有的國際事務管起來，會立刻陷入疲於奔命的狀態。在現代社會中，作為「霸王」的美國也同樣受困於此，參與國際事務太深，就影響國內的發展，而不參與國際事務，又受到國際的批評，只能在參與與收縮之間來回搖擺。

在分封結束後，各國的政治形勢也果然向著分崩離析滑去，立刻陷入了互相征伐，西楚霸王徒勞的維持著國際秩序，卻沒有效果。即便沒有劉邦的出現，項羽的精力也必然被這種徒勞無功和諸侯的怨恨所削弱。

更加令人不解的是，項羽由於缺乏戰略眼光，留給自己的國土實際上是最危險的。西楚名為楚國的西部，卻處於當年楚國疆土的東北部[2]，在現在江蘇、安徽與河南東部一帶。按照經濟學來看，這裡一馬平川，的確是產糧食的好地方，然而從軍事角度入手，卻發現這是一個無險可守的四戰之地。當年的楚國之所以強大，除了有東部平原之外，還在於它擁有著地理的優勢，西部、南部、北部都被高山包圍，易守難攻。當秦國攫取了楚國的西部之後，楚國就衰落了。

項羽為了盡量攫取膏腴之地，無意中放棄了西部的山川地帶，就失去了雄關險隘，變得易攻難守。這樣的地方，必然是所有人覬覦的對象，最容易發生戰爭的所在。

與項羽相對應的劉邦則把地理上的優勢發揮到了極致。

表面上看，項羽把劉邦分到了最偏僻的地方，在楚漢相爭的時代，漢中只是關中的附庸，而四川只是半開化土地。但漢中和巴蜀卻幾乎是封閉的地域，只需要少量的兵馬把守住幾條秦嶺通道，就可以拒敵於險阻之外，沒有後顧之憂。

消除了後顧之憂，就到了擴張的時候。劉邦在分封幾個月後，就從漢中出發，利用「明修棧道，暗渡陳倉」的做法，出其不意，用一個月時間的閃電戰，繞道剿滅了關中地區的三個王。分封時，秦朝原本的關中地區分給了三個秦朝的投降將領，項羽這樣安排，就是為了讓他們抵禦劉邦，把劉邦封鎖在最偏僻的地方。

戰國和秦漢早期，漢中（包括四川）與內地的聯繫，大都必須經過關中地區，主要道路就是翻越秦嶺進入關中平原的山路。項羽認為，當三個秦將占據了關中，劉邦就沒有辦法進入函谷關以東地帶了。

但項羽沒有想到，如果劉邦消滅了三個關中王，就統一了關中、漢中和四川，形勢就與當年的秦國很相似了。一旦獲得了關中四塞，山東（崤山以東，即中原地區）的軍隊打不過去，關中的軍隊卻可以隨時騷擾山東地區。由於四川根據地的存在，劉邦在戰爭中不會缺乏後勤支持，變得更加強大。

劉邦強大的同時，面對的卻是一個比當年六國更弱小的中原。當年山東六國由於領土太分

2　《史記·貨殖列傳》：「夫自淮北沛、陳、汝南、南郡，此西楚也。彭城以東，東海、吳、廣陵，此東楚也。衡山、九江、江南、豫章、長沙，是南楚也。」如果按照《史記》的劃分，西楚包括了一道從西南向東北的帶狀地帶，從湖北、重慶交界，一直到江蘇北部。然而，項羽把西楚南部的湖北劃給了臨江王，而西楚的國境又向東移動，最終反而更接近楚國的東北部了。

散，形不成合力，被秦國一一殲滅；楚漢時期，山東地區變成了十五個國家，更加碎片化，根本無法協調。更麻煩的是，年輕的項羽在性格上不僅無法聯合山東諸侯，還將他們推向了對立面，變成了劉邦的友軍，他的滅亡也就指日可待了。

中央帝國在軍事上的形成

西元前二〇五年冬，在剿滅了關中地區的三個秦朝降將之後，劉邦趁項羽北上伐齊時，向中原進軍。

齊國之亂是項羽分封的後遺症。他把齊國分成三塊，分給了跟隨他入關的三位齊國王室後裔，然而最初自稱齊王的田榮由於沒有跟他入關，卻被忽視了。田榮不滿這樣的格局，起兵滅掉三齊，重新統一了齊國，自稱齊王。

田榮不僅自己稱齊王，還幫助另一位項羽的敵人陳餘擊敗了常山王張耳，把張耳的疆土送給了代王趙歇，讓他稱趙王，而趙歇則把代國送給了陳餘。與此同時，繼承了燕國屬地的兩個諸侯也亂套了，遼東王韓廣被燕王臧荼所殺，燕國重新統一了。作為新的國際秩序維護者，項羽不可能置身事外，讓世界大亂，只好出兵去懲罰首惡，也就是函谷關以東最有實力的諸侯田榮。

與劉邦習慣於將民政和軍事委託給得力的幫手不同，項羽在軍事上更傾向於親力親為。他指揮的戰役都有很高的勝率，但如果同時在幾個方向都出現了緊急情況，需要分兵時，項羽就陷入了麻煩，無法做到幾路同時行動。

與項羽相反，由於善於委任合適的人做合適的事，劉邦卻可以做到幾路同時行動。

劉邦獲得關中地區之後，與項羽的勝負手（按：引用自圍棋術語，指關鍵時刻下的非常手段）主要在當年的韓、魏地區。秦國正是因為打通了韓、魏，才能北上攻擊趙國，或者南下楚國。項羽的西楚位於東部的大平原，一旦劉邦得到韓、魏的山地，項羽就徹底失去了山河險阻。

項羽攻打齊國之前，也對劉邦可能的進攻做了防範，他殺掉了親劉的韓王成（韓成雖然是韓王，卻一直被項羽扣押沒有赴任），改立親楚的鄭昌為韓王。他這麼做，是想利用韓國的位置，封鎖劉邦的進軍通道，好給自己緩衝的時間。但沒有想到，零散的關東諸侯對於強大的關中軍是毫無抵抗能力的，劉邦的連橫戰略也運用得非常成功。

在獲得關中兩個月後，劉邦就招降了河南王申陽，又派韓信攻克了不肯降服的韓王鄭昌，另

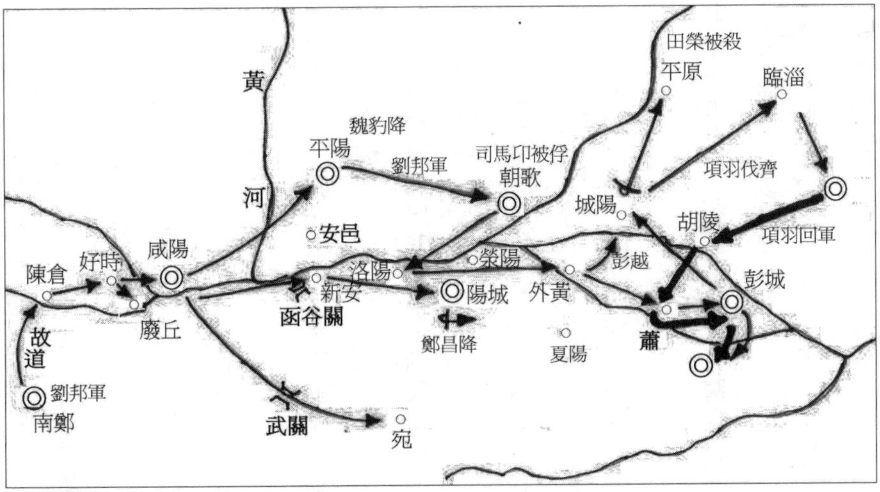

▲楚漢相爭，項羽在軍事上親力親為，劉邦善於委任合適的人做合適的事，所以可以做到幾路同時行動。

立了韓王信，將整個河南西部收入控制之中。這時，函谷關天險就歸屬了劉邦。五個月後，劉邦又招降了黃河以北的西魏王魏豹，以及殷王司馬卬，獲得了黃河以北的戰略要地。黃河南北的平復，打通了通往西楚的道路。之後，劉邦又和常山王張耳聯絡，聯合伐楚。

到這時，只用了半年時間，劉邦就已經打通了河南、山西的中部通道，獲得了伐楚的路徑。劉邦的伐楚部隊一共聚集了五十六萬人，可謂規模巨大。他兵分三路，南線出武關，通過南陽；中線出函谷關；北線走黃河以北的河內通道，三路並進直搗項羽的首都彭城。

此刻的項羽仍然在北方抗秦，無暇顧及首都。他的將領都無法勝任保衛彭城的重任。劉邦的進攻顯得無比順利，三路大軍只遇到了短暫的抵抗，就占領了彭城。

從項羽分封諸王，到劉邦出擊關中，只隔了四個月時間；從劉邦出擊關中，到攻克項羽的首都，又只用了八個月，可謂閃電戰。但這只是楚漢戰爭的開始階段。

聽聞首都失陷，在北方前線的項羽急忙回師。攻克了彭城的劉邦，卻因為大肆慶賀而沒有做好準備。項羽戰術家的優勢瞬間顯現，在他的快速打擊下，劉邦損失了二十萬人馬，倉皇逃出了彭城，費盡九牛二虎之力才在滎陽穩住了陣腳。各路諸侯見項羽得勢，紛紛背叛了劉邦，第一次聯合伐楚失敗了。

彭城一戰，將雙方的優勢都展示得淋漓盡致：項羽是戰術天才，劉邦是合縱與駕馭的高手，但在戰場上絕不是項羽的對手。到底是戰術指揮重要，還是戰略重要呢？

事實證明，劉邦即便出逃，他還是占了上風。劉邦雖然逃離了彭城，卻沒有失去中部（河南、山西）的所有戰略要地。關中、漢中、四川完整的掌握在劉邦手中，河南西部、山西南部的山區通道也沒有丟失。劉邦相對於項羽的戰略優勢，仍然相當於戰國時期的秦始皇前期。

雙方的接戰線位於滎陽，這是一個在黃河邊的小城，距離現在的鄭州西面不遠。滎陽的北面就是黃河，南面是高聳的嵩山山脈，只有一條狹窄的道路與洛陽連接。在滎陽的周圍，還有一組要塞，包括廣武、修武、成皋（現在的虎牢關），與滎陽共同組成了鏈式防禦體系。這個鏈條上的要塞可以互相支援，共同防止東方的軍隊進入西部。

只要守住滎陽和周邊城市，項羽就很難攻打洛陽，更無法通過函谷關進入關中地區。只要項羽無法進入關中，劉邦的後方基地就是安全的，糧草兵馬可以源源不斷的從西方運往東方前線。而滎陽以東就進入了平原地區，通往徐州（彭城）的道路完全打開，對於項羽的後方基地始終是一個特大的威脅。

劉邦和項羽圍繞著滎陽、廣武一線展開了拉鋸戰，雖然滎陽屢有丟失，卻最終穩住了陣腳，數次奪回。此時，也是展現劉邦軍事政治謀略的時刻。既然從正面戰場上只能穩住陣腳，無法擊破項羽的進攻線，就到了開闢第二、第三、第四戰場的時候了。

能夠影響戰爭格局的兩個人物是彭越和英布。英布是項羽的爪牙，在封王中被封為九江王，國土在西楚的南方。彭越是早期的反秦名將，卻在封王中被項羽忽略，活動於山東、江蘇、河南一帶。劉邦透過談判和誘惑，將彭越和英布都拉入了漢集團，從此以後，英布在南方成了抗擊楚國的第二戰線，而彭越繼續從山東騷擾項羽，形成第三戰線。特別是彭越，他的騷擾破壞了項羽的糧食基地，使得在楚漢戰爭中楚國一直缺乏糧草。

但第一、第二、第三戰線仍然不足以擊穿項羽的戰線，劉邦還有更重要的一個砝碼：大將韓信。在與項羽在滎陽對峙的同時，韓信開闢的第四戰線，打破了雙方的實力平衡。

背水一戰，創造以少勝多的奇蹟

在韓信出兵之前，除了劉邦控制的西部和項羽控制的東南部之外，還有一大片地區，大約占中國三分之一的土地是處於中間狀態的，它們不服從於楚國，但也不服從於漢王。這片土地就是趙國、燕國、齊國所在的中國東北部，占據了現在的山西中北部、河北、山東全境、河南東北部、北京、遼寧等地。如果這些地域能夠歸屬劉邦，就會把項羽壓縮成一個東南部的小勢力，並開闢從北方壓迫項羽的新戰線。當初秦國也是先滅掉了韓、魏、趙、燕之後，才有了更大的空間去攻擊楚國。

韓信的軍事行動可以視為一次巨型的迂迴與側翼攻擊。西元前二〇五年八月，獲得了劉邦的許可，韓信率軍來到了黃河西岸的渡口臨晉關（現在陝西境內的蒲阪一帶）。臨晉關是進攻魏國首都安邑的最重要渡口，魏王豹在這裡布置了大軍，以防漢軍的偷襲。此時的魏豹已經再次叛離了漢，要進攻燕、趙，必須首先擊敗他。

韓信在臨晉關大肆準備，布置了許多船隻準備渡河。當魏軍緊張的等待著漢軍渡河時，韓信卻派出了一支兵馬，從汾河入黃河口不遠的夏陽渡河。夏陽在如今的龍門口附近，在臨晉關北方。渡河之後的漢軍南下抄了魏軍後路，大敗魏軍，並乘勝追擊抓住了魏王豹，併吞魏國。

魏國的滅亡，使得劉邦的黃河運輸線完全沒有了威脅，也為韓信提供了一條進攻趙國的路線。隨後，韓信率軍從汾河北上進攻太原，一戰而勝。從太原走井陘進攻趙國，在這裡，他遇到了久經沙場的老將陳餘，並留下了千古名局背水陣。

在井陘口的河邊，韓信故意讓士兵先過河，然後布陣。在《孫子兵法》中有明確記載：不要背水向敵，以免沒有退路[3]。然而韓信所需要的就是沒有退路。韓信派兵挑戰，當陳餘進攻時，漢軍佯敗退到了背水陣邊，將士們由於沒有退路，進行了死戰。

當然，不能光靠背水陣，韓信的軍事手段實際上更多樣。當敵人離開了井陘的工事後，韓信派兩千騎兵繞路攻入了他們的營壘，拔掉趙旗，插上漢旗。這就對趙軍形成了包圍態勢。趙軍擊不穿對方的背水陣，也回不去自己的營壘，陣腳大亂，漢軍大勝。

這次出擊導致趙國的覆滅。隨後，韓信依靠威懾招降了燕國，並透過兩場戰役擊潰了齊國和前來救援的二十萬楚軍，整個北方都成了漢家的天下。韓信對北方的掃蕩，徹底孤立了西楚霸王，從北方而來的騷擾行動也摧毀了項羽的軍備。到這時，戰爭的天平徹底轉向了劉邦。

表面上看，在劉邦與項羽的直接對抗中，霸王勝多負少，劉邦屢次狼狽逃竄。然而由於戰略的失敗，霸王卻越來越陷入孤立之中，最終被消耗致死。

西元前二〇二年，筋疲力盡的西楚霸王項羽決定與劉邦言和，雙方以鴻溝為界劃定疆土，其

3　《孫子兵法．行軍》：「欲戰者，無附於水而迎客。」

西歸劉邦，其東歸項羽。這個看上去是和平協議的方案卻反映了雙方實力的差距。

表面上看，這是一次公平的交易，鴻溝是一條人工河，在戰國時期由魏國開鑿，從滎陽引入黃河水，向東經過中牟、開封，南下通過潁河進入淮河，再通過邗溝與長江貫通。這條河成了京杭大運河的先聲，也讓魏國成了富庶的貿易中心。

但中國戰略分界線也恰好經過鴻溝，在鴻溝以西，進入了山區，是易守難攻的戰略要地；在鴻溝以東進入了一馬平川的華北平原，無險可守。以鴻溝為界，意味著劉邦隨時可以跨過鴻溝襲擊項羽，而項羽卻無法騷擾劉邦的關中根據地。

這樣的條約反映了劉邦已經占據了完全的優勢。失衡的條約必定無法維持長久，西方肯定要把東方併吞。更令人驚訝的是，訂立條約後，項羽立刻率軍回到了彭城，對於未來可能的打擊未做任何防備。

劉邦的打擊來得格外迅速，在張良等人的勸說下，劉邦完全沒有履行協議的打算，等項羽一回軍，立刻組織大軍前去攻擊。這次進攻直接擊敗了項羽，結束了楚漢相爭的局面。

由於是西部山區與東部平原的分界點，**滎陽**在歷史上的重要性還可以在西漢其他的內戰中得到體現。劉邦為了攻打項羽不得不分封了幾個異姓諸侯王，在隨後剪除異姓諸侯王的戰爭中，劉邦始終派大軍鎮守滎陽，避免對關中造成威脅。

剪除了異姓王，劉邦又把自己的子弟分封下去，封了一批同姓王。到了漢文帝和漢景帝時期，這些同姓王又成了反叛的主要動力。在賈誼、晁錯等人的影響下，文帝和景帝都進行了削藩，目的是把大的諸侯王進行拆分、削弱。

七國之亂，諸侯王落敗，西漢中央集權得以加強

文帝時期，將疆域過大的淮南國分成三國（淮南、衡山、廬江），而齊國則被分成六個（齊、菑川、濟北、濟南、膠東、膠西）。景帝時期致力於削弱諸侯的封地，楚、趙、膠西三國割讓了部分封地給中央政府，接下來被削的是吳國。

為了保持自己實力，不受中央政府侵食，吳王劉濞被迫起兵反叛中央。吳王聯繫了趙國、楚國和齊國拆分的六國，它們都是受中央政府壓迫的對象。除了齊王和濟北王之外，其餘七國都發兵攻漢。

在平定七國之亂的過程中，滎陽仍然起到了定海神針的作用。漢將周亞夫死守滎陽一線，不讓吳王的軍隊騷擾豫

▲漢朝平定七國之亂時的進軍路線圖。

西和關中，保證了後方的穩定。滎陽又是天下最重要的糧倉所在，守住了這裡，就可以依靠糧食的豐足，等待叛軍糧食的耗盡。

七國之亂中另一個重要的戰略位置是梁國，梁國的國土是繼承自原來魏國的領土，都城設在了睢陽（如今的商丘），到後來的唐代，這座城市因為抵禦安史之亂而出名，但其實在七國之亂中，睢陽已經成為堅固的堡壘。

梁國處於叛亂諸國的腹心地帶，在東面、南面、北面均被叛亂國家包圍，周亞夫將梁國放給了吳國盡情圍困，牽制住吳國不要進攻滎陽。

吳王叛亂之初，也有人提議不應該在意東部一城一池的得失，而是應該以最快速度繞過城池，率軍直趨滎陽和武關，盡快打開進入關中平原的要道，才能獲得最後的勝利。

如果吳、楚攻打武關和滎陽，趙軍從北方沿汾河過黃河威脅關中，齊六國再從東方牽制漢中央的軍力，那麼七國還有所作為。一旦七國無法占領這些戰略要地，被拖在東部平原地區，陷入消耗戰，則必敗無疑。

果然，七國之亂只持續了十個月就被平定，其中作為主力的吳楚聯軍只持續了三個月，就在周亞夫的戰略下土崩瓦解。

經過了楚漢戰爭和七國之亂，地方諸侯終於沒有能力再抗擊中央。當儒教被漢武帝樹立成中國兩千年的指導思想之後，中國的分裂趨勢終於結束了，取而代之的是兩千多年的大一統時代。

在這個時代，統一已經成了中國人思考問題的基礎，由於士兵不再有國別屬性，在戰爭中的殺俘也得到了控制。但後續王朝的戰爭無不借鑑戰國時代的軍事經驗，兩千多年前開闢的戰場和戰略要地，影響一直持續到現在。秦嶺、淮河、太行山、崤山以及「几」字形的黃河，成了爭奪全國必須掌握的屏障，函谷關、武關、漢中、河內、上黨、四川盆地，是戰爭中巨大的勝負手，在歷次戰爭中都會涉及，至少是涉及一部分。

但戰國和楚漢時代的戰爭又是有局限的。在這個時代，長江還沒有顯示出巨大的威力，四川以南、廣東、江浙一帶雖然已經進入了文明圈，但都還是邊緣地帶，北方的蠻族還沒有成為核心問題，關中盆地以西地區也沒有受到重視。

在未來，隨著中國疆域的擴大，這些當年的邊緣地帶都會進入中國的地域戰略之中，直到形成現在的版圖。而在漢代向外擴張中，首先瞄準的是塞外的廣大地區，於是，我們把目光瞄向了遙遠的蒙古高原……。

第三章

大國崛起的幻象，漢武帝的塞上曲

西元前一三三年～西元一六九年

燕然山銘的發現，確定了漢代軍隊最北到達的區域已經進入了蒙古境內。但燕然山卻還停留在大漠的北沿，沒有深入蒙古最富庶的草原和森林地帶。

漢匈戰爭中，由於各自王庭設置地的不同，漢軍的打擊往往落在西部，而匈奴的打擊大部分在東部。

在與異族的戰爭中，大量的非戰鬥人員會死於殺戮，這與同種族之戰只殺軍人形成對比。

漢匈戰爭中，李廣等老將由於只對軍隊作戰，很難獲得太大的戰果。無所畏懼的新人卻可以透過對部族的屠殺，形成大捷，獲得豐厚的賞賜。衛青第一次大捷殺戮五千人，獲得了三千八百戶的封賞，接近一個人頭一戶，可謂昂貴的戰爭。

漢武帝發動的戰爭對於國家最大的破壞作用，是對財政的破壞，使得漢代失去了健康的財政，不得不建立一系列影響後世的國有政策，從而導致了經濟的凋敝。

西漢時期的漢匈之間的消耗戰，幾乎同時拖垮了西漢與匈奴，使得漢朝社會出現了極大的蕭條，也造成了匈奴社會的崩潰。雙方均得不償失。

當一個王朝處於穩定和繁榮期時，人們往往被大國崛起的幻想所迷惑，更願意發動戰爭。然而，戰爭的巨大消耗又會反作用於財政，進而影響到社會經濟，導致社會的衰落。

在現在的蒙古國境內，仍然有數目眾多的古代石堆墓葬。這些墓葬年代久遠，但由於地廣人稀，至今仍然廣泛的分布在蒙古草原的西部，以及中國的新疆境內。

當我訪問蒙古時，曾經在西部的烏雷格湖（Uureg Lake）畔和科布多河（Khovd River）畔見到了大量的石堆墓葬。回到新疆後，又在清河縣的三道海子見到了世界上最大的游牧石堆墓，這座大墓高達近二十公尺，直徑近百公尺，如同一座小山的規模。

墓葬是由中間的一個石堆，加上周圍的石圈構成。從石堆到石圈之間，還有若干條輻條結構，最多的大概有七條。石堆的大小、輻條的多寡，可能反映了墓主的社會地位。在墓葬前，有時還會發現樹立的鹿石或者草原石人，石人的形象大都帶著刀劍，留著鬍子，一看就是亞洲人種。這些墓葬並不來自單一的時代，在數千年的時間裡，草原上的各種民族都有建立石堆墓的習慣。早期墓葬中，甚至有印歐血統的人，而更多的墓主則屬於東北亞血統。許多墓葬的年代可以追溯到兩千多年前的戰國、秦漢時期，他們很有可能就屬於當年的匈奴人。

中國人對蒙古的認識是從漢代開始的。秦代時，對於北方的少數民族仍然採取閉關的政策，建立了長城，試圖將匈奴人隔離在北方。到了漢代，中央政府採取了另一種政策——主動出擊。

在出擊政策的指導下，人們對於北方的認識也達到了一個高潮。在漢代時，兩次出擊最遠的戰役，分別是霍去病到達狼居胥山和竇憲到達燕然山的戰役。自古及今，人們就在爭論這兩座山到底在哪裡。

最流行的說法是，狼居胥山就是蒙古東部的肯特山（Khentii Mountains），肯特山在蒙古首都烏蘭巴托東面，它不是一條山脈，而是一組山叢，它並不高大，卻非常遙遠。肯特山現在之所以出名，是因為蒙古人的圖騰成吉思汗就出自這裡。而在漢代，中國人可能就曾經出征到達。

燕然山可能是杭愛山（Khangai Mountains），杭愛山位於蒙古的中部，呈南北走向。在杭愛山以東，就是一個碩大的盆地，盆地之中擁有著蒙古最著名的首都哈拉和林遺址，以及唐代突厥人建立的都城所在。當年匈奴人的都城早就不見了蹤跡，但也可能在這附近。

但不是所有人都同意這樣的觀點，針對狼居胥山和燕然山的另一種說法是：霍去病和竇憲並沒有到達蒙古，這兩座山可能都位於內蒙古境內，或許就是陰山和賀蘭山。這種說法的依據，是認為漢代還不具有穿越大漠的手段。

在蒙古國和現在的內蒙古之間，有一個龐大的戈壁，被稱為大漠。這座戈壁幾乎是人類的禁區，只有游牧民族才能根據生物的蛛絲馬跡穿行而過，對於漢代軍隊來說，能否穿過龐大的無人區，的確是存在疑問的。

這個疑問隨著現代考古的進行，終於畫上了句號。西元二〇一七年，考古學家發現了燕然山在蒙古國境內的最直接證據。當年竇憲到達燕然山後，隨行的人中，有《漢書》的作者班固。班固寫了一篇銘文〈封燕然山銘〉刻在了燕然山的山體之上。由於考古學家發現了這篇銘文，漢朝人到達過蒙古終於成了定論。

準確的說，燕然山不是杭愛山的主脈，而是在杭愛山脈東南方的一條餘脈上，距離主脈有上百公里遠。這條餘脈位於中戈壁省的西南方，處於戈壁之中，並不高大。

燕然山的確進入了蒙古，卻還停留在大漠的北邊緣，沒有到達蒙古最肥沃的北方草原和森林地帶。也正因為這樣，漢代對於蒙古高原的回憶充滿了沙子和石頭。

西漢與匈奴的戰爭，帶著不同種族的偏見與仇恨，以及統治者的貪婪，給社會帶來了巨大的負擔。但作為戰爭本身，卻又是一次發現地理的冒險之旅，讓人們可以借助戰爭的開拓作用，將北方廣大的地域收進漢民族的記憶與地理認知之中。

北方長戰線

漢與匈奴的戰爭，可能是中國戰爭史上最長的戰線之一。在鼎盛時期，這條戰線的東線在遼西一帶，而西線則到達了新疆西部。這條戰線如此漫長，是因為南北的兩大文明都達到了一次巔峰。北方的游牧民族統一在匈奴之下，而南方的大漢王朝經過了幾十年的休養生息，也處於經濟高峰。在這漫長的邊境上，又有若干個戰略要地，成了漢政府控制全域的關鍵。

在這些戰略要地中，最突出的是黃河組成的特殊地形。在中國的北部，黃河從甘肅北上，拐了個「几」字形的大彎，經過了甘肅、寧夏、內蒙古、陝西、山西諸省分。這個「几」字形大彎容納了一片東西近四百公里、南北六百多公里的龐大區域。這個區域包含了農耕與游牧民族的分界線，在南部仍可農耕，隨後是連綿的山脈，最後過渡到荒灘和草原。秦朝在巔峰時期，曾經把整個河套地區納入了版圖。到了漢初，位於陝西榆林和延安以外（以北和以西）的

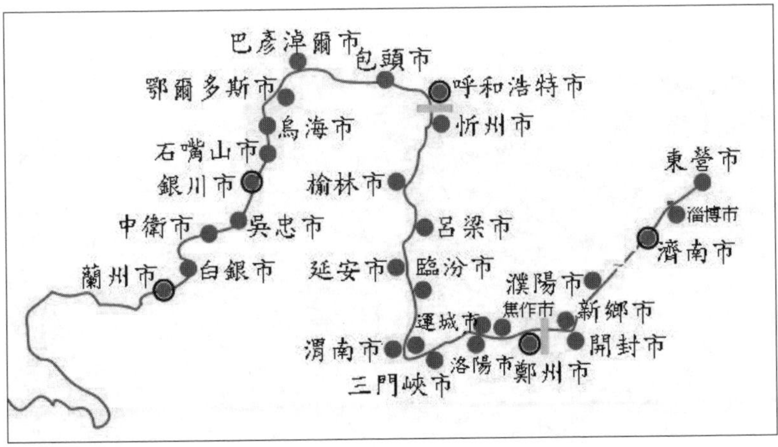

▲河套是黃河中上游兩岸的平原、高原地區，大致呈「几」字形。

河套地區已不再為漢人所有，成了游牧民族的天堂。

這裡也是游牧民族向關中地區發動進攻的大本營。只要占據了河套，眼前就擺著兩條路可以直趨關中：一條順著黃河南下，在如今的寧夏中衛市，順黃河支流清水河而上，進入固原盆地，再走經過蕭關的回中道進入關中；另一條則是從延安翻越北山的道路，秦始皇利用這條路修築了秦直道，從黃河北岸的包頭直達長安。

從河套再往北，就是著名的陰山山脈。秦始皇為了保護直道，在陰山山麓建築了秦長城。

陰山是游牧民族的家園，在南部有著廣大的草場，北方則更加荒涼，並逐漸過渡到戈壁地貌。在如今的中國和蒙古交界，是著名的大戈壁，戈壁北方叫漠北，南方叫漠南。而班固的燕然山就在漠北的南沿地帶，沒有深入蒙古草原。

從河套往西，在黃河西岸，就是著名的賀蘭山，這座山現在以岩畫和西夏王陵著稱，在兩千年前曾經是漢匈爭奪的重要地區。賀蘭山以西，越過沙漠，就進入了河西走廊的範圍。河西走廊是漢代入西域的必經之路，也是匈奴

▲河套地區大致包括東套平原（前套和後套平原）、西套平原這幾個板塊。

東西交通的要道。

從河套往東，則進入了山西北部的山地，這裡分布著一系列的碎山和小平原，在戰國時期，這裡是代地（中心在現河北蔚縣）的一部分，代地曾屬於趙國，楚漢相爭時期單獨成國。繼續往東翻越五臺山和太行山，就進入了燕、趙的領地。

在這些高山大川之間，漢政府繼承和修建了若干個城市，以滿足對於北方的防禦，最著名的是平城（現山西大同）和馬邑（現山西朔州）。漢高祖時期，韓王信（不是淮陰侯韓信）勾結匈奴造反，漢高祖在平定韓王信之後，順便想試一試匈奴的戰鬥力，被匈奴大軍團團圍困於白登山，差點兒做了俘虜。白登山就在當時的平城、如今的大同。

除了平城和馬邑之外，著名的城市還有平城西面的雁門，也就是現在的雁門關所在地附近，雁門西面則有定襄，以及黃河河套東北角上的雲中。在黃河河套的西北角內外，則分別有五原和朔方，後者是漢武帝時期新建的城市。

在平城以東，五臺山腳下有代城（現河北蔚縣境內），繼續往東，在如今的北京附近，有上谷和漁陽。

而在河西走廊地區，當霍去病平定了這個區域後，漢武帝修築了四座城市，分別是武威、張掖、酒泉和敦煌，構成了著名的河西四郡。這些城市之間建立了大量的長城和烽燧（按：又稱烽火、狼煙），以保證彼此之間的聯繫。衛青、霍去病等人伐匈奴的出發地，也大都在這些城市。

另外，雙方的首都所在也影響了各自的戰略。漢代的首都在長安，距離河套地區、固原、天水、河西走廊等地較近。這些地方決定了首都的命運，因此，漢政府的軍事出發點首先是進攻這些地方，保證首都的安全。

而匈奴的王庭（按：匈奴等異族君長上朝的地方）卻包括了兩個部分，在漠北（如今蒙古境內）的王庭，漢軍幾乎很難到達。在漠南匈奴也設了王庭，位於現在內蒙古烏蘭察布市境內，距離山西、河北、北京都不算遙遠。除了王庭之外，匈奴單于王庭東面的廣大區域，從王庭直到遼寧境內，是左賢王的居所；西面廣大區域，從王庭直到新疆，是右賢王的居所。

漢軍的打擊常常落在右賢王的轄區，所以右賢王的損失總是更加慘重。而匈奴人的打擊則更加傾向於放在東面，給漢軍的漁陽、代、上谷造成了持續的壓力。

以殺戮換功名

邊境線雖然漫長，但漢匈戰爭也許規模並沒有我們想像的那麼大。當衛青、霍去病殺敵成千上萬時，其中可能包含了大量非戰的平民。

在中原的戰爭中，雙方士兵在戰場上決一勝負，失敗者的士兵或者投降，或被斬首，至於婦女兒童以及非參戰人員，並不受影響。即便是最殘酷的秦趙戰爭中，白起坑殺趙國士兵四十多萬，但這僅限於士兵，而不包括非戰鬥人員。漢代之後，殺俘行為也少了下去。

但在漢匈戰爭中，主要存在兩個原因：第一，雙方的戰爭是**不同種族之間的戰爭**，都不把對方當作平等的人；第二，**皇帝按照人頭進行封賞**，所以，不僅保留了殘酷的殺人習俗，就連非戰鬥人員也不幸成了殺戮的對象。

另外，早期的游牧部落也很難區分戰鬥人員與非戰鬥人員。他們逐水草而居，男人騎馬放牧，女人照顧家庭。即便男人也只是生活在草地上，並非是純粹的戰士。如果首領召集出征，男人們就騎馬上陣，進行掠奪或者格殺，戰鬥完畢後各自歸家，仍然是平民。如果敵人來了，所有的男人也都上馬保衛家庭，女人和孩子則躲起來，避免被屠戮。如果男人失敗，所有的孩子或者女人要麼被擄走，要麼被殺死，所有牲口都歸屬戰勝者。如果將婦女和孩子留在原地，孩子長大後勢必會復仇。

在匈奴攻打漢代邊疆時，也採用了類似的模式。漢文帝時期，採納了晁錯的建議，向邊關遷徙大批人民，希望他們在邊關生活下來，生產糧食，代替遠端的屯戍[4]。這個建議把人民推向了與匈奴交界的前線，立刻在兩方的人民之間產生了衝突。隨著衝突的激化，匈奴開始了戰爭行為，其目的是為了將漢人趕離土地，恢復草場。

文帝時期，匈奴的進攻多以掠奪為主，一直持續到武帝初年。以漢武帝元朔元年（西元前一二八年）的情況為例，那一年，匈奴組織兩萬騎進入遼西地區，進行掠奪，抓走了邊民兩千多人，又在雁門郡殺掠千餘人。這些死亡和被俘的人中，既有士兵，也有平民。

漢軍的出擊也採取了類似的模式。

以元朔二年（西元前一二七年）漢軍針對匈奴的第一次真正意義的大捷為例。這次大捷針對

4 《漢書·爰盎晁錯傳》：「陛下幸憂邊境，遣將吏發卒以治塞，甚大惠也。然令遠方之卒守塞，一歲而更，不知胡人之能，不如選常居者，家室田作，且以備之。」

的是匈奴的兩個部落集團。這兩個集團生活在原來秦的疆域之內，卻在漢的疆域之外，這片地方在現在的寧夏黃河河套以內。兩個部落的名字叫做樓煩和白羊。

作為部落的居所，這裡必定是牛羊成群，婦女兒童穿梭其間，男人騎馬放牧。隨後，衛青率軍侵入該地，展開屠殺和驅逐。漢軍共殺戮了五千餘人，殘存的部落民眾跟隨著首領逃走了，留下牛羊上百萬頭，都成了漢軍的獵獲品。

如果只是針對軍隊的廝殺，匈奴絕無可能將上百萬牛羊帶在行伍之中，所以，漢軍攻擊的必然是游牧民族的部落，而不僅僅針對軍隊。

如果把男女老少都算上，那麼衛青這次的勝利就顯得蒼白，這意味著，斬首的五千人中，也許真正的戰士要少得多。

因為這次戰役，衛青被封為長平侯，賞賜給他的俸祿達到了三千八百戶，即他享受每年三千八百戶人家產出的糧食。平均每一個人頭，價值將近一戶，可謂昂貴的戰爭。

漢武帝後來的歷次戰爭大都採取了類似的模式：派出大軍在北方茫茫的草原上進行掃蕩，看見有游牧民族的部落，就進行屠殺和搶掠。

之所以衛青、霍去病的出擊屢屢有收穫，原因就在於他們適應了這種新式的戰法。匈奴部落逐水草而居，在廣闊的草原上，總能碰到不少牧羊人。

漢代以李廣為代表的老將軍心中仍然有著正規作戰的念頭，很少採取針對平民的行動，只和匈奴的軍隊打仗。只有年輕人在民族偏見的激勵下，敢於對一切人動手：當他們遇到了游牧民族的部落，開始對男女老幼和牲畜進行掃蕩時，游牧民族的男人們不得不騎馬來戰，無法逃避追擊。按照這種戰法，即便不是衛青、霍去病，換成其他人，也可以獲得巨大的勝利。

老將之死與新人出頭

漢武帝時期，最早的戰爭是「馬邑之謀」。漢武帝元光二年（西元前一三三年）六月，漢武帝終於決定不再對匈奴採取綏靖政策，而是透過戰爭解決匈奴問題。在這之前，漢朝的文帝和景帝更願意透過和平方式解決問題。隨著漢朝的國力增強，鷹派已經占據了上風。

馬邑之謀又顯得非常平淡，漢朝派遣了三十萬漢軍（也有說二十多萬）[5]，兵分五路，試圖在馬邑附近伏擊敵人，同時派人詐降，將匈奴十萬大軍引入馬邑伏擊圈。但匈奴在進軍途中看穿了漢朝的陰謀，主動撤退了。興師動眾卻徒勞無功，漢武帝只好將獻出計策的大行令王恢殺掉，給自己留個面子。

但馬邑的這場軍事行動又是非常重要的標誌，它破壞了漢匈之間的信任關係，雙方從此不再把和平當作選項，戰爭也連綿不絕。同時，戰爭還破壞了漢初健康的財政，迫使武帝不得不建立起一套特殊的依靠國有企業和控制金融來籌錢的財政體系，這套體系一直到現在仍然被沿用[6]。

馬邑之戰後，漢武帝元光六年（西元前一二九年），漢武帝派出四路大軍，分別從上谷、代

5　如《史記．韓長孺列傳》。
6　參見郭建龍：《龍椅背後的財政祕辛》，大是文化出版，二〇一八。

郡、雁門和雲中出發，北上襲擊匈奴。其餘幾路或者吃了敗仗，或者徒勞無功，只有一位年輕的將軍獲得了斬首七百人的小功，這位將軍就是漢武帝的小舅子衛青。

我們可以比較兩位將軍的運道。此刻，號稱飛將軍的李廣已經成名了三十多年，令匈奴聞風喪膽。但不幸的是，在這次襲擊中，李廣卻碰上了匈奴的大部隊，全軍覆沒，連他本人都被俘，僥倖才逃了出來。而這場戰役卻是衛青成名之始，這個年輕的毛頭小夥子第一次帶兵，就獲得了小勝。隨著漢匈戰爭的發展，衛青官封大將軍，又有三子封侯，父子的封戶加起來達到了一萬五千七百戶，而李廣臨死時甚至連個五百戶的小侯都沒有混上。

漢軍出擊後，匈奴開始反擊。他們的反擊從王庭和左賢王部出發，向漢帝國的右翼（東方）進攻。漢武帝元朔元年（西元前一二八年），匈奴兵分數路，開始騷擾漢疆域東北角的遼西郡，其中一路殺掉了遼西太守，俘虜了兩千人，又擊敗了漁陽的千人，圍攻了鎮守漁陽的韓安國，差點兒攻克了漁陽城。

另一路匈奴軍進攻山西北方的雁門郡，殺了千餘人。此刻，漢軍仍然處於被動防守階段，派出了將軍衛青和李息，分別解救雁門和漁陽。這次衛青又獲得了小勝，斬首數千。

讓衛青聲名鵲起的一戰，是對樓煩和白羊部落的討伐，衛青將兩部落從河套趕走，將他們的牛羊全部虜獲。這一次可以算作漢軍對匈奴的第一場大勝。這次戰役也確定了漢軍的出戰模式：當匈奴以主力攻擊東方時，漢軍派出主力從西方出發，向匈奴的各個部落人民發動進攻，除了斬殺之外，也以驅逐為目的，將匈奴趕往北方更加蠻荒的土地。

隨後兩年，匈奴反攻，除了進攻剛剛丟失的河套地區之外，其主要兵力集中於戰線的中部，在代郡、雁門、定襄之間，造成了漢邊境一定的傷亡。

元朔五年（西元前一二四年），漢軍進攻。與匈奴喜歡攻打中部和東部不同，漢軍的重點仍然放在了右賢王所在的西部。東部雖然也派了兵力，但更多可能屬於騷擾或者牽制。這次，已經封為車騎將軍的衛青率領三萬騎兵，出陰山的高闕塞，進入漠南。此外，衛青還節制其他六位將軍一併出擊，分別是：衛尉蘇建為游擊將軍，左內史李沮為強弩將軍，太僕公孫賀為騎將軍，代相李蔡為輕車將軍，他們從朔方出發；大行李息、岸頭侯張次公為將軍，出右北平，在東方作為牽制。

在此之前，漢軍從來沒有如此深入北方作戰。衛青的冒險換來了回報，當漢軍到達匈奴人的放牧地時，匈奴的右賢王根本沒有做準備，他的部落民眾處於生活狀態，更不知道什麼樣的命運等待著他們。漢兵開始屠殺時，右賢王倉促之間帶著一個愛妾和數百名親信騎馬逃走。其餘的男女老幼和牲口悉數被衛青俘獲，共一萬五千餘人，牲畜數十萬。

此役之後，衛青已經成了漢王朝最著名的軍人，得到了大量的封賞，官拜大將軍，位於所有的將軍之上。官爵背後，是那些被擄離開了草原的婦孺的眼淚。

削弱了匈奴的右賢王（右翼）之後，第二年，漢軍開始將目標轉向了匈奴的核心——單于的軍隊。

元朔六年（西元前一二三年），大將軍衛青率領中將軍公孫敖、左將軍公孫賀、前將軍趙信、右將軍蘇建、後將軍李廣、強弩將軍李沮，從定襄出發，向匈奴王庭發動了攻擊。這一次，漢軍沒有像前面幾次那樣，碰到毫無防備處於生活狀態的匈奴人，而是碰上了匈奴單于的大部隊。交戰後，漢軍斬首數千人，撤退回到定襄。

一個月後，衛青不滿意於上一仗的結果，再次率軍出發。隨後遭到了匈奴大部隊的圍攻，右將軍蘇建在軍隊被圍殲後隻身逃脫，前將軍趙信原本是匈奴人，當他的人馬損耗殆盡時，率領最後的八百人投降了匈奴，成為此後漢匈戰爭中匈奴最重要的智囊之一。

第二次出擊斬首敵人上萬，但己方的損失也很大。最終證明，當面對匈奴的精銳部隊時，漢軍並沒有太大的優勢可言。漢軍如果想獲勝，必須襲擊那些不做防備的匈奴部落。

不過，這次戰役最大的收穫，是漢武帝找到了第二員大將——驃騎將軍霍去病。這位年輕的將領當時只有十八歲，在戰爭中已經初露頭角，率領八百騎兵斬首敵人兩千零二十八人。漢武帝隨即提拔了霍去病，使之在隨後的戰爭中成了主角。

元狩二年（西元前一二一年），由於攻擊匈奴中部單于難度太大，漢軍又把精力轉回到西部的右賢王處。

這次的目標是打通西域通道。右賢王所在的區域恰好包括了著名的河西走廊。在漢代，通往西域只有一條路——**河西走廊**。建元二年（西元前一三九年）漢武帝曾經派張騫出使西域，去聯合大月氏一同抗擊匈奴，張騫卻在河西走廊被匈奴人抓獲，十年後方才回歸。張騫的遭遇證明，為了聯合西域對抗匈奴，打通河西走廊、確保聯絡線的安全是必須的前提條件。

霍去病在春夏之交接連發動了兩場戰爭。第一場在春天，第二場在夏天。

春之戰中，霍去病從長安出發，掃蕩如今的天水一帶，再從隴西（現甘肅省臨洮縣境內）北上，過焉支山（現甘肅省山丹縣東），一路掩殺，斬首八千人，其中包括兩個匈奴部落折蘭、盧胡的首領，以及活捉了匈奴渾邪王的兒子、相國等人。

第一次戰爭以擒賊擒王為目的，機動性強，沒有時間劫掠民眾。然而下一場戰爭就不同了。

夏天，霍去病再次出擊，徹底打通了河西走廊，將走廊地區的匈奴人驅離，斬首三萬零兩百人，投降兩千五百人，擒獲了五個部落首領。這次戰爭還導致了匈奴的分裂，以渾邪王為首的一個上層集團率領十萬人投降了漢朝，被安置在河西走廊地區。同時，漢武帝建立了武威郡和酒泉郡，以保護走廊的安全，之後又建立了張掖和敦煌，這就是著名的河西四郡。

河西走廊的打通，是漢武帝伐匈奴最大的成就。這條通道的暢通，令漢人與西域有了穩定的聯繫，形成了絲綢之路的第一次繁榮。

獲得了河西走廊、擊潰了匈奴的右翼之後，漢武帝決定對匈奴發動一次總攻，同時攻擊其中央軍（單于本部）和左翼（左賢王部）。這次總

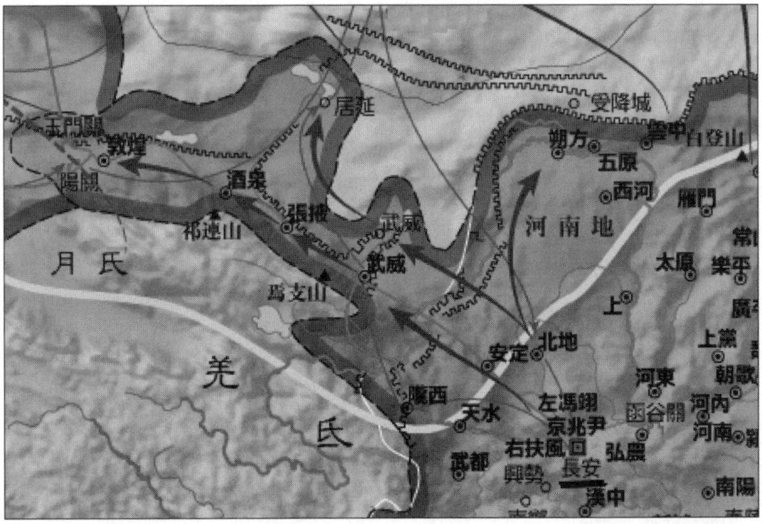

▲漢武帝派遣霍去病打通河西走廊，令漢人與西域有了穩定的聯繫。

攻由衛青和霍去病聯合指揮，其中衛青率領人馬攻擊左賢王，霍去病則率領精銳部隊攻擊單于本部。

元狩四年（西元前一一九年），兩支大軍集結完畢，按照計畫，霍去病將率領六將軍（加上兩支匈奴降將）從定襄出發北上直接攻打單于王庭，而衛青率領六將軍從代郡出發，攻擊左賢王。然而在出發前由於情報出錯，以為單于在左翼，兩位將軍於是交換了位置，改由霍去病出代郡，衛青出定襄。

這次交換，使得衛青率領的非主力部隊遇上了單于的主力部隊，與單于搏殺多日，深入漠北，最後斬殺上萬人，燒掉了匈奴的輜重（按：軍事上指跟隨作戰部隊行動，並對作戰部隊提供後勤補給、後送、保養等勤務支援的必要人員、裝備與車輛），卻無力消滅匈奴單于。霍去病率領主力部隊，斬殺左賢王部七萬零四百四十三人，基本上擊潰了左賢王的部屬。

這次戰爭，也代表著老將軍的謝幕與新將軍的巔峰時刻。當霍去病再次受到皇帝的隆重封賞時，李廣卻在戰爭中黯然謝幕，這位在北方戰場廝殺了幾十年的老將，本是衛青麾下的前將軍，卻由於率領的部隊迷路，沒有趕上戰爭。

衛青責問李廣時，李廣承擔了所有的罪責，他決定不面對皇帝的審判官，引刀自刎。他死時，率領的部卒全部痛哭，百姓中認識他的和不認識的，老的少的，都跟著流淚。李廣不知道的是，他所參與的其實是漢武帝最後一次大的勝仗。漢代的軍事力量已經在漢武帝的揮霍面前耗空了，他已經無力再組織如此巨大的征伐。

戰爭的財政陷阱

在世界上，規模巨大的戰爭往往不是在戰場上決出勝負，而是看誰經得起戰爭對財政和經濟的蠶食。到最後，必定有一方被消耗戰拖垮，或者沒有了可以上戰場的年輕人，或者出不起戰爭的費用，引起了社會的總坍塌而告敗。

漢匈戰爭到最後也變成了漫長的消耗戰，對戰爭的雙方造成了極大的損失[7]。對匈奴而言，最大的資源是人，當部族被一次次劫掠，年輕人遭到屠殺時，人口稀少的匈奴人已經無法守住如此廣闊的地盤，它開始收縮了。單于從漠南退到了漠北，整個民族開始向西方移動，左賢王退出了東部的北京、遼西一帶，來到了雲中郡北方，也就是現在的內蒙古和陝西一帶。而右賢王失去了河西走廊，進入了新疆北部。

除了人力之外，匈奴還失去了大量的牛羊和糧食儲備，沒有了後勤支援，戰爭就無法進行。但對於漢帝國而言，這些戰爭同樣是得不償失的。人不是問題，霍去病兩次出擊匈奴，人員損失比例都高達百分之三十，但漢帝國仍然可以找到源源不斷的士兵去送死。出乎意料的是，漢朝最先被消耗光的資源竟然是馬。在衛青、霍去病發動的最後一場攻勢中，漢軍一共使用馬十四萬匹，活著回來的不滿三萬匹。巨大的馬匹消耗讓武帝湊不到足夠的馬匹發動下一次戰役。

除了馬匹之外，漢武帝的國庫也變得空空如也。作為漢代最喜歡打仗的皇帝，除了征戰匈奴

7　本節資料來源分析參見郭建龍：《龍椅背後的財政祕辛》，大是文化出版，二〇一八。

之外，他還發動了針對朝鮮、南越（以廣州為中心，涵蓋了廣東大部，廣西、越南的一部分）、西南夷的戰爭，也消耗了大量的戰略資源。

由於前幾位皇帝都採取了和平和休養生息的政策，漢武帝繼位初年，政府的財政狀況異常寬裕，倉庫內堆滿了糧食和錢幣，串錢的繩子斷了，錢滾得到處都是，無法詳細統計。社會上馬匹充足，人們羞於騎母馬赴宴。

但這樣巨大的財富竟然禁不起幾場戰爭的消耗。實際上，漢代的財政在衛青元朔六年之戰後，就發生了巨大的困難。原本豐盈的國庫到這時已經消耗殆盡，大司農再也拿不出錢來應付皇帝打仗。

這兩場戰役造成了漢軍兵馬十餘萬的損失，而為了安撫活著的士兵，漢政府又拿出了二十萬斤黃金進行賞賜，約合二十億錢，僅僅戰爭的賞賜就達到了中央官吏俸祿的幾十倍。被俘的數萬名匈奴人也受到了優待，吃飯穿衣都由漢政府供給。還有正常的戰爭物資、糧食消耗。

為了應付這巨大的開支，除了拿光積蓄之外，武帝只好下詔賣爵，因為賣爵可以獲得三十餘萬斤黃金的收入。買爵的人可以免除一定的人頭稅，還可以當公務員（吏），甚至當官。**這就破壞了漢代官僚系統。**

霍去病的兩場戰爭更是消耗巨大，元狩二年之戰中，漢政府的財政消耗是上百億。這個數字甚至超出了前幾次戰爭的總和，是中央政府一年正常財政收入的數倍。

元狩四年之戰中，戰死的馬匹又高達十多萬匹，而為了獎賞出生入死的戰士，皇帝拿出的賞賜高達黃金五十萬斤（折合五十億錢），超過了政府一年的正規財政收入。

到這時，漢武帝已經無力再應付下一場戰爭了，於是漢匈戰爭如同虎頭蛇尾一樣，突然間進入了低潮期。但它的後遺症卻一直保留下來，漢武帝為了應付財政問題，不得不建立一系列的國有壟斷機構，從自然資源、金融等各個方面敲詐民間，來獲得收入。這一系列的改革，最終造成了漢代經濟鼎盛的結束。

漢匈戰爭的尾聲

整體而言，漢匈戰爭是一場悲劇。兩個正在崛起的民族，隨著各自變得更加富裕強大，信心滿滿，衝突不斷，最終變成了規模巨大的連綿戰爭，兩敗俱傷。匈奴進入了衰落期，而漢代也過了鼎盛期。

在中國歷史上，有兩種性質的戰爭。一種是原有世界崩潰之後，為了將中國重新捏合起來而進行的戰爭。這種戰爭在很大程度上是不可避免的，也是原有世界崩潰的自然結果。這樣的戰爭也伴隨著社會經濟的重建，由於前期的崩潰，社會經濟已經糟糕到極致，隨著統一進程，社會經濟逐漸好轉，到了統一之後，全國性市場的建立、和平的維持，經濟立刻進入全面恢復時期，帶來一次盛世。

另一種是不必要的戰爭，當一個王朝處於穩定和繁榮期時，人們往往被大國崛起的幻象所迷惑，更願意發動戰爭。然而，戰爭的巨大消耗又會反作用於財政，進而影響到社會經濟，導致社會的衰落。

武帝後期，經過近十年的休養後，恢復了對匈奴的部分對抗，但再也沒有贏得巨大的勝利。漢武帝太初二年（西元前一〇三年），由於匈奴內部的分歧，其左大將軍企圖與漢朝聯合反對年幼的單于，武帝派遣浚稽將軍趙破奴率領兩萬騎兵前往接應，卻由於左大將軍計謀洩露，漢軍被匈奴單于圍困全殲。這是漢匈之戰中，漢朝的一次大敗。

天漢二年（西元前九九年），漢武帝遣三路大軍攻打匈奴。在三軍之外，李陵率領五千步兵深入蒙古境內，與匈奴接戰，戰敗投降，其麾下只逃回了四百人。貳師將軍（得名於著名的貳師城，也就是現在中亞吉爾吉斯的奧什城）李廣利進軍天山，大勝而還，卻在回師途中遭遇慘敗。

征和三年（西元前九〇年），貳師將軍李廣利率領七萬大軍進攻匈奴，戰敗投降。

經過幾次慘敗後，漢武帝晚年回顧自己的政策，終於認識到「當今之務在禁苛暴，止擅賦，力本農，修馬復令，以補缺，毋乏武備而已」[8]。

此後，武帝再也沒有主動向匈奴挑起過戰爭。而**真正決定了西漢勝利的，是匈奴的衰落而不是漢軍的勝利**。

漢宣帝時期，進行過一次失敗的遠征。又過了十幾年，匈奴內部分裂越來越嚴重，最多時曾經五個單于並立。最後，呼韓邪單于投靠了漢朝，郅支單于逃往了西部，最終被陳湯所殺。西漢與匈奴的戰爭終告結束。

到了東漢時期，匈奴雖然又有了一定的恢復，但在竇固、竇憲的兩次打擊下徹底衰落。但匈奴的滅亡並沒有給漢朝帶來太大的利益，因為滅亡了這支蠻族，還有其他的蠻族填補。東漢時期，甘肅境內的羌亂成了帝國財政的大包袱。

漢安帝永初元年（西元一〇七年），羌族的叛亂開始，戰爭斷斷續續進行了六十年，直到靈帝建寧二年（西元一六九年）破羌將軍段熲平定東羌，漢羌戰爭才暫時告一段落。在這一個甲子的悲劇中，漢軍屢次出兵，甚至遭遇了五次全軍潰滅。

安帝永初年間隴右羌亂持續了十二年，中央政府因為戰爭，直接軍事花費就達二百四十餘億錢[9]。從順帝永和元年（西元一三六年）燒當羌叛亂到西元一六九年東羌叛亂結束，戰爭費用更是高達三百二十億錢[10]。

這些叛亂造成了東漢政府的財政崩潰，並最終導致了東漢政府的滅亡。由此看來，對於中央政府造成最大困擾的不是匈奴，也不是羌，而是戰爭本身，**只要戰爭存在，就必然會導致財政的擴張和入不敷出，並影響到社會。**

8　《漢書．西域傳》。

9　《後漢書．西羌傳》：「自羌叛十餘年間，兵連師老，不暫寧息。軍旅之費，轉運委輸，用二百四十餘億，府帑空竭。」

10　《晉書．食貨志》：「迨建寧永和之初，西羌反叛，二十餘年兵連師老，軍旅之費三百二十餘億，府帑空虛，延及內郡。」

第四章

光武中興，中原反擊關中，關中時代落幕

西元八年～西元三六年

與秦和西漢的統一不同，東漢光武帝劉秀的統一難度更大，他只帶了少量人馬，從無險可守的河北地區出發，僅僅三年就攻占了兩京，又兩年已經稱雄了東部，再七年後統一了全國。劉秀的戰略為中原地區提供了擊敗關中地區的可貴藍本。

在推翻王莽的戰爭中，南陽地區由於控制了進攻關中的南線和中線入口，成了勝負的關鍵點，加上四川、甘肅等地的軍閥擺脫關中領導，使得關中無法抵抗中原的進攻。

劉秀占據河北後，為了獲得戰略立足點，必須獲得山西的控制權。劉秀的戰爭展現了山西在北方的戰略重要性。

山西是中原的脊梁，在群山之中擁有四處價值巨大的盆地，分別是河內地區、上黨高地、汾河谷地和太原盆地。同時擁有山西與河北，進可攻、退可守，就在中原的爭奪中立於不敗之地。

關中分散在數個軍閥之手時，洛陽成了對抗關中的基地。洛陽作為小關中，四面皆山，中間的平原可以生產足夠的糧食，光武帝以此為基地征服了關中地區。

與光武帝相比，曾經占據上風的赤眉軍由於缺乏戰略，不懂得尋找根據地，在流寇生涯中日漸衰落，最終滅亡。

光武帝從中原出發統一全國，也預示著第一次關中時代的結束。隨著中原的發展和長江流域步入文明進程，關中的重要性降低，中原、山西、長江的地位在緩慢抬升。

更始二年（西元二四年）春，一位三十歲左右的年輕人正在逃亡的路上。他從邯鄲逃出，最初的目的地是北上薊城，再從薊城去上谷郡。然而在到達薊城時，他卻發現這裡已經投降了他的對手劉子輿，只好倉皇南返，尋找機會。

劉子輿本名王郎，是一位算命先生。在西漢末年和王莽新朝，隨著各地起義頻發，天下大亂，王郎乘機自稱是漢成帝的兒子劉子輿，在河北邯鄲起事，獲得了當地人的支持。他把更始帝派去平定河北的劉秀當作心腹大患，用十萬戶的爵位懸賞劉秀的人頭。於是就有了開頭的一幕。

劉秀南逃的路程顯得格外艱辛。他只有少數人馬跟隨，由於擔心被俘，即便到了黑夜也不敢進城，只能在路邊野營吃飯。

到了饒陽，由於缺乏糧食，他終於忍耐不住了，決定鋌而走險，到官方的驛站裡去要一點吃的。劉秀帶著他的人，宣稱是邯鄲劉子輿派來的使者，要求驛站提供食物。

在吃飯時，隨從們犯了一個錯誤：他們太餓了，紛紛不顧禮節爭奪著食物，沒有官家的吃相，這引起了驛站官員的懷疑。

驛站官員想驗證一下劉秀的真假，於是敲起了鼓，說邯鄲有位將軍也路過驛站。如果劉秀是假使者，自然怕被邯鄲將軍識破，必然露出破綻。

果然，劉秀的隨從們一聽邯鄲有將軍來了，臉色立刻大變，就連劉秀本人也向車輛跑去。但他隨即一想，又回到了座位坐下，假裝鎮定的對驛站官員說：請邯鄲將軍過來和我相見。

到劉秀要離開時，驛站官員也沒有摸準他到底是真的還是假的使者。官員暗示負責守門的門長不要給劉秀開門，但門長說：「現在天下是誰的還不知道，我為什麼要得罪人呢？」

劉秀這才驚險的逃出了是非之地。

由於天寒地凍，這些人的臉上都生了皴（按：音同村，皮膚上聚積的泥垢或脫落的表皮）、裂開了口子。但也由於天冷，到達滹沱河後，他們才能不用準備船，直接從冰上走過去。不過由於冰面不夠厚，他們損失了好幾輛車。

繼續向前到達了博城的西面，就在他們不知道該怎麼走時，遇到了一位穿白衣服的老頭。老頭不僅給他們指了路，還對劉秀說：「努力呀！信都郡（現河北省冀州市）現在還沒有投降劉子輿，奉長安的更始帝為正統，再有八十里就到信都了。」

劉秀大喜過望，帶人去了信都。果然，信都太守任光歡迎他的到來，劉秀這才有了第一個落腳點。

就在劉秀疲於奔命時，放眼全國，卻發現他只是個微不足道的角色。

這時，篡奪了西漢皇位的王莽已經被殺死，殺死王莽的是綠林起義軍的一支——新市軍，首領劉玄是漢朝的宗室，已經在長安稱皇帝，自稱更始帝。劉秀就是更始帝派往河北收拾局勢的，但他除了少量人馬，一無所有。

更始帝之外，全國還有大大小小的軍閥十幾處，加上一支龐大卻混亂的起義軍——赤眉軍。所有的這些軍閥和烏合之眾，都比劉秀強大得多。

而劉秀所在的河北平原也並不是什麼戰略要地，這裡是一馬平川的大平原，沒有任何的險阻可以依靠。這樣的地方根本無法成為王朝的根基，反而會成為眾多軍閥的靶子，隨時被戰爭所蹂躪。在這樣的地方根本不可能有多大的作為。

但出人意料的是，劉秀在落魄逃難短短三年之後，就攻占了長安和洛陽這兩京。再過了兩年，就將東方的軍閥一一殲滅。再七年之後，他又打敗了西部軍閥，重新統一了漢代疆域，建立了近兩百年的東漢政權。

在光武帝之前，中國的統一往往是從關中開始，以占據中原為結束。之所以這樣，是因為關中地區擁有著無與倫比的優勢地位，易於防守，難於進攻。如果再加上漢中盆地和四川作為後勤基地，基本上就立於不敗之地了。

可是，劉秀是從關東出發，特別是地形最不利的河北平原，他又是如何從一個喪家之犬變成皇帝？又用什麼戰略，從最劣勢的地位崛起，成為最終的勝利者呢？

這要先從王莽的崩潰開始講起……。

新莽：改革導致的軍事大崩盤

西元八年，王莽篡奪了西漢政權，建立新朝時，整個社會並沒有看出崩盤的跡象。實際上，除了少數人進行了簡單抵抗之外，大部分西漢官僚都興高采烈的接受了改朝換代。

之所以說興高采烈，是指官員們到最後都進入了歇斯底里的狀態，爭相上書討好王莽，他們先是要求按照周代周公當攝政王的先例，封王莽為安漢公（攝政王），王莽勉為其難的接受了這個稱號。之後，群臣紛紛要求王莽當攝皇帝，也就是暫代皇帝，比攝政王又高了一級。最後，他們乾脆上書請王莽當真皇帝。

群臣爭先恐後生怕自己被忽視。在一片歡呼聲中，王莽當上了皇帝，建立了短命的新朝。

新朝之所以短命，與人心向背無關，卻與王莽的改革相關。在他當皇帝時，整個社會依然較為穩固，但又有許多暗流存在。經過兩百年的運行，貧富差距已經很大，社會流動的管道越來越少，引起了許多被排斥在權力之外的儒家知識分子的不滿。王莽在沒有當皇帝之前，就和這些人打得火熱，上臺後，立刻按照他們的理論設想實行了全盤改革。

但可惜的是，這些被排斥在權力之外的儒者往往也是腐儒，他們如同法國大革命中的平等鼓吹者一樣，樹立了一個高高的標準，卻沒有提供可行的路徑。

但說他們沒有提出任何路徑，也是不對的。他們的確提出了一條崇高之路，只是這是一條死路——回歸古代。

古代是什麼樣子，他們也真的不知道，於是在頭腦中勾畫出一個想像中的模型，這個模型要求皇帝對經濟進行全盤控制，由皇帝分派賢人來管理，而所謂賢人自然是這些腐儒。至於全盤控制，則包括：對土地實行公有制，對貨幣進行全面改革，對政府和官制實行全面改革等。

當王莽把這個模型實現時，社會卻立刻陷入了混亂。由於設想的模型過於宏大，官員們理解不了皇帝想要幹什麼，而民間更不知道皇帝要把他們帶到何處去。

貨幣改革太複雜，民間分不清幾十種貨幣的兌換率，乾脆退回到以物換物時代。官制改革成了半拉子工程（按：工程進行到一半，就因某些因素，停止工程進度，拖延很多年也沒結果），結果連官員的薪水都被凍結了。土地公有制和計畫經濟也實行不下去，找不到足夠的官員去負責執行，民間更缺乏動力。

全盤改革失敗後，全國立刻陷入了動盪之中。最先起事的是關中之外的東部地區，由於中央政府設在西部的長安，對東部地區控制弱，這些地方率先起義。

最大的兩股人馬，是位於現在山東省境內的赤眉軍（起事於天鳳五年，西元一八年），以及位於湖北、河南西部交界地帶的綠林軍（起事於天鳳四年，西元一七年）。尤其是後者，由於距離王莽統治的核心區域更近，敲響了滅亡新朝的喪鐘。

在湖北省的西北方與河南省的西南方，是著名的南陽盆地和南襄隘道所在地。王莽時期與楚漢相爭時一樣，從東方的中原地區進入關中平原，主要道路還是三條：中路，從洛陽出發，翻越崤山，走函谷關大道；南路，從南陽出發，走武關；北路，從山西出發，渡過黃河進入關中。

南陽的位置就在第二條入關道路（南路）的起點。另外，人們還可以從南陽北上，經過昆陽（現河南葉縣）抵達洛陽，進入第一條道路（中路）的起點。從南陽還可以南下，經過襄陽，到達湖北荊州一帶，抵達長江沿岸，成為溝通黃河流域與長江流域的一條直達道路。因此，人們常常把「南陽——襄陽——荊州」看作一個整體。

王莽時代，首先出問題的是位於荊州地區的新市（現湖北京山縣境內），由於發生了災荒，新市人王匡、王鳳帶頭起事，他們流亡在綠林山中，號稱綠林軍（見下頁圖）。綠林軍擊退了周圍州縣的幾次鎮壓後，人數已達五萬人。

隨後，綠林軍遭遇了糧草困難，從山中出來，一支人馬在王匡、王鳳等人的帶領下，號稱新市兵，他們進攻隨地（現湖北隨州），合併了一支號稱平林兵的部隊。平林兵中有一個漢朝的宗室子弟，叫劉玄，即後來的更始帝。

當新市兵到達南陽舂陵（現湖北棗陽市）時，另兩位漢室子弟加入，他們是後來的光武帝劉秀，以及他的哥哥劉縯。

與普通的起義軍（特別是山東地區的赤眉軍）不同，新市兵從離開山林開始，就不是一支流民或者底層的軍隊，而是由地方鄉紳階層、漢宗室子弟參與的，有政治目標的軍隊。他們很快意識到王莽政權的虛弱，很早就打起了復興漢室的大旗。

為了復興漢室，必須有一個路線圖。這個路線圖是：政治上，擁立一個有皇室血統的人當皇帝；軍事上，首先攻克南陽的中心城市宛城，占據了宛城，就可以向西進攻武關，或者向北經過昆陽、洛陽，進攻函谷關。一旦占據了宛城或洛陽，就盡快向關中地區進軍，滅亡王莽。

在擁立誰當皇帝的問題上，是劉玄和劉縯的爭奪，最後新市兵大部分人選擇了劉玄，號稱更始帝，而劉縯

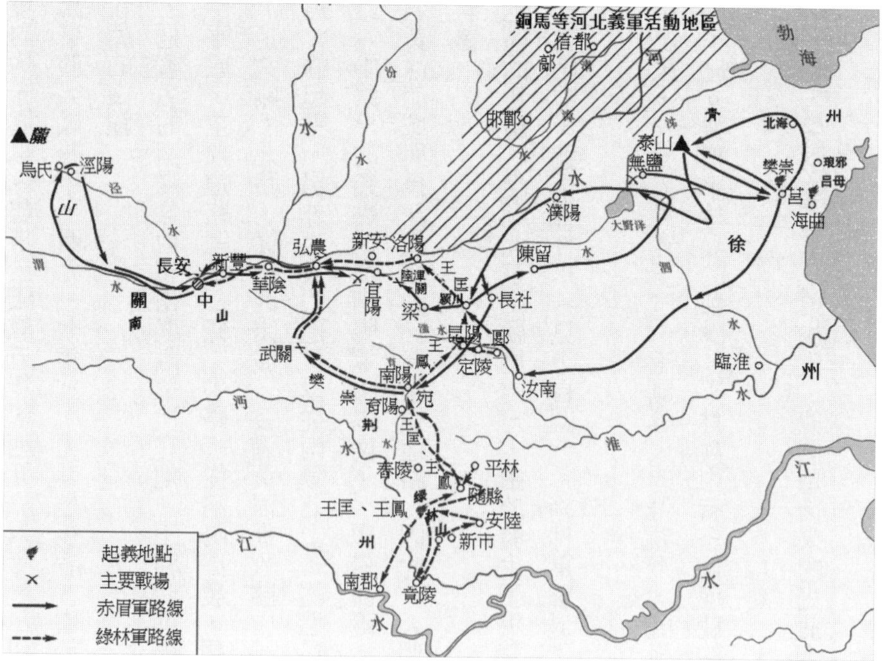

▲赤眉軍、綠林軍起義路線和銅馬軍活動範圍。

則在隨後被劉玄殺害。作為劉縯的親弟弟，劉秀沒有被害，卻受到了劉玄的排擠，成為他日後北走河北的原因之一。

在軍事上，新市兵節節勝利，他們順利占領了宛城，獲得了戰略據點。在攻打宛城的同時，派出一支人馬（包括劉秀）向東方進攻，占領了昆陽、定陵、郾等據點，打通了通往洛陽的道路。他們的勝利也引來了王莽的關注，王莽派出四十二萬大軍，號稱百萬，進駐洛陽，要與新市兵決一死戰。但出乎意料的是，王莽的軍隊沒有戰鬥力，在劉秀敢死隊的強力衝擊下戰敗，將通往洛陽的道路拱手讓出。

宛城之戰和昆陽大捷，預示著新市兵已經成了王莽的勁敵。不過由於王莽占據了關中這個四塞之地，只要指揮得當，從中原地區很難攻破武關和函谷關的天險，王莽雖然丟失了東方，仍然可以保有西方。

但王莽沒有想到，昆陽大捷引起的震動導致了統治鏈條的進一步鬆動，於是，西方也紛紛舉起了反旗。這次造反的是位於甘肅的隗囂（按：隗音同偉），以及位於四川的公孫述。甘肅和四川的丟失，使得王莽政權只占有了長安附近的平原，關中變得不完整了。

在秦漢統一的過程中，四川都是重要的一環，只有同時占據了四川和關中（包括漢中），才有可能利用資源和地理優勢獲得天下。四川丟失後，王莽不僅無法再統一中國，甚至想保住關中都很難了。

他不僅丟掉了一個巨大的糧食基地，還不得不分兵西面和南面，防守難度大大增加。起關鍵作用的還有甘肅的隗囂，在與更始帝取得聯繫後，雙方夾攻王莽，造成了王莽的疲於奔命，並最終滅亡。

王莽為了守衛關中，將兵馬集中在南方的武關、北方的洛陽，以及函谷關東南側的回溪（河南洛寧縣東北）。回溪位於東崤山的山坡上，這裡是古代關中洛陽大道上的一個防守點，只有過了回溪，才能前往函谷關。王莽對這條大道非常重視，他手下有九位將軍，號稱九虎，被派到了回溪。更始帝派出的負責攻打長安的是西屏大將軍申屠建和丞相司直李松。申屠建負責攻打武關，從藍田入長安，而李松則從如今的西峽縣北上攻打九虎將守衛的回溪隘。

為了防止九虎將叛逃，王莽在關中扣押了他們的老婆孩子。這麼重要的任務，本來應該給予重重的賞賜，但此刻，王莽守財奴的本性卻暴露無遺，雖然皇帝的財寶無數，卻只給每人賞賜了四千錢[1]。結果九虎將無精打采的上了戰場。

這樣的軍隊自然不堪一擊，李松的北路軍順利攻占了回溪隘，進而攻克了函谷關天險。由於在渭河南岸受到了王莽軍的阻攔，李松分出一支軍隊北上渡過渭河，從北方進攻長安，而大部隊仍然從南岸進攻。與此同時，隗囂的部隊也從西方攻打長安。

地皇四年（西元二三年）九月初，更始帝大軍攻克長安，王莽戰死。同月，定國上公王匡攻克洛陽。新莽政權落幕。

王莽潰滅，證明關中地區即便再牢固，但是當政權分崩離析時，依然無法抵擋住敵人從四面聯合攻擊。但王莽的死亡並非混亂的結束。實際上，更始帝雖然占領了長安和洛陽，但反抗王莽的各地的起義軍卻並不聽從他的號令。人們紛紛嗅到了改朝換代所帶來的機會，揭竿而起，互不服從。

事實證明，更始帝可以推翻舊政權，卻不會建立新政權，也無力鎮壓眾多的起義軍。於是，中國向著又一次大分裂滑去。

在長安的西面和南面，有甘肅的隗囂、四川的公孫述、漢中的延岑，以及占據了寧夏和甘肅北方一帶的盧芳（見第一百五十三頁圖）。而在函谷關以東，各地的政權則更加零散。

除了流寇性質的赤眉軍之外，在北方有邯鄲的王郎（劉子輿）、臨淄（現山東淄博）的張步、東海（現山東郯城）的董憲、睢陽（現河南商丘）的劉永、壽春（現安徽壽縣）的李憲、江陵（現湖北荊州）的秦豐、夷陵（現湖北宜昌）的田戎。

劉秀被更始帝派遣去平定河北，卻被劉子輿追得東躲西藏。而更始帝在長安的政權更是成為各路人馬覬覦的對象，其自身難保。在這種情況下，地位最微小，又處於開闊平原地帶，缺乏縱深的劉秀，又怎樣才能統一天下呢？

他的冒險從信都開始……。

光武帝：尋找戰略點

對劉秀來說，對他有利的因素只有一個：全國軍閥割據得太散，那些擁有地理優勢的人無法

1　《漢書．王莽傳》：「時省中黃金萬斤者為一匱，尚有六十匱，黃門、鉤盾、臧府、中尚方處處各有數匱。長樂御府、中御府及都內、平準帑藏錢帛珠玉財物甚眾，莽愈愛之，賜九虎士人四千錢。眾重怨，無鬥意。」

完全運用地理優勢。比如，更始帝劉玄同時占領了洛陽和關中，關中本是四塞之地，而洛陽同樣是四面環山、易守難攻，可以稱為小關中。更始帝具有絕對的地理優勢，本應該借此統一中原。

但是，更始帝所占領的關中與秦始皇、劉邦時期的關中完全不同。秦始皇時期，秦不僅占領了關中，還同時擁有著四川的糧倉，這才對中原地區形成了壓倒性優勢。更始帝雖然擁有了關中，四川卻被公孫述割據走了。同時，在關中地區的西面，隴山之西的甘肅地區，還有一個隗囂。在漢中地區還有個延岑。在寧夏地區，包括了最要緊的固原盆地，還有一個盧芳（見左頁圖）。這三家對關中的威脅，使得更始帝無法集中兵力對付中原的軍閥。

如果更始帝更加機智，應該盡全力消滅隗囂、公孫述、盧芳、延岑等人，將四川和陝西統一在手中，並消除西方的威脅，利用地理優勢牢牢的守住這些根據地，然後出兵中原，對分散在東方的軍閥各個擊破，那麼也許劉秀根本沒有機會獲得主動。

可是，更始帝卻無力控制局勢，沒有任何戰略構想進行統一。當最具優勢的一方不採取措施，就給其他人留了機會。

不過這時的劉秀還談不上考慮全國性戰略，他首先要做的，是尋找到戰略依託。在河北的平原上，由於無險可守，他隨時會被周圍的軍閥消滅掉。

當信都太守任光決定支持他時，劉秀只是獲得了一個小小的立足點，他必須將這個立足點迅速擴張，站穩腳跟。在信都太守任光，以及旁邊和戎（現河北鉅鹿縣）太守邳彤（按：邳音同陪）的支持下，劉秀開始進攻和收編周圍的小縣，並一路向邯鄲進軍。

雖然華北平原上缺乏有力的險關要地，卻有若干個交通樞紐，邯鄲就是其中最著名的一處。

邯鄲曾經是趙國的首都，其西面就是巍巍的太行山。雖然邯鄲無法防止太行山方向的襲擊，卻可以倚靠太行山，來防範東面的攻擊。加上這裡是連接南北交通的要道，從洛陽到北方的道路在這裡經過，要想控制河北，首先就必須控制邯鄲。

此刻的邯鄲在算命先生王郎（劉子輿）的手中，此人是冒牌的漢朝宗室，本來就名不正言不順，當劉秀打出正統的旗號時，周圍的地方守將紛紛響應。特別是北方上谷、漁陽的軍隊前來支援，加上更始帝從南方派來了援軍，使得劉秀實力大

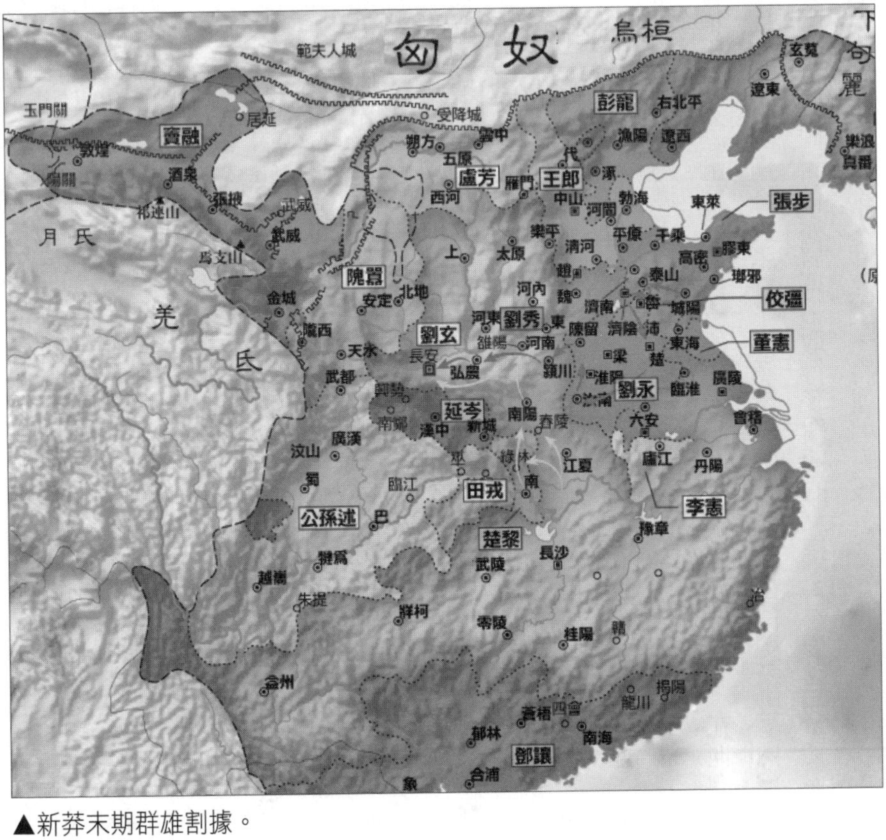

▲新莽末期群雄割據。

增，擊潰了劉子輿的部隊，獲得了邯鄲。這是劉秀獲得的第一個戰略點。

拿下邯鄲時，劉秀的名義還是更始帝的大將。更始帝為了防範他，迅速派來了部隊，由一位叫謝躬的將領指揮，也駐紮在邯鄲附近（分別紮營）監視他。同時，更始帝向河北各地派去了新的官員，加強控制。劉秀接下來要做的是，利用邯鄲的優勢位置，各個擊破，統一河北，擺脫更始帝的監視。

恰好，在邯鄲的東方有一支很大的赤眉軍，號稱銅馬軍，劉秀藉著征討銅馬軍的名義，派兵離開邯鄲。但他首先沒有攻擊銅馬軍，而是迅速北上，乘更始帝派去的官員沒有來得及接手時，將這些官員一一擒獲，控制了北方的幽州。再合併幽州的兵力南下，在館陶（現河北館陶）、蒲陽（現河北大名）一帶擊敗銅馬軍。

銅馬軍是一群烏合之眾組織的隊伍，卻有數十萬人之多，被擊潰後，投降的士兵大大的豐富了劉秀的軍隊。

銅馬軍滅亡後，在南方的山陽（現河南省修武縣）、射犬（現河南省武陟縣境內）一帶，還有另一支赤眉軍，號稱青犢軍。山陽、射犬地區位於黃河北岸的平地上，但靠近太行山山脈，又距離洛陽不遠，已經接近更始帝的戰略中心區域了。

劉秀揮軍南下，名為針對青犢軍，實際上是要將自己的勢力範圍擴大到黃河一線。在他向南移動時，更始帝派去監視他的謝躬也將軍隊南移，來到了邯鄲南面的鄴城（現河南安陽境內）。劉秀一方面聯絡謝躬，要求雙方配合著一同對付赤眉軍，取得了謝躬的支持；另一方面，又乘謝躬減輕了防備，利用離間計，收買守鄴城的魏郡太守陳康，將謝躬斬殺。

謝躬的死亡，讓劉秀徹底脫離了更始帝的控制，開始獨立行動。當平定了青犢軍之後，整個河北地區就落在了他的手中。

建武元年（西元二五年），劉秀在邯鄲北方的鄗城（現河北省柏鄉縣固城店鎮）稱帝，正式拉開了逐鹿天下的序幕。

然而，此刻的劉秀只是占領一塊平坦肥沃的土地，卻由於無險可守，隨時可能遭受四面的攻擊。在各個割據勢力中，劉秀後勤資源富足，卻缺乏戰略資源。一旦其他軍閥反應過來，就會展開對這個四戰之地的爭奪。劉秀必須獲得足夠的山地，才能借助山河之險守住得來不易的成果。

可是，劉秀的下一個戰略點在哪兒呢？

借助三晉，躍進兩京

在劉秀收拾河北戰局之時，另一支起義軍，樊崇領導的赤眉軍正毫無目的地在中原大地四處亂撞。

更始二年（西元二四年），赤眉軍在掃蕩了東部之後，由於缺乏戰略性計畫，人心散亂，紛紛想回山東老家。樊崇意識到如果不樹立起下一個目標，隊伍就散掉了。他決定進攻關中，利用戰爭提高隊伍的凝聚力。赤眉軍兵分武關（南路）、函谷關（中路）二路，向關中進攻。

在赤眉軍進攻關中時，劉秀也派出了鄧禹率領兩萬軍隊向關中進軍。

樊崇選擇了中路和南路，劉秀由於位於河北，選擇了北路，也就是從黃河北岸，走安邑的道路。在歷史上，這條經過晉南、豫北的道路是一條從秦進入河北地區的便捷通道，與經過函谷關的豫西通道平行。在戰國時期，秦國進攻趙國就常走這條路。

選擇走安邑，除了距離上的方便之外，還有一個重要的原因：獲取山西的戰略要地。劉秀尋找的最關鍵的戰略點就是山西，由此也引出了山西在北方戰略中的地位。

在歷史上，山西常常作為中原的脊梁而存在，這裡有太行山、王屋山、中條山等一系列山脈，將山西割裂得七零八碎。與東面的河北和南面的河南相比，山西土地貧瘠，人口稀少，但由於地勢高，易守難攻，是控制中原的堡壘。

劉秀如果控制了山西的關隘，就獲得了穩固的落腳點。他可以依託山西的高地，加上河北的富庶，進可攻，退可守，敵人就很難消滅他了。

在山西的崇山峻嶺中，有幾個重要的小平原和臺地，成了控制山西的關鍵所在。

第一個地區是靠近陝西、河南的黃河大拐彎處，由於黃河拐彎，包圍出一片三角形的地貌，這裡就是戰國魏的古都安邑所在。在歷史上，這一片地區被稱為河內，也是進攻關中的北路必經之地。

第二個地區是長治所在的上黨，這是一片較為平坦的高臺地，北控太原，南通黃河，西達安邑，東扼邯鄲，這裡也是秦、趙當年爭奪的重點地區。長平之戰也發生在附近。

第三個地區是汾河谷地的臨汾一帶，這裡是從太原順汾河南下陝西的交通要道。

最後一個地區是太原盆地，太原盆地北可通大同，西可通黃河，東可以通過井陘前往河北地區，是一個典型的十字路口。雖然四通八達，太原本身的地形卻有利於防禦，更提升了它的軍事價值。

在這四個地區中，如果要進攻和控制洛陽、關中，最重要的地區是靠南的安邑和上黨。劉秀派鄧禹走北路進攻長安，必經過安邑。鄧禹率軍在安邑擊斬更始帝的守將樊參，又擊潰了大將王匡，在進攻長安的同時拿下了安邑，為劉秀找到了第一個牢固的戰略據點，可謂一舉多得。

除了安邑，山西第二個要地是上黨。這時的上黨由一個叫做鮑永的人占據，鮑永表面上服從更始帝，卻並不與劉秀對抗，保持著較為和平的關係。在後來劉秀攻取洛陽的過程中，鮑永始終觀望不參與，他的態度給劉秀占領洛陽提供了機會。但為了防止鮑永態度改變，劉秀還是攻陷了從河南通往上黨的必經之路天井關，確保了側翼的安全。

當河北平定，安邑、上黨的安全得到了保證之後，劉秀大舉進攻洛陽。他一面派大將耿弇（按：音同眼）出兵洛陽東方，防止東方其他軍閥乘亂而入，一面派大司馬吳漢直攻洛陽。抵抗了三個月後，建武元年（西元二五年）九月，洛陽投降。這裡成為光武帝劉秀的首都。

攻克洛陽，是光武帝劉秀統一中國的關鍵一步。短短的兩年中，他從一個一無所有的逃亡者，到占領了河北平原，再進軍山西安邑、上黨，獲得可攻可守的戰略要地，到進攻和占領洛陽，成為東部軍閥的佼佼者。

在中國東部，洛陽之所以成為十三朝古都，在於它在東部無與倫比的戰略地位（見下頁圖）。洛陽盆地的四面皆山，崤山、伏牛山、嵩山環繞著西、南、東三個方向，北面邙山之外就是黃河，伊水、洛水穿盆地而過。在洛陽的周圍有八個關口將它與其他地域分開，既可以防守，也是個富裕肥沃之地。同時，黃河和洛水還便於洛陽和外界溝通，使外界的糧食可以進入。

從戰略地位上，東漢時期的洛陽仍然無法與關中相比，因為關中的平原更大，產糧更多，地理要塞也更加險峻。但由於洛陽平原比長安平原小，使用更少的兵力就可以防衛。同時它比關中更靠近富裕的東部，使得洛陽成了亂世時期最佳的戰略要地。只要關中、漢中、四川沒有統一在一個人手中，洛陽就不用擔心關中的壓力。

幸運的是，光武帝獲得洛陽時，關中地區正亂成一團糨糊。由於更始帝派了大量人馬到安邑與鄧禹作戰，關中兵力空虛，讓赤眉軍撿了便宜。在劉秀取得洛陽的當月，赤眉軍攻陷了長安，另立了一位漢朝宗室劉盆子為皇帝。

赤眉軍之後，鄧禹的軍隊也進入了關中地區。他避開了勢頭正健的赤眉軍，選擇攻取長安之外的其他領土。

他平定了上郡、北地、安定等三個郡。這三個郡位置從陝西北部直到甘肅東部，對赤眉

▲洛陽為中國八大古都之一，也是建都最多的古都之一，歷史上有十數個王朝先後定都在此，號稱十三朝古都。

軍形成了壓迫的態勢，導致赤眉軍無法穩定社會，開展生產。

當把糧食耗光之後，流寇出身的赤眉軍決定甩掉長安這個包袱，離開長安。隨後，赤眉軍先是向西北進軍，在遭受了鄧禹、隗囂的攻擊後轉而向東，想回到中原，在崤山一帶被光武帝劉秀的大將馮異擊敗，全軍覆沒。

赤眉軍的遭遇凸顯了光武帝的戰略眼光。赤眉軍曾經是全國最大的武裝集團，又占領了最具有戰略重要性的長安，卻由於缺乏統一全國的戰略，走一步看一步，越來越弱小，最終亡於劉秀之手。

赤眉軍離開長安後，關中的混亂局勢並沒有好轉。盤踞在漢中地區的軍閥延岑看到了機會，從漢中出發進入關中平原，乘鄧禹立足未穩，趕走了鄧禹。

但延岑也無法收拾殘局，因為赤眉軍撤退後，關中各地進入了更加碎片化的時代，十數個小軍閥各據一地，互不臣服，整個關中糧食斷絕，人民顛沛流離。如果要平定這些小軍閥，必須有一個穩定的後勤基地，供養一支龐大的軍隊，將小軍閥一一征服。

除了劉秀之外，另一個擁有後勤基地的就是漢中的延岑。但漢中地域還是過於狹小，生產不出足夠的糧食供軍事需要，所以延岑也無法統一關中。

能夠收拾關中混亂局面的只有劉秀。占據了洛陽之後，整個河北、洛陽地區已經成了全國的穩定之源，生產的糧食足以供應軍隊所需。隨著延岑的敗落，劉秀再次派遣馮異進軍關中。

初次進軍兩年後，關中和長安落入了光武帝之手。到這時，全國最有價值的戰略之地大都掌握在劉秀的手中。

在掌握了中心之後，他開始平定周邊地區，以儘早統一整個中國。

關中時代的落幕

在歷史上，陝西的寶雞一直是一個重要的戰略要地。它之所以重要，在於這裡是兩條大道的交匯點，一條是從寶雞出發向南的陳倉道，劉邦「明修棧道，暗渡陳倉」的故事就發生在這裡。所謂陳倉道，也叫散關道、故道，即經過寶雞南面的大散關，經過鳳縣、略陽進入漢中的道路。從漢中走另一條古道金牛道，進入四川盆地，到達成都。

經過寶雞的另一條道路是通往甘肅天水的隴關古道。寶雞在關中平原的西沿，天水已經上到了青藏高原的邊緣山區，處於文明的邊緣。但從天水可以向西進入蘭州，再北上河西走廊和新疆，因此這條路是著名絲綢之路的起始部分。

一個有趣的事實是，寶雞和天水都在渭河邊，古人又有沿河修路的習慣，但是，從寶雞到天水的道路不僅沒有沿渭河前行，反而從寶雞向北折到了隴縣，再翻越巍峨的隴山，這裡有著名的關口大震關和瓦亭關，最後順山谷繞到天水。

那麼，古人為什麼不直接順著渭河而上直達天水呢？

古人之所以這麼選擇，是因為這一段的渭河在巨大的峽谷中穿流，兩岸懸崖峭壁，間不容髮，只有到了現代，利用機械化開鑿隧道才有可能沿河修路。中國古代這條奇怪的繞道翻越隴山的道路，就成了歷代征服者的噩夢。

建武六年（西元三〇年）五月，一支八、九萬人的軍隊來到了隴坻（現陝西隴縣西南），他們屬於光武帝劉秀，在著名將軍耿弇的率領下，向隴山之上的守軍進攻。守關的部隊是天水軍閥隗囂的部隊。光武帝已經平息了整個東部的軍閥，決定向西部進軍了。但這次，耿弇卻大敗而回，漢軍沒有占到便宜。這也證明隗囂才是光武帝真正的勁敵。

隗囂又是個奇怪的軍閥，甚至可以說，沒有他的配合，光武帝就很難這麼容易的統一天下。當光武帝平息東部時，隗囂似乎與光武帝達成了默契，不與他為敵，不在西部進攻他的後方，這才讓光武帝放手統一了東部。只是在光武帝統一東部之後，隗囂又不甘於向他稱臣，雙方才發生了戰爭。

我們不妨先看一下光武帝統一東部的過程，再回頭看他如何對付隗囂。

四年前，光武帝獲得了長安和洛陽之後，開始制訂統一全國的戰略。

在當時，全國一共還有十一個較大的軍閥（見第一百五十三頁圖），其中西部有四個：隗囂（天水）、公孫述（巴蜀和漢中）、竇融（河西走廊）、盧芳（九原）；東部有七個：劉永（睢陽）、董憲（郯城）、張步（齊地）、李憲（廬江）、秦豐（江陵）、田戎（夷陵），另外還有一個幽州的彭寵，曾經幫助光武帝平定河北，但隨後又反叛了光武帝。

面對十一家爭雄的局面，光武帝如何選擇，才能逐一消滅，最後完成統一呢？如果沒有隗囂等西方軍閥的配合，光武帝的難度要大很多。

在西方的四位軍閥中，盧芳地處偏遠，除了自保，野心不大。竇融曾經屬於隗囂集團，後來則與光武帝相善，到最後投靠了光武帝。只有公孫述和隗囂兩家實力較強，特別是公孫述，占領了四川和漢中，有實力也有野心北進關中平原，一旦他統一了關中、漢中和四川，就有了當年秦朝和劉邦的優勢，光武帝就不容易消滅他了。

幸運的是，光武帝能夠拉攏天水的隗囂來對付公孫述。隗囂的地盤不足以統一全國，卻由於地理優勢，能夠居高臨下打擊任何覬覦關中的人。公孫述屢次進攻關中，都被隗囂擊退。隗囂的存在，使得光武帝能夠制訂先平東部、再平西部的戰略。

他的戰略可以總結為：當已經擁有了長安和洛陽時，由於關中平原周邊地區還處於分裂之中，可以利用西部的矛盾，讓他們持續分裂，先騰出手來統一東部的中原地區。當整個東部、洛陽和關中盆地都被控制後，剩下的西部地區就無力與他抗衡了。

此刻東部也處於分裂之中，每個小軍閥都無法單獨與光武帝抗衡，他們很快都消失在歷史的塵埃中。從建武二年（西元二六年）開始的四年裡，光武帝先後平定了秦豐、田戎、劉永、彭寵、董憲、張步、李憲等人，將東部統一。

統一東部後，光武帝將重點放回了長安所在的關中，將公孫述和隗囂列入了攻擊範圍。

在這兩人中，又以隗囂對關中威脅最大。天水除了可以居高臨下進攻關中平原之外，還是通往四川的制高點。如果不先取得天水，即便想進軍四川，也可能被隗囂從背後襲擊。為此，必須首先併吞隗囂，才能對公孫述採取行動。

但是，光武帝的第一場伐隗囂之戰，就以慘敗告終。這也表明，占據了地理優勢的隗囂，在戰略上並不處於下風。

隨後，雙方開始了拉鋸戰。由於隴山的地理優勢，光武帝無法攻入隴山以西。但由於光武帝的總兵力有優勢，隗囂也無法從隴山下來，占領平原的關中地區。

在拉鋸戰過程中，光武帝順便消滅了盧芳，並招降了竇融，進一步孤立了隗囂，卻仍然找不到進入隴西的方法。隗囂為了對付光武帝，也和四川的公孫述和解，向公孫述稱臣，雙方抱團與光武帝對抗。

相持了兩年後，建武八年（西元三二年），光武帝的大將來歙（按：音同系）才找到了一次巨大的機會，攻入了隴上。他的這次攻擊，也給從關中地區進攻隴上指明了方向。

事實證明，想從正面的隴坻，直接進攻是不現實的。但隴山除了這條大道之外，還有一些不為人知的孔道，只有繞到守軍背後，才有可能成功。

來歙率領兩千人馬，從回中道北上番須（現甘肅省華亭市南），從番須向西找到了一條人跡罕見的小道，他們伐山開道，從北方繞過了隗囂軍隊的防守，又繞回到主道上，直接從側面攻下了主道上的略陽（甘肅省秦安縣隴城鎮一帶），切斷了隗囂的軍隊。

略陽在隴坻的西面，作為隴山路上的重鎮，是連接隴上和隴下的關鍵地區。從略陽向西可以到達隗囂的統治中心天水，向東就是隴山前線的各個關口。隗囂失去了略陽，意味著隴山各個關口與天水之間的聯繫被斬斷了。

兩百多年後，略陽已經被人遺忘，但在它的附近，幾乎是同一個山谷裡，另一個著名的重鎮崛起了，它就是諸葛武侯北伐時的重鎮——街亭。

來歙的奇襲讓隗囂大驚失色，他一方面命令各個關口加強防守，一方面親率大軍搶回略陽。來歙拚死守住了略陽城，在隗囂筋疲力盡時，光武帝率領大軍，與竇融等人相配合，一同向隴山各個關口進攻。這次進攻終於打穿了隗囂的防守，擊潰了他的軍隊。隗囂被迫放棄了天水，退向了天水以南的西城，做困獸猶鬥。

這次進攻也成了歷代進攻天水的指路明燈，從此以後，人們知道，從隴坻直接翻山進攻天水並不是好的方法，必須從北方或者南方繞上隴山，形成夾擊態勢，才有可能攻克這座堡壘。

但是光武帝與隗囂的戰爭並沒有就此結束。就在隗囂只剩下最後一個據點時，漢軍突然得報，東部的潁川發生了叛亂，為了鎮壓叛亂，光武帝離開了隴西。他走後，隗囂又把漢軍趕回了關中。這場戰爭又持續了兩年，直到隗囂死後，漢軍才終於攻克了隴山，占據了進攻四川的制高點。消滅了隗囂，漢軍就只剩下四川沒有平定。

在平定四川的過程中，漢軍的進軍路線也預示著關中時代的結束。

在此之前，要想進軍四川，只有從關中越過秦嶺進入四川這一條路可以走，也就是從散關道（子午道、褒斜道等）進入漢中地區，再走金牛道（或者米倉道）進入四川盆地。

但到了東漢初年，隨著人們對長江地區的開發，從湖北經過長江進入四川的大道已經成為可能。雖然秦國曾從四川順長江而下進攻湖北，但如果想逆流而上從湖北進入四川，必須等條件更成熟才行。

光武帝派遣了兩路大軍，分別從秦嶺道和長江道進攻四川，而起決定作用的已經是從荊州出發，順長江而上的部隊。這支部隊由岑彭和吳漢率領，進攻者進軍江州（重慶）後，岑彭兵分兩路：一面從嘉陵江、墊江西進，吸引了公孫述的主力軍；另一面順長江而上，從南方沿岷江接近成都。這次奇襲打開了成都的大門。

建武十二年（西元三六年），吳漢率軍攻入成都，為期一年的入蜀戰爭結束。入蜀戰爭的結束，也意味著光武帝對中國的再統一。

光武帝的戰爭，是對從周代形成的戰爭傳統的反叛。從周代開始，中國就進入了軍事上的關中時代，所謂得關中者得天下。周武王伐紂、秦始皇統一、楚漢戰爭都是首先統一關中，再蠶食中原的最好例證。

關中之所以這麼重要，是因為這個地區容易形成一家獨大的局勢。關中統一後，再向外擴張，就可以將四分五裂的中原一一擊敗。

周武王時期，中國的文明區域還太小，一個關中就足以將中原降服。到了戰國和秦代，隨著六國對中原地區的深耕，特別是楚國對南方的經營，關中已經從世界的二分之一下降為三分之一，僅憑關中已不足以和中原對抗。但秦國幸運的發現了四川的重要性，處於長江上游的四川可以打擊楚國的湖北，卻很難被楚國反向進攻。在四川糧食的支援下，關中重新獲得了戰略優勢，幫助秦統一了六國。

楚漢戰爭基本上重複了秦統一的戰略思路，由於輕車熟路，戰爭的進程也加快了。

但又經過了兩百年的開發，隨著中原地區的進一步富裕，以及長江地區的進一步開發，關中已經從世界的三分之一掉到了四分之一，即便加上四川，也最多只能算半壁江山，中國的戰略優勢已經逐漸的從關中向東轉移了。

光武帝正是利用了戰略優勢的轉移，抓住了關中和四川分裂的機會，從河北迅速占領山西的戰略要地，再獲得洛陽，隨後將關中最富裕的平原地區抓在手中，占據了中國最核心的「洛陽——關中」軸心，再利用這裡的糧草優勢，各個擊破，從東到西完成統一。

此時，四川也不再是關中的後花園，從這時開始，直到數百年後完成，長江通道逐漸成為通往四川的主流通道。由於水運的承載能力遠大於陸運，蜀道逐漸成了客運通道，而物資交流則轉移到了長江之上。失去了四川的關中顯得更加寂寞，中國歷史上第一次關中時代就在這樣的氛圍中淒然落幕。

歷史突然進入了第二個時代：分裂時代，也是長江時代……。

第二部

分裂時代：從黃河移到長江，長江成為戰略主角

西元一八九年～西元五八九年，三國到南朝

第五章

《隆中對》，開創分裂時代的大戰略

西元一八九年～西元二一九年

三國初期，人們仍然認為決定中國統一的關鍵在於北方，長江上的四川和江東只是附屬性的，不具有決定性意義。諸葛亮第一個提出，依託於南方，也同樣可以完成統一大業。他的《隆中對》之所以具有開創性，在於確定了南方和長江在中國軍事戰略中的新地位。

東漢末年的軍閥分為老軍閥和新軍閥。老軍閥大都是東漢的第一代州牧出身，新軍閥則是依靠反對董卓起家。東漢末年到三國的轉型，就是新軍閥依靠戰爭取代老軍閥的過程，最終只剩下三家新軍閥脫穎而出。

決定了曹操在北方勝出的，是戰爭的後勤。曹操是最重視後勤的軍閥，採取了屯田措施。官渡之戰中，起決定作用的，也是曹操對袁紹後勤的打擊。

在諸葛亮之前，吳國的張紘已經獨立提出了從南方進攻北方的戰略構想。他建議孫策首先占領江東，再溯江而上占領長江中游的贛江盆地和荊州地區。依靠江東、贛江盆地和兩湖盆地，就足以與中原對抗。張紘的提議成就了孫氏數代的霸業。

江東的重心在南京，要想保衛南京，必須保衛兩側的鎮江和馬鞍山。這裡有兩條古道通往北方。中國數千年的長江戰線莫不與這兩條通道有關。

諸葛亮《隆中對》的實質，是利用西南的戰略地理反攻中原。這要求劉備必須同時占據四川和荊州，利用四川作為糧倉，再利用漢中與荊州兩條通往北方的通道，實施鉗形攻勢，進攻中原。荊州作為天下之中的地理位置被諸葛亮發現，這裡是中國的十字路口，連接東西南北的交通要道在這裡會合，因此成了戰爭的勝負手。

長江成為戰略重點後，南方政權要想防衛長江，不能只退縮到長江以南被動防守，必須占據江北的緩衝地帶，才有可能守住長江。江北的淮河流域與荊州就作為長江的鎖鑰而進入了歷史。江東戰略和《隆中對》是南方對北方的一次逆襲，表明南方不再是北方的附庸，而是擁有獨立地位的地理單元。在這兩個戰略之下，吳、蜀分別建國，形成了三國鼎立的局面。

漢獻帝建安十二年（西元二〇七年），在南陽郡鄧縣一個叫做隆中的地方，迎來了一位流浪的軍閥，他是去拜訪一位隱士。這位軍閥就是劉備。在拜訪隱士之前，劉備是典型的喪家之犬，在爭奪中原的戰爭中失敗得極其徹底，很難翻身。

要想了解劉備到底有多狼狽，必須從當時的流行思潮談起。在三國之前的中國歷史上，要想建立王朝，必須占據關中和中原地區，中原的夏、商、東漢，關中的周、秦、西漢，都是成功的例子。一旦離開了這些區域，就成了中國歷史的小角色，失去了逐鹿的舞臺。劉備在早年，也曾積極的參與對中原地區的爭奪。由於實力不足，他四處投靠，卻都不得善終。

他最初在東漢朝廷當小官，跟隨大將軍何進。中平六年（西元一八九年），何進預謀清除宦官，自己卻遭遇殺身之禍，還導致了後來的董卓之亂。

劉備又投靠了盤踞北方的軍閥公孫瓚（見第一百七十二頁圖）。建安四年（西元一九九年），公孫瓚被袁紹所敗，自殺身亡。

當公孫瓚與袁紹發生連綿不絕的戰爭時，劉備又瞅準了機會投靠了公孫瓚的擁躉（按：音同盹，擁躉是指堅定的支持者、擁護者）、盤踞青州的軍閥田楷。在投靠田楷期間，劉備獲得了平生第一次重大機會。

初平四年（西元一九三年），曹操以徐州牧陶謙是殺父仇人為由[1]，率軍進攻陶謙，攻克十餘城，在陶謙的老巢彭城（現江蘇省徐州），曹軍燒殺擄掠，殺死了數萬人，屍體堵塞了泗水。

就在此刻，劉備跟隨著青州刺史田楷出兵援救陶謙，受到了陶謙的優待。他拋棄了田楷，選擇陶謙做了新主子。作為回報，陶謙上書皇帝，封劉備為豫州刺史。

第二年，陶謙病死，將徐州讓給了劉備，劉備升級成為徐州牧，第一次獲得了與曹操、袁紹等頂級軍閥並稱的資格。後來，曹操為了拉攏劉備，又上表請求封劉備為鎮東將軍、宜城亭侯。

然而好景不長，兩年後的建安元年（西元一九六年），袁術進攻劉備，兩人相持時，另一個著名的流浪軍閥呂布偷襲了劉備，奪取了徐州。劉備再次顛沛流離。流浪中的他人困馬乏，部屬互相攻擊爭奪食物。迫不得已，他投靠了敵人呂布[2]。

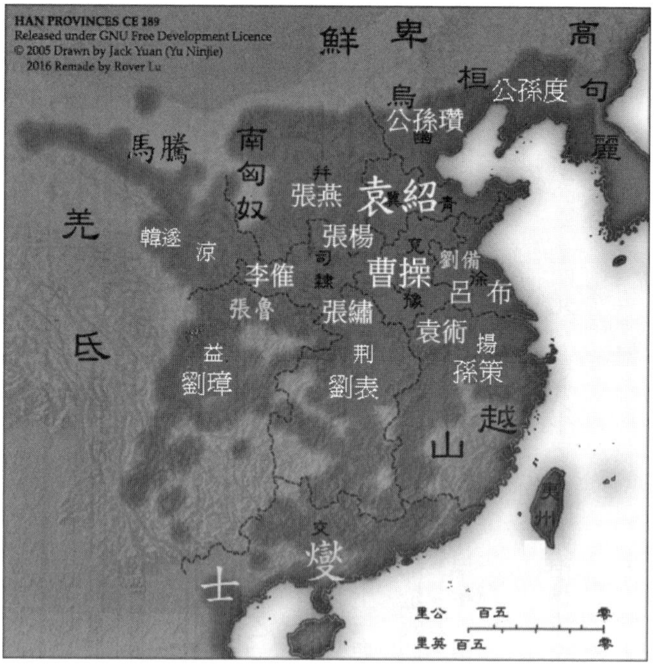

▲建安 3 年（西元198年）群雄割據位置圖。

但不久，劉備又和呂布反目，只好夾起包裹投靠了曹操，並借助曹操的力量殺死了呂布。不過曹劉的蜜月期並不長久，劉備仍然想奪回徐州的控制權，他殺死了曹操的徐州刺史，舉起了反旗。建安五年（西元二〇〇年），曹操擊敗了劉備，把他的老婆、孩子加上大將關羽全都俘虜。如同喪家之犬的劉備立刻打包投靠了袁紹。

很不幸，就在當年，曹操在官渡決定性的擊敗了袁紹，在整個中國北方獲得了優勢。此刻的劉備在中原已經待不下去了，再次夾起尾巴逃跑。這次他逃向了南方，投靠了同為漢室宗親的荊州牧劉表。劉表親自到郊外接待這位本家，並劃了一座城讓他留守。

劉備所守的城叫新野，位於南陽和襄陽之間，地處交通要道。他在這裡度過了較為平靜的七年時光。在當時的人看來，靠近長江的荊州已是中華文明的邊緣地區，這裡雖然很安逸，卻缺乏戰略上的重要性，到了這兒，就基本上被排除在了頂級軍閥之外了。

在荊州西面的四川盆地，是偏安一隅的益州軍閥劉璋；在東面的長江下游，則是剛剛站穩腳跟的江東軍閥孫權。荊州、益州和江東，雖然在戰國時期就進入了中國歷史，但一直被中原人士當作偏遠地區，不具有戰略決定性。劉備時代，這種看法仍然沒有改變。

真正被人們看重的，是強大的中原和關中，它們都被曹操搶到了手。根據以前的經驗，每一

1 《三國志・魏書・武帝紀》：「初，太祖父嵩，去官後還譙，董卓之亂，避難琅邪，為陶謙所害，故太祖志在復讎東伐。」

2 《三國志・蜀書・先主傳・裴松之注》：「英雄記曰：備軍在廣陵，飢餓困踧，吏士大小自相啖食，窮餓侵逼，欲還小沛，遂使吏請降布。」

次中原和關中的對決，決定了誰能夠完成統一。當北方統一之後，進軍南方只是順帶性的和象徵性的，大軍一到，南方也就平定了。這一次，人們也認為，當曹操在北方獲得了足夠的優勢，就會輕而易舉南下，蕩平（按：平定寇亂）這幾個小據點，完成又一次統一。

劉備就是在這種悲觀的氣氛中拜訪了在隆中居住的隱士。也只有了解了前面所談的背景，才知道這位隱士提出了一個多麼具有革命性的戰略設想。

諸葛亮的《隆中對》將四川和荊州，以及江東提到了與中原同等重要的地位上，認為即便在這些中華文明的邊角地區，也一樣可以借助地理優勢統一中原。

他如同先知一般覺察到，戰爭局勢早已變化，其軸心已不再是那條短短的「長安——洛陽」軸線，長江的地位可能超過了黃河，成為中國戰爭下一個時代的重要標誌。分裂時代來臨了。

東漢末年的老軍閥與新軍閥

漢靈帝中平六年（西元年一八九年），東漢靈帝去世，年方十四歲的少帝劉辯繼位。不久，影響東漢國運的兩大勢力就展開了直接的對撞，它們是外戚勢力和宦官勢力。

在東漢歷史上，光武帝削減了百官的權力，加強了中央集權，卻不經意間造就了外戚和宦官的得勢。一旦出現小皇帝和弱皇帝，由於百官權力過小，中央行政機關立刻出現半癱瘓狀況，而這種權力的真空，就被外戚或者宦官填補。

少帝時期外戚勢力的代表是少帝的舅舅大將軍何進，為了鞏固權勢，他與太傅袁隗、中軍校尉袁紹等人策劃，將大權在握的宦官們消滅。但由於性格優柔寡斷，何進被宦官們搶先殺死，隨後，何進的部屬向宦官進攻，將他們全部屠戮。

這次事件以外戚和宦官的兩敗俱傷而告終，這原本是對東漢政府有利的事。但何進在死前的一個決策卻毀掉了東漢政權：為了加強自己的勢力，何進試圖招回在外的將領來保衛他，他招攬的將軍叫董卓。

董卓時任并州（現山西境內）的州牧，駐軍在安邑。得到命令後，董卓立即渡過黃河，率軍向京城洛陽進軍。何進死後，董卓並沒有停下步伐，還是按照原計畫進攻洛陽。董卓進入洛陽後，把持了朝政，廢除了少帝，另立靈帝的兒子劉協為帝，這就是漢代的最後一個皇帝漢獻帝。

董卓的作為引起了群臣的不滿，許多人乘機逃離了京城，大部分逃往了東部和北部，開始招兵買馬，以誅董卓為號召拉起了義旗。隨後，這些人將軍隊集中在了洛陽的東面，主要占據了酸棗、封丘、河內、陳留等地，都在現在的河南省境內。

但在具體作戰時，這些將領雖然都反對董卓，在出兵時卻顯得過於謹慎。他們大都採取了作壁上觀的態度，出工不出力。很快，原本信誓旦旦的討伐變成了一場滑稽劇，最終群雄各自散去。董卓安然撤離了洛陽，將皇帝劫持到更加安全的關中地區。

就在董卓以為掌控了局勢時，內部的衝突卻決定了他的命運：司徒王允與董卓的部下呂布合謀殺掉了他。但董卓的幾員大將郭汜、李傕、樊稠等人繼續將關中攪得雞犬不寧。

當初征討董卓的將領，乘著董卓死後的大亂，紛紛割據變成了軍閥，他們主宰了中國隨後幾十年的命運。

東漢末年的軍閥又可以分為新軍閥和老軍閥。所謂老軍閥，指的是從漢靈帝時期的一項政策中受益的軍閥。中平五年（西元一八八年），漢靈帝在他死前一年，設立了一個叫州牧的職位。

所謂州牧，是對光武帝政策的一次反動。光武帝劉秀為了防止地方反抗中央，故意剝奪了地方政府的軍權，又削弱了地方行政官員的權力。這種做法在和平時期還看不出有什麼危害，可一旦進入戰爭，立刻顯得極其笨重。

中平元年（西元一八四年），黃巾起義爆發，在鎮壓起義的過程中，政府發現官僚結構完全缺乏效率。軍事官員、財政官員、行政官員、司法官員，層層疊疊，每一個官員都想著如何守住地盤，防止別人侵犯自己的領地。從政府調撥來的財政支出成了各個官員的肥肉，你爭我奪，卻忘了敵人就在眼前，結果自然是屢吃敗仗。

針對這樣的局面，太常劉焉隨即提出，皇帝應該設立一個新的職務，將一個地方的財政、軍政權力統一授予同一個人，由他來整合調撥各種資源。在皇帝過問地方事務時，只需拿這個官員是問，再由他確定其他官員的責任。而投入該地的財政和軍事資源，也由這個官員統一分配。

劉焉的提議得到了靈帝的贊同，州牧這個職位就這樣出現了。

在東漢，州相當於現在的省，即僅次於中央的下一級單位。原本州的最高行政長官是刺史，刺史最初主管監察，後來也管行政，而州牧就是刺史的加強版，將軍事職能賦予刺史，同時給他更多的資源調撥權。

並非每個州都立刻設立州牧，有的州只有刺史，有的州則由州牧管理，全憑當時的情況需要來決定。一些關鍵州設立的州牧，就成了東漢末年的第一代軍閥。比如，益州的劉焉、劉璋父子，荊州的劉表，幽州的劉虞，徐州的陶謙，冀州的韓馥，都屬於第一代州牧出身的軍閥。其中劉焉是州牧政策的提出者，又被封往益州，他的地盤後來被劉備所奪，成了蜀漢的根據地。劉虞的部下公孫瓚也可以算作這一代軍閥，他先是取代劉虞占據了幽州，後又被袁紹所滅。

除了這些老軍閥之外，另一批新軍閥則出自反對董卓的各位將領，他們雖然在反董卓上徒勞無功，卻借助由此聚集起來的軍隊，與老軍閥展開了角逐，最終成了佼佼者。

這些新軍閥，包括袁紹、袁術、曹操、孫堅、劉備等人。三國形成的過程，就是新軍閥如何取代老軍閥，再在新軍閥中展開混戰，最終只剩三家的過程。

除了這兩個來源之外，東部的軍閥中還有一家不得不提，他是原來董卓的將領呂布，在董卓失敗後，參與了東部的角逐，並最終被曹操擊敗（見下頁表3）。

在這所有的軍閥中，經過混戰，在東部的北方逐漸強大的是袁紹和曹操兩家。袁紹在伐董卓失敗後，率軍取代了韓馥，進占冀州（主體在現河北省南部），成了冀州牧。在當時，也恰好是幽州的公孫瓚取代原來的州牧劉虞之時，公孫瓚殺掉了德高望重的劉虞，又借助鎮壓青州黃巾軍的機會，占據了青州（主體在現山東省東部），派遣他的大將田楷擔任青州刺史，勢力跨幽、青兩州。

袁紹在占領了冀州之後，又進軍群龍無首的并州（主體在現山西省），將中原屋脊的并州收入囊中，派遣外甥高幹擔任并州刺史。

隨即而來的是袁紹與公孫瓚的對決，他們各據兩州，纏鬥不止。最終，袁紹擊敗了公孫瓚，成了四州的首領。在全國的十三州中，已經有了將近三分之一。

表3　東漢末年的主要軍閥[3]

姓名	地域	興亡經過
劉焉、劉璋	益州	西元188年被封為益州牧，西元214年，益州被劉備奪取。
劉虞	幽州	漢室宗親。西元188年任幽州牧。頗得人望，群雄曾有意推舉劉虞為皇帝。西元193年為公孫瓚所殺，幽州亦被公孫瓚奪取。
董卓	司隸	西元189年，受大將軍何進所招率軍前往洛陽，控制了朝政，造成了天下大亂。西元192年被殺。
袁術	荊州南陽、豫州	西元189年占據荊州南陽地區，後前往豫州。西元197年稱帝，兩年後死亡。豫州被曹操、孫權分割。
陶謙	徐州	西元189年封徐州牧。西元194年死後將徐州贈予劉備。
公孫度、公孫淵	遼東	西元189年封遼東太守，傳四代。孫公孫淵建立燕政權。西元238年，公孫淵被魏國擊殺，遼東歸魏。
韓馥	冀州	西元189年封冀州牧。西元191年將冀州讓與袁紹。
劉岱	兗州	西元189年封兗州刺史。西元192年為黃巾軍所殺，兗州隨後被曹操收復。
劉表、劉琮	荊州	西元190年封荊州刺史，西元208年，劉琮投降曹操。
袁紹	冀州、并州、幽州、青州	西元191年從韓馥手中獲得冀州，後進占并州。西元199年擊敗公孫瓚，獲得幽州、青州。西元200年官渡之戰，敗於曹操。西元202年6月死亡。冀州、并州、幽州、青州歸屬曹操。
張魯	漢中	西元191年奪取漢中。西元215年投降曹操。漢中先歸曹操，後被劉備所得。

（續下頁表）

姓名	地域	興亡經過
曹操	兗州、徐州、豫州、司隸、冀州、青州、并州、幽州、荊州北部、揚州北部、涼州	西元192年從韓馥手中獲得兗州。西元194年被呂布所襲，只剩三城，後克復。西元196年迎漢獻帝，控制司隸。西元198年，擊斬占據了徐州的呂布，獲得徐州。西元199年袁術死，曹操獲得豫州。西元200年，官渡之戰擊敗袁紹，隨後獲得了冀州、青州、并州、幽州。西元208年，赤壁之戰，占據荊州、揚州北部，無法南下。西元211年，擊敗馬超、韓遂，獲得涼州。西元215年，擊敗張魯取得漢中。西元217年，敗給劉備，丟失漢中。
韓遂、馬騰、馬超	涼州	西元192年，原本涼州叛亂頭子韓遂被封為鎮西將軍，馬騰被封為征西將軍，繼續盤踞涼州。西元211年，曹操平定涼州。西元212年馬騰被殺，西元215年韓遂被殺。馬超成為蜀漢大將。涼州歸曹操。
公孫瓚	幽州、青州	西元193年擊敗劉虞控制幽州。親信田楷控制青州。西元199年為袁紹擊敗自焚。幽州、青州歸袁紹。
呂布	兗州、徐州	西元194年襲擊曹操獲得大部分兗州，後被曹操重新奪回。西元195年，擊敗劉備獲得徐州。西元198年，為曹操所敗身死。徐州歸曹操。
劉備	徐州、荊州、益州	西元194年，陶謙將徐州贈予劉備。西元195年，敗於呂布，丟失徐州。西元208年，赤壁之戰，獲得荊州南部。西元214年，擊敗劉璋獲得益州。西元215年，與孫權協議，將荊州南部湘江以東的土地還給孫權。西元219年，擊敗曹操獲得漢中。西元219年，關羽兵敗，荊州丟失。西元222年，復仇未成，僅剩益州。
孫策、孫權	江東、荊州	西元194年，孫策進軍江東。西元200年，擊敗黃祖，進軍贛江流域。西元208年，赤壁之戰。西元215年，從劉備手中獲得湘江東部的荊州地區。西元219年和222年，兩敗蜀漢，獲得整個荊州南部。

3 根據《三國志》與《後漢書》。

在袁紹之南，曹操也在快速的擴張。

曹操在討伐董卓失敗之後，乘青州黃巾軍進攻兗州（現山東、河南、河北、江蘇交界地帶）的機會，獲得了兗州的統治權。在兗州的北方，是袁紹的冀州、并州，公孫瓚的幽州、青州；在東南方，是陶謙的徐州（主體在現山東、江蘇交界地帶）；南方是袁術占領的豫州（主體在現河南中南部）；西方則是相當於首都直轄區的司隸校尉部（包括洛陽和長安所在的平原，以及兩者的連接部，當時由董卓的餘黨所控制）。

在周邊的區域中，徐州由於沒有遭到兵亂，最富裕也最有後勤價值。曹操隨後對徐州展開了進攻。曹操沒有想到，當他進攻徐州的陶謙時，流浪軍閥呂布卻從背後襲擊了曹操的兗州，只有三座城市（范縣、東阿和鄄城）沒有投降呂布。而徐州牧陶謙死後，將州牧的職位讓給了投靠他的劉備，兗州和徐州的形勢為之一變。

曹操隨後與呂布展開搏殺，收復兗州的同

▲三國行政區示意圖。

時，將袁術所據有豫州的一部分北方領土也一併占領，而這部分領土中包括了後來魏國的都城許昌。

曹操定都許昌時，關中的董卓舊將郭汜、李傕等人展開了內訌，漢獻帝借助內訌的機會逃出了他們的控制，在楊奉、韓暹、董承等人的幫助下，從長安遷往洛陽。到達洛陽後，漢獻帝發現曾經的首都變成了一片廢墟，百官公卿連飯都吃不上，皇帝都只能吃野菜為生。

在當時，皇帝已經成了燙手山芋，誰得到了他，意味著立刻成為周圍軍閥的攻擊對象。各個軍閥都認定漢代天下已經完蛋了，接下來只是誰來取代他，誰也不肯接受這個皇帝。曹操接受了荀彧（按：音同欲）的建議，派兵獲得了獻帝的監護權，並將獻帝遷往了他的首都許昌。

官渡之戰，曹操統一北方，問鼎中原的轉捩點

此時，曹操的相鄰對手有三個：第一，占據了徐州的呂布；第二，一個曾經身為董卓舊部的張繡占據了南陽盆地；第三，以壽春（現安徽壽縣）為中心的袁術還控制著豫州的一部分，並將勢力範圍擴展到長江流域的揚州（十三州之一）。

曹操對三者採取了不同的政策。對張繡，先是以軍事為主，後來則以政治手段收編了張繡。呂布逃出兗州後，從劉備手中搶走了徐州，繼續與曹操對抗，是最直接的大敵，被曹操擊敗、俘獲、斬首。剩下的袁術缺乏戰略，又生活墮落，在曹操獲得漢獻帝後，袁術試圖自己稱帝，最終被曹操擊敗。

經過對周邊地區的吞併，曹操一躍成了與袁紹並肩的軍閥，擁有了兗州、徐州，以及豫州的大部、司隸校尉部的一部分。整個中原地區實際上已經掌握在了兩個人之手。

漢獻帝建安五年（西元二〇〇年），以袁紹攻擊曹操開端，雙方的戰爭正式拉開帷幕。主戰場在黃河與支流濟水之間。在中國古代，濟水是黃河的一條主要支流，現在卻已經不見了蹤影。東漢時期，濟水上最主要的渡口叫官渡（現河南省中牟縣境內）。

在這場戰爭中，袁紹是兵力更強的一方，同時擁有著地理的優勢，將曹操壓縮到濟水邊上，處於背水的位置。如果按照實力對比，失敗的將是曹操。但決定了戰爭成敗的卻是雙方對於後勤的態度。

在三國時期，曹操是最注重後勤和糧食的軍閥，而袁紹卻相反，是最不注重後勤的軍閥之一。實際上，三國時期，由於軍閥眾多，戰亂頻仍，人們最缺乏的是糧食。

各個軍閥都吃過後勤的苦頭。董卓為了籌集軍費，將秦始皇時期留下的銅人都熔化了鑄錢，但最後卻發現有錢買不到糧食。袁紹的軍隊要靠路邊的野棗糊口，而袁術的軍隊則尋找貝殼充饑。曹操是最先意識到糧草重要性，開始有計畫進行屯田收集糧食。袁紹對於糧食和後勤工作的忽略，讓曹操找到了可乘之機。

官渡之戰中，最先乏糧的是曹操。但他從戰俘口中審出了袁紹運糧車隊的行蹤，出兵襲擊了車隊，造成袁紹軍隊也缺乏糧食。

隨後，袁紹的屬下許攸投降曹操，將袁紹輜重基地（在烏巢）的位置透露給了曹操。雖然袁紹已經吃了後勤的虧，但沒有長記性，仍然沒有對烏巢的後勤基地做太多的防範，導致曹操燒毀了袁軍輜重。

更令人驚訝的是，當後勤火起時，袁紹並沒有派人緊急趕往烏巢搶救輜重，反而想藉機進攻曹營，趁曹操沒有回來，完成襲擊。不想曹操早已做了嚴密的防範，袁紹不僅沒有攻下曹營，還將所有的輜重都損失殆盡。失去了輜重的袁紹被曹操擊敗。

袁紹軍破後，曹操又用了七年時間，才最終消滅了袁紹的殘餘勢力。袁紹的兩個兒子袁尚和袁熙均被擊敗，死於遼東。

到這時，曹操已經統一了整個華北地區。關中地區仍然處於分裂狀態，掌握在幾個小軍閥韓遂、馬超、張魯手中。按照後漢光武帝的戰略，一旦獲得了華北，就應該掃蕩東部，將荊州的劉表、江東的孫權收服，在東部安定後，西部軍閥將不可撼動曹操的優勢。

根據之前的經驗，荊州和江東一直是作為中原的附屬而存在的，並不具有特殊的戰略地位。曹操降服這兩個地方不應該太困難。

但這一次，南方卻第一次成了北方的對手。

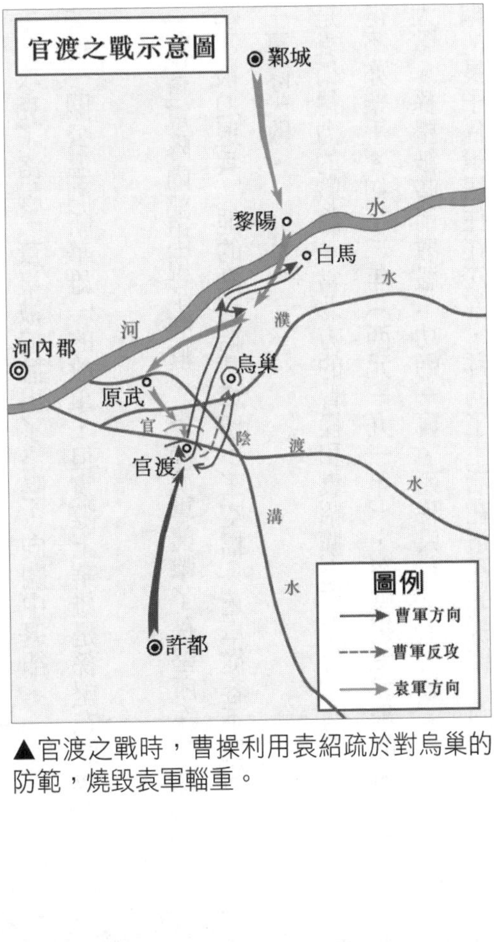

▲官渡之戰時，曹操利用袁紹疏於對烏巢的防範，燒毀袁軍輜重。

張紘與孫策：一代霸主的江東戰略

興平元年（西元一九四年），一位年僅十九歲的年輕人拜訪了正在江都（現江蘇揚州）家中賦閒的一代名士張紘，向他請教未來的選擇。張紘的回答將江東這一片土地從中原的附庸變成了與中原對抗的堡壘。這位年輕人，就是東吳江山的實際開拓者——討逆將軍孫策。

東漢末年群雄起兵對抗董卓時，大部分都採取了作壁上觀的態度，只有兩人拚盡全力與董卓對戰，一個是曹操，另一個是孫堅，也就是孫策的父親。

孫堅是三國時期最被低估的人之一，曾封破虜將軍，在討伐董卓的戰爭中，他在袁術麾下擔任豫州刺史，率軍進攻董卓九死一生，攻克了洛陽。董卓被迫撤出了洛陽，向關中退卻。

在《三國演義》中，人們津津樂道「關公溫酒斬華雄」的故事，但實際上華雄是孫堅在討伐董卓時斬殺的。

就在孫堅準備向關中進發時，討伐董軍隊內部出現了裂痕，袁紹派軍襲擊了孫堅所在的豫州，斷絕了他的糧道。孫堅仰天長嘆，被迫退兵。他的撤退給董卓留下了空檔，董卓從容不迫的撤入了關中，再分兵把守險要。勤王軍隊失敗。

在群雄割據的時代，孫堅一直是袁術得力的戰將。當北方的曹操和袁紹擴充實力時，南方的袁術（豫州）和劉表（荊州）也打得不亦樂乎。初平二年（西元一九一年），孫堅接受袁術的命令，征討荊州的劉表，在襄陽一帶大戰。孫堅被暗箭射殺，功虧一簣，死時只有三十七歲。

孫堅死後，他的軍隊被袁術收編。長子孫策居住在江都，拜訪了生活在這裡的張紘，向他請教，張紘推脫再三，最終被他感動，提出了建議：投靠丹楊（現江蘇省丹陽市）的舅舅吳景，再以此為基地將江東的土地一一占領，接著順長江而上，攻占荊州，為父親報仇。占領荊州之後，孫策就可以倚靠長江，向北方進攻，匡復漢室[4]。

張紘的話就成了孫策日後進軍江東的戰略路線圖，這也是長江第一次成為影響中國命運的戰略天險。張紘提出的構想實際上早於諸葛亮，可以視為《隆中對》的先聲。

在秦漢時期，一旦統一戰爭打到了長江，就進入了尾聲階段。由於長江以南的經濟繁榮程度遠低於中原，中國人大都將這裡視為蠻夷之地，只有在統一了中原之後，再順便來收拾一下江南。但張紘卻意識到，隨著東漢經濟的發展，江南特別是江東地區已經足夠發達，可以支撐得起一個割據政權，甚至可以用來作為反攻中原的基地。張紘作為最早意識到江東價值的人，成就了孫氏數代的霸業。

在長江中下游地區，從江西九江開始，長江轉而向東北方向流淌，經過安慶、蕪湖、馬鞍山、南京，到達鎮江（見下頁圖）。這一段的長江將土地分成了東南和西北兩塊，而處於東南的一塊也被稱為江東。

江東的戰略中心，也是最突出部，在南京一帶。而為了守衛南京，兩個戰略要道分別位於東

4 《三國志．吳書．孫破虜討逆傳》引《吳歷》：「紘見策忠壯內發，辭令慷慨，感其志言，乃答曰：『昔周道陵遲，齊、晉並興；王室已寧，諸侯貢職。今君紹先侯之軌，有驍武之名，若投丹楊，收兵吳會，則荊、揚可一，讎敵可報。據長江，奮威德，誅除群穢，匡輔漢室，功業侔於桓、文，豈徒外藩而已哉？方今世亂多難，若功成事立，當與同好俱南濟也。』」

側的鎮江和西南側的馬鞍山。鎮江和馬鞍山也分別對應著兩條江淮之間最重要的古代道路。

第一條道路是從壽春（現安徽壽縣），沿著巢湖和淝水形成的水道，直達長江，入江口恰好在馬鞍山附近的采石磯一帶。從這裡，可以沿水路或者陸路抵達南京。

第二條道路是從淮河進入春秋時期開鑿的一條古運河——邗溝（也是京杭大運河的前身）——到達揚州，再過長江到達鎮江，因此，鎮江成了進入南京的門戶之一。

孫策的戰略目標是：扎根於南京一帶，並向南略地，占領當年吳越的土地，也就是現在的蘇州、杭州一帶。利用這一帶的資源，形成割據局面。再從南京沿長江向上游前進出發，進攻柴桑（現江西省九江），獲得柴桑後，再沿贛江南下占據豫章（現江西省南昌），江西的地貌是一個類似於簸箕的結構，南、東、西三面都是山，北面簸箕口朝向長江，中間是贛江沖刷的平地。這

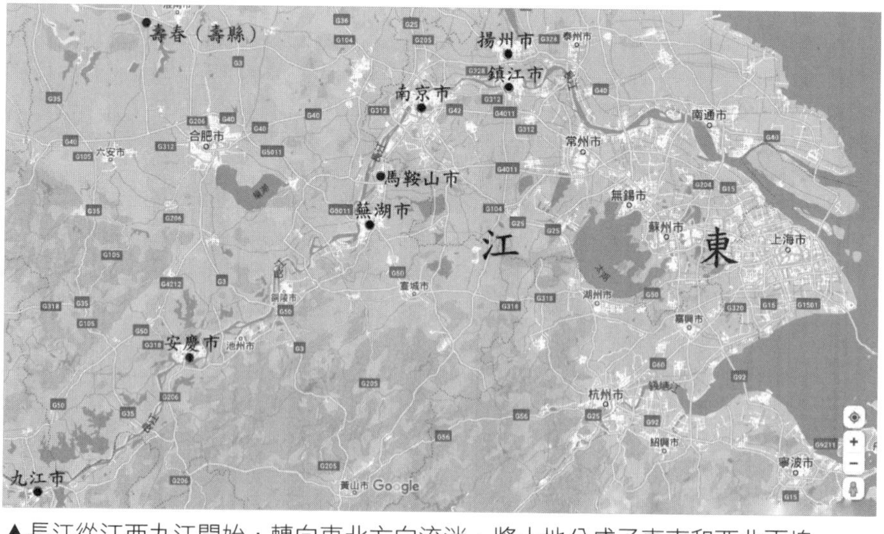

▲長江從江西九江開始，轉向東北方向流淌，將土地分成了東南和西北兩塊。

裡只要開發出來，也是不錯的魚米之鄉。

獲得了江西的贛江平原後，再繼續向長江上游前進，征服荊州，獲得兩湖盆地。如果孫氏能同時獲得江東、贛江盆地、兩湖盆地，就占據了三大糧食基地，足以養活數量龐大的軍隊，與曹操的華北平原、關中平原大小不相上下。而雙方爭奪的區域將是四川盆地和淮河平原。孫氏退可以成為一代霸主，進可以統一全國。

更幸運的是，張紘遇到了一位行動力很強的人來執行他的戰略。

為了實現目標，孫策試圖向袁術借兵，他得到的幫助卻極其有限。孫策大失所望，認識到袁術無法成就大事。他率領父親的老部下周瑜、黃蓋、程普等，從當塗（在現馬鞍山附近）渡江後，依靠舅舅吳景的幫助，展開了統一江東的戰爭。

他首先擊潰了盤踞在曲阿（現屬於江蘇省丹陽市）的揚州刺史劉繇，再長途奔襲，襲擊了吳郡（現江蘇蘇州）和會稽（現浙江紹興）之間的固陵（現浙江蕭山區）。固陵的地理位置恰好將吳郡和會稽分開，而吳郡和會稽分別由吳郡太守許貢和會稽太守王朗占據，對孫策持敵對態度。拿到了固陵，就切斷了兩地的聯繫，隨後，兩地被孫策各個擊破。

占據了長江下游，孫策開始順江而上，向豫章（現江西南昌）、夏口（現湖北武漢）方向前進，經過苦戰，占領了豫章。在向長江中游進軍的過程中，孫策的將軍們對長江的地理位置有了更深刻的了解，這是他們在赤壁之戰中能夠精確卡位，戰勝曹操的關鍵因素之一。

孫策與父親一樣，除了驍勇善戰之外，還時刻不忘恢復漢室。

建安五年（西元二〇〇年），恰逢中原地區曹操與袁紹大決戰之時，曹操為了拉攏孫策，避免兩線作戰，將弟弟的女兒嫁給了孫策的小弟孫匡，又為自己的兒子曹章娶了孫氏的女兒。經過一系列的拉攏，曹操以為孫策暫時不構成威脅了。

他不知道的是，孫策一面與曹操虛與委蛇，一面又暗自厲兵秣馬，他的目標很明確：進攻許昌，迎接漢獻帝。

但就在孫策做軍事準備時，一個刺客殺死了他[5]。他進軍中原的夢想也隨之東流，江東的江山留給了弟弟孫權。

粉面書生的千年之對

曹操堅持北方戰略，先統一北方再進行南攻。孫策堅持江東戰略，先統一江東，再順江而上，奪取一個個戰略要地，最後進攻北方。這兩個戰略都是邏輯上自洽的（按：按照自身的邏輯推演，自己可以證明自己至少不是矛盾或者錯誤的），如果能夠得到人和與天時，都有成功的可能性。

而在荊州的小地方新野，局促的小軍閥劉備正在拜訪毛頭小伙子諸葛亮。

與劉備的坎坷經歷相比，諸葛亮的前半生過得較為平靜。他是山東琅琊（現山東臨沂）人，由於父親早逝，他跟著叔父豫章（現江西南昌）太守諸葛玄到了任所。但隨後，漢朝選擇了另一個人代替諸葛玄任太守，諸葛玄帶著侄兒來到荊州，投靠劉表。

古人從江西到荊州，走的是水路，順著贛江進入長江，再溯江而上到達荊州。由於有這樣的經歷，諸葛亮對於從九江（柴桑）到武漢（夏口）再到荊州一段的水路也有所了解，這可能是他唯一的實際經驗。

諸葛玄死後，諸葛亮在襄陽和南陽之間的隆中居住，等待機會。他為人高調，自比於管仲、樂毅，卻由於沒有實務經驗而受人輕視。在劉備拜訪他的當年，他虛歲也只有二十七歲。一邊是落魄軍閥，一邊是愣頭小子，兩人的相見又能碰撞出什麼樣的火花呢？歷史往往就是在這不經意間完成轉折。

落拓一生的劉備之所以如此顛沛流離，在於他缺乏整體性的構想。他不斷的尋找可以依附的勢力，輾轉於戰爭的間隙。他很少有時間考慮如何獲得一塊長期的根據地，如何經營自己的勢力，而不是仰仗別人的鼻息。

在他前半生的絕大部分時光，他都是作為別的軍閥的附屬品而存在的，公孫瓚、田楷、陶謙、呂布、曹操、袁紹、劉表等人都習慣於將他看作手下來使喚。時間長了，他雖然保持著成為老大的野心，卻缺乏老大的視野和能力，以及獨當一面的勇氣。

他唯一一次獨當一面，是陶謙死時把徐州牧讓給他。不幸的是，他證明了自己的確沒有當老大的實力，很快把徐州輸給了呂布。

當然，徐州之所以這麼快喪失，也因為這裡並不適合作為根據地。**一個完美的戰略要地必須**

5　《三國志．吳書．孫破虜討逆傳》：「（軍隊）未發，會為故吳郡太守許貢客所殺。先是，策殺貢，貢小子與客亡匿江邊。策單騎出，卒與客遇，客擊傷策。」

具備兩個條件：

第一，擁有足夠多的肥沃土地，生產糧食作為軍備。

第二，擁有強大的地理條件作為防守。

徐州地處江蘇大平原的北部，在漢末，這裡河湖縱橫，有利農業，符合第一個條件，但是，也正因為地處平原，徐州缺乏必要的軍事屏障，反而由於富庶成了各方軍閥爭奪的對象。只是在首府徐州城附近有些許起伏的小山，卻不足以成為定都的條件。

西楚霸王項羽的遭遇已經證明，任何占領徐州的人都無法建立王朝，劉備也不例外，就連驅趕了劉備的呂布，不管他怎樣英勇，也無法守住這片土地。徐州成了眾多英雄豪傑夢想的墓地。

輾轉一生的劉備到荊州時，仍然是喪家之犬。在北方，強大的曹操統一了中原。在長江下游，孫權也坐穩了江山。荊州、益州（四川）兩大軍閥劉表和劉璋也貌似穩固。此刻的劉備仍然沒有表現出戰略頭腦，他滿腦子裡想的，還是直接攻擊北方的曹操。

就在他會晤諸葛亮的同一年，在北方，曹操遠征北方的少數民族烏丸，劉備聽說後，立刻請求劉表趕快攻打曹操的許都，被劉表忽視。

後人對劉表的評價一直不高，認為他缺乏勇氣和頭腦，但至少劉表知道自己占領的荊州無法和強大的中原直接對抗，如果貿然出兵，必然和呂布、袁紹等人一樣，被曹操消滅，或者如劉備一樣喪失根據地，成為喪家之犬。

劉備缺乏戰略性思維的缺陷卻由於他遇到了諸葛亮得以彌補。諸葛亮提出的建議也讓人第一次見識了這個年輕戰略家的風采。

與劉備念念不忘的北伐相比，諸葛亮建議他先忘掉北伐，然後掉頭向南和向西，占據在當時人看來最邊角的土地。他的戰略包括幾個層次：

第一，首先肯定曹操和孫權的優勢地位，暫時不與他們爭鋒。

第二，曹操和孫權又是不同的，相對於曹操，孫權的南方戰略剛剛完成了一半，占領了江東和贛江盆地，還沒有來得及完全占領兩湖（那要打敗劉表）。可以說，孫權也處於相對弱勢的位置，是劉備的聯合力量[6]。實際上，後來的歷史證明，蜀國的發展依賴於與吳國的和平友好，一旦鬧翻，蜀國就會立刻陷入被動之中。

第三，既然暫時不與魏、吳爭鋒，那麼又怎麼發展呢？諸葛亮戰略的核心放在了兩個地方：**荊州和益州（四川）**，只要占有了這兩個地方，未來就有可能進攻中原，統一全國。這兩個地方只要有一個丟失了，基本上就喪失了統一全中國的可能性。

人們往往理解四川為什麼重要：這是一個完美的盆地，周圍一圈全是高山，要想進攻四川，在當時只有兩條路可行：一條是從荊州坐船沿長江而上，進入四川盆地；另一條是走古代的蜀道，從陝西翻越秦嶺和大巴山進入四川。

但這兩條路都相當難走，只要把守得當，幾乎是固若金湯。

先說長江道，古代的船隻只能靠人力和風力，順水而下時容易，逆水時卻非常困難，加上入

6 《三國志．蜀書．諸葛亮傳》：「今操已擁百萬之眾，挾天子而令諸侯，此誠不可與爭鋒。孫權據有江東，已歷三世，國險而民附，賢能為之用，此可以為援而不可圖也。」

蜀必須經過狹窄湍急的長江三峽地區，更增加了難度。歷史上只有東漢光武帝成功的從這條路打入四川，但還是在四川被昏聵的公孫述占領的情況下。

至於從陝西出發的道路，不僅僅有古人遇到的各個峻峰險阻、玄關棧道，在當時還有一個特殊的情況：陝西地區是東漢末年受兵災最嚴重的地區，根本無法供應軍隊糧食，曹操很難從這個方向發動持久的進攻。

另外，四川還有一個特殊的屬地——漢中。占領了四川，就容易占領漢中，而漢高祖當年就是從四川和漢中起家的。同時，四川和漢中都是大糧倉，特別是東漢時期經濟發展，四川的糧食產量更加提高，使得這裡成了天府之國，即便無法統一中原，也可以建立起不錯的小王國過日子。

不過，如果僅僅占領四川和漢中，仍然是不夠的。接下來，就要看荊州在諸葛亮戰略中的重要性了。而這一點，也是人們很少了解的。可以這樣斷言：**四川是一個守成之地，有了它，就有了根據地，但荊州卻是統一之地，有了它，才能夠統一全國**。

荊州的意義在於：這裡是當時全國的交通樞紐，是從長江通往中原的高速公路。要想最終打敗曹操，必須從荊州出發，才能最快的入侵中原。

三國時期，從曹操所在的中原地區向南到達長江流域，由於兩者之間西部山嶺縱橫，東部河流密布，可以走的道路並不多。

在陝西與四川、湖北之間，橫亙著龐大的秦嶺；在河南與湖北之間，則是外方山、熊耳山、大別山等一系列的山脈；在江蘇境內，雖然沒有了山，卻是沼澤遍布的地方，並不利於行軍。如今的江蘇是大平原地貌，但在一千多年前，卻是難以通行的湖沼地貌。

在山脈的縫隙裡，以及東部沼澤裡，古人們探尋到的通道不外三條，這三條道路在本書的《楔子》裡已經有說明，這裡不妨回顧一下。

三條通道分別是：第一，從陝西經過漢中入蜀的道路（西線）。第二，從南陽到襄陽、荊州的道路，也被稱為方城隘道或者南襄隘道（中線）。第三，淮河平原通道，這條路又可以細分為兩條支路：第一條支路圍繞著壽春、合肥，經過巢湖到達馬鞍山附近渡過長江（東一支線）；第二條支路從徐州向南，跨過淮河到達揚州附近渡過長江（東二支線）。

這四條道路中，最具有意義的是第二條南襄隘道，也就是中原通荊州道。在東漢與三國時期，廣義的荊州包括了如今的湖北和湖南。這兩個省的地形實際上構成了一個巨大的盆地：在盆地的北面，是與河南交界的一連串山脈；盆地的

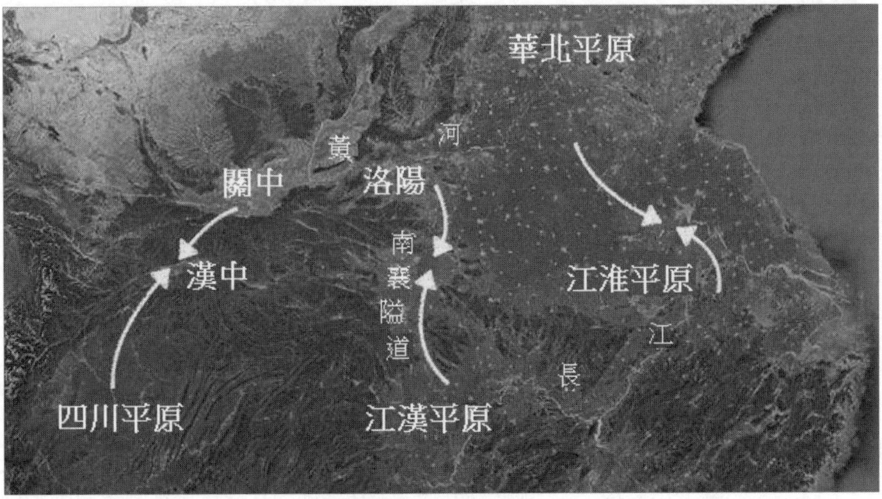

▲南北政權之間的戰爭，大致可分為三條線。

西面，則是秦嶺、大巴山、荊山等巨大山脈，把兩湖與陝西、四川、重慶、貴州隔開；盆地的南面是南嶺，與廣東、廣西分開；盆地的東面是羅霄山脈，與江西分界。在盆地的中央，浩蕩的長江一穿而過，成了溝通東西的要道，順著長江，西可以進入四川，東可以到達南京。

在盆地的北方，造物主形成了一條獨一無二的孔道通往中原。從荊州北上南陽後，在南陽部屬的方城（現河南方城縣），在萬山叢中恰好有一條平坦的通道，可以到達許昌、洛陽一帶，這裡也就成了自古以來進入中原最重要的孔道。在春秋的楚國時期，這條孔道就已經被廣泛使用。

南陽、襄陽地區是一個四通八達的十字路口，南可通荊州，北可達中原，西可入關中。荊州又是下一個十字路口，南方通往湖南，東方通往江西、江蘇，西可達四川。南陽、襄陽、荊州，就共同構成了進攻中原的最好跳板。

根據諸葛亮的計策，劉備必須同時擁有四川和荊州，才能利用四川為基地生產足夠的軍需，同時利用荊州的地理條件北伐，完成統一大業。缺乏了荊州，就只能滿足於偏安一隅，無法顧及天下了。

對劉備更有利的是，在他與諸葛亮見面時，荊州和益州這兩個地方恰好都掌握在軟弱的人手中。荊州的劉表是個聰明人，但沒有併吞天下的野心，只想如何苟活下去。他不斷的搖擺著，既想保持獨立性，又傾向於投靠曹操。而益州的劉璋則更是昏弱不堪，依靠著父親的庇蔭才獲得了不該擁有的地位。

諸葛亮認為，劉備此時應該考慮先奪取劉表的地盤，同時和東吳的孫權保持友好關係，再向西發展，擊敗劉璋獲得益州。另外，在漢中地區盤踞的是早期道教組織五斗米道的軍閥張魯，只要獲得了四川，以四川為基地進攻漢中也是很有把握的。

如果能夠將四川、荊州和漢中同時拿下，那麼也就掌握了從四川進入陝西的孔道，以及南襄走廊，從這兩個地方同時發兵，形成鉗形攻勢（見第十七頁圖），就可以進軍中原了。

這就是諸葛亮《隆中對》的實質。在當時，當群雄醉心於爭奪中原時，只有少數人從更大的角度看待問題，發現了四川、荊州、漢中等地區在全國戰略中的重要性，而諸葛亮就是其中的代表人物。

當然，四川、荊州、漢中不僅對劉備，對曹操和孫權也同樣具有決定意義。在孫策拜訪張紘時，張紘已經將東吳的策略說得很透澈：先占領南京一帶，再向上推進占領荊州，然後進攻四川，最後向北推進，進入中原。

孫權如果能獲得荊州和四川，就統一了南方，以江東平原、贛江谷地、兩湖盆地和四川盆地，加上漢中小盆地的資源，經濟實力已經超過了北方，足以一爭天下。

而荊州和四川對曹操也有著很大的戰略意義，如果曹操占領了它們，則擁有了進攻四川和東吳的交通要道，後來的西晉就是借助這樣的優勢擊敗東吳的。

江東戰略和《隆中對》戰略的提出，意味著南方對北方的一次戰略逆襲。在此之前，北方一直是中國軍事戰略的重心，人們心目中的戰略重點都放在了北部。自從張紘等人提出長江的價值，以及諸葛亮發現了荊州的樞紐地位，並提出從南向北發展的統一理論後，南方正式作為一個獨立的實體，與北方並駕齊驅了。

但是，諸葛亮的理論到這時仍然是紙上談兵，劉備也只不過是一座小城市的守將而已，根本沒有實現遠大理想的資本。

第二年，荊州劉表去世，他的兒子劉琮隨即投降了曹操，使得劉備遭遇了當頭一棒。不甘心落入曹操之手的他只好逃離了新野，再次開始了逃難生涯……。

赤壁之戰：長江防線進入歷史

諸葛亮提出西進、南進戰略，暫時對劉備的處境沒有絲毫的改變。

這位心懷大志的流浪諸侯仍然守在新野一座孤城裡。雖然他依附於劉表，劉表對他也頗為照顧。但劉表又對他充滿了防備之心，避免他奪取更大的地盤。在北方就是虎視眈眈的曹操，隨時準備南下統一中國。

曹操的機會在建安十三年（西元二〇八年）出現，這一年，劉表去世，他的小兒子劉琮繼承了州牧的職位，駐紮荊州。在樊亭侯蒯越、從事中郎韓嵩、東曹掾傅巽等人的勸說下，劉琮決定投降曹操。

在投降之前，劉琮並沒有向劉備說明情況，直到曹操率軍到了南陽，當時守在樊城的劉備才知道南方的劉琮已經投降，倉皇逃走。

此刻，諸葛亮的《隆中對》戰略也經歷了一場最大的危機：如果荊州被曹操併吞，意味著曹操已經獲得了南襄走廊的主導權，並且切斷了劉備西進四川的道路。《隆中對》戰略從此無從談起，劉備畢生只能作為流寇四處逃竄。

更要命的是，劉備不合時機的義氣也恰好發作了。為了挽救《隆中對》戰略，諸葛亮向劉備進言，直接向南攻打荊州的劉琮，如果能夠奪取荊州，那麼還有可能抗拒曹操的進攻。然而劉備卻認為當初劉表對自己不薄，不忍心進攻他的兒子，再一次喪失了可以據有荊州的機會。

在荊州城的百姓聽說曹操到了，十多萬人跟在劉備的後面一起逃走。這些百姓和士兵擁擠在一起，拖慢了劉備逃竄的速度。曹操派遣五千精銳部隊以一日一夜行三百餘里的速度在後面追擊。最初劉備還捨不得把跟隨他的民眾散兵拋棄，但在曹操的追擊之下，到了當陽的長坂坡，劉備最終連老婆、孩子都拋棄，騎馬帶著諸葛亮、張飛、趙雲等幾十人逃走。

然而他們能夠逃到哪裡去？劉備的意圖是去廣西投靠蒼梧（現廣西壯族自治區蒼梧縣）太守吳巨，蒼梧靠近廣東，屬於中國的邊緣地帶，缺乏足夠的戰略空間建立強大的政權。一旦進入蒼梧，也就退出了中國的歷史舞臺。但這時，一位東吳的使節挽救了劉備的政治命運。這位使節就是魯肅。

魯肅是孫權派來弔唁劉表的。他所帶的使命是：打探劉表死後荊州的動向，如果劉表的兒子能和劉備同心協力抗擊曹操，就安撫他們，與他們聯合。如果荊州四分五裂，東吳就乘機插手。

在魯肅的戰略中，同樣把荊州看作一塊要地，只要東吳獲得了荊州，就可以控制南襄走廊，獲得向北進軍的通道；而如果丟掉了荊州，那麼孫權所占領的江東也會受到極大的威脅。

魯肅到達夏口時，已經聽說曹操揮軍南下，準備進攻荊州。他到達南郡時，得到劉琮投降了曹操的消息。魯肅連忙去見劉備，在當陽的長坂坡趕上了他。魯肅不顧劉備狼狽的境地，毅然邀請劉備共同抗曹。

除了魯肅之外，諸葛亮無意中的一步棋也挽救了劉備。在劉表生前，由於他喜歡小兒子劉琮，令長子劉琦深感不安。劉琦向諸葛亮虛心請教如何自保，諸葛亮幫他出主意：如果留在劉表身邊，很可能會被陰謀所害，只有申請外派，離開劉表，才能自保。

劉琦按照諸葛亮的計策，向劉表申請外派到江夏（現湖北黃岡和武漢一帶）擔任太守，駐紮在如今叫武昌的夏口城。當弟弟劉琮投降曹操後，哥哥卻決定抗曹守土。諸葛亮與劉備，在魯肅的陪伴下，逃到劉琦的夏口，在有了落腳點之後，開始籌劃抗曹大計。

此刻，劉琦與劉備的兵力一共只有一萬人，曹操的兵力有二十幾萬[7]，雙方實力相差懸殊，必須與東吳軍隊聯合，才有抗擊曹操的可能性。諸葛亮和魯肅匆匆前往東吳尋求聯合。

在東吳，孫權身邊恰好聚集了一批主戰的將領，以周瑜、程普、魯肅、甘甯、呂蒙、黃蓋等人為代表，諸葛亮的遊說恰好點燃了孫權與這批將領心中的火焰，於是，孫劉聯合成為現實，周瑜成了東吳軍隊的統帥。

這些將領大都參加過孫策在長江沿岸的征伐，對長江的熟悉程度遠高於曹操，經過觀察，周瑜將戰略重心放在了武漢周邊的長江地區。從如今的湖南省岳陽開始，到江西九江，長江形成了一個向北突出的三角地貌，三角形的三個頂點，除了岳陽、九江之外，第三個（也是位於中間的一個）則在武漢附近。

由於曹操的軍隊大都來自北方，不善於走水路，這個三角形構成的陸路通道就成了東吳的東方鎖鑰。曹操大軍可以在岳陽下游的某個地點渡江，然後走陸路橫穿現今的湖南境內，到達九江後，再順江而下攻擊南京，或者順贛江而上，進攻南昌，逐漸壓縮東吳的生存空間。

在岳陽下游，最佳的登陸地點位於一個叫做陸溪口（現湖北省嘉魚縣陸溪鎮）的地方，這裡有一條河流入長江，形成了一小片平地。在陸溪的西南方，有一片江邊峭壁，就是後來為人們所熟知的赤壁了。

陸溪口之所以重要，是因為古代的長江兩岸大都是沼澤湖泊地貌，行軍困難，只有陸溪口一帶地形相對較為簡單，又有一條通往柴桑（現江西省九江）的道路。

只要東吳能夠守住陸溪口，一方面可以阻擋曹軍的水軍順長江直下九江，又可以防止曹軍登陸。對東吳軍隊更有利的是，在陸溪口的對岸，是一個叫做烏林的地方（見下頁圖），這裡遍布著爛泥塘，一旦曹軍被迫在北岸登陸，就會陷入泥沼中行動困難。

除了陸溪口（和赤壁）這一個點之外，周瑜還必須在更廣闊的範圍內進行防禦。曹操除了從江陵（荊州）順長江而下之外，還有一支軍隊從漢江上的襄陽而來，順著漢江可以直接到達夏口（現湖北省武漢），這支軍隊準備直接攻擊夏口。周瑜一方面搶在曹操之前占領了赤壁和陸溪口，另一方面又在夏口布防，阻擋從漢江而來的軍隊。

劉備則跟在了周瑜的後方，保存實力的同時又做好準備，一旦周瑜勝利就參與進攻。

當周瑜與曹操的主力在長江相遇後，由於周瑜搶占了陸溪口和赤壁的南岸，曹操在一戰不利的情況下，選擇了江北岸的烏林下營。在僵持中，由於發現曹操將所有戰船用鐵鎖連接，周瑜利

7　《三國志．吳書．周瑜傳》裴松之注引《江表傳》：「今以實校之，彼所將中國人，不過十五六萬，且軍已久疲，所得表眾，亦極七八萬耳，尚懷狐疑。」

用黃蓋的詐降，用小船將曹操的戰船全部燒毀。失去了戰艦的曹軍立刻陷入了江北的泥濘之中，劉備也乘機派人從小道繞到曹軍的側翼實行打擊。

曹操九死一生逃回荊州後，面臨周瑜和劉備的雙重進攻，北撤回到了襄陽，將荊州的南部讓給了敵人，而荊州北部（襄陽及其北方）則成了曹操的前線。雙方在荊襄地區形成了拉鋸戰，決定了未來幾十年的三國模式。

赤壁之戰，反映了長江防線的崛起。在未來很長時間內，長江決定了中國歷史的走向。但隨之形成的荊襄拉鋸戰，卻反映了長江防線的另一個方面：長江防線固然重要，如果只是退縮到長江以南去防

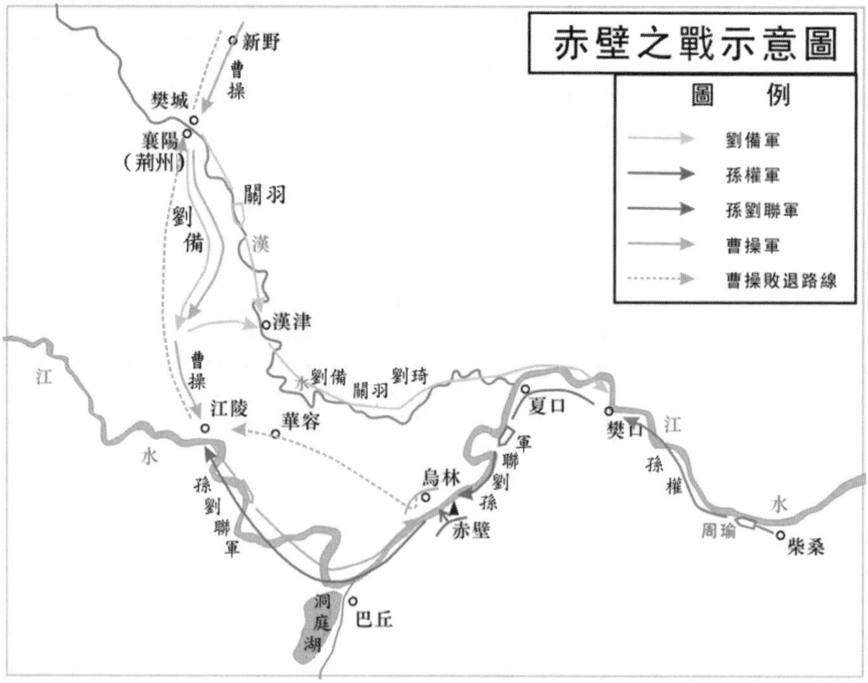

▲赤壁之戰後，曹軍退守襄陽，曹孫劉三分荊州，奠定三國鼎立之勢。

守卻是極端危險的。事實上，長江防線的關鍵，在於一定要在江北控制足夠的緩衝地，才能抵抗住北方的攻擊。

在未來，**守衛長江的關鍵在於襄陽和淮河流域**，一旦襄陽和淮河流域失手，也意味著長江防線很可能會崩潰。所以，歷代南北對峙政權爭奪的焦點不在長江本身，而在於襄陽與淮河。

四川不再是附庸

歷史上將**赤壁之戰**視為**南北戰略的轉捩點，也是開啟中國歷史上南北對峙模式的第一場戰役**。對於劉備而言，這場戰役的意義卻是：它使得早已希望渺茫的《隆中對》戰略復活了，荊州本來已經輸給了曹操，在赤壁之戰後，借助餘勇，孫劉聯軍從曹操手中又奪回了荊州城和南襄走廊的南部。

由於諸葛亮的事先預置，當曹操戰敗，周瑜與曹操在江北周旋時，劉備乘機派兵將長江以南的四個郡（武陵、長沙、桂陽、零陵）一一收入囊中，將現今湖南的南部地區變成了劉備的勢力範圍，加上在江夏的劉琦，劉備實際上控制了湖南、湖北的廣大土地。

然而，諸葛亮的《隆中對》戰略並非只有他一個人能看懂，實際上當時有一批人都看到了荊州所在的兩湖盆地和四川的重要性。

在這些人中，對問題看得最清的是東吳都督周瑜。在小說《三國演義》中，周瑜被拿來反襯諸葛亮的智慧。但在實際歷史中，周瑜的才智和能力卻並不在諸葛亮之下。赤壁之戰中，周瑜的火攻之計最終打敗了曹操的水軍。同樣是周瑜對於諸葛亮的《隆中對》戰略有著最深刻的認識。

赤壁之戰後，周瑜牢牢的將荊州的主城江陵控制在手，避免劉備在荊州的勢力過大。當劉備希望獲得更多的地盤時，周瑜僅僅是割了兩個縣給他，而戰略地位最重要的江陵仍然歸屬東吳。

但周瑜的防範卻被別人破壞了。當劉備向孫權提出要借荊州時，主張孫劉聯合的魯肅竟然力主將荊州借給劉備。於是，孫權調回了周瑜，劉備得到了荊州的主要區域。

魯肅的目的是讓劉備正面面對曹操，為東吳擋住曹操的進攻。卻沒有想到，將荊州借給劉備後，實際上也阻斷了東吳進攻四川的通道。當年張紘提出的江東戰略也不再完整，因為東吳丟失了兩湖盆地，就只能成為割據政權，無法做到統一中國了。

赤壁之戰後不久，周瑜又對孫權提議分割劉備的勢力。他認為，劉備是天下的梟雄，又有關羽、張飛的輔佐，必然不會久為人下。要想讓劉備徹底屈服於東吳，只有把劉備遷到吳國去，給他建築宮室，並送他美女，讓他耽於享樂。同時，將張飛、關羽分開，讓他們駐紮在不同的地方，置於東吳將領之間。只有這樣，才能利用他們的價值，同時不會被他們所傷。而魯肅提出的借給劉備荊州，並讓他們合兵一處的做法，是留下了巨大的後患。

然而，孫權為了對付曹操，沒有採納周瑜的建議。隨後，周瑜再次提出了另一條戰略：進攻四川。

在周瑜版的進攻四川中，將主動權掌握在東吳手中，由東吳合併劉焉，完成南方的統一，再進攻漢中的張魯，掌握進入甘肅的道路，再與甘肅境內的馬超聯合，形成對陝西的大包圍。奪取陝西後，就擁有了天下的三分之二，接著壓迫中原的曹操並擊敗他。如果他的計策得以實現，勢必意味著諸葛亮《隆中對》戰略的失效。

孫劉雙方圍繞著到底誰來進攻四川，展開了一系列的鉤心鬥角。最初，孫權提議由雙方共同組成聯軍進攻四川。劉備認為，由於他處於中間位置，等攻下四川後，孫權很難越過他進行統治，四川必然是他劉備的，想答應下來。但荊州主簿殷觀認為，孫權是想讓劉備打頭陣做犧牲，一旦攻打不下四川，劉備的實力勢必被削弱了，會給孫權有所機會。劉備採納了手下的建議，陽奉陰違讚揚孫權的提議，卻不出兵。

當孫權準備獨自攻打時，劉備開始威脅他，表示劉焉是自己的宗親，不能放任別人傷害親戚。他派遣關羽、張飛、諸葛亮各守要害，將所有的道路都卡死，避免吳軍通過。就算這樣，劉備仍然無法抵擋周瑜併吞四川的決心。在孫權的許可下，周瑜緊鑼密鼓的準備起伐蜀行動來。

然而就在這時，上天幫助了劉備：在追擊曹操的戰鬥中，周瑜被曹仁的部隊用箭射傷，身體一直沒好，赤壁之戰兩年後，周瑜突然間死在了任所。周瑜死後，繼任的恰好是主和派的魯肅。東吳攻打四川的危險過去了，將四川留給了劉備和諸葛亮去征服。

與諸葛亮一樣對四川重要性瞭若指掌的，還有劉備的軍師中郎將龐統。在劉備所有的人馬中，龐統是伐蜀最堅決的支持者。當劉備因為與劉璋的宗親關係而猶豫不決時，龐統卻力主進軍蜀地。

中原的形勢再次幫助了劉備。建安十六年（西元二一一年），曹操因為從東方進攻長江流域受阻，決定西進包抄。曹操的做法是：先進攻位於漢中的張魯，在取得漢中之後，從北路進攻四川，一旦擁有了四川，就可以從長江上游向下游進攻。

在中國歷史上，張魯一直是一個異數。與歐洲不同，中國缺乏嚴格的政教合一政體。但有趣的是，張魯卻在三國的亂世中把握住機會，在漢中地區建立了政教合一的體制。他首先創立的是一個教會——五斗米教，這是一個帶著黃巾精神的道教組織，再透過這個教會控制了地方政權，成了漢中的主宰。

曹操的軍事行動讓陝西（關中）地區的軍閥產生了誤解，這些軍閥雖然都暫時承認了曹操的權威，卻並不希望丟掉軍隊。當曹軍借道陝西進攻漢中時，軍閥們擔心曹操是衝著自己來的，於是，在馬超和韓遂的旗幟下，關中軍閥開始反叛。曹操用了一年時間，才擊敗了關中軍閥，完成了關中地區的再統一。

曹操在陝西的軍事行動引起了四川劉璋的驚慌，他意識到，曹操一旦解決完陝西，就會順勢進攻漢中的張魯，而漢中是四川的門戶，一旦漢中丟失，曹軍就會繼續南進，拿下四川。這是秦漢以來中原和關中進軍四川的常規步驟。

作為反擊，劉璋必須趕在曹操之前拿下張魯的漢中，做好防守，才能保護四川的門戶。但劉璋的軍隊早已習慣了四川的安逸環境，缺乏戰鬥力，必須引入新的力量才能擊敗張魯。別駕從事張松乘機勸劉璋借劉備的兵對付張魯，放劉備入蜀[8]。劉璋派遣法正去迎接劉備。沒想到法正卻做了內應，見到劉備後，向劉備陳述可以藉機獲得四川。

入蜀後，劉備帶去數萬大軍，劉璋又給了他三萬人，雖然龐統、法正等人力主直取劉璋，但磨不開面子的劉備還是率領著人馬緩慢的向漢中進軍。

建安十七年（西元二一二年），曹操出征孫權，孫權向劉備求救。磨磨蹭蹭還沒有到達漢中的劉備乘機向劉璋申請回軍，雙方開始起衝突。

劉璋殺了劉備在成都的內應張松，並下令關防不要讓劉備通過。這正好給了劉備藉口，他揮師向成都進軍，同時命令除了關羽鎮守荊州之外，諸葛亮、趙雲、張飛等人都從荊州出發，沿長江進入四川，形成鉗形攻勢，雙方的戰爭正式爆發。

這次戰爭到建安十九年（西元二一四年）才告結束，劉璋出城投降，劉備占據了四川地區。在同時擁有了荊州和四川之後，諸葛亮的《隆中對》距離實現又前進了一大步。

然而，對諸葛亮戰略的考驗並沒有就此結束，這次對劉備發難的不僅有老對手曹操，還包括他的盟友孫權。

劉備借荊州，有借無還

建安二十年（西元二一五年），就在劉備獲取四川無暇顧及漢中之時，曹操對漢中發起了閃電戰。這次戰爭從三月開始，曹操率軍出現在通往漢中的陳倉道上，到七月已經攻克了漢中的中心南鄭，將張魯的軍糧府庫一窩端。張魯逃往四川北部的巴中地區。

當年十一月，由於劉備對巴中的進軍，張魯再次逃竄，投降了曹操。作為一股勢力，張魯和

8 《三國志．蜀書．先主傳》：「別駕從事蜀郡張松說璋曰：『曹公兵強無敵於天下，若因張魯之資以取蜀土，誰能禦之者乎？』璋曰：『吾固憂之而未有計。』松曰：『劉豫州，使君之宗室而曹公之深讎也，善用兵，若使之討魯，魯必破。魯破，則益州強，曹公雖來，無能為也。』璋然之，遣法正將四千人迎先主，前後賂遺以巨億計。」

他的五斗米道就此結束。劉備與曹操的邊界也劃在了金牛道的兩端，曹操控制了漢中，劉備得到了巴中。

這樣的結果對於諸葛亮的《隆中對》戰略是不利的。在戰略中，蜀軍必須占領漢中，才能以漢中為跳板進攻陝西地區，與荊州的關羽做配合發動鉗形攻勢。失去了漢中，就沒有了從西部北伐的落腳點。

就在曹操獲得漢中的同時，東吳對劉備的發難也來了。當初劉備名義上是從孫權的手中借走了荊州，既然他占領了四川，有了根據地，孫權隨即派人來索要荊州。

如果歸還了荊州，劉備就喪失了從東部北伐的落腳點。由於漢中在曹操手中，荊州如果再給了孫權，統一中國就無從談起。為了拖延孫權的要求，劉備提出：只有當他從四川北上，獲得了涼州（在現在的甘肅一帶）時，才會歸還荊州。

劉備的托詞讓孫權大怒。在與劉備打交道的過程中，孫權積了一肚子怨氣。早在進攻成都問題上，由於劉備一直欺騙孫權，孫權就氣憤的咒罵：「猾虜乃敢挾詐！」[9]

作為對策，孫權對劉備發動了有限攻勢，派遣呂蒙向兩湖盆地進攻，奪取了長沙、零陵、桂陽三郡。劉備率軍進入荊州，派遣關羽在益陽與東吳對峙。

此刻對於蜀漢和諸葛亮的《隆中對》戰略再次出現了重大考驗，荊州和漢中缺一不可，而蜀漢卻兩面受敵，到底如何選擇才能保證戰略的順利推進？

政治智慧最後一次保佑了劉備的政權。在諸葛亮、法正等人的努力下，劉備確定了繼續聯合東吳的政策。在荊州問題上，雙方各退一步，以湘江為界將荊州劃分成兩半，其中江夏、長沙、桂陽所屬的東區歸東吳，南郡、零陵、武陵所屬的西區歸蜀漢。這樣的劃分既滿足了一部分東吳的領土要求，又為劉備保留了北進的基地。作為南襄走廊最核心的南郡留給了他。

不過，由於湘江並非天險，以湘江劃分的國界處於不穩定狀態，任何一方想攻打另一方都很容易。這種不穩定的國界更加倚重於雙方的和平誠意。任何一方如果另有企圖，都會打破這種微妙的國界平衡，為未來留下隱患。

與東吳的紛爭暫時解決後，法正勸劉備借曹魏內亂之時，向漢中進軍。

建安二十三年（西元二一八年），是諸葛亮的《隆中對》戰略最具有希望的一年。這一年，劉備從西部大舉進攻漢中地區，而東部荊州的關羽也在準備北上抗曹。荊州和漢中這兩個著力點形成的鉗形攻勢正在展現出威力。

▲以湘江為界，將荊州劃分成兩半，東為東吳，西為蜀漢。

9　《三國志．吳書．魯肅傳》。

第二年，劉備在漢中有了巨大的收穫，曹操在漢中地區的主帥夏侯淵完敗被斬，曹魏撤出漢中，劉備加冕漢中王。

這時可以將劉備與當年的劉邦做一個對比。劉邦也是封為漢王後，同時控制四川和關中，吹響了兼併天下的號角。劉備也和劉邦一樣同時獲得了漢中與四川。但劉邦時，天下一共有十九個王，是一團亂粥。而劉備時，天下三分，要想進攻就不容易了。更何況這時的中原和江東都已經發展起來，要比當年的實力強大得多，四川和漢中在世界中的地位實際上下降了。不過，劉備比劉邦多了一個荊州，也就多了一條進軍中原的道路，使得他同樣有希望統一天下。

與此同時，關羽以荊州南部為基地開始北伐，他的首要目標是南襄走廊上的襄陽和樊城，在這裡，他水淹七軍，斬魏軍大將龐德，並迫使于禁投降。主將曹仁僥倖逃走。

如果攻下樊城，蜀軍將徑直北上南陽，打開走廊的北端，中原已經在朝著關羽招手。鉗形攻勢顯出了極大的威力。但就在這時，東吳的行動卻讓諸葛亮設計的奇謀戰略功虧一簣，成為千年的遺憾……。

第六章
武侯伐岐山，明知不可為而為之

西元二二〇年～西元二三四年

決定《隆中對》戰略失敗的，是吳蜀戰略的衝突。吳國試圖利用江東為基地統一南方，蜀國試圖占據西南和中南，再反攻北方，這兩個戰略最多只有一個能夠實現。當蜀國在實施《隆中對》戰略時，吳國奪取荊州的計畫，最終破壞了諸葛亮的全盤部署。

吳蜀雖然達成了劃湘江而治的協定，但由於湘江不是天險，雙方的邊境是不穩定的，要麼蜀國將吳國趕入贛江谷地，要麼吳國將蜀國趕到四川，才有可能形成穩定的邊界。

丟掉了荊州，意味著蜀國北伐的鉗形攻勢丟掉了最主要的一鉗，再也沒有了統一全國的可能性。丟掉荊州後，諸葛亮的北伐只能從漢中進攻關中。從漢中進攻關中的道路一共五條，諸葛亮的北伐就是在這五條道路中不斷嘗試、不斷失敗的過程。

諸葛亮第一次北伐選擇了最西面的祁山道，從天水方向翻越隴山進入關中平原，以達到奇襲的效果。但由於馬謖丟失了隴山道上著名的連接點街亭，造成蜀軍無法翻越隴山，第一次北伐失敗。諸葛亮第二次北伐選擇了陳倉道，仍然失敗了。之後，魏國分三路進攻蜀國漢中，也失敗了。巨大的秦嶺對於雙方都是無法克服的障礙。

諸葛亮倒數第二次北伐，遭遇了司馬懿的閉門不戰。蜀軍耗盡糧草，只能退軍。這次退軍，也證明，從四川和漢中單臂出擊，幾乎沒有可能攻克關中。漢高祖乘三秦分裂奪取關中，只是孤例。諸葛亮最後一次北伐著重解決糧草問題，他採取了屯田的做法。但他的死亡為這次本有希望的進軍畫上了句號。

建安二十四年（西元二一九年），蜀漢的鉗形攻勢正撼動著曹魏的西南防線，年邁的曹操在保漢中還是保襄陽的選項中猶豫不決。這時，蜀漢的東線大將關羽收到了一位東吳年輕將領的書信，信中帶著謙卑和仰慕的語氣向老前輩致敬。這位年輕的將領就是陸遜。

陸遜之前，東吳的西線將官是老謀深算的呂蒙。正是呂蒙的偷襲，使得蜀漢失去了荊州東部、湘江以東的三個郡。然而，呂蒙的身體已經很差，孫權考慮到他的健康，將呂蒙調回了首都建業，用陸遜來取代他。

陸遜接替呂蒙後，立刻寫信給關羽。在信中，他作為同盟，對關羽的功績大加讚賞，將他比作晉文公和韓信，又千叮萬囑，要他小心曹軍的陰謀，以求取得完勝[1]。

關羽收到陸遜的信，意識到東吳換這個毛孩子為將，是解除了東面的隱患。在呂蒙時，由於呂蒙是收復荊州的鷹派人士，關羽在向北進攻曹魏的襄陽、樊城時，並沒有忘記在南面的公安和南郡留下大量的兵士，以防範呂蒙可能乘人之危。陸遜替代呂蒙後，由於北方戰事久拖不決，向著不利於蜀漢的方向發展，關羽開始將南方的軍隊向北方調動，以求盡快結束北方的征伐。

隨著北方戰事的拉長，軍隊的糧草也成了大問題，關羽將南方的糧草儲備也運往了北方。但在做這些調動時，關羽並不知道東吳真正發生了什麼。

1 《三國志．吳書．陸遜傳》：「遜至陸口，書與羽曰：『前承觀釁而動，以律行師，小舉大克，一何巍巍！敵國敗績，利在同盟，聞慶撫節，想遂席捲，共獎王綱。近以不敏，受任來西，延慕光塵，思稟良規。』又曰：『于禁等見獲，遐邇欣嘆，以為將軍之勳足以長世，雖昔晉文城濮之師，淮陰拔趙之略，蔑以尚茲。聞徐晃等少騎駐旌，窺望麾葆。操猾虜也，忿不思難，恐潛增眾，以逞其心。雖云師老，猶有驍悍。且戰捷之後，常苦輕敵，古人杖術，軍勝彌警，原將軍廣為方計，以全獨克。僕書生疏遲，忝所不堪，喜鄰威德，樂自傾盡，雖未合策，猶可懷也。儻明注仰，有以察之。』」

實際上，呂蒙的病並沒有嚴重到必須召回的程度。關羽一發動北伐，呂蒙立刻寫信給孫權，主動要求召回。他這樣做，正是希望關羽會放鬆警戒，而自己回到建業，更便於組織軍隊和後勤，以便完成一次奇襲。

在呂蒙回建業的途中，他遇到了一位青年。這位青年專程趕來看他，責問他為何在如此重要的關頭離開崗位。

呂蒙回答：「因為我病了」。

這位青年立刻提議：「既然你病了，關羽就會放鬆警戒，等你到了國都，請稟告君主，制訂好計策來收復荊州。」

呂蒙吃驚於青年的老練，但仍然托詞說關羽英勇善戰，又擁有人心，不容易攻打。然而，呂蒙一見到孫權，立刻向他推薦這名叫陸遜的年輕人，讓陸遜代替自己鎮守東部。於是，諸葛亮精心設計的《隆中對》戰略，在呂蒙與這位年輕人的手中拉響了警報……。

蜀吳戰略衝突與東線崩潰

呂蒙、陸遜等人之所以急於得到荊州，在於蜀國和吳國戰略上的衝突。

在張紘和孫策設計江東戰略時，取得了江東、贛江盆地後，第三步就是占據荊州所在的兩湖盆地，第四步是從兩湖躍進四川，從而獲得整個南方地區，擁有了南部，就可以從關中地區包抄中原。

而在諸葛亮制訂的《隆中對》戰略中，荊州同樣被賦予了無與倫比的意義。只有擁有荊州，才能夠實行鉗形戰略，從雙線夾攻北方的曹魏政權。

當蜀國和吳國同樣把荊州當作核心戰略時，雙方的衝突是不可避免的。

蜀國和吳國雖然達成了劃湘江而治、平分兩湖盆地的協定，但這個協定本身就是不穩定的。由於湘江算不上天險，如果一方有圖謀，很容易出其不意將對方趕出兩湖地區。蜀國和吳國只要劃江而治，就一定處於不穩定狀態，必須隨時防範對方。

對於吳國更緊迫的是：如果關羽北伐成功，蜀漢的實力就會得到極大的增強，到那時，湘江邊界的不穩定將向著對蜀漢有利的方向演化，很可能未來的東吳會被迫退到羅霄山之後的江西贛江谷地之中，將兩湖地區徹底讓給蜀漢。

東吳要想鞏固兩湖地區，只有拿到了整個荊州，將蜀漢趕入三峽後面的四川盆地，依靠著雄峻的巴山阻隔，才能形成兩國較為穩定的邊界。為了達到目的，孫權不惜與曹操暗通有無：一方面表示將幫助曹操進攻關羽，另一方面勸說曹操稱天子。

陸遜赴任前方的同時，呂蒙在後方的建業開始準備襲蜀事宜，這是古代版本的一次珍珠港事件。大軍由呂蒙親自指揮，為了迷惑關羽，東吳的大軍偽裝成商船，由士兵穿上商人的白衣搖櫓，其餘的都伏在船艙中，不分晝夜的趕路。

關羽在長江沿岸設置了警衛哨。吳軍每到一處哨卡，都利用偽裝將哨內的兵士全部抓獲，不讓他們傳出訊息。

由於保密工作成功，直到吳軍到達關羽的老巢南郡和公安，蜀軍都沒有發現吳軍的到來。當吳軍將江陵和公安圍住時，呂蒙決定用智術取勝。他致信把守公安的將軍士仁，偽稱之所以能這麼快、悄無聲息的完成包圍，就是因為有內應，若不投降，就失去了最後存活的機會。士仁相信了呂蒙的話，在恐懼和彷徨之間選擇了投降。呂蒙又依靠士仁勸降了江陵守軍。

呂蒙不損耗一兵一卒，就解決了關羽的大本營。入城後，他規定軍士不得騷擾人民。對於蜀軍的家屬，更是優遇撫慰。關羽府邸的財寶都封存起來，等待孫權的到來。呂蒙日夜拜訪當地的老人、名士，詢問他們有什麼困難，為他們看病拿藥。

關羽聽說大本營被拿走後，連忙派人前去查看，並和呂蒙有了書信往來。凡是關羽派來的人，呂蒙都豐盛的招待。這些信使看到城裡井井有條，家家戶戶都照常過日子。關羽的軍士得到家人無恙的消息，都歸心似箭，再無鬥志。軍隊還沒有回到江陵，已經投降了大半。

關羽父子逃往麥城，被吳軍斷了後路，擒獲後被殺害。關羽的頭顱隨即被孫權送往了曹魏。關羽之死，不僅僅是蜀漢氣運的轉捩點，其更大的意義在於，諸葛亮制訂的戰略從此殘缺不全。失去了荊州，意味著蜀漢北伐的鉗形攻勢丟掉了那支主要的鉗子。從荊州北上中原要比從漢中經過陝西，再過潼關的道路方便得多，本來是諸葛亮設想的主要進攻點。

荊州一失，對於蜀漢領土的連帶作用也是非常明顯的。荊州是蜀漢三峽以東領土的中心，一旦這裡丟失，意味著整個三峽以東領土都會慢慢的被東吳蠶食。蜀漢必須退到四川一隅，要想從萬山叢中找到東進和北伐的出路，已經不再可能了。

更麻煩的是，在關羽鎮守荊州前期，對周圍各地方的震懾作用已經出現了有利於蜀漢的變化，這種變化也被打斷了。比如，在漢中到襄陽之間，有一條著名的水路相連——漢江。在漢江沿岸以及南側的山地中，有一系列城市，如現在陝西省安康市在三國時期稱為西城，是扼住了漢江的交通要道，在漢江以南的武當山中分布著房陵（現湖北省房縣）、上庸（現湖北省竹山），都處於溝通長江與漢江的交通線上。當劉備勢力在漢中地區擴張時，這些原本屬於曹魏的城市紛紛投降了劉備。

一旦獲得了這些城市，就可以將漢中與襄陽溝通起來，更利於從南陽方向進攻曹魏的首都許昌。然而，關羽死後，不僅進攻襄陽成了泡影，就連荊州也失去了。西城、房陵、上庸等地都變成了蜀漢的飛地（按：指行政上隸屬於甲地，而所在卻在乙地的土地），於是矛盾立刻爆發，房陵、上庸等地相繼重歸魏國，從南陽進入蜀漢的道路被徹底封閉。

蜀漢章武二年（西元二二二年），稱帝不久的劉備為了替關羽報仇，更為了奪回荊州的控制權，重新打通南襄隘道，率領大軍從三峽進入湖北境內，向東吳所控制的荊州發起了攻擊。

蜀漢群臣紛紛苦勸劉備不要出兵，都被劉備置之不理。諸葛亮、趙雲等人由於不同意劉備的意見，都被留在了後方。劉備最寵愛的法正已經去世，諸葛亮事後回憶，如果法正還活著，就能勸說主公不要東行，就算一定要去，也不至於如此大敗。

在準備出兵時，劉備開局不利：大將張飛被部將所殺。

此時，東吳方面的指揮官呂蒙已死，指揮權交給了年輕的陸遜。為了避免兩線作戰，東吳一方面繼續向曹魏稱臣，另一方面積極布防。

劉備出兵三峽後，首先占領了秭歸（按：秭音同紫），再繼續東進，到了夷陵（現湖北省宜昌），在夷陵之南的猇亭（按：猇音同消），他遭遇了東吳陸遜的主力軍，雙方形成了對峙。

就像赤壁之戰時曹操為了圖方便，將所有戰船用鐵鍊連接在一起，被東吳一把火燒光一樣，劉備在這次戰爭中也留下了一處死穴。為了防禦敵人的襲擊，劉備在從秭歸到猇亭之間設立了大批的軍營，綿延七百里，又用樹柵環繞，防止敵人偷襲。

但他沒有想到的是，七百里聯營如同一個巨大的火把，一旦被火攻，將全軍覆沒。陸遜抓住了機會，火燒劉備聯營，再調遣大軍猛攻死打，將劉備軍營一一攻破。

這次慘敗，只是荊州之戰的續篇。荊州之戰註定了蜀漢守不住三峽以東的剩餘土地，火燒連營只是實現了這個命運，讓蜀漢丟掉了這些地區，重新劃定了吳蜀邊界。

蜀漢退回了四川盆地。從地理上講，由於四川盆地與湖北平原之間山林密布，只有一條長江道可以通行，一旦雙方把守好了邊界，幾乎都不可能攻入對方的領土。這裡是比湘江更天然的一條邊境線。

但如果放眼整個中國，就會發現，東吳與蜀漢的戰爭形成了兩敗俱傷的局面。在中原地區，北方與南方的主要通道有三條，一條位於蜀國，是從陝西走漢中的通道；一條位於吳國，經過巢湖和淝水，中心在壽春的通道；第三條位於吳蜀衝突區，是荊州、襄陽到南陽的通道。

吳蜀戰爭之後，對蜀漢來說，失去了襄陽道，就失去了進攻北方一個最重要的前進據點，統一北方成了空談。對東吳來講，原本只需要承擔巢淝通道的防禦任務，現在突然要同時承擔兩條通道的防禦，分散了兵力，加大了消耗。

其中又以蜀漢的損失更大。在戰爭前，蜀漢的軍事策略基本上遵循諸葛亮的《隆中對》戰略。在劉備活著時，諸葛亮更多的使命是鎮守成都，負責後勤工作。至於征戰之事，具體實施則由劉備與關羽等駐外將軍負責。劉備死後，接受了托孤重任的諸葛亮獲得了掌管蜀漢政治、軍事的全權。只是當他全盤負責時，蜀漢已經失去了最重要的一臂——荊州，騰挪空間瞬間局促。

可以說，到此時，諸葛亮制訂的《隆中對》戰略已經失敗了。

明知不可能成功，卻仍執意北伐

荊州的丟失，宣告諸葛亮《隆中對》戰略已經失敗，但諸葛亮卻仍繼續進行了一系列的新嘗試。在歷史上，四川是一個奇特的地方[2]，它物資富裕，地理封閉，是爭霸天下優秀的後勤基地。但歷史又告訴我們，任何人如果只想憑藉四川的天險守成，不想擴張，就必然會越來越弱小，最終被吞併。諸葛亮顯然也知道四川的危險，丟掉了荊州，如果不思進取，一味防守，最終連四川也是守不住的。一旦敵人從北方或者東方攻入腹地，必然引起巨大的災難[3]。

為了避免蜀漢的衰落，諸葛亮試圖在狹隘的空間裡重新找到一條收復中原的道路。於是，《隆中對》戰略就有了修改版：在失去荊州（也是進攻的右臂）後，利用僅剩的左臂——漢中——重新制訂北伐計畫。漢中本來是《隆中對》戰略中較為弱勢的一鉗，路途遙遠，遠離曹魏

2 《讀史方輿紀要．四川》：「四川非坐守之地也。以四川而爭衡天下，上之足以王，次之足以霸，恃其險而坐守之，則必至於亡。」

3 《三國志．蜀書．諸葛亮傳》引《漢晉春秋》：「然不伐賊，王業亦亡，惟坐而待亡，孰與伐之？」

的核心區域，曹操將此區域稱為「雞肋」[4]。在正常情況下，漢中是作為與荊州的策動存在的，如今主要攻擊點已經不存在了，只剩下策動點。這個計畫由於缺乏荊州的鉗形配合，顯得困難重重又軟弱無力，連年興師動眾卻收穫有限。

在從漢中出兵之前，劉備死後留下的爛攤子還亟待處理。在東吳的攻擊下，蜀漢的周邊區域進入了崩塌狀態，除了荊州地區失守，房陵、上庸等地歸屬了魏國之外，蜀漢西南方的周邊區域也出現了動搖。比如，南部的益州郡（現雲南昆明）、永昌郡（現雲南省保山）、牂牁郡（現貴州省鎮寧縣）、越嶲郡（現四川西昌）都試圖叛離蜀漢，投靠東吳，如果不制止後方出現的叛亂，東吳很可能會繼續攻入四川盆地。

對蜀漢有利的是，東吳占據荊州後，為了避免東吳勢力太大，曹魏開始從背後，經過壽春和巢湖，或者走廣陵（現揚州）打擊東吳。曹魏的打擊讓孫權意識到，北方才是東吳最大的敵人。諸葛亮忍辱負重，與孫權恢復了聯盟關係。此後直到蜀國滅亡，吳蜀關係經過了重重考驗，始終保持了下來。

在與東吳恢復關係後，諸葛亮率軍平定了南方，攻心為上，七擒七縱蠻王孟獲，換取了對方的歸順，將原本的蠻荒之地變成了蜀國的糧食基地。

蜀建興六年（西元二二八年），諸葛亮在處理完內務、社會經濟得到恢復之後，終於率軍進入漢中地區，開始北伐。

在漢中所在的漢江盆地與關中所在的渭河盆地之間，橫亙著中國南北地理的分界線——秦嶺。秦嶺的一段，從長安到寶雞，又被稱為終南山。寶雞以西則進入了甘肅南部的山嶺地帶，這裡樹立的山脈叫做隴山，隴山之北則是六盤山。隴山之後的甘肅境內被稱為隴右地區，隴右地區以高原和峽谷為主，向東有若干條峽谷通道可以下到寶雞所在的盆地之中（見下頁圖）。

古人認為，從長安出發，穿越終南山到達漢江的大山谷一共有六處，分別是子午谷、牛心谷、儻駱谷、藍田谷、衡嶺谷和褒斜谷[5]，但其實這有湊數的成分。其中牛心谷和衡嶺谷都只是在長安以東，藍田道的小分支，本來不應該與其他四條同列。藍田谷稱得上是一條大道，但它通往的是南襄盆地而不是漢中地區。

秦漢以來，直接穿越終南山到達漢中的道路就只有子午谷、儻駱谷和褒斜谷三條。從北方來的人，首先進入山北的子谷、儻駱谷和儻斜谷，順著山谷而上，翻越終南山的山脊後，進入子午谷、儻駱谷、褒駱谷，下山就進入了漢江谷地。

子午、儻駱、褒斜三條山谷本來就地勢複雜，特別是子午谷和儻駱谷，都不易大軍前往，經過了三國戰亂之後，已經衰落，很難通行。

在秦漢時期，還有一條路是繞過終南山的西面，從寶雞向南經過大散關進入嘉陵江上游的谷地，從西面到達漢中的道路，這條路被稱為陳倉道，或者故道、散關道。當年漢高祖就是利用這條路偷襲三秦，開始了統一中國的步伐。

4 《三國志．魏書．武帝紀》引《九州春秋》：「時王欲還，出令曰：『雞肋。』官屬不知所謂。主簿楊脩便自嚴裝，人驚問脩：『何以知之？』脩曰：『夫雞肋，棄之如可惜，食之無所得，以比漢中，知王欲還也。』」

5 《讀史方輿紀要．陝西》。

漢高祖利用陳倉道，是因為這條路在西漢初年還不常用，可以達到出其不意的效果。可是到了三國時期，陳倉道已經成了大道，不具有奇襲的效果了。另外，陳倉故道由於曹操第一次撤離漢中時的破壞，也不易通行。

除了這四條之外，另一條更往西的通道開始進入人們的視野。那就是，從寶雞北上隴縣，翻越隴山進入隴右地區，從隴右南下一個叫祁山的地區，從祁山進入漢江谷地，到達漢中。這條路在東漢光武帝時期已經出現，光武帝就是從這條路攻擊隴右的軍閥隗囂的。

三國時期，這條路還很偏僻，一直不是首選通道，卻可以達到奇襲的效果。

總結起來，從漢中進攻關中，諸葛亮可以選擇的道路主要包括五條：祁山道、陳倉道、褒斜道、儻駱道、子午道。在子

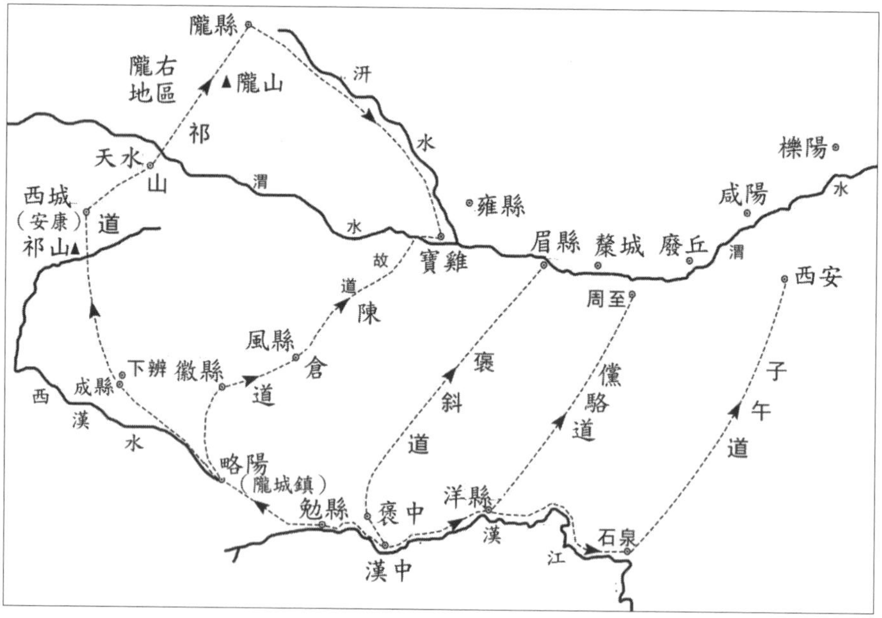

▲諸葛亮一生五次北伐，均以失敗告終。

午道東面，原本還可以順漢江直下，經過安康、南陽，繞過陝西直接進攻中原的許昌，在荊州沒有丟失時，蜀漢曾經打通了這條路，連接了南襄盆地與漢中地區，但隨著關羽戰死，西城（安康）、房陵、上庸等地投降魏國，這條路已經不通了。

諸葛亮北伐之前，曾經有一次小小的轉機。率領西城、房陵、上庸投降魏國的是蜀國大將孟達，由於在魏國不受重視，所以孟達又想率領人馬重新投靠蜀國，他與諸葛亮開始通信，約定投降計畫。

孟達的行為讓魏國的司馬懿感到緊張，他知道漢江中游的重要性，一方面安撫孟達，讓他放鬆了警戒；另一方面快馬加鞭、晝夜兼程，趕往漢江。孟達以為司馬懿一個月內能趕到戰場，司馬懿卻只用了八天時間，就將孟達圍在了上庸。他迅速攻城，將孟達斬首。魏國對漢江中游加強控制，徹底封殺了諸葛亮從漢江進入中原的希望。

無法從漢江進入中原，卻仍然有五條道路可以使用，但這五條道路都充滿了艱辛。諸葛亮到底選擇從哪裡進攻關中地區呢？

尋找古街亭

從陝西省的隴縣出發，向西前往甘肅省的張家川縣，就是古代從關中翻越隴山到隴右的大道，古人進入甘肅天水，必經過此山。途中要經過歷史上一系列著名的關隘，大震關和安戎關兩道巨關，橫亙在隴山之上。

從地理上看，渭河從渭源出發後，經過天水向東直達寶雞。但由於渭河兩岸的高山峽谷地貌，古人無法順著河岸前行，反而只能向北繞路，翻越隴山，才能溝通兩地。

在隴山上，有一個叫做關山草原的地方，地勢在這裡突然變得較為平坦，形成了一片巨大的草場，號稱空中草原。過了關山草原，人們就站在了隴右的高原之上，到達現在的張家川縣。

從張家川繼續向西，經過龍山鎮，十幾公里後，就到達了一個叫做隴城鎮的地方。隴城鎮在一個峽谷中，一條叫做清水河的河流貫穿而過，南北兩側都是連綿的山峰。這條谷地是從天水通往隴縣的一條交通要道。

在隴城鎮的東南部，有一個叫做女媧祠的建築，過了女媧祠向山上走，就會看到半山腰的一片平地上，豎立著一個低矮的漢式古亭，上面寫著「街亭」兩個字。

實際上，街亭古戰場在哪裡，在歷史上曾經爭論不休。除了隴城鎮的街亭之外，在甘肅省天水市的麥積區，也有一個叫街亭的地方。在隴城鎮被發現之前，人們曾經認為那兒是街亭古戰場。但從地勢上看，隴城鎮所在的清水河河谷更具有戰略價值，加上有一定的文物支撐，更可能是街亭的所在。

在東漢初年戰爭時期，街亭附近曾經有另一座著名的城池叫略陽，光武帝征隗囂期間，曾圍繞著略陽展開了攻防。略陽之所以重要，在於它位於天水和隴山各個關口之間，只要切斷了略陽，隴山關口的守軍就失去了天水的後勤補給，變得不可守了。

到了三國時期，略陽城的名稱已經被街亭取代。要想從天水進攻關中，街亭同樣是必不可少的連接點，如果天水一方得到了街亭，就可以從隴山衝下、直達關中平原；如果關中一方得到了街亭，就切斷了天水的進攻路線。

不過，即便人們相信隴城鎮是街亭所在，但馬謖當年具體屯兵的地點卻已經不可考，現在的亭子只是可能的地點之一。從亭子遠望河谷，能看見對面連綿的山峰，大致上知道，這裡曾經發生過一場影響了局勢的戰鬥——諸葛亮第一次北伐在這裡失敗。

在北伐之初，蜀軍該從哪條路進攻長安，就有著不同的爭論。爭論中有兩種意見最為主流。一種是魏延提出的經過子午谷和褒斜道直搗長安，他認為，魏國防守長安的主將是安西將軍夏侯楙（按：音同茂），這人以曹氏的女婿身分飛黃騰達，卻沒有什麼本事。魏延希望能夠率領五千精兵（另有糧草軍五千）翻越秦嶺直搗長安，諸葛亮的大軍在後面配合。

為了減少在魏國地域內的時間，魏延選擇最東面的子午谷。子午谷雖然地勢險峻，卻是到達長安的最直接通道。這一帶的秦嶺屬於不毛之地，處於雙方的控制之外，蜀軍也不會被敵人發現。只有出了子午谷，到達秦嶺的北側，接近長安時，才算是進入了魏國的控制區。從這裡到達長安已經不需一天，夏侯楙聽到蜀軍的消息後，必然逃竄，只剩下長安的太守、御史等官員守城。魏延這時可以一面圍城，一面從周邊搜刮糧草。而蜀軍進攻的消息從長安傳回許昌，再到魏帝下令派兵，趕到長安，必然要花費二十多天。在這二十多天裡，諸葛亮有足夠的時間率領主力部隊從更加平坦的褒斜道前來，與魏延一起攻克長安城。

諸葛亮則認為，魏延的策略聽起來振奮人心，卻是賭博式的做法。只有做到環環相扣，才能成功，任何一環的脫節，都必然導致後面環節的失敗。比如，如果魏軍恰好在子午口有一支軍隊，阻擋了魏延進入關中盆地，那麼後面的事情都無從談起；如果夏侯楙沒有如魏延所料逃走，而是奮力抵抗，魏延的軍隊很可能在諸葛亮主力部隊到達前，就全軍覆沒了。

從安全角度出發，應該選擇更加出其不意的路線。這條路線就是走隴右的祁山道到達天水，再走天水以北的隴山道下到關中地區。

隴右主要包括了如今的甘肅隴南、天水、甘南甚至蘭州一帶的廣大的地區。這片土地既有峽谷，也有可以耕種的高原土地，進可攻，退可守。由於地處偏遠，魏國的防禦並不充分，要調動軍隊前來也需要花費大量的時間。一旦占領了整個隴右，借助地形的優勢，可以居高臨下，如潑水一般將軍隊潑向關中平原。

當然從隴右出發，也有它的劣勢，主要問題在於許多城市還在魏軍掌握之中，蜀軍必須一路上逐個攻克魏軍占領的城市，出兵速度相對緩慢。即便占領了隴右，具有了進攻優勢，但畢竟還不是占領關中本身，要想進入關中，仍然需要較長時間。但諸葛亮權衡之後認為，相較於劣勢來，進攻隴右仍然是一種較為穩妥的方法。

蜀漢建興六年（西元二二八年）初，諸葛亮利用聲東擊西之法，開始了北伐。他首先派趙雲等人在褒斜道屯兵，造成要從褒斜道出擊的假象，再從漢中向西，經過現在的勉縣、略陽、成縣等地，出兵祁山（現甘肅省西和縣境內）。諸葛亮的出兵果然起到了奇襲的效果，南安、天水、安定三郡紛紛倒戈投降了諸葛亮，北伐看上去一片光明。

但蜀漢群臣可能都低估了魏軍的實力。魏延認為長安的夏侯楙是個草包將軍，一戰可定，可實際上，魏國在西部的軍事力量比想像中要強。當諸葛亮出兵的消息傳來，魏國迅速做出了軍事調動，魏明帝親自坐鎮長安，派遣張郃（按：音同河）西進、抵禦諸葛亮，又派曹真在褒斜道口駐紮，防止趙雲的北進。

張郃領兵後，從隴城（現在的寶雞隴縣）翻越隴山，進擊蜀軍。諸葛亮占領天水之後，也馬不停蹄的趕往天水以北，希望盡快占領隴山的關口，以便擁有進入關中平原的通道。

雙方的前鋒在街亭相遇。街亭突然成了雙方爭奪的關鍵樞紐：如果蜀軍能夠穩定的占領街亭，就可以借助地理優勢，東進直插隴山，進入關中平原；如果魏軍占領了此地，就封死了蜀軍前進的道路，一旦蜀軍陷入了持久戰，必然會由於缺乏糧食，不戰自敗。

在街亭，馬謖捷足先登，占據了有利地形；張郃後來趕到，處於地理和時機上的雙重劣勢。但就在這個時候，局勢卻突然因為馬謖的錯誤決策而惡化了。

馬謖希望占據高處，選擇了在山腰較高的位置紮營，一旦張郃來攻，可以居高臨下進行打擊。現在的街亭紀念亭雖然不見得是當年的所在，卻也設

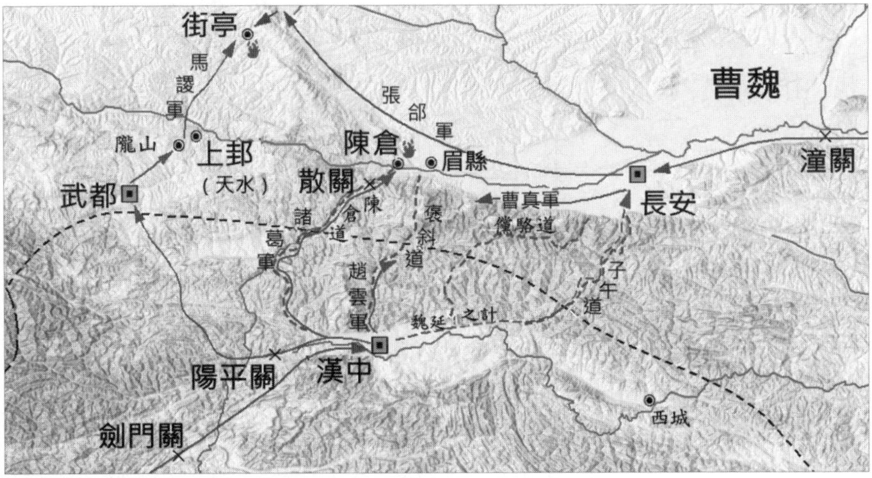

▲諸葛亮第一次、第二次北伐地圖。

在半山腰，以符合當時的場景。

但馬謖卻忽略了一點：水源。

在山谷中流淌著一條清水河。但在半山腰的街亭，由於山體高度不夠，沒有形成永久性泉水。張郃大軍趕到後，封死了蜀軍下山通道，蜀軍很快陷入了缺水的境地，最終被擊敗。

街亭的喪失，讓蜀軍的失敗成了必然。很快，糧草的困擾出現了，諸葛亮不得不撤退。不僅退出了街亭，還退出了天水、祁山，回到了攻擊發起的原點——漢中。

投降蜀漢的三個郡也都被魏軍奪回。蜀軍的遠征以徒勞無功而告結束。

在蜀軍計畫中，天水地區已經有了產糧條件，可以做長久支撐。但在執行起來卻發現，天水仍然太偏僻了，即便可以自給自足，卻無法供養大批的軍隊，只有回到了漢中，才能最終解決糧草問題。

蜀軍的失敗不僅影響了士氣，更提醒了魏國，在西方加強了守備。諸葛亮曾經派兵的兩條路線——祁山道和褒斜道，都成了魏軍加強防衛的重點，即便蜀軍在未來再次發動攻擊，也不會像第一次那樣有奇兵的效果了。

秦嶺：無法擊破的屏障

在第一次伐祁山失敗的當年冬天，諸葛亮再次出兵北伐。由於前一次的失敗，諸葛亮已經帶上了很濃的宿命論色彩，在給皇帝的信中，語氣中透露出「北伐未必成功，但不北伐必然滅亡」

的意思。

之所以在一年間兩次北伐，在於這一年，魏國與吳國突然發生了衝突，當年曾經擊敗劉備的陸遜再次擊敗了魏軍。諸葛亮希望趁這個時機，從西面進攻魏國，與吳國形成呼應。但第二次行動比第一次失敗得更快。

由於第一次使用了祁山道與褒斜道，魏軍都加強了防衛，諸葛亮這次選擇了陳倉道進軍。陳倉道曾經是關中通往漢中的主道路，秦朝時期的關中四塞之一大散關，就在這條道路的北端，漢高祖伐關中就走這條路。但這條路到了曹操時代就被破壞了，曹操退出關中時，對陳倉道進行了有計畫的破壞，此後，陳倉道的地位被褒斜道取代。

諸葛亮選擇陳倉道，也有出其不意的意圖，然而北上後，卻被魏國大將曹真阻攔，無法前進。隨著糧食的告竭，諸葛亮只能退兵，這次短暫的北伐再次以失敗告終。

隨著諸葛亮對魏國的連續攻擊，魏國也不甘只處於防守地位。兩年後，魏軍開始反擊。在大司馬曹真的策劃下，魏國進行了一次三面包圍的進攻，從西、北、東三側都動用大軍向漢中進攻。

在西側，以張郃為統帥，選擇祁山道進軍漢中。在北側，曹真率領軍隊從子午道和褒斜道兩條路直接進攻漢中。另外，由於從南陽到漢江的西城（現陝西安康）在魏國手中，曹真還設計了一條東道，命令司馬懿從南陽出發，沿漢江谷地進入西城，再沿漢江而上到達漢中。

曹真的目的是三路大軍齊發，共同包圍和拿下漢中，再以漢中為基地進攻四川。但在出發之初，他的計畫就出現了問題。

在北側和東側，曹真和司馬懿率領的主力軍遭遇了三十餘天的大雨，山洪暴發摧毀了道路，還沒有到達，就損兵折將。而諸葛亮在各條道路的出口都進行了重點防守。於是，群臣紛紛勸諫不要進軍，魏明帝只好下令召回了大軍。

在西側，情況又有不同。由於西側的祁山是諸葛亮重點利用區域，蜀軍在這裡不是純粹的防禦，而是帶著進攻意圖。諸葛亮派出魏延等人率領一支軍隊，繞過張郃軍，進入魏軍的後方一路騷擾，由洮河谷地一直進入湟水，直達青海省與甘肅省接壤的羌中地區。

魏延的進軍再次將西部的地圖擴大。之前，隴右戰爭的中心區域在甘肅天水，而蜀軍此次卻將觸角伸出了甘肅之外，到達了青海東部，青海這個邊緣省分進入了中原的視野。諸葛亮死後，蜀國大將姜維能夠去西部發展，就與魏延在西部積累了足夠的經驗有關。

在蜀軍的防禦下，魏軍的攻勢被遏制住了。

建興九年（西元二三一年），諸葛亮進行了他一生中的倒數第二次北伐。這次北伐仍然以祁山和隴右為出擊目標。前幾次北伐最終都受困於糧草危機，蜀漢的糧草除了一部分來自漢中之外，更多的是來自成都所在的四川盆地。

在古代，糧草運輸多借助水路，進入隴右的糧草多採取從嘉陵江進入漢中地區，再沿著嘉陵江支流西漢水接近祁山一帶。再往上，運輸就必須走陸路，也是在這一次，諸葛亮設計了傳說中的「木牛」來運輸糧食。木牛的形狀和製造技術都已經失傳，作為合理猜測，可能是一種特殊的在山路運輸糧草的車輛。

攜帶木牛的軍隊到了祁山，但這次，他們碰到了強大的對手——司馬懿。

由於曹真患病，魏軍臨時換將，由司馬懿代替曹真進行指揮。司馬懿一上任，就展現出了魄力。由於進軍關中的路有五條，魏國還不確定諸葛亮走哪一條，大臣們大都贊成對五條路分兵把守。但司馬懿卻認為，分兵把守是分散了兵力，而要想獲勝必須集中兵力，他沒有採納在散關、斜谷處處設防的提議，而是率領所有人馬奔赴隴右。

在隴右，司馬懿留下一部分兵力守住上邽（在天水旁邊），穩住了天水，隨即率主力南下，保衛祁山。沒想到，就在司馬懿主力南下後，諸葛亮卻分兵北上攻取了上邽，這就截斷了司馬懿的後勤線，迫使他回軍。

這次戰鬥讓司馬懿明白，想要擊敗諸葛亮並不容易，主動出擊不是最好的選擇。從此時開始，他採取了另一項策略：閉門不出，等待蜀軍糧食耗盡，自動撤退。蜀軍最大的問題不是兵力，而是後勤能力，看透了這一點，就決定了魏蜀戰爭的走向。

果然，在司馬懿的堅守下，蜀軍只好撤退。

蜀軍的撤退，基本上已經證明，從四川和漢中單臂

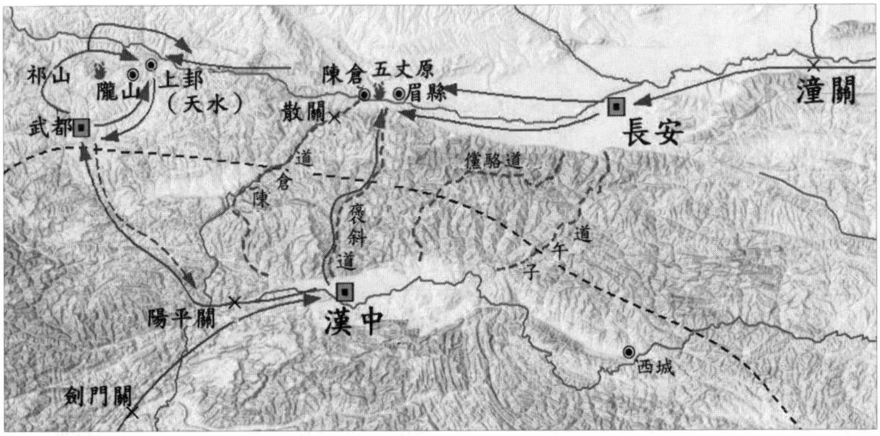

▲諸葛亮第四次、第五次北伐地圖。

出擊，幾乎沒有可能擊敗位於陝西的敵人。漢高祖從漢中的逆襲在歷史上只能發生一次，卻再也不會發生第二次。由於中原和長江中下游的持續發展，四川的定位只能是偏安一隅。這個結論在現在如此明瞭，卻是當年諸葛亮用血和淚嘗試過，才得到的。

《隆中對》戰略的最終失敗

蜀漢建興十二年（西元二三四年），諸葛亮進行了最後一次準備周密的北伐。在前幾次北伐中，由於糧草問題無法解決，每一次的最後，諸葛亮都不得不飲恨退兵。

加上吳蜀之間缺乏配合，每一次都給魏國留下了單獨行動，只針對一翼的機會。諸葛亮在來日無多的情況下，決定集中全部兵力，做最後一次嘗試。

這次北伐經過了三年的準備。為了對曹魏造成雙重打擊，諸葛亮聯合東吳，從東西雙方，對魏國形成鉗形攻勢。孫權率領的中路大軍主攻巢淝通道，主攻點在合肥。陸遜、諸葛瑾率領的西路進攻南襄隘道的襄陽。孫韶、張承從揚州走邗溝進攻徐州。

蜀國則採取了新的進攻策略：屯田。在三國時期，曹魏很早就使用了屯田作為解決後勤的方法，而蜀漢卻一直沒有加以採用，直到最後一次北伐，諸葛亮才想到了屯田。

由於屯田的需要，蜀軍拋棄了不適合屯田的祁山道，選擇了更加直接的褒斜道。

關中的渭河流域土地肥沃，如果大軍不在山區糾纏，而是快速躍進，進入關中平原，在渭河流域尋找到一個前進基地，以這個基地為核心進行屯田，就可以較少依靠翻越秦嶺的後勤系統，直接從當地獲得糧草。為了快速進入關中，褒斜道比起遙遠的祁山道要便捷得多。

這個戰略迅速取得了成功。諸葛亮大軍通過了褒斜道，在道口以北的渭河岸邊，一個叫五丈原的地方找到了紮營的基地。五丈原位於渭河南岸，現在的陝西省岐山縣境內。這個土臺東、西、北三面均為懸崖陡坡，北部寬約一公里，南北長二．五公里，是理想的紮營之地。

以五丈原為基地，還可以迅速將渭河上游與長安的聯繫切斷（見第兩百二十九頁圖）。由於諸葛亮占據了五丈原，魏軍就很難再西進援助隴右的守軍，蜀軍卻可以分兵將隴右的魏軍城池各個擊破，再從隴山而下，將寶雞（陳倉）一帶的平原攻克。

如果能夠完成這一步任務，那麼五丈原以西就成了蜀國的領土，這不啻又一個小漢中。由於居於渭河上游，隨時可以順流而下打擊長安。寶雞一帶土地肥沃，可以耕種生產糧食，在未來，蜀軍就不用每次花費巨大人力來解決糧食問題了。

當蜀軍戰略順利推進時，魏國西部將領郭淮卻領悟到了蜀軍的威脅，勸說司馬懿在五丈原以西二十幾里，在渭河北岸的北原紮營。這樣，諸葛亮從五丈原向西進軍，必然遭遇到北原的抵抗，要想打通西路，必須首先消滅北原的守軍。而要向東進軍，又碰到了司馬懿的抵抗。諸葛亮的戰略就由於北原的存在而打了折扣。

但蜀軍的計畫仍然在推進之中。諸葛亮一方面繞過北原，先行爭取打通隴山道和陳倉道，另一方面迅速展開屯田工作，力圖將糧食問題就地解決。如果諸葛亮有足夠的時間，將五丈原打造成前進基地，那麼未來的局勢仍然可以有所作為，但這次決定成敗的卻是最自然的因素——人的壽命。

由於操勞過度，諸葛亮的身體垮了。司馬懿最先料到了諸葛亮的身體狀況，當諸葛亮派遣使者到魏營時，他詢問諸葛亮的飲食起居和工作情況，得出結論：蜀國丞相的工作強度太大，不會支撐太久。

司馬懿堅壁清野，絕不與蜀軍硬戰，而是等待蜀軍內部的變化。即便諸葛亮給他送來女人的衣服，都無法逼他出戰。司馬懿的堅守終於換來了收穫。當年八月，諸葛亮積勞成疾，死在五丈原。諸葛亮死後，蜀國撤軍，一併協同作戰的吳國也被魏國擊敗。南方反攻北方的高潮過去了。

諸葛亮的死亡讓他精心設計的《隆中對》戰略徹底失敗。這個戰略從開始提出，顯得那麼天才，與張紘的江東戰略一道為南方反攻北方提供了理論基礎。但江東戰略與《隆中對》戰略互相影響，北方一家獨大，南方卻雙雄並立，蜀、吳任一方都無法做到集中南方所有的資源與北方一戰。具體到《隆中對》戰略，在孫權占領荊州之後，已經變得遙不可及，只剩下殘肢斷臂與最艱險的道路。

諸葛亮拖著疲憊的身軀不肯認輸，屢次北伐卻徒勞無功。在最後一次北伐時，戰略更新，更具有了實際操作性，卻隨著他的死亡被人遺棄。

如果更抽象一點，可以說，四川雖然是富庶之地，但由於它的偏僻位置和單一的道路，使得它無法擔當起統一全國的重任。諸葛亮給四川加上了荊州和兩湖盆地，是為了獲得更多的機動性。但兩湖盆地與四川盆地之間的崇山峻嶺，卻註定了四川與兩湖無法兼得。從這個意義上，也許東吳擊敗關羽獲得荊州，並非是那麼偶然，而是宿命使然。

第七章

西晉滅吳，北方政權統一中國的最佳軍事戰略

西元二三四年～西元二八〇年

三國時期最被低估的軍事家是鄧艾。鄧艾的奇襲不僅滅亡了蜀國，也為後來人們進攻蜀地指出了一條道路，使得人們可以繞過狹窄的金牛道，從西部直搗成都。

在滅蜀戰爭之前二十年，鄧艾就要求魏國必須為十萬大軍準備至少五年的糧草，才可以言戰。鄧艾選擇的軍糧基地在壽春一帶。糧草的充足，為後來魏、晉滅蜀、吳奠定了物資基礎。

魏國兵分五路，進軍漢中。圍困了蜀國在漢中最重要的兩個城池：漢、樂二城，並迫降了通往蜀道的門戶陽安關。但隨著蜀軍在漢壽（劍門）的加強防守，魏軍無法突破進入四川盆地。如果沒有鄧艾，伐蜀將以失敗告終。

鄧艾發現，橋頭與四川盆地只隔了一座摩天嶺，只要尋找伐木的小路翻越摩天嶺，就可以繞過漢壽，直插四川盆地，奇襲成都，逼迫蜀漢投降。他的發現是滅亡蜀漢的最關鍵因素。從鄧艾以後，四川不再是天險，隨著大量西部道路的發現，北方政權可以更加方便的進軍四川。

四川喪失了獨立地位後，卻成了南北對峙的勝負手。如果北方政權占領四川，就可以借助上游優勢打擊位於下游的江東；如果南方政權占據了四川，就足以與北方抗衡。

西晉滅吳是一次充分利用了地圖寬度的大規模協同作戰，為後來的南北對峙戰爭指明了方向。總結赤壁之戰的教訓，西晉認定如果把兵力集中在一點，雙方展開對決，容易放大北方軍隊不習水戰的劣勢。必須採取多路線的協同作戰，才能避免劣勢，並放大自己的人數優勢。

西晉伐吳的軍事戰略可以總結為五縱一橫，即利用南下建業（南京）的五條南北道路，同時向南進軍，對吳軍形成壓倒性攻勢，再利用在四川境內囤積多年的水軍艦船，順長江直下，分別經過這五路大軍的防區，直達建業。

六路大軍中，達到奇襲效果的是第六路，沿長江的横向進攻。龍驤將軍王濬、廣武將軍唐彬，率領巴蜀的水軍，浮江而下，先後經過縱向五路的戰區，直搗建業，完成滅吳。

東晉以後，北方對南方戰略的基本模式是：充分利用地圖的寬度，將南方的四川、兩湖、贛江谷地、江東四大單元逐個剝離，再兵分數路集中於江東。這個戰法至今有效。

蜀漢興元元年、曹魏景元四年（西元二六三年），魏國的征西將軍鄧艾接受了一項牽制任務。這一年，魏國在司馬昭的組織下，開始對遠在四川的蜀漢發動了一次大規模的遠征。

在遠征中，擔任主力的是鎮西將軍鍾會，他率領了十二萬大軍從長安出發，進攻漢中。鍾會出兵時，蜀國已經在庸君和宦官的共同作用下變得無比衰落，卻仍有一人讓鍾會感到擔心，他就是蜀國大將姜維。

不過姜維並不在成都，為了躲避宦官之禍，他率領軍隊屯駐在一個很偏遠的地方，叫做遝中（按：遝音同踏）。遝中的位置與一千年後蒙古人進攻雲南的起點達拉溝很接近，也是位於四川、甘肅交界地帶，在白龍江的上游。

這裡距離成都和漢中都很遙遠，很難對魏軍構成威脅。但姜維卻是一位經驗豐富的將軍，曾經率領人馬七次與魏軍征戰，是司馬昭最忌憚的蜀國將領。為了防止姜維千里躍進馳援漢中，司馬昭下令在隴右地區的征西將軍鄧艾出兵，主動進攻姜維，將他拖在隴右地區，不要阻擋鍾會的大部隊。

鄧艾並不同意司馬昭的計畫，他認為，要想征服一個國家，必須等這個國家內部出現了叛亂，才能征服它。蜀國雖然弱小，卻並沒有出現內部的糾紛，征服這樣的國家得不償失。不過，作為軍人，他忠實的執行了司馬昭的命令。

這一年九月，鄧艾兵分三路：一支從狄道（現甘肅省臨洮）南下，進攻遝中的東部；再有一支軍隊從洮陽（現甘肅省臨潭）出發，直接打擊遝中的北部；而另一支軍隊繞道西面的高原地帶，從遝中的西面進軍。這三路大軍形成包圍之勢，指望將姜維圍困擒獲。

鄧艾正要進攻時，鍾會出兵漢中的消息也傳到了蜀國軍隊，姜維恍然大悟，連忙率軍向東方撤退，前往漢中。鄧艾在後面緊追不捨，不斷的襲擊並打敗了姜維。不幸的是，姜維雖然戰敗，卻乘機逃走了。鄧艾拖延姜維的計畫以失敗告終。

姜維沒有想到的是，雖然擺脫了鄧艾，魏國卻為他準備了雙保險。司馬昭怕僅僅靠鄧艾無法拖延住他，又暗地裡派遣另一位大將——雍州刺史諸葛緒，率領三萬人馬，在武街（現甘肅省武都境內）和一個叫橋頭的地方等待姜維。

在三國時期，遝中所在的甘肅南部是一片蠻荒之地。要想去往遝中，必須從金牛道上的漢壽（現四川省昭化）併入嘉陵江的支流白龍江，從白龍江綿延數百里，經過武街進入白龍江上游，這裡就是遝中。

在白龍江谷地的南北兩側，分別是迭山和岷山兩大山脈，逼仄的峽谷如同一條地縫，將進攻者和守衛者都局限在這一脈的地盤上。而這條路上最重要的兩個地點，一個是位於現在武都的武街，另一個是位於白龍江和其支流白水江上的一座橋，這裡因為這座橋得名橋頭。

白水江在白龍江以南，經過一座叫做陰平的城市（現甘肅省文縣），在橋頭匯入白龍江。白龍江則先經過武街，再到達橋頭。

從陰平也有一條小道直達逕中，叫做陰平道。從逕中去往橋頭既可以走白龍江道，也可以走陰平道，兩道在橋頭匯合成一條。

姜維沒有走白龍江道，而是選擇從陰平道撤離逕中，到達陰平後，再順著白水江前往橋頭。當他還沒有到橋頭時，突然聽說，諸葛緒的軍隊已經在橋頭布防等著他了。後方的鄧艾也正在趕來，與諸葛緒前後夾擊，要將他殲滅在白水江上。

情急之中，姜維決定冒險翻山。在白水江和白龍江之間，隔著一座巨大的山脈——岷山，在岷山之間有幾條山谷小道，很難行軍。姜維強行穿過岷山，從一個叫做孔幽谷的地方北上進入白龍江流域的武街，再順白龍江而下，從背後打擊諸葛緒的軍隊，試圖打通橋頭要道。

這時，諸葛緒犯了一個錯誤。當他聽說姜維的軍隊消失在白水江畔，進入白龍江時，害怕武街的防衛空虛，連忙撤離了橋頭，向上游的武街趕去。這樣，橋頭這個最重要的防禦地點就被放棄了。

姜維打聽到諸葛緒已經離開橋頭，他並沒有去武街，而是揮軍返回，通過了無人把守的橋頭，率軍東下。魏軍用了兩員大將、六萬人馬，也沒有拖住姜維，讓他成功逃出，去解救漢中。

到這時，這場鬥智鬥勇的大戲看上去以姜維的勝利而告結束。如果姜維能夠守住漢中，必然成為三國時期最重要的軍事家被人銘記。

但就在這時，在後面追擊的鄧艾卻採取了關鍵性的一步險棋，直搗成都，讓姜維的努力功虧一簣。鄧艾，這個最被低估的軍事戰略家，也以這一次冒險而被記入了史冊。

魏國政治鬥爭中的伐蜀議題

在司馬昭對蜀國發起總攻之前二十年，正始五年（西元二四四年）三月，魏國大將軍曹爽就開展了一場規模巨大的征蜀運動。

曹爽是大將曹真之子，魏明帝去世時，將年幼的兒子齊王芳留給了曹爽和司馬懿，令二人輔佐新皇帝，穩固魏國江山。曹爽隨即與司馬懿發生爭權，將司馬懿排擠出權力核心，大權獨攬。為了鞏固自己的權威和地位，曹爽制訂了伐蜀的計畫，如果能夠征服蜀國，那麼大將軍的權勢將變得穩固，沒有人再質疑他是無功受祿。

當年，曹爽在長安徵發了十萬軍隊，又從周圍調撥了大量物資，出發了。在選擇進軍漢中的道路時，他選擇了一條平常很少有人走的路——儻駱道。

漢中與長安之間的秦嶺，主要道路有三條：子午道、儻駱道和褒斜道，在秦嶺之西，還有陳倉道和祁山道（見第兩百二十頁圖）。諸葛亮的北伐多使用祁山道、陳倉道和褒斜道。而子午道和儻駱道因為更加險峻，被排除在外。

以儻駱道為例，儻駱道的北口叫駱谷，南口叫儻谷，谷道長四百二十里，其中險峻的山路八十里，有八十四盤，中間有三大險要的關口，分別是沈嶺、衙嶺和分水嶺。在南口則有著名的興勢山，是個易守難攻的地點。

當時，蜀國在漢中的守軍只有三萬，如果能出其不意，漢中的確有可能在曹爽大軍的碾壓下分崩離析。但由於過於興師動眾，無法保密，魏軍的行動很快被蜀國知悉。在蜀國大將王平的布防下，蜀軍在南口設立了防守，將曹爽阻截。糧食和軍備問題隨之突顯出來，十萬大軍的軍糧也要透過狹窄的谷道運輸，大批的牲畜死亡。到最後，曹爽不得不退兵。在退兵時還遭到了蜀軍的截擊，差點回不去。這次魏國的出兵可謂損兵折將，也凸顯了伐蜀的難度。

曹爽的失敗加速了他的滅亡，在與司馬懿的爭鬥中，曹爽被俘獲斬首。

曹爽時期，魏、蜀、吳三國的秩序都被內部爭鬥所打亂，國與國之間的互相攻伐雖然不少，但主流的矛盾已經轉換成內部群臣之間的鬥爭。

以魏國為例，司馬懿剿滅曹爽後，司馬氏就取得了魏國的主導權，司馬懿死後，司馬師和司馬昭相繼廢掉了魏國的兩任皇帝。司馬氏的執政引起了魏國許多大將的不滿，而反抗最劇烈的地區，則是與吳國接壤的壽春一帶。這裡屬於前線地區，統兵將領的權力更大，也更加忠實於曹魏政權。司馬氏必須將這些將領的權力收回，將他們換成自己的心腹，才能控制住整個魏國政權。

在壽春，先後有三大諸侯王凌、毌（按：音同貫）丘儉、諸葛誕造反，最終被一一鎮壓。

與此同時，吳國孫權死後，諸葛恪、孫綝先後擔任權臣，屢次出兵魏國卻鮮有收穫，反而引起了朝野的內亂，削弱了吳國。

而在蜀國，造成國力下降的因素主要有兩個：一是蜀國後主劉禪聲色犬馬，依靠宦官黃皓等人，內政混亂；二是以姜維為首的將領繼承了諸葛亮的遺志，屢次北伐卻徒勞無功，消耗了蜀國的國力。由於宦官勢力的增大，為了避免被宦官迫害，姜維被迫離開成都，前往遙遠的遝中地區，離開了權力中心。

蜀國在漢中的軍隊也衰弱到無力進行全面防守的地步。在之前，在漢中的防守以守衛邊境各個險要地帶為主，也就是說，對於秦嶺的各個孔道，都在險要地方設防，以期第一時間發現和阻攔敵人，不讓他們進入漢中平原。

但隨著軍隊的衰弱，蜀國已經無法做到這種撒網式的防守策略，不得不把兵力收縮，放棄各個險要關口的守衛，而將兵力集中在諸葛亮建立的兩座城市——漢（現陝西省勉縣境內）、樂（現陝西省城固縣境內）二城。

當魏國進攻時，可以透過各條道路直達漢中平原。蜀國守軍龜縮在漢、樂二城內，等待魏軍找不到足夠的糧食，自動撤兵。如果魏軍越過漢中平原繼續向蜀地前進，那麼漢、樂二城裡的守軍就襲擊魏軍的糧道。這種定點式的防衛，實際上是實力減弱的一種無奈之舉。事後證明，魏國恰好利用了這一點，快速的占領了漢中。

鄧艾：被低估的軍事天才

在三國歷史上，鄧艾是一位最被低估的將領。他是孤兒，年少時幫人放牧為生，還有口吃的毛病。如果不是出於亂世，被司馬懿發現，在東漢時期近乎板結的社會結構中，必然只能當一個下等人。

歷史上的名將，大致分為兩類：一類是只管行軍打仗，在戰術上百戰不殆的將才；另一類是運籌帷幄，從全域上籌劃戰爭的帥才。前者只管打仗，後者除了對於兵法的精通之外，還需要對政治、經濟、地理有一個全盤的了解。

在三國時期，符合帥才的人寥寥無幾，鄧艾就是其中之一。軍閥混戰時，在軍事上最重要的因素不是士兵，而是經濟和財政。只要有糧食，就能招足夠的兵來替自己賣命。很多小股部隊不是被擊潰，而是被餓散了。

在所有軍閥中，最重視糧草問題的是曹魏。**曹操之所以能夠統一北方，一個重要因素，就是他的屯田工作做得最早，解決了後勤問題**，當其他的軍隊只能靠掠奪來籌集輜重時，他已經有了固定的稅收來養活武裝。

曹魏的眾多謀士中，對於經濟與軍事的聯動理解最透澈的人裡就有鄧艾。魏齊王正始四年（西元二四三年），距離蜀漢滅亡還有整整二十年，距離東吳滅亡還有三十七年，鄧艾就看到了統一戰爭中最重要的因素——糧食。

他為司馬懿籌劃時，寫了一篇〈濟河論〉，認為如果要統一全國，必須在財政上做好準備，具有了壓倒性的財政優勢，才能動用軍隊，並將對方的軍事實力消耗光。當初曹魏之所以能夠占領半壁天下，就是因為屯田積累了足夠的糧食[1]。

根據鄧艾的計算，如果要征服南方，至少需要準備好十萬大軍，用五年的時間。如果準備不充分，就會耗費巨大的財力卻空手而歸，不如不戰。要供應十萬大軍吃五年，意味著必須有三千

1　《晉書．食貨志》：「昔破黃巾，因為屯田，積穀於許都，以制四方。今三隅已定，事在淮南，每大軍征舉，運兵過半，功費巨億，以為大役。」

萬石的糧食儲備[2]。

但問題是：怎麼才能儲存三千萬石糧食呢？

鄧艾環顧曹魏的土地，發現最大最肥沃的沒有被利用的土地，出現在壽春地區[3]。壽春地處魏國和吳國之間的中間地帶，雖然被魏國占領，卻常常受到吳國的軍事騷擾，這裡曾經是肥沃的土地，卻由於河湖縱橫，水利設施年久失修，變成了一片災荒之地。

在鄧艾看來，壽春彷彿是一個天賜的糧食基地。他認為，如果合理的開鑿運河進行灌溉，土地產量可以提升三倍。只要五萬士兵參與耕田，加上水源充足，就可以每年上繳五百萬石的稻穀作為軍糧，經過六、七年後，就可以湊夠三千萬石之數，為戰爭做好準備。

鄧艾的提議被採納，曹魏在壽春大修水利，興兵屯田，南方的氣象也為之一變，在這裡官田和民田交錯其間，一片繁忙景象。東吳發現鄧艾計策的威力後，曾經長期以破壞壽春的農田為目的發動騷擾戰，卻仍然無法擊碎魏國的財政能力。

鄧艾的計策為司馬氏的統一奠定了物資基礎。財政成為西晉統一戰爭中看不見的戰場，深深的影響著中國歷史的走向[4]。

除了對戰爭資源有著深刻的認識之外，鄧艾對於政治形勢的估計也恰到好處。吳國的孫權死後，諸葛恪掌握了吳國的權力，他為了鞏固權力，樹立權威，立刻開始了規模宏大的北伐，令魏國朝野震憾。當諸葛恪圍攻合肥新城失敗退軍後，魏國群臣都擔心他還會回來，只有鄧艾對司馬師說：「諸葛恪不會回來了，他的滅亡馬上就要到來。」

鄧艾的理由是：孫權剛死，大臣都還沒有歸心新主，特別是吳國有很多江東本土的大戶人家，都有私人軍隊，依仗著武力與中央對抗。諸葛恪新掌權後，不是先對內鞏固根基，而是想靠對外侵略立威，驅趕著大批的士兵，隨意的驅使人民。但興師動眾不僅沒有攻克合肥，反而死了上萬人，這樣的人必然會被立刻推翻。

諸葛恪回去後，果然如鄧艾所言，被政變所殺，夷滅三族。

另外，除了帥才之外，在指揮打仗上，鄧艾也同樣擅長，他與姜維在西部周旋十數年，沒有讓姜維占到便宜，直到最後完成了伐蜀奇功。

當人們談論三國時期，總是提到關羽、張遼等人，卻忽略了為人低調的鄧艾，的確是一種歷史的不公平。

擊穿金牛道

蜀漢興元元年、曹魏景元四年（西元二六三年），就在鄧艾進攻逕中，諸葛緒試圖在路上阻截姜維的同時，魏國的主力軍隊在鎮西將軍鍾會的領導下，兵分五路向漢中進軍。這次的進軍幾

2 《晉書．食貨志》：「六、七年間，可積三千萬斛於淮上，此則十萬之眾五年食也。以此乘敵，無不克矣。」

3 另一個適合屯田的地區是關中。這個地方受董卓之亂的影響最深，曾經全國最繁榮的地方早已經變成了荒蕪之地。但在諸葛亮北伐時期，司馬懿為了對付諸葛亮的進攻，在關中大量屯兵，為了供養士兵，只能大力發展農業。因此諸葛亮北伐的一個副產品是關中地區的農業和經濟獲得了恢復。

4 《晉書．食貨志》：「每東南有事，大軍出征，泛舟而下，達於江淮，資食有儲，而無水害，艾所建也。」

乎利用了所有的通往漢中的通道，數路兵馬分別從陳倉道、褒斜道、儻駱道、子午道進軍。同時，還動用了從南陽經過安康的漢江通道直上漢中。

與鄧艾不贊成攻打蜀國不同，鍾會卻是進攻蜀國的最主要支持者。

鍾會出身於官宦世家，是司馬氏的寵臣。在司馬氏平定毌丘儉和諸葛誕的叛亂中，鍾會表現搶眼，聲名鵲起。隨後，他更加積極的支持司馬氏向南進軍，剿滅蜀國。實際上，在魏國的內部爭論中，除了司馬昭和鍾會之外，大部分人並不支持伐蜀，這使得司馬昭對鍾會更加信任，委派他擔任主攻將領。相較而言，鄧艾只是一方的偏將，負責協同作戰而已。

如果諸葛亮仍然在，鍾會的兵分五路出擊必然被迅速粉碎。在諸葛亮時期，蜀國的防守策略是把守各個要道，將敵人阻擋在關口之外進行痛擊。但諸葛亮死後，隨著蜀國的疲憊，漢中的防守策略有了很大改變，守軍龜縮在漢、樂二城，而將各個通道拱手讓給了魏軍。這就讓鍾會撿了個大便宜。魏軍兵不血刃就進入了漢中盆地，隨後，對漢、樂二城展開了猛攻。

除了漢、樂二城之外，蜀國的另一個防禦地點在金牛道（從漢中通往四川的通道）口的陽安關。雖然魏國五路大軍看上去很威武，但不管走哪條路，都只能到達漢中，如果要從漢中繼續進入四川，必須走金

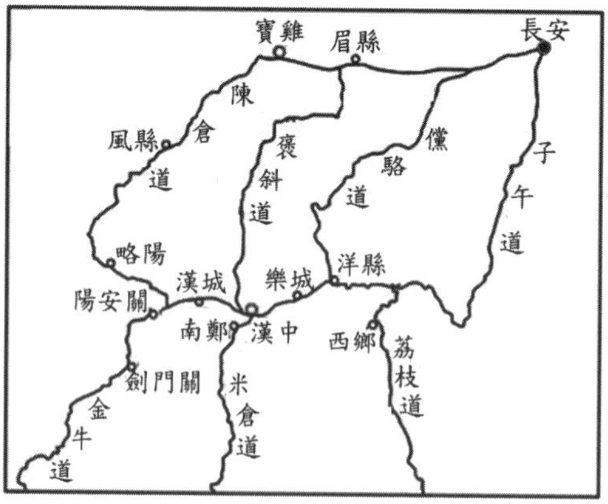

▲金牛道又叫石牛道，是古蜀道主幹線，也是中國疆土上最為艱險的道路。

牛道，經過陽安關，這裡是個繞不過去的地方。

蜀國的防禦策略是：死守漢、樂二城和陽安關。只要守住了陽安關，魏軍就無法順著金牛道南下蜀道進入四川。當魏軍在陽安關口感到疲憊時，蜀軍就利用後方的漢、樂二城，對魏軍進行打擊。

這個策略從表面上看顯得頗具智慧，但唯一缺陷是：它要求非常嚴格的執行力。首先，陽安關必須嚴防死守，不管出現什麼情況都不能投降，一旦投降，蜀道洞開，敵人不需要攻克漢、樂二城就可以南下進軍四川；而漢、樂二城也不能投降，一旦漢、樂二城失手，即便陽安關仍在，但整個漢中地區卻再也無法收復，持久下去，陽安關也必定丟失。

三城必須相互配合，有一方鬆動，都會讓另外兩方的壓力突然間爆炸，將整個漢中平原乃至蜀國丟失。

但是，到了蜀國後期，已經不可能再有如此強的執行力了。這是鍾會撿的第二個便宜：當他率軍到達陽安關下，陽安關將領蔣舒竟然率軍投降了魏軍，這個最重要的關口竟然在兩天之內就被攻克。

陽安關的失守，讓漢、樂二城成為孤軍，被攻克已經是遲早的事情。即便蜀軍能夠借助更南方的幾個關口防住金牛道，也不可能收復漢中了。

陽安關失守後，下一個戰略點是金牛道上的劍門關（劍閣）。劍門關在現在的四川廣元，在三國時期叫做漢壽，這裡位於嘉陵江和白龍江的交匯處附近，不管從隴右還是漢中，都必須經過劍門關才能進入四川盆地。但它也已經是進入四川盆地前的最後一道防線，如果失手，就門戶洞開了。

陽安關失守時，從四川盆地來的蜀國援軍已經北上，聽說來晚了，只好退守劍門關。與此同時，姜維的部隊也從橋頭退回到劍門關，將這裡變成了守衛四川盆地的最後防線。魏軍則一面圍困漢、樂二城，一面南下在劍門關與蜀軍對峙。

隨著姜維對劍門防守的加強，魏軍撿便宜的時機過去了。鍾會大軍的糧食問題凸顯了出來。對於魏軍來說，最可能的結局，是守住陽安關，逐漸消化漢、樂二城，保住漢中的果實。至於前進四川、攻克成都，已經不再可能。

到這時，魏國的滅蜀戰略只取得了有限的成果，基本上是整體失敗了。

但**歷史往往是被一些偶然的人和偶然的事件所推動的**。鄧艾在前面的戰爭中都只是牽制性的邊緣角色，誰也沒有想到他會突然間打破了雙方的戰略平衡。

當姜維逃脫了鄧艾的追擊時，鄧艾的戰略使命本來已經以失敗告結束。但他在姜維身後緊追不捨時，卻打聽到，在四川盆地北部的群山之中，還有其他道路可以不經過劍門這個「必經之路」，直插成都。

人們常走的正路是從陰平城經過橋頭，從橋頭往東去劍閣。但實際上，橋頭到四川盆地只隔著一座巨大的摩天嶺，如果能夠找到一條伐木的道路，翻越摩天嶺，就可以不經過劍門，直接進入四川盆地。

鄧艾率領大軍從這裡向南，沒有路的地方就鑿山通道，沒有橋的地方就架橋，途徑了七百餘里的無人區。這裡山高谷深，艱險異常，又由於缺乏糧食，部隊屢屢進入險境。到了沒路的地方，鄧艾率先裹著毛毯從高處滾下，將士們在山崖上攀著樹木，魚貫前行。翻過了摩天嶺，就是四川盆地內的城市江油，由於魏軍出現太突然，蜀國的守將馬邈立刻投降，鄧艾獲得了在四川盆地內的第一個立足點。

魏軍的出現震驚了四川盆地，接下來阻擋鄧艾去路的，是諸葛亮的兒子諸葛瞻，他連忙在綿竹擺開陣形等待鄧艾大軍。在這裡，鄧艾經歷了進軍四川最嚴峻的一戰，如果失敗，他的人馬連退守的地方都沒有，會直接被圍困殲滅在充滿敵意的環境中。鄧艾依靠著置之死地的勇氣督戰，甚至差點殺掉了他的親兒子鄧忠，才死戰得勝。諸葛瞻戰死。

諸葛瞻陣亡的消息傳回了成都，也成了壓垮蜀漢政權的最後一根稻草。蜀後主劉禪不顧眾人的勸阻，出城投降。蜀國正式滅亡。姜維在北方聽說後，仰天長嘆，投降了鍾會[5]。

蜀國的滅亡，表明四川的戰略地位進一步下降。戰國時代，中國其他地區進入四川只有金牛道（去成都）和米倉道（去重慶）兩條路，而且必須經過漢中，造就了四川的戰略優勢。但到了東漢時期，除了經過漢中的道路外，長江通道已經逐漸進入了主流視野，於是從湖北也可以進攻四川了。

三國時期，隨著對隴右地區的進一步探索，人們發現，原來漢中也不是陝西進入四川的必經之地，在更西部，還有很多道路可以進入四川。鄧艾的奇襲，是發現過程中一個重要的時刻，但

5 進軍蜀國的鄧艾和鍾會都沒有善終。入蜀後，鍾會首先汙衊鄧艾謀反，後來又自己策劃謀反，導致兩人都被殺。一代名將鄧艾看透了戰爭的祕密，卻看不透政治的鉤心鬥角和自己的命運。

絕不是終點。

隨著這些道路的發現，進攻四川，其核心變成了如何選擇一條通道達到出其不意的效果。而隨著通道數量的增加，守衛四川的難度也越來越大。漢高祖當年靠漢中和四川一統天下，但從三國以後，再也沒有人能夠透過控制四川來爭奪天下了。

不過，四川對於北方政權卻擁有著非常重要的意義，如同當年秦統一，只要北方政權獲得了四川，就擁有了打擊兩湖盆地乃至江東的上游優勢。

當中國出現南北對峙時，如果位於長江中下游的南方政權擁有四川，就足以與北方抗衡；可如果丟失了四川，就連兩湖與江東都很難守住。

接下來的東吳滅亡，恰好證明了脣亡齒寒的道理。

進軍東吳：最完美的戰略進攻

晉太康元年（西元二八〇年）的伐吳戰爭，是中國歷史上少有的大規模協同作戰。它利用了中國疆域的寬度，在綿延三千里的範圍內同時展開作戰，最終達到戰略目標。在利用馬匹和自然能源（水力、風力）作為動力的冷兵器時代，能夠在如此廣闊的範圍內做到有條不紊的協同，可謂是一個奇蹟。蒙古人進攻南宋的協同作戰可以從晉朝攻吳找到源頭。

這次協同作戰也可以看作三國時期軍事探索的總結性戰役。從吳、蜀開始探索南方戰略以來，他們借助南方的地形條件嘗試了許多作戰方案，基本上把南方的地理優勢和劣勢都摸清了。

西晉恰好利用了前人的探索成果，將南方地理進行通盤考慮，充分利用南方的寬度，發動了一個規模巨大的作戰方案，並取得了成功。它的成功也給後人指明了道路，未來南北對峙的戰爭都或多或少的借鑑了西晉滅吳的經驗。

在滅亡了蜀國之後的第二年，魏國也走到了歷史的盡頭，這一年掌握了魏國大權的晉王司馬昭去世，取而代之的是他的兒子司馬炎。司馬炎僅上臺幾個月，就迫不及待的將當年曹丕編寫的禪讓劇本再次上演了一遍，將曹魏皇帝廢黜，建立了晉朝政權。

在晉朝建立的同時，位於東南方的吳國實際上已經變成了偏安一隅的小朝廷，相較於同時擁有中原、陝西、四川的晉朝，吳國的江南地區過於狹小，無力抵抗。但北方的少數民族叛亂（以鮮卑人禿髮樹機能為首）阻礙了中國統一的進程，直到十幾年後，晉朝滅亡了禿髮樹機能，才又騰出手來準備對吳戰爭。

在戰爭開始之前，以羊祜、杜預、王濬等人為首的晉朝將領已經開始制訂戰略計畫，並大力推進伐吳事業。在中央，也有司空張華等人積極策劃。

幾十年前，曹操進攻東吳以慘敗告終，當時的人們總結認為，北方軍隊不習水戰，所以才會失敗。幾十年後，東吳水軍依舊，晉朝又如何避免魏武帝式的失敗呢？

晉朝總結的經驗是：曹操當年的進攻以一條路線為主，雙方都將兵力布置在一個點上進行角力，這樣容易將北方的水戰劣勢放大。如果要進攻南方，必須採取多路線協同作戰，這樣才能利用自己兵力眾多的優勢，避免一個點上的失利變成全盤的失敗。

東吳與北方之間，漫長的國境線上，有若干條孔道形成了進軍路線。在最西側，晉國與吳國在長江以南的分界線大致與今天的省界重合，晉國占領了四川、重慶，而吳國占領了湖北和湖南。在兩國邊境上是險峻的川東群山，如武陵山等，這些山脈阻礙了晉軍的攻勢，使得晉國很難直接進攻長江以南的湖南地區。

晉國能夠利用的第一條進軍路線是從四川、重慶沿長江順流而下，經過巫山、宜昌（西陵）直達吳國控制的荊州地區（見第兩百五十二頁圖）。更遠方，晉軍甚至可以從長江乘船直達吳國的首都建業（南京）。

下一條路是從西晉的南陽、襄陽，到吳國的荊州的道路，這條路是當年關羽北伐的反向，也是曹操當年入侵之路。

在晉吳對峙時代，另一條不大重要的小路也開發了出來，那就是從現在的河南信陽地區，直接翻山進攻如今的武漢地區。現在的京廣鐵路就經過這條路，但在古代並不是最主要的大道。

在長江中下游的江淮地區有一條主要通道，這條通道又形成兩條分道：一條從壽春、合肥一帶進入巢湖，再順著巢湖進入長江；另一條是從淮河經過廣陵（現江蘇省揚州）入江。此外，由於晉軍已經占領了淮河以南的廣大地區，晉軍還開闢了第三條路，由距離吳國首都建業最近的塗中（現安徽省滁縣）向長江進攻。

人們常常認為，在吳國和晉國之間，起到兩者分界線作用的是長江天險，但實際上，東吳之所以能防禦魏、晉幾十年，依靠的卻是長江以北的土地。歷代的戰略家談到長江、淮河的形勢時，都認為，要想保住長江，不能僅僅從長江入手，而應該進駐淮河，不讓敵人抵達長江。一旦敵人占了長江北岸，就可以隨時發動渡江，即便一次不成功，也可以發動第二次、第三次……直到某一次成功。

顧祖禹《讀史方輿紀要》總結了這些看法，認為有淮河才有長江，如果沒有淮河，那麼長江以北的諸多港灣和蘆葦蕩中，都是敵人可以渡江的所在。楊萬里則認為：「固國者，以江而不以淮；固江者，以淮而不以江也。[6]」

不幸的是，在吳國與北方的對峙中，吳國雖然占領了一部分北方地區，卻始終沒有將淮河以南完全收入囊中。魏國和晉國始終牢牢的占據了淮河以南的一系列戰略要地，如塗中、合肥、六安、廣陵等地，作為進攻吳國的基地。正是在這種基調下，吳國雖然能夠堅持幾十年，卻始終處於下風。

在晉國制訂的伐吳戰略中，就充分利用了這些戰略要地作為前進基地，迅速推進到長江北岸，讓吳國君臣聞風喪膽。

晉國的軍事戰略可以總結為五縱一橫，即利用南下建業（南京）的五條南北道路，同時向南進軍，對吳軍形成壓倒性攻勢，再利用在四川境內囤積多年的水軍艦船，順長江直下，分別經過這五路大軍的防區，直達建業。

伐吳的六路大軍最主要的問題在於彼此的協調。由於地理廣闊，在古代幾乎很難做到協同作戰。然而，由於晉軍上下從中央到地方都做了長期準備，形成了成熟的決策和資訊傳遞鏈條，使得協同不僅沒有成為問題，反而成了優勢所在。

6 《讀史方輿紀要．南直一》。

晉咸寧五年（西元二七九年）十一月，晉軍的征服行動開始，五縱一橫大軍集結完畢後，齊頭並進向晉吳邊境挺進。在中央層面上，起到統一指揮和協調的是大都督、太尉賈充，冠軍將軍楊濟是賈充的副手。

縱向五路大軍分別為：鎮東大將軍、琅琊王司馬伷（按：音同咒，掌理東邊軍權，並鎮守下邳）從晉軍占領的前線城市涂中出發，直接向建業（南京）以北進軍，威脅南京的正北方長江；安東將軍王渾從江西（現在的安徽長江西岸）出發，向巢湖進發，並試圖攻克馬鞍山附近的采石磯，這條線是歷史上進出江東最成熟的路線之一，也是戰鬥最激烈的路線；建威將軍王戎出武昌，平南將軍胡奮出夏口，這兩路大軍主要目的是占領長江中游最重要的城市，便於進一步機動；鎮南大將軍杜預出江陵，也就是從襄陽到荊州的路線，是長江中游最重要的關口，為晉軍的艦隊打通通路。

除了縱向五路之外，更重要的是沿長江直下的那路橫向大軍：龍驤將軍王濬、廣武將軍唐彬，率領巴蜀的水軍，浮江而下，先後經過杜預、胡奮、王戎、王渾、

▲伐吳的六路大軍最主要的問題在於彼此的協調。

司馬伷的戰區，與陸軍配合。

六路大軍一共動用了二十萬人。為了統一指揮權，不至於出現混亂，當王濬到達杜預的戰區後，就受杜預的指揮，經過王渾的戰區時，就受王渾的指揮。

晉太康元年（西元二八〇年）初，雙方的大軍開始接觸。陸路的五軍中，司馬伷、王戎、胡奮的部隊任務相對簡單，而戰鬥最激烈的，是王渾和杜預指揮的部隊，他們面對的是溝通南北的最主要道路，受到的抵抗也最多。杜預為了征服荊州地區，甚至不得不調動了進攻夏口的胡奮部隊。而王渾則直接遭遇了吳國丞相張悌的精銳部隊三萬人。

在張悌率軍北渡之前，吳國將軍沈瑩提出了反對意見，他敏銳的覺察到晉軍最可怕的部隊不是五路陸軍，而是從上游順水而下的王濬水軍。他認為，為了防禦水軍，吳軍不應該過江，而是應該在南岸等待水軍到來，再拚死一戰。一旦擊敗了晉國的水軍，其他的軍隊都會退卻。

但張悌卻彷彿知道東吳躲不過此次災難，帶著「知其不可而為之」的勇氣，擔心如果軍隊不過江，王濬水軍沒到，吳軍已經喪膽潰散了。他寧肯北渡一戰，用吳國的國運賭一賭[7]。張悌毅

7《三國志．吳書．三嗣主傳》引干寶《晉紀》：「至牛渚，沈瑩曰：『晉治水軍於蜀久矣，今傾國大舉，萬里齊力，必悉益州之眾浮江而下。我上流諸軍，無有戒備，名將皆死，幼少當任，恐邊江諸城，盡莫能禦也。晉之水軍，必至於此矣！宜畜眾力，待來一戰。若勝之日，江西自清，上方雖壞，可還取之。今渡江力戰，勝不可保，若或摧喪，則大事去矣。』悌曰：『吳之將亡，賢愚所知，非今日也。吾恐蜀兵來至此，眾心必駭懼，不可復整。今宜渡江，可用決戰力爭。若其喪敗，則同死社稷，無所復恨。若其克勝，則北敵奔走，兵勢萬倍，便當乘威南上，逆之中道，不憂不破也。若如子計，恐行散盡，相與坐待敵到，君臣俱降，無復一人死難者，不亦辱乎！』遂渡江戰，吳軍大敗。」

然率軍北上，不出意料，在陸戰中吳軍潰敗，丟失了最後的精銳，張悌本人也死於陣中。

張悌的死亡和吳國精銳部隊的喪失，註定了吳國滅亡的命運。然而，王渾戰勝了吳國的主力軍後，卻沒有立刻渡江，他害怕獨自承擔責任，擔心萬一渡江攻打建業失敗，必然受到恥笑和懲罰。雖然部下都勸他趕快過江搶頭功，但他卻堅持，收到的命令只是打到江邊，然後等待王濬的部隊，再水陸聯合一起進攻建業。與王濬一同作戰，即便失敗，責任也是共同承擔。

王渾在江邊等候時，王濬的水軍已經殺了過來，他從成都一路南下，進入長江，到達江州（重慶）。再順長江進軍涪陵，在這裡兵分兩路，一路從彭水向東進入武陵（現湖南省常德境內），再順水到巴陵（現湖南省岳陽）與主力會合。而主力部隊七萬人則繼續順長江直下。到達建平（現四川省巫山）時，由於吳軍抵抗，王濬直接繞過建平，拔掉了建平附近吳軍設在江中的鐵索鐵矛，進攻丹陽（現湖北省秭歸）、西陵、荊門、夷道（現湖北省宜昌），直達江陵。

在江陵，本來王濬應該接受杜預的指揮，但杜預顯然了解充分授權的重要性，寫信給王濬，叫他發揮能動性，盡快趕往下游，不用等自己的命令。王濬立刻乘水而下，幫助王戎和胡奮攻打夏口與武昌。攻克兩城後，王濬一刻不停，急忙向建業進發。

到達距離建業五十里的三山附近時，在長江邊等候王濬的王渾發出命令，要他停船接受調遣，一同攻打建業。王濬此時已經停不下船，決定搶攻吳都，回絕說：「風利，不得泊也。」當天艦隊就到了建業。

此刻，已經無計可施的吳國君主孫皓早已寫好降表，分別送給了王濬和江北的王渾、司馬伷，由於王濬的艦隊當天就到達了建業，孫皓出城向王濬投降。

到這時，這場三國時期最大的協同作戰宣告結束。雖然經歷了二王爭功的不愉快，但整體配合上的成功，以及時序上的精準，為未來的協同作戰留下了一個不朽的榜樣。

這場戰爭顯示：南方雖然已經很富裕，但由於人口的缺乏、戰略縱深的不足，仍然不足以與北方抗衡。不管是諸葛亮的《隆中對》戰略還是張紘的江東戰略，都很難在四川、兩湖、贛江谷地、江東四大地理基礎上實現有效的協同，因為它們太分散了。

如果北方要攻打南方，最佳的戰略方案是充分利用地圖的寬度，將南方的幾個地理單元逐個剝離，再兵分數路集中於江東。

在未來的一千多年內，這個戰術如同魔咒一般籠罩著南方，不管是南北朝人還是蒙古人，都是在這個基本戰術的基礎上進行變形，獲得更加機動的效果，完成了對南方的併吞。那麼，南方又依靠什麼戰略來進行自保呢？東晉的淝水之戰給我們提供了一個新的樣本……。

第八章

東晉時期南北爭霸，南方總是打不了北方

西元二八〇年～西元五八一年

魏晉南北朝時期，淮河流域的樞紐在壽春。壽春溝通南北的巢淝通道也成了當年的兵家必爭之地。

司馬炎希望靠分封諸侯王來防止吳、蜀故地的離心傾向，卻由於賦予了諸侯王過大的權力，反而造成了西晉的分崩離析。

劉淵和石勒的出現，為中國軍事史增添了另一種模式：如何利用山西的高原山地來統一中國的北方。

山西作為中原屋脊，有著發達的交通系統。兩晉南北朝時期，山西進入陝西的通道有四條，進入洛陽地區的通道有三條，進入河北地區的通道主要有兩條，還有無數小道。這些道路使得山西成了控制北方的鎖鑰之一。

要從山西統一中國，必須趁中原大亂之時。這是因為山西地理優勢很明顯，卻缺乏糧食資源，當中原統一時，山西是無法抗衡的。劉淵和石勒的策略都是先占據山西和河北，擁有了地形優勢與糧倉，再進攻洛陽，最後獲取關中。這種策略成了中國北方最新版的統一路線圖。

隨著前秦的崛起和統一北方，再加上前秦利用閃電戰獲得了四川，它已經控制了世界的三分之二。利用「晉滅吳」的模式，本來有機會併吞東晉，統一全國。

東晉比當年東吳命運稍好，在於它多控制了淮河流域幾座城市，把戰略線設在了淮河之上，而不是長江之上。

前秦完全採取了「晉滅吳」的模式，卻在淝水之戰失敗了。它失敗的原因在於：一、數路大軍沒有有效協同，變成了各自為戰；二、東晉在淮河的防守遠比東吳守長江要有優勢得多。

秦漢時期關中防衛中原的要塞在函谷關，魏晉之後，關中放棄了函谷關，改為在潼關做防守。之所以換到潼關，是因為潼關的山河之險更加利於防守，從此之後直到近代，潼關都是關中地區的最重要門戶。

歷代都是北方併吞南方，很少有南方統一北方，這一現象源於南北兩方的戰略縱深不同。南方由於缺乏戰略縱深，一旦丟失了南京（宋代是杭州），政權就結束了。在北方由於戰略點更豐富，南方政權很難透過占領單一城市而控制整個北方的局勢。東晉南朝有過許多次北伐，都因為無法守住成果而失敗。

二〇一五年初夏，對壽縣的拜訪在大雨中進行。

前往壽縣，需要從南京坐火車到淮南，再從淮南換兩次汽車，到達這個淮河流域的小城。二〇一五年淮河流域發生水災，在火車上就可以看到，鐵道的兩旁已經變成了水的世界。大片的水面上，只有偶爾露出的高崗，許多房屋也只有房頂露出水外。

從古至今，壽縣一帶就是洪水的天下，這裡曾經是一片汪洋大海，後來在淮河與黃河的共同作用下，和華北平原上大部分地區一樣逐漸變成了沼澤地。如今，華北平原已是一片肥沃的土地，淮河地區卻更加保留著水的特徵，大面積的水域，湖泊星羅棋布，河流縱橫交錯，構成了壽縣附近的主要地貌。

在從淮南去往壽縣的途中，由於道路積水，甚至汽車都不能通行。壽縣縣城仍然保存著古代的城牆，城牆外就是那條著名的淝河。由於水災，水面已經超過了河堤，大量的水正湧出河道，倒灌進東面的城門，但路過的人們彷彿司空見慣，不帶有任何的驚慌。

壽縣，在三國兩晉時期名叫壽春，是江淮地區最重要的城市，其重要性遠超過現在的安徽省會合肥。這裡經歷過無數次的爭奪，曹魏、東吳、兩晉、後趙、前秦、北魏等國家為了搶占這個位於淮河和巢湖地區的樞紐，都投入了大量的兵力，拚死廝殺。

當年，曹魏正是占領了這個樞紐，並重修了著名的芍陂水利工程，將附近的沼澤改造成良田，才依靠屯田獲得了對東吳的優勢，在淮河流域站穩了腳跟。滅吳之戰的王渾主力軍也是從壽春出發前往長江。

在壽縣以北，就是著名的八公山。八公山屬於大別山的餘脈，只能算不起眼的丘陵，最高峰也不過只有兩百多公尺。但由於壽春地理位置的重要性，小小的八公山也成了這個樞紐地區的制高點，具有了軍事價值。

八公山前流淌的淝河，就是當年淝水之戰的所在。

在中國歷史上，由於地理的原因，**在南北爭霸中往往是北方處於進攻的地位，而南方是防守的角色**。北方為了進攻南方，創造了層出不窮的戰術，魏晉兩朝已經向世人展示了如何利用「各個擊破」和「協同作戰」的方法，逐漸蠶食南方。

然而不幸的是，晉朝滅掉吳國不久，就丟掉了北方，倉皇南渡，陷入了當年吳國的境地。北方的強敵大可以學習當年西晉滅吳的戰略將東晉掐死。

那麼東晉王朝又是如何做到戰勝北方強敵，頑強的將南方的國運延續了兩百年呢？

這一切，都要從西晉王朝的失敗談起……。

想鞏固政權，卻導致皇族內亂

司馬炎建立的晉朝並沒有形成穩固的根基。

晉朝是在三國的基礎上建立起來的。雖然三國之前，中國是統一的漢朝，但經過幾十年的分裂，各國的社會已經有了不同之處。比如，魏國繼承了漢代的集權制；而東吳則依靠江東的世家大族，權力更加分散；蜀漢由於地理的封閉，與其他地區相比有很強的離心傾向。

與秦朝遇到的問題一樣，當中央政府將各地都統一在一個王權下之後，如何將統一的官僚制度也延伸到吳國和蜀國，形成有效的統治？

晉武帝司馬炎並沒有給出令人信服的答案。統一後，他隨即開始了個人享樂，將問題堆積了下來。到他死前，他想到了利用同姓王侯進行統治的方法，這是借鑑了漢代的經驗，卻由於給同姓王侯賦予了過大的權力，造成了不可彌補的離心傾向。

晉朝時期，皇帝最擔心的區域是四川和江東，而樞紐的位置則是荊州、淮南（也就是壽春和廣陵所在地區）以及陝西（防範四川）。

晉武帝就設置了四個拱衛中原的大諸侯王，分別是占據關中的秦王、統領荊州地區的楚王、掌管江淮的淮王，以及占據原來曹魏故都許昌的汝南王。這四個王，再加上遍布全國的其他十幾個王，共同構成了晉朝防禦政變的軍事體系。每一個王都擁有私人軍隊，其中管轄兩萬戶以上的大國，可以有上中下三軍，一共五千人；萬戶左右的次國，可以有上下兩軍，共三千人；五千戶的小國也有一軍共一千五百人。

為了防止王侯分裂，晉武帝最初不讓各個王前往封國，而是住在首都。但在武帝晚年時，由於太子是個傻子，隨著外戚勢力控制了中央政府，武帝擔心他死後外戚亂政，就讓各個王回到封國，以便互相呼應防止外戚，這也是漢朝的經驗。

但晉武帝沒有想到，他建立的這套制度離心力如此之強，在他死後立刻引起了一系列的衝突。外戚、本家各王如同走馬燈一樣在朝廷出入，你方被殺我登場，西晉政權也隨即分崩離析。

最初干政的是晉武帝的皇后楊氏和她的父親楊駿，接著惠帝皇后賈氏借助楚王司馬瑋的力量滅掉了楊氏。隨後掌握中央權力的是汝南王司馬亮，以及太保衛瓘，賈后又將這兩人視為眼中釘，借助楚王司馬瑋的力量除掉了他們。之後，賈后反咬楚王擅權，殺掉了楚王司馬瑋。

賈后為了鞏固地位，廢掉了太子，這給了另一位王侯——趙王司馬倫——機會，司馬倫起兵滅掉了賈后的黨羽，並殺掉了反對他的淮南王司馬允。

司馬倫大權在握，又引起了齊王司馬冏的反對，齊王聯合成都王司馬穎、常山王司馬乂、河間王司馬顒，擊殺了趙王司馬倫。

隨後，四大王侯在政權分贓上又起了衝突，河間王司馬顒和成都王司馬穎先後殺掉了齊王司馬冏與長沙王司馬乂。

最後，司馬穎和司馬顒的統治又引得群情激憤，東海王司馬越異軍突起，消滅了兩王。

司馬亮、司馬瑋、司馬倫、司馬冏、司馬乂、司馬顒、司馬穎、司馬越，八個王侯先後登臺，除了司馬越之外無人善終，他們引起的巨大戰亂最終摧垮了晉帝國。

在八王之亂爆發時，原來屬於蜀漢和東吳的地區，反對晉朝的武裝鬥爭也展開了。

在四川，曹操第一次進入漢中時，有一群少數民族（氐人）跟隨他進入了漢中地區。到了晉朝時期，氐人繼續遷移進入了四川。這支流民在李特兄弟的帶領下，從順從到反抗，最後建立了一個叫做大成的政權，在西晉的中央政府還沒有崩潰時，四川就先分離了出去。

在孫吳統治的區域內，先後爆發了兩次武裝衝突。最先是荊州地區一個蠻人張昌領導的反抗運動，張昌被鎮壓後，參與鎮壓他的晉朝將軍陳敏隨即占據了東吳的核心地區——江東，開始了新的叛亂。

幸運的是，陳敏的叛亂也被鎮壓了下去。司馬越為了對付東吳的反抗勢力，派去了一位諸侯王——琅琊王司馬睿——去鎮守江東，在王導、王敦兩兄弟的輔佐下，司馬睿在江東的統治成了東晉王朝開國的基礎。

兩趙之役：從山西統一北中國

八王之亂還沒有結束，北方為西晉敲響喪鐘的勢力就出現了。劉淵和石勒的出現，也為中國軍事史增添了另一種模式：如何利用山西

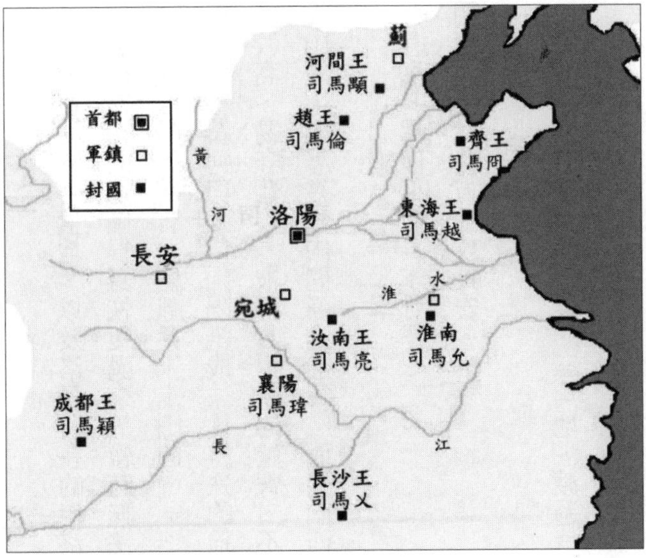

▲八王封國分布圖。

的高原山地來統一中國的北方。

人們常常認為，中國北方最重要的戰略基地是長安所在的關中盆地，以及洛陽所在的伊洛平原。然而三國時期關中地區遭受的巨大戰亂，讓這個曾經富裕的地區很難恢復過來，暫時無法與中原的富庶相抗衡。洛陽地區雖然擁有著極其險要的地理優勢，卻有一個剋星——山西。

山西古稱并州，位於黃河以東和以北、太行山以西，被黃河與太行山隔絕成一片特殊的地區（見左頁圖）。這裡溝壑縱橫，地貌支離破碎，地勢較高，易守難攻，被稱為中原的屋脊。不管從陝西、河南還是河北，想要攻克山西，都必須進入山區，順著幾條山間通道前行。而從山西進攻陝西、河北和河南，都占有著地利優勢。

兩晉南北朝時期，從山西進入陝西，進攻長安的道路主要有四條，分別是：

第一，從太原順汾河而下，在河津市附近的龍門渡河，從北方進攻長安。

第二，從更南方的臨晉關（蒲阪）渡過黃河，向西襲擊長安。

上面這兩條路都是利用所謂的河內地區，也就是山西西南方被黃河包裹的三角地，渡過黃河後進入陝西。

第三，從三門峽旁的黃河古渡口太陽渡渡過黃河，到黃河南岸的三門峽（陝州），併入了長安——洛陽大道，沿渭河進攻長安。這條路也是秦漢時期最常用的通道，直到隋唐時期仍然是連接兩京的大道。

第四，從最北方的離石一帶渡過黃河，進入陝北的延安、榆林地區，再南下進攻長安。這一條路是最偏僻的，古代較少被利用，因為它靠近山西西北部的蠻人區域。但石勒、劉淵本來就是少數民族，這條路對他們反而更加容易利用。

從山西進入河北的道路也有數條，這些路都利用太行山天然的峽谷通道進入華北平原。最著名的兩條是通往邯鄲的滏口道，以及通往石家莊的井陘道。兩條路屬於著名的太行八陘（即穿越太行山的八條通道），是八陘中最著名的。

從山西進入河南進攻洛陽的道路也有三條：一條是先進入河北，再順著太行山東麓，南下經過滎陽進入河南境內，從東方進攻洛陽；一條是從太陽渡渡口渡過黃河，從西方進攻洛陽；還有一條是經過上黨，過天井關，再過黃河孟津渡口，從北方襲擊洛陽的道路。

正由於山西的地勢高，道路四通八達，它成了一代梟雄尋找根據地、進而統一中國北方的最佳地點之一。如果要從山西統一中國，必須是趁天下大亂的時刻（或者弱政府時刻），因為山西本身耕地不夠多，無法生產足夠的糧食來供應軍隊。如果中原是統一的且足夠強大，即便山西擁有地勢優勢，仍然不足以與中原抗

▲山西的地勢高，道路四通八達，成了一代梟雄尋找根據地、進而統一中國北方的最佳地點之一。

衡。可是一旦中原出現了亂局，就有人能夠利用山西的地理優勢，逐漸將中原納入手中。

西晉末年的八王之亂將整個中原地區變成了碎片，恰好提供了這樣的機會。

在曹魏時期，由於中原空虛，許多北方的蠻族人向南遷入了山西的山川之中，在這裡形成了一定的聚居。比如，劉淵所在的匈奴部落就住在黃河東岸的離石地區。隨著西晉的內亂愈演愈烈，各地的諸侯王不得不僱傭蠻人來作戰。

在對抗東海王司馬越時，成都王司馬穎封了一位匈奴人做北單于，希望他能夠幫助抗擊位於北方的司馬越的大將王浚和司馬騰，這位匈奴人就是劉淵。司馬穎沒有意識到，他的任命敲響了西晉的喪鐘，將蠻人勢力引進了中原。

劉淵的祖先進入山西的離石已經傳承了四代，投靠過曹魏和司馬氏的晉朝，到了八王之亂時，匈奴的根基已經穩固，將山西北部當作故鄉，對中原也不再陌生和崇拜，反而有了一逐天下的意圖。

得到封賞的劉淵並沒有感激司馬穎。回到離石後，他與手下商量，認為司馬穎是把他當作另一個呼韓邪單于使用，當年呼韓邪單于就是西漢牽制北方蠻族的工具，而他則被司馬穎用來打擊政敵。他認為，大丈夫不要當呼韓邪，而應該當漢高祖，隨即拉開了反晉的序幕。

劉淵的目的很明確：進軍西晉的首都洛陽以及關中的中心長安，拿到兩京，滅亡西晉。同時打出了復興漢室的旗號，宣稱漢高祖曾經把女兒嫁給匈奴王冒頓，從這個意義上，劉淵是漢室外孫的後代，所以定國號為漢。

劉淵的出發地是他的家鄉——山西的左國城（現山西省離石），最終目標是洛陽和長安，但他並沒有立刻西進，而是以河北為中間目標，看上了河北的廣袤平原。為此，他派遣了二十位將軍，十位從離石進入山西北部，再順著太行山的井陘道進入常山（現河北省石家莊），再南下進攻鄴城。另十位將軍走山西中部的長子（現山西省長治），出滏口道，攻擊朝歌（現河南省淇縣）和鄴城。

這次進攻實際上利用的是山西進攻河北的兩條主道：井陘道和滏口道。

占據了山西、河北之後，劉淵就有了進攻洛陽的基地。隨後，他派遣大軍從三方面打擊洛陽：一路大軍從山西西部的安邑渡過黃河，從西面進攻洛陽；另外一路從長子直接南下；最後一路從河北進入河南，從東部打擊洛陽。這又是同時利用了從山西打擊洛陽的三條通道。

劉淵死後，他的兒子劉聰繼續父親的戰略，攻克了洛陽，俘虜了晉懷帝。劉聰隨即轉向進攻長安，攻打了三次，才真正獲得了長安，俘虜了晉湣帝。西晉滅亡。但劉聰政權並沒有來得及穩固下來。東晉太興元年（西元三一八年），劉聰病死，大司空靳準作亂，殺死了劉聰的兒子劉粲。最終，劉淵的族子劉曜登上了王位，改國號為趙，歷史上稱為前趙。

前趙本有機會統一中國北方，但劉氏戰略中的一些小漏洞，卻產生了致命的作用，使得前趙政權沒有平定整個北方，反而被後趙併吞。這些漏洞是：在他們每一步的軍事行動中，都沒有把事情做踏實，留下了不少的軍閥勢力，到後來無法掃平。

比如，在山西擴張時，山西太原一帶始終有一個忠於晉朝的軍閥劉琨。而進攻河北時，河北的北方也有另一個忠於晉朝的軍閥王浚。劉琨和王浚的實力都很強，前趙一直無法將其殲滅，反而養成了大患。而位於山東的青州，還有另一個軍閥曹嶷（按：嶷音同疑）。

到了後來，從前趙內部又分出了許多軍閥勢力，最典型的就是後來的後趙皇帝石勒。

當前趙以洛陽和長安為目標進軍時，卻忽略將這些軍閥剿滅，到最後，處處都有反抗者。前趙的力量又不足以對付這些內部的反抗力量。更何況在南方，東晉已經占領了壽春、襄陽等地，如果不是晉元帝司馬睿軟弱，甚至可以收復中原。

在這重重的壓力之下，前趙的君主無力消解，最終將統治權拱手讓給了後來興起的石勒。石勒曾經是劉淵手下的將領，在攻克了洛陽之後，走上了獨立發展的道路，直到完全占領了山西、河北之後，才與劉曜脫離了關係。

石勒統一北方、建立政權的過程，從某種程度來說，就是劉氏開基的翻版，也是從河北、山西開始，以進攻洛陽和長安兩京為最終目標。但石勒的做法與劉氏又有一定的不同，這些不同決定了他能夠取得更大的成功。

晉永嘉六年（西元三一二年），決定獨立的石勒開始尋找自己的根據地。他放眼全國：在南方是後來的東晉元帝司馬睿，洛陽已經被前趙占據，而在山東、河北、山西，除了一部分歸屬於前趙之外，還有幾位強大的忠於晉朝的軍閥占據的地盤，唯一能夠占領的地方，是長江、淮河之間的一部分領土，以壽春為中心。他最初的目標定在了壽春一帶，並以此為依託，要進攻江南。

司馬睿發現了石勒的意圖，連忙派大軍進駐壽春，擊敗了石勒。在江南的大雨中，石勒軍隊飢寒交迫，損失大半。這也是石勒的命運最危險的時刻。

就在石勒走投無路時，他開了一個參謀會議，請求將領們提出各自的看法，下一步應該怎麼辦？去哪兒？眾人七嘴八舌，有人提議去河朔，有人建議先往高處避水，有的建議痛擊司馬睿的部隊。

在眾說紛紜中，謀臣張賓提出了一個建議：北上河北地區，在那兒尋找根據地[1]。這個提議開創了石勒的事業。他率軍北上，當年便占領了位於現在河北省邢臺的襄國城，並以這裡為首都。但在當時，襄國並非是一個理想的都城，在它的西方和北方，有兩個強大的軍閥勢力，分別是并州的劉琨和幽州的王浚，在東部的青州則是另一位軍閥曹嶷。在幽州、并州和青州的壓迫下，小小的襄國城如同危卵一般隨時可能被擠碎。

1　《晉書．石勒載記》：「鄴有三臺之固，西接平陽，四塞山河，有喉衿之勢，宜北徙據之。伐叛懷服，河朔既定，莫有處將軍之右者。」

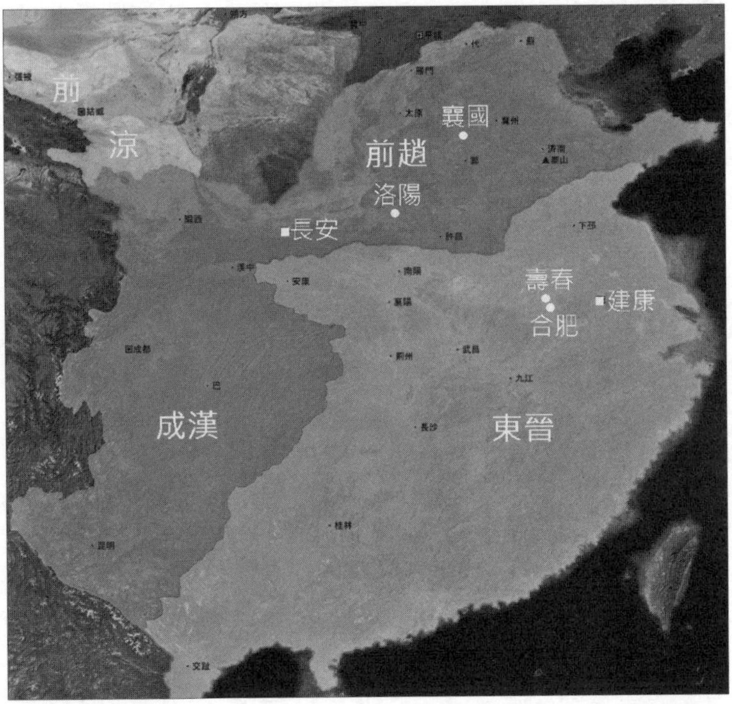

▲西元317年前趙（又稱漢趙）領土範圍，當時前趙、成漢及東晉形成後三國時代。

但在危機之中，石勒卻看到了機會：如果他能夠將幽州和并州各個擊破，就占領了山西戰略要地，並輔以河北的糧倉，這兩個地方足以成為進攻洛陽的基地。當年劉淵也是靠山西和河北起家。而石勒要做得比劉淵更徹底，劉淵在沒有清理完山西和河北時，就貿然南下，導致背後的根據地並不穩固，石勒則希望完全併吞之後，再行南下。

為了迷惑敵人，他首先向王浚和劉琨示弱，降低他們的敵意，然後，再以王浚為首要目標，北上幽州，王浚以為他是來效忠的，開城門請他進入，被石勒所殺。

除掉了王浚，石勒翻越太行山進入并州，趕走了劉琨，再返回幽州，消滅了王浚死後乘機盤踞在幽州的段匹磾（按：音同低）。

占據了幽州和并州，是石勒事業的關鍵。但小心謹慎的他不想重蹈覆轍，在進攻洛陽之前，先向青州進軍，併吞了曹嶷。鞏固了北方之後，方才南下攻擊洛陽。在攻擊洛陽的同時，又將東晉占領的兗州、豫州一帶相繼占領。

東晉咸和三年（西元三二八年），石勒在已經鞏固了洛陽周邊的情況下，攻占了洛陽，第二年順理成章占領了長安。

在前趙時期，當長安被占領後，北方各地還有大量的軍閥存在，使得前趙雖然建國，但實際控制區域卻是支離破碎的。而石勒的後趙從攻克長安那一刻起，就已經有了一個完整的帝國。中國北方除了涼州之外都已經在石勒的控制之下。第二年，涼州也向石勒稱臣，雖然涼州政權一直保持著一定的獨立性，但在名義上，後趙已經統一了北方。

在石勒統一北方時，在南方的東部是東晉政權，四川則是氐人建立的大成政權，實際上又形成了一次三國鼎立的局面。只是，這一次的三國鼎立沒有形成穩定結構，而是迅速分崩離析了。

石勒的國家也是短暫的。他可以建立一個帝國，表面上也消滅了敵對勢力，但在將這個支離破碎的帝國從表面上捏到一塊之後，卻無法讓它生長出筋骨變成真正的整體。只有帝國內部取得足夠的經濟發展時，才會產生足夠的向心力和凝聚力。作為蠻人的石勒懂得廝殺，卻並沒有完成最後一步。

後趙攻克長安二十年後，再次陷入了內亂，一個叫做冉閔的將領奪取了皇權，建立了短命的冉魏政權。一年後，冉魏政權被北方崛起的慕容氏燕國所滅。北方又再次陷入了分崩離析的混亂之中。

前秦：從關中到北中國

東晉永和六年（西元三五〇年），一支氐人的部隊在首領苻健的帶領下完成了一次千里躍進，從位於後趙首都襄國南方的枋頭城（現河南省浚縣）遷往關中地區。這次遷移也成了前秦統一北方的第一步棋。

最初，氐族居住在甘肅天水一帶，在苻健的父親苻洪時期，恰逢北方亂世，苻洪先後投奔過劉淵的前趙政權和石勒的後趙政權。在後趙君主石虎時期，石虎為了保衛首都襄國，將大量的胡人從關中地區調往了中原內地，苻洪和他的族人也被石虎調走，駐紮在枋頭城。

隨後，後趙發生了內亂，石虎為了鞏固統治，將原來守衛東宮的一批守衛（號稱東宮力士）

廢黜，送往西面的邊關。這些東宮力士走到雍城（現陝西省寶雞）時，在梁犢的率領下發生了叛亂，迅速聚集了十萬人，回頭進攻洛陽。石虎派遣兩員大將前往關中，鎮壓了梁犢。這兩員大將中，一員是苻洪，另一員是姚弋仲，後來分別成了前秦和大夏國（赫連夏）的開國鼻祖。

借助鎮壓梁犢，苻洪回到了關中。但這次停留並不長久。

石虎死後，後趙進一步陷入了內爭，最終掌握了大權的是權臣石閔（又稱冉閔，石虎的養孫，後取代後趙建立大魏國，史稱冉魏）。石閔意識到，苻洪回到關中地區，就像魚兒回到了大海，要想防止苻洪叛亂，必須把他調回中原。石閔的調令讓苻洪憤怒不已，但他仍然遵守了調令，率

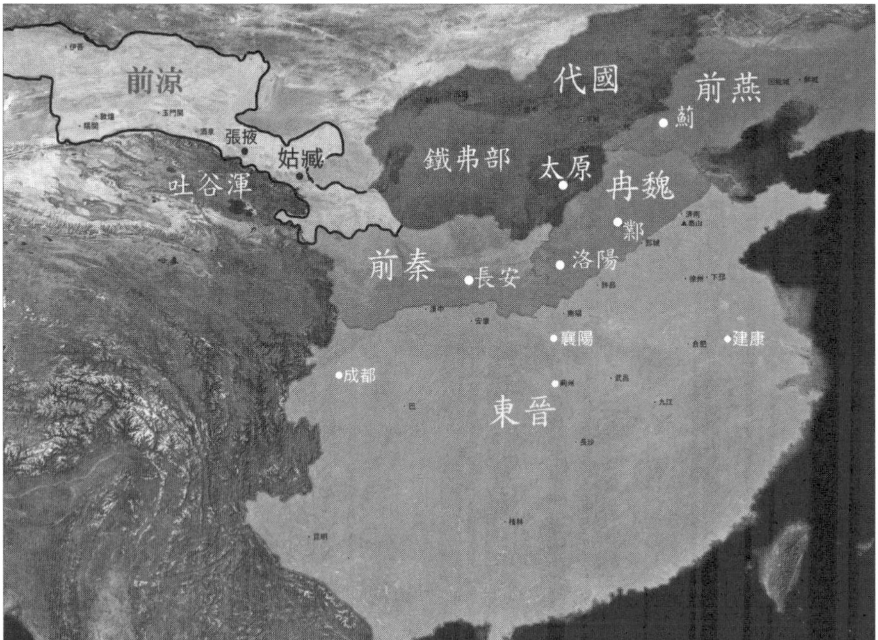

▲前秦興起前期的各國位置圖。

領人馬回到了枋頭城。他開始與東晉政權接觸，投靠了東晉，被封為氐王、使持節、征北大將軍、都督河北諸軍事、冀州刺史、廣川郡公。

機會對這支氐人部隊非常有利。在苻洪投奔東晉時，後趙政權已經進入了垮塌期，在後趙的南方和北方，兩股勢力夾擊著要取代它控制中原。

在南方的勢力就是東晉。永和五年、六年、八年（西元三四九年、三五〇年、三五二年），東晉權臣殷浩組織了三次北伐，雖然以失敗告終，卻也占領了一部分黃河與淮河之間的土地。

在北方，是一支新興起的鮮卑族人，他們號稱慕容氏，在如今的燕山以北建立了政權，號稱大燕，歷史上稱為前燕（見右頁圖）。

慕容氏的燕國最終敲響了後趙的喪鐘，在燕王慕容儁的策劃下，前燕分三路大軍從燕山以北向南挺進。他們首先的目標是燕山以南的薊城（現北京），再以薊城為基地南下攻取後趙的首都鄴城。這是中國歷史上第一次，北京以北的戰略地理進入了中原的視野[2]。

西元三五〇年，燕王慕容儁率三路大軍南伐，只用了一個月就攻克了薊城。在這一年，石閔（冉閔）也終於廢掉了後趙的君主，取而代之，改國號為魏。兩年後，冉閔被燕王擒獲斬首，冉魏滅亡。前燕國定都鄴城，成了占據中國北方東部的大國。

在東晉和前燕南北夾擊滅亡後趙（冉魏）時，苻洪和他的兒子苻健卻決定離開中原的是非之地，回到曾經占據的關中地區。

2 關於北京地區的防禦形勢，在本書的後半部分有詳細介紹。

苻洪是位頗具戰略眼光的統帥，他率領十萬之眾，要擊敗當時的幾個對手，取得天下，難度並不大[3]。而最重要的是尋找一個「形勝」的根據地。他的軍師麻秋認為，這個形勝之地就是關中。不幸的是，苻洪就在這時突然死了。率領大軍進入關中的是他的兒子苻健。

苻健兵分兩路：一路從孟津過黃河，從黃河南岸經過潼關入關；另一路走黃河以北，經過軹關，從蒲阪渡過黃河進入關中。從起兵到占據長安，只用了三個月。

前秦獲得長安後，北方最主要的敵人是東部的前燕[4]。就在這時，東晉的一次征伐幫助前秦統一了北方。

東晉太和四年（西元三六九年），東晉大將桓溫北伐前燕，以失敗告終[5]。但這次征伐卻削弱了前燕，給前秦留下了機會。

西元三七〇年，前秦大將王猛從關中出兵，首先占領了洛陽，將敵人吸引到南線，再派人經過山西走北線渡過黃河進攻晉陽（現山西太原）。當敵人兩頭無法兼顧時，王猛再從洛陽出發進攻上黨。透過夾擊，前秦獲得了整個山西，從而具有了打擊河北的地理優勢。前燕的失敗已經不可避免了。

前燕滅亡後，前秦獲得了中原腹地，將長安、洛陽、鄴城（前燕首都）三個戰略要地都掌握在手，接下來就是由近到遠收拾那些北方的小政權了。

首先要對付的，是處於關中平原上游的仇池國。仇池山位於甘肅省西和縣西南，在當年諸葛亮北伐的祁山以南，是從漢中進入隴南地區的要道，也是進入四川地區的跳板之一。要想征服漢中和四川，仇池是一個很好的戰略高地。

仇池國同屬於氐族，其中一個楊氏首領趁晉末的混亂占據了仇池山，建國已經幾十年。為了生存，他接受各個政權的封號，卻頑固的保持著事實上的獨立性。前秦時期，這種做法終於失效。在滅燕的第二年，苻堅派兵併吞了仇池國。

兩年後，前秦擊敗東晉涼州刺史楊亮，獲得了漢中地區。就在東晉政權還沒有反應過來時，前秦大將楊安立刻率領三萬人馬從劍閣進入了四川盆地[6]。從雙方在漢中交兵，到占領整個四川，前秦只用了三個月時間。當年曹魏費盡心機才占領的四川，被前秦輕鬆拿下。

除了拿下四川之外，西元三七六年，苻堅派出兩路大軍進攻位於河西走廊的前涼。大軍分別從金城（現甘肅省蘭州）出發，一路北上姑臧（武威），另一路則是沿湟水進入如今的青海西寧以東，再向北折入扁都口，直接到達張掖以南，截擊涼軍的後路。在夾攻下，前涼國主張天錫投降。

在北方，還有一個叫做代國的小國，它是日後大名鼎鼎的北魏的前身，但在前秦時期，代國

3 《晉書．苻洪載記》：「洪謂博士胡文曰：『孤率眾十萬，居形勝之地，冉閔、慕容俊可指辰而殄，姚襄父子克之在吾數中，孤取天下，有易於漢祖。』」

4 在北方還有幾個小國。在西北的涼州（河西走廊），前涼曾經向後趙稱臣，後趙滅亡後，前涼又獨立了。在北方的河套地區，出現了另一個少數民族國家——鮮卑人的代國（也就是北魏的祖先開創的國家）。在隴南的仇池山區，還有一個氐族人建立的仇池國，這個小國既接受東晉的封爵，也接受前秦的封爵，卻保持著一定的獨立性。

5 東晉永和十年（西元三五四年）桓溫曾經北伐前秦，以失敗告終。這次北伐前燕同樣以失敗結束。

6 四川盆地此時已經歸屬東晉。西元三四六年，大將桓溫從荊州沿長江而上，進入岷江攻陷成都，結束了四川的大成政權。

只是一個偏僻的小國。就在攻克前涼的同年，苻堅以幫助匈奴人劉衛辰抗擊代國為藉口，發起攻擊，代王投降。到這時，前秦王苻堅已經徹底統一了北方。

前秦統一北方時，東晉卻由於丟失了四川，喪失了戰略上的主動性。前秦隨時可以從四川派軍順流而下，借助地理優勢進攻東晉的湖南和湖北一帶，乃至直接順江而下進攻首都建康，當年西晉就是在這樣的優勢下進攻東吳得手。

在前秦沒有獲得四川時，雙方顯得勢均力敵，各據中國二分之一的領土，獲得四川後，前秦已經有了三分之二到四分之三的領土。只要按照當年「晉滅吳」的模式，利用地理優勢發起進攻，東晉的滅亡也指日可待。

但接下來戰爭的進程卻並沒有按照預想的方式進行，東晉不僅沒有被滅亡，還在淮河流域創造了新的神話。那麼，到底東晉是怎樣抵抗住強大的前秦呢？

淝水之戰，讓人們更加意識到，**決定南方命運的防線不在長江，而在淮河……**。

淝水之戰：淮河防線成關鍵

東晉太元三年、前秦建元十四年（西元三七八年），前秦王苻堅懷著統一全國的野心，向東晉發動戰爭。

此刻，前秦已經獲得了漢中和四川，將西面的邊境線推到了三峽一線。但在下游地區，東晉卻借助著北方惡鬥的機會，占領了秦嶺、淮河一線的大量戰略要地。

在南襄隘道方向，東晉手中保留了南陽、襄陽、荊州等要地，占據了幾乎整個南襄隘道。在河淮地區，東晉占據了彭城（現徐州）、下邳、淮陰、壽陽（即三國時期的壽春）等地區，將防守線推到了如今山東與江蘇的邊境上。

前秦要想進軍江南，必須首先清理這些戰略要地，將它們作為中間目標。只有獲得了這些中間目標，才可能繼續南下進攻東晉首都建康。

苻堅的軍事部署也在東西兩方面同時進行。在西面的荊州方向，以進攻南陽、襄陽為首要目標，主要軍力共十七萬人。在東面，則以淮陰、盱眙（按：音同須夷）為目標，以便占據淮河。

這次戰爭的結局對於前秦是喜憂參半。喜的是前秦占領了若干處戰略要地，特別是在西部，攻克了南陽和襄陽，打通了漢江通往長江的通道，並在荊州對東晉形成了巨大的軍事壓力。

而在淮南地區，前秦卻在初期的成功之後遭遇了慘敗。最初，前秦順利攻克了淮北重鎮彭城，打開了進軍淮河的通道，接著攻克了戰略目標點淮陰和盱眙，獲得了淮河上的立足點。最後直搗長江上的廣陵（現江蘇揚州）。但隨後，晉軍反撲，將秦軍趕回淮河以北，秦軍最終只獲得了彭城。

戰爭結束後，雙方的地理分界線已經南移。南陽、襄陽、彭城等具有關鍵性影響的城市進入了前秦的疆域。這些城市的易手，讓東晉的防禦捉襟見肘起來。對東晉來講，它此刻的處境與當年滅亡前的東吳已經極其相似。

在西元二八〇年西晉伐東吳的戰爭中，西晉占領了四川、陝西和中原，在湖北的分界線也是以襄陽為界，東吳占荊州，西晉據襄陽。東晉與前秦的分野也同樣劃在了這裡。

東晉唯一比當年東吳強的是在淮南地區。當年西晉占領了壽春、淮陰等地，將邊境打在了淮河與長江之間，而如今壽春（壽陽）和淮陰仍在東晉的掌握之中，沒有被前秦奪走。所以，東晉的戰略縱深比當年的東吳稍強。

但就是這一點點區別，造就了淝水之戰的奇蹟。

東吳之所以速亡，在於它沒有足夠的縱深來進行防禦，它的防禦線就設在了長江之上，一旦長江失手，政權立刻崩潰。東晉由於多了一點縱深，戰略防禦設在了長江以北的淮河流域。雖然防線只比東吳北移一、兩百公里，但不要小看這一點兒距離，即便到了現在，壽春周圍到了雨季也是泥濘不堪，在當時更是河流密布。這種地形對於北方軍隊來說就是死地，一旦陷入其中，失敗的可能性非常大。

東晉太元八年（西元三八三年），苻堅終於下決心完成一次規模巨大的協同作戰，其作戰方略基本上照抄了西晉伐東吳的策略。

前秦的兵馬分成了四路大軍：

第一路是從四川沿長江而下的水軍，試圖模仿當年王濬順江而下直搗建業的壯舉；第二路是在襄陽集結的陸軍，這一路軍進攻荊州境內的據點，並配合第一路水軍完成從西面的進攻；第三路是苻堅率領的主力軍，負責從中原南部的項城（現河南南部）進攻壽陽（壽春，現安徽省壽縣），從壽陽沿巢淝水道可以到達東晉守衛的歷陽重鎮（現安徽省和縣，在馬鞍山以西的長江對面），再在當塗附近過江進攻建康；第四路部隊來自河北，他們從彭城而下，沿泗水進入淮河，直指廣陵，直下建康。

關於前秦軍隊的人數，史書告訴我們有慕容垂率領的二十五萬前鋒，再加上長安的騎兵二十七萬、步卒六十餘萬，綿延千里。苻堅的主力部隊已經到了項城，涼州兵才到達咸陽。就連運輸輜重的船舶都有上萬艘，沿黃河、汝水、潁水直達淮河流域。當年西晉伐東吳動用的軍隊不過只有二十萬人，苻堅以幾倍的數量作戰，必然能夠產生更大的動力。

在東晉方面，抵抗力並不比當年的東吳強。為了對抗苻堅，晉軍分成了東西兩翼，西翼以荊州為中心，由桓沖指揮；東翼以江淮為中心，由謝安指揮。

更無望的是，東晉的軍隊是錯配的，其中西翼有十萬人，而東翼只有八萬人。人數更少的東翼卻要抵擋前秦的主力大軍。

雖然前秦從實力到戰略都處於優勢，卻有兩個致命的弱點：

第一個弱點在於**協調能力**。當年西晉部隊之所以能夠攻克東吳，除了複雜的戰略、數路並進之外，還有一個重要的條件：協同。西晉的五路大軍與王濬的水軍必須在時間上配合好，從各個方向共同擠壓東吳的防

▲淝水之戰是中國歷史上著名的以少勝多的戰例，確定了南北朝時期長期分裂的格局。

線，直到將其壓垮。為了協同，西晉專門設了司令官賈充，負責處理數路大軍的協調工作。

苻堅既然模仿了西晉的戰術，也必須在協同上慎之又慎，要求各路大軍能夠同時發起進攻，並協調作戰。特別是由四川而下的水軍，如何與其餘各路相配合，也是一個難點。當年西晉作戰時，依靠杜預的寬宏大量，對王濬充分授權，才解決了這個問題。

苻堅剛剛統一不久，他的軍隊是由各個征服地域抽調的，缺乏協同能力，在戰爭中無法做到有效的協調。更致命的是，苻堅本人就是一路軍的總指揮，當他離開了大本營之後，各路大軍之間並沒有一個統一下命令協同的司令官，結果，一旦出發，立刻陷入了各自為戰的境地。

其中，苻堅自己率領的攻壽陽部隊在他的督促下，按時到達了戰鬥位。從襄陽出發的慕容垂也較早趕到，投入戰鬥。其餘部隊卻拖拖拉拉，不知所措，形不成配合。結果從出發開始，前秦模仿的西晉戰略就變了味，向著失控滑去。到最後，變成了其他各路在觀望，只有苻堅的主力軍在戰鬥的局面。

當其餘各路無法協同時，苻堅領導的主力軍將秦軍的第二個缺點無限放大：**淮河流域的泥沼**起作用了。

由於地形複雜造成的移動過慢，在進軍壽陽的過程中，苻堅等不及後續軍隊的到來，突然決定速戰速決，在大軍還沒有集結完畢時，就率領一部分軍隊向壽陽快速行軍。這樣，秦軍人多勢眾的優勢被削弱了。對於晉軍而言，最大的機會則是趁秦軍集結未穩，盡快發動進攻，將苻堅一舉擊破，形成震懾效應，逼迫其他部分退軍。

雙方在淝水河邊相遇。

交戰時，晉軍指揮官謝玄向苻堅提出了一個奇怪的建議：希望秦軍暫時後退，讓晉軍能夠渡河作戰。這個提議讓苻堅欣喜不已，認為可以讓晉軍渡河之後，形成背水陣，沒有退路時，再將晉軍完全殲滅。

這本身是一個沒有問題的策略，但苻堅沒有想到，他的部隊由於缺乏必要的協同能力，竟然連整體後撤的動作都無法完成。在秦軍集體後撤時，晉軍降將朱序乘機大喊：「秦軍敗了！」隨後，秦軍的陣形徹底散掉，從後撤變成了逃跑，苻堅再也無法有效指揮部隊，被晉軍掩殺。

苻堅主力敗退後，各路大軍在沒有到位時就開始撤離。更為複雜的是，前秦由於剛剛統一北方不久，各地仍然彌漫著對前朝的記憶。當秦軍敗後，各地迅速開始了重新獨立運動。於是，中國北方再次碎成了小塊，並且破碎得比以前更徹底。

在東方，慕容氏的後裔建立了後燕，在西方還有一個小小的西燕存在，曾經占領了長安，最後定都長子。

前秦的西部關中平原則被姚萇占據，建立了後秦，苻堅也被姚萇俘獲殺死。苻堅的大將呂光在河西走廊地區建立了後涼。鮮卑人的代國也重新復國，後來改為魏國，是為北魏。

南方東晉的疆界也達到了分裂後的極致，北達黃河邊，將滎陽、洛陽等重鎮收復。原來丟掉的四川、襄陽等地也盡數取回，只有漢中地區仍然掌握在北方的後秦手中。

淝水之戰的勝利，讓人們意識到，西晉滅吳式的勝利不是北方的必然。西晉之所以勝利，包含了幾個條件：第一，獲得四川；第二，在淮河以南獲得立足點，儘量將防線壓到長江上，減少南方的縱深；第三，各條戰線協同作戰。

一旦這三個條件無法同時滿足，北方的軍隊可能會陷入淮河流域的泥沼之中，那就是南方的機會。但接下來，東晉遭遇的是另一個問題：守住了南方之後，它必然選擇北伐收復中原。那麼，南方北伐的命運又會如何呢？

不管是諸葛武侯還是張紘都曾經提出了南方北伐的戰略，卻都沒有成功。東晉在同時獲得了江東、贛江谷地、兩湖盆地和四川這幾個地理單元後，終於有機會北伐了。它能成功嗎？

尷尬的北伐

東晉義熙十二年（西元四一六年），東晉大將劉裕組織了東晉南朝歷史上最成功的一次北伐。北伐的對象是盤踞在關中、洛陽地區的後秦。

在東晉後期劉裕掌握朝政後，這位能量充沛的平民將軍開展了一系列的軍事行動，除了北伐之外，還包括鎮壓反叛的一系列內戰。在內戰中，他先是剿滅了篡位的桓玄，又鎮壓了孫恩和盧循的起義。在桓玄篡位中，四川脫離了中央政府，另立了一個叫譙縱的新王，劉裕還組織了征伐四川、剿滅譙縱的戰爭。除此之外，劉裕還和當年一同反對桓玄的兄弟們反目成仇，進行了一系列的鎮壓活動，鞏固了自己的地位，為篡奪東晉政權做好了準備。

在這一系列的征伐中，最著名也最為人津津樂道的，仍然是北伐。

劉裕的北伐主要有兩次，第一次是討伐南燕的戰爭。當北魏滅亡了後燕，燕國的一部分殘餘在如今的山東境內建立了南燕國，定都在距離齊國古都臨淄不遠的廣固（現山東省青州）。東晉義熙五年（西元四〇九年），劉裕率軍走水路，在廣陵（現江蘇揚州）經過邗溝向北進入淮河的淮陰，再從淮陰順淮河直上，到達泗口（泗水入淮河的河口），經過泗水到達下邳。在下邳棄船登岸，向琅琊（現山東省臨沂）進軍。占領琅琊後，再經過莒縣，翻越沂山，進軍廣固，滅亡了南燕。

南燕滅亡時，曾經向後秦求救，從那時開始，劉裕心中就種下了對付後秦的念頭。在處理完內部問題，獲得了東晉的絕對控制之後，西元四一六年，做過精心準備的劉裕親自率軍進行第二次北伐。

在制訂進軍路線時，劉裕特別注重戰爭的可持續性，最主要的自然是後勤問題。他參考了前面幾次北伐，認為，進軍關中的道路無非就三條，分別是：從四川、漢中地區北上翻越秦嶺的道路；從南陽走武關、藍田，直接進入關中的道路；以及從東面的河南境內走三門峽、潼關進入關中的道路。

但劉裕並不相信前面兩條道路，第一條曾經被蜀漢丞相諸葛亮多次嘗試，卻徒勞無功，這條偏僻的道路一是太難走，二是後勤問題無法解決。在前幾次東晉的北伐中，也曾經嘗試過走漢中，卻都以失敗告終。

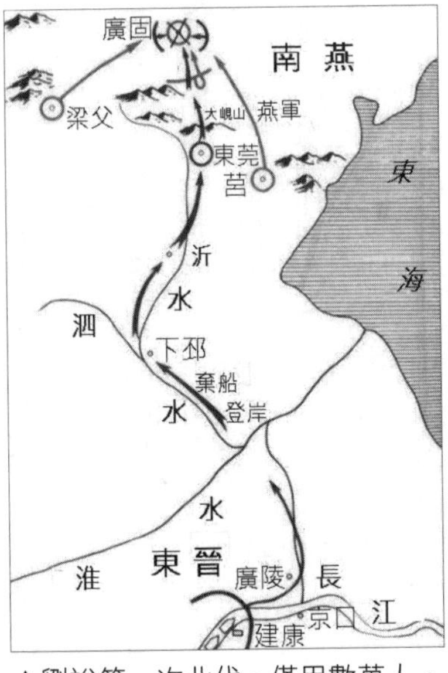

▲劉裕第一次北伐，僅用數萬人，就滅掉擁兵40萬的南燕。

至於第二條，武關——藍田路，同樣由於山路過險，後勤問題突出，歷次北伐凡是直接採取這條路的，也都失敗了。

如果要解決大軍的後勤問題，只有選擇第三條路，也就是走黃河、渭河進入關中的道路。在大軍前進時，輜重部隊沿著河流跟隨，將物資源源不斷的送往軍隊士兵手中。

基於這樣的考察結論，他放棄了第一條四川——漢中道，對第二條道藍田——武關道，也只派遣了一支小部隊，由將軍沈田子率領，起到牽制和騷擾的作用。

至於大部隊，都安排在了第三條路上，也就是從洛陽向西，進入三門峽地區，走潼關進入關中。在秦漢時代及以前，連接長安和洛陽的關口主要設在了如今河南省靈寶市境內的函谷關，這條路修建在一條巨大的峽谷中，人走在其中如同進入箱子裡。但到了三國、兩晉時期，關中的防衛者發現了一個更加顯眼的、可以設立屏障的地方，這就是函谷關以西百里左右的潼關。

潼關位於黃河邊的一個小土原上，土原睥睨著遠處的黃土地，四面都是高聳的崖壁，如同一座天然的堡壘，讓人肅然起敬。更難得的是，在潼關以南緊挨著土原，有一條天然的大溝——禁溝。這條大溝長三十里，深達百公尺，兩岸的寬度只有十幾公尺，禁溝東西兩側的人可以隔著禁溝聊天，但如果想一塊兒去下棋，卻要順著近乎垂直的溝壁下到溝底，再從另一邊爬上去。如果有人率軍從東方攻打潼關以西，僅僅一條禁溝，就需要折騰半天才能通過。

潼關也是後秦防守的最關鍵所在。在劉裕的計畫中，為了攻打潼關，大軍必須先在洛陽進行休息整頓、集結完畢後，再西進潼關。

當時洛陽也沒掌握在東晉手中，而是被後秦占領。於是，東晉的戰略就成了這樣：首先派遣各路大軍從不同的道路趕往洛陽，在洛陽集結完畢，再一同西進潼關。

派往洛陽的部隊走的路線也各個不同，其中先鋒部隊由龍驤將軍王鎮惡和冠軍將軍檀道濟率領。先鋒之外，另一支陸軍由新野太守朱超石、寧朔將軍胡藩率領。接著是建武將軍沈林子和彭城內史劉遵考率領的水軍，他們從黃河順水而上。

在這些軍隊之後，是劉裕親自率領的主力。大軍從江南出發，沿淮河和泗水趕往彭城，利用位於現山東省巨野的一個大湖巨野澤（溝通了黃河與泗水）進入黃河河道。水路的運輸能力，既能保證大軍的運輸，也保證了後勤補給。

大軍出發後，最初的進展出乎意料的順利，王鎮惡、檀道濟順利攻克了洛陽（見下頁圖）。第一階段的戰略目標達成。

兩位將軍應該等劉裕的大軍前來，再一併兵發關中。但王鎮惡和檀道濟被前面的勝利所激勵，沒有等劉裕的大部隊到達，就率軍西進，直達潼關腳下。在這裡，他們遭遇了後秦的頑強抵抗，雖然突破了潼關，但秦軍隨即退到了距離潼關不遠的定城，在這裡，兩軍陷入了僵持。

先鋒已經陷入苦戰，劉裕的大部隊卻由於繞遠，遲遲無法到達。加上當時黃河的兩側屬於不同的國家，北面是北魏的領土，南面則被東晉占領。由於擔心晉軍「假道滅虢」，北魏派出大軍邊設防邊騷擾晉軍，拖慢了劉裕的速度。劉裕於幾個月後，才到達了河南與陝西交界的陝縣，與兩位將軍距離不遠了。

就在人們揣測接下來戰爭應該怎麼打時，突然間，一條意想不到的消息傳來。原來，劉裕曾派遣沈田子率領三千人馬進軍武關，希望對敵人進行騷擾和牽制。不料，當後秦在潼關一帶投入大軍抵禦王鎮惡時，卻漏掉了對沈田子的防禦。沈田子不僅攻克了武關，還率軍直達藍田的青泥關，已經進入了關中平原，距離長安還有百里之遙。

倉促之間，後秦皇帝姚泓不知道沈田子的部隊有多少人，連忙將徵召來防守潼關的大軍派往青泥關對付沈田子。而劉裕卻知道沈田子人手不夠，只有三千人而已，連忙派遣士兵從華山翻山而過，走險峻的小道去支援沈田子。

沈田子的出現嚇破了後秦將士的膽，在隨後的戰鬥中，沈田子以極少的兵力擊潰了後秦軍隊。這次決定性的勝利也幫助了潼關一帶的將士。在王鎮惡的率領下，晉軍一路掩殺，直達長安，敲響了後秦政權的喪鐘。

這次北伐幫助劉裕獲得了黃河以南的中原，以及整個關中地區，本來可以成為一次歷史教科書式的遠征。但是，當軍事成功之後，事情卻變得更加複雜。

由於在建康安插的心腹死亡，劉裕急忙趕回了江南，去穩固自己的勢力並組織禪讓，從

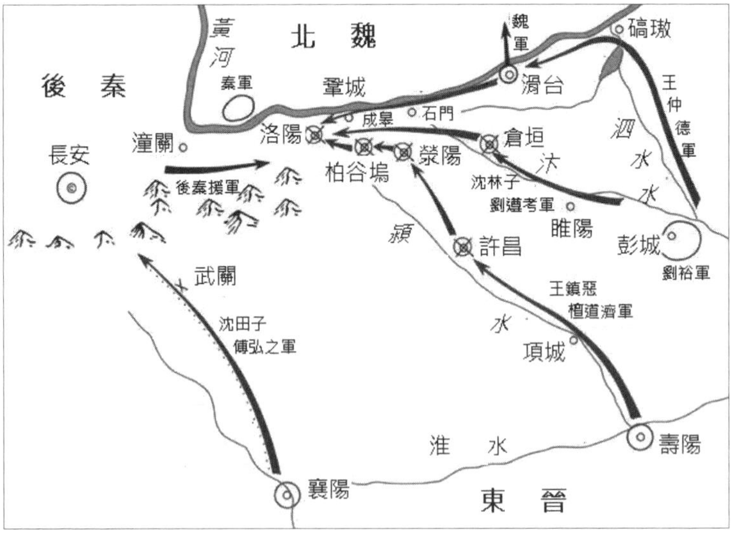

▲劉裕七路興師北伐後秦，所到之處後秦歸降者比比皆是。

東晉皇帝手中接過政權。他把關中留給了未成年的兒子劉義真（時年十二歲），並讓大將王鎮惡輔佐劉義真。王鎮惡是前秦丞相王猛的孫子，在關中地區有著很高的威望，他的輔佐有利於穩固關中。但劉裕又不放心王鎮惡，害怕他尋求獨立，於是又安排沈田子來監督和牽制王鎮惡。沒想到他離開後事情隨即惡化，沈田子害怕王鎮惡謀反（這可能是子虛烏有），先下手為強殺死了王鎮惡。另一位大臣王修以沈田子濫殺大臣的名義，誅殺了沈田子。隨後，劉義真又殺掉了王修。

王鎮惡和沈田子，兩位在北伐中功勞最大的將領就這樣死於非命。

更嚴重的事情來自外部。在北方，一位叫做赫連勃勃的匈奴人建立了一個政權號稱大夏，對關中地區早已虎視眈眈。當他聽說劉裕退兵後關中鬧起了內亂，立刻率軍進入關中。他採取了「關門打狗」的戰略，進攻潼關，同時封鎖了武關以北的兩座要塞青泥和上洛。這三個地點的封鎖，讓關中的晉軍沒有退路，要想直接回中原和江南已經回不去了。之後，赫連勃勃對長安發起了攻擊。

劉裕一看事態惡化，連忙召回兒子，讓大將朱齡石負責關中事務。但由於王鎮惡的死亡，關中人民已經不再信任晉軍，朱齡石掌握軍權後，關中人民也跟著赫連勃勃一同反對晉軍，朱齡石逃跑時被抓獲斬首。

劉裕北伐進軍關中雖然獲得過階段性勝利，最終卻一無所獲，折損了數員大將和大量的軍隊，卻為別人作嫁衣，將關中讓給了赫連勃勃。

這次北伐的命運，也是其他歷次北伐的一個縮影。在整個東晉南朝兩百多年的歷史中，所有南方政權發起的北伐大都虎頭蛇尾，以失敗和得不償失告終。

比如，在東晉剛建國時，旅居在京口的祖逖就曾率軍北伐，表示不收復中原不回頭，他攻克了江淮間的某些地方，最後以壽春為基地進行抗戰，直到死亡。祖逖的弟弟祖約捲入了蘇峻的叛亂，死於內戰之中。這次北伐沒有躍出淮河流域，更別提收復兩京。

東晉永和五年（西元三四九年）開始，東晉以殷浩為首組織了三次北伐，第一次以彭城和長安為目標，第二次以後趙的首都鄴城為目標，第三次到了許昌，最後全都吃了敗仗而回。

東晉永和十年（西元三五四年），東晉權臣桓溫以長安為目標發起北伐，到達灞上，距離長安只有一步之遙，但仍然失敗而回。東晉太和四年（西元三六九年），桓溫以前燕為目標發動北伐，再次失敗。

前秦與東晉的淝水之戰後，北方大亂，本來是收復中原的好時機，但桓溫北伐仍然只能停留在黃河以南，最多只是在如今的山東境內更向北一些。

劉裕的北伐最接近於成功，但令人感到吊詭的是，即便劉裕攻克了長安，卻無法持久占領。人們設立了許多假設來證明劉裕已經成功，比如，如果劉裕不回去爭奪皇位，而是留在北方，也許長安就不會丟失；東晉大將如果不出現紛爭，就沒有赫連勃勃的機會等。但這些假設即便應驗，南方仍然很難守住長安。

進入南北朝時期，仍然有北伐，比如宋元嘉七年（西元四三〇年）宋文帝的北伐，一舉打到了黃河沿岸，占據了數個戰略要塞，但最終仍然敗還，留下了「元嘉草草，封狼居胥，贏得倉皇北顧」的千古遺憾。

到了後來，南朝的政治越來越糟糕，實力越來越弱，就只有等待北朝南伐的命運了。

如果把歷史界限放寬，就會看到，從蜀漢時期開始計算，直到元代，都沒有南方統一北方的案例。明太祖朱元璋第一次利用元朝末年的混亂，投機取巧成功了，但這個特例並不能改變南弱北強的事實。

那麼，為什麼南方的北伐大都以失敗告終，無法取得持久的成就呢？答案隱藏在中國的戰略地理之中。

東晉南朝時期，南方的政治地理中心在長江邊上的南京，一旦南京失守，就宣告南方政權的結束，所有的抵抗也會慢慢終止。皇帝即便想逃也沒有地方可逃：在當時浙江杭州一帶仍然屬於邊緣地帶，政治影響力不足，蠻人多，逃到那兒就基本上喪失了對中原的影響力；荊州一帶雖然是戰略要衝，但由於它四面臨敵，如果實力不足，逃到荊州就等於陷入了死地；湖南和江西如同兩個布袋，一旦進去就難以出來。所以，南方政權就相當於南京政權，北方攻克南京，就等於大功告成。

而北方的政治地理卻要複雜得多。在北方缺乏一個一旦占領，就能讓所有抵抗土崩瓦解的中心。比如，劉裕可以暫時攻克長安，但是在山西、河北、甘肅仍然可能會有大量的抵抗力量，一旦劉裕鬆懈，這些力量就會將他趕走。在洛陽也是如此，如果不獲得山西的控制權，僅僅占領洛陽是沒有意義的，因為山西的敵對勢力隨時可以渡過黃河進攻洛陽。在東面，僅僅占領河北也沒有意義，同樣是山西的存在，使得占領成本太高，無人能夠承受。

所以，南方政權如果要北伐成功，必須控制洛陽和長安；為了穩定控制洛陽和長安，必須獲得山西；而為了獲得山西，必須進攻塞外，環環相扣，到最後，沒有人能夠完成如此眾多的任務。歷代歷次北伐行動，只有劉裕完成了攻克長安這一步，而大部分甚至連洛陽都沒有攻克，就已經結束了。更多的則陷入了在淮河流域或者荊襄地區，對某一個具體城市的爭奪，在耗盡了軍事資源之後，就回軍了。

最終，**秦嶺——淮河就成了中國軍事地理的分界線**，如果南方政權能夠控制秦淮一帶，就能暫時穩定住，但他們最多也就是達到秦淮一線，無法繼續向北。只有北方政權能夠一舉而下，衝破秦淮防線，攻克南京，統一中國。

直到近代，熱兵器的普及、機械化的使用，才有可能改變南方的命運，但即便如此，北方在戰略地理上的優越性，可能仍然無法改變。

第九章

長江混沌戰，在混亂中更迭的南朝

西元三〇七年～西元五八一年

兩晉南北朝時期的南朝內戰，是圍繞著兩座城市的戰爭。長江下游的建康（南京）與長江中游的荊州組成了一個長江軸心，形成了兩極爭霸，主導了東晉南朝的政局。

在軸心的一端，是以首都建康為中心的長江兩岸，這裡是皇帝所在，中央政府所控制的區域；在軸心的另一端，是以荊州為中心的江漢平原和襄陽盆地，這裡往往由一個權臣所占據。由於占據了荊州這個僅次於建康的經濟中心，這個權臣的實力足以和中央對抗。

圍繞著這條軸心，南方的內亂常常是荊州與建康的對抗，工具就是水軍，道路就是長江。

南方的「建康——荊州」權力軸心，在三個方向上會發生變奏。三個方向分別是：第一，首都建康北面，長江、淮河之間地區，這裡也是南北政權交戰的主戰場；第二，首都建康東面蘇州、杭州一帶，這裡是建康的糧倉，穩定首都的關鍵；第三，江西贛江谷地和湖南湘江谷地，順贛江和湘江可以直達兩廣地區，是長江的重要側翼。

要想理解南方的軍事行動，必須記住一個軸心、兩個重點區域（建康和荊州）、三個湖（洞庭湖、鄱陽湖、巢湖）、四條江（長江、漢江、湘江、贛江）、五座城市（鎮江、馬鞍山、九江、岳陽、武漢）。

東晉開國時期王敦與晉元帝的關係，為後來東晉南北朝的「皇帝——權臣」模式提供了樣板。南朝在這個模式中顛簸了三百年，才被北朝滅亡。

東晉的第二個權臣是位於荊州的陶侃，但他本人野心不大，不想篡奪皇位，只想守住權力。陶侃幫助東晉擊敗了叛亂者蘇峻，幫助東晉穩定了政權，並獲得了南方人士的承認。

從重慶通往成都的河流主要有三條，分別是內水（涪江）、中水（沱江）、外水（岷江）。

兩晉南北朝時期四川盆地內的戰爭，往往從三條河流中選擇進攻路線。

桓溫、桓玄父子作為第三代權臣，雖然沒有完成改朝換代的步驟，卻為接下來的劉裕提供了榜樣。劉裕作為第四代權臣完成了改朝，建立了南朝宋。

盧循是中國歷史上從廣東進攻北方的開創者。從廣東進入北方的主要通道是贛江谷地和湘江谷地，北伐往往是從這兩條路中進行選擇。

南朝梁末年荊州的丟失，決定了南朝再也沒有能力與北方抗衡，下一個統一時代即將來臨。

在南京老城城西，有一處叫做石頭城的地點。如今的石頭城被開闢成一個國防園，還放了一些飛機大炮等武器供遊客參觀。這個身分倒是很符合石頭城的歷史地位。

歷史上，石頭城曾是南京最險要的要塞，也是南京城的拱衛之一。如今已經是南京城牆的一部分，但在歷史上卻是單獨的一座小城池。孫權時期，為了守衛首都建業城，在建業城旁邊毗鄰秦淮河的清涼山上修建了一座城，由於整座山是一座石頭山，城池就命名為石頭城。

石頭城的建立就是為了屯兵和守衛首都。從東吳開始，到東晉南北朝，各個在南京建都的朝廷對於石頭城的守衛都特別重視。那些企圖進攻首都的人，也都知道，要攻克首都，首先要占領石頭城這個制高點。

直到明代，修建新的南京城牆時，才將城市面積擴大。石頭城也包括在新的城牆以內，整個石頭山就成了城牆內的最高點。在修建城牆時，有一塊岩石過於凸出，無法包在城牆內，於是城牆外就露出了一塊大石頭，如同巨大的鬼臉，人們因此稱它為「鬼臉城」。

由於石頭城併入南京，久而久之，南京就有了石頭城的別名。

從東晉南遷開始，到陳朝滅亡，首都建康成了南方最大的戰場。這裡除了經歷過歷次改朝換代的戰爭之外，那些企圖篡權的野心家也時常率軍來到這裡。從東晉建立伊始的王敦、蘇峻、祖約，到南朝將近結束時的侯景，都進攻過這座長江邊的城市。

南方政權紛紜擾攘，卻給北方帶來了巨大的機會。每一次內戰都削弱了南方的實力，北方借此逐漸蠶食著南方。從南朝開始，南方的國土面積在逐漸縮小，從最大時期抵達黃河南岸，到最後丟失了四川、荊州和長江以北的所有地區。

陳朝建立時，南方只剩下了江東地區與贛江谷地，喪失了淮河流域的一切戰略據點。到這時，被北方滅亡只是時間問題。

當長江流域的南朝發生內戰時，除了建康這一個戰略地點之外，還有另一個點同樣重要，那就是位於西面的荊州。如果一個朝廷能夠同時控制這兩座城市，就控制了南朝的政局；如果朝廷只擁有建康，而將荊州讓給了另一位權臣，那麼朝廷就陷入了巨大的不穩定。

長江混戰的奧祕，就隱藏在這兩座城池的控制權爭奪上。荊州和建康也因此見證了兩晉南北朝三百年時光的血雨腥風。

荊州與建康的兩極爭霸

如果我們要根據地理來總結戰爭模式，那麼南方比北方要相對單調。在北方，最重要的幾個地理特徵是：黃河、關中平原、山西山區、洛陽盆地、南襄隘道、秦嶺、太行山、華北平原、淮河；次一級的地理特徵包括：固原盆地、河套地區、隴西、漢中、太行八陘、渭河、汾河等。任何一個制訂戰略的人都必須透徹領會這些地理要素，才能制訂出萬無一失的戰略模式，來指導軍事行動。

但在南方，由於山區太多，直到魏晉時期仍然發展得不如北方，使得人們大都居住在河谷地帶。具體而言，南方的居住區主要在建康所在的長江中下游（江東）、九江和南昌所在的贛江谷地、兩湖盆地、四川盆地這幾個地方。兩湖盆地還可以細分，包括長沙和岳陽所在的湘江谷地，以及以荊州（江陵）和武漢為中心的江漢平原。

這幾個地方有一個共同點，它們的交通主要順著幾條河流溝通，分別是：長江、贛江、湘江和漢江（見下頁圖）。南方的戰爭模式，也主要圍繞著這幾條河流展開。

在東晉南朝時期，幾乎所有的南方內部衝突中都包含一條明顯的啞鈴狀的權力軸心，這條軸心由兩個區域所界定：在軸心的一端，是首都建康為中心的長江兩岸，這裡是皇帝所在，中央政府所控制的區域；而在軸心的另一端，是以荊州為中心的江漢平原和襄陽盆地，一直延伸到武漢一帶，這裡往往由一個權臣所占據。由於占據了荊州這個僅次於建康的經濟中心，這個權臣的實力足以和中央對抗。

連接建康和荊州這兩大中心的是長江，於是**建康、荊州和長江，共同構成了東晉（包括南朝）的權力軸心地帶**。

圍繞著這條軸心，南方的內亂常常是荊州與建康的對抗，工具就是水軍，道路就是長江。雙方的戰爭形式也較為簡單，就是率領水軍沿長江而動，不是你把我趕到長江頭，就是我把你逼回長江尾。

另外，這條巨大的權力軸心地帶還有幾個小小的分支：圍繞著建康，上游的馬鞍山一帶是一個巨型渡口，下游的鎮江地區是另一個巨型渡口，這兩個地方也都有通道可以進入淮河一帶，所以，人們除了爭奪建康之外，也利用這兩個地方的淮河通道進行軍事行動。

另外，在建康東南的江浙一帶，主要是蘇州和杭州這兩個地方。這些地方由於地處偏遠，政治勢力有限，卻是建康的糧倉，如果要保有建康，這兩個地方也是不能丟棄的。

圍繞著荊州（直到武漢），也有若干種變化，比如，從武漢可以順著漢江直達襄陽，而從襄陽可以從陸路到達荊州，於是，襄陽、荊州、武漢組成的三角地域以內，又是一個軍事行動密集的地區。

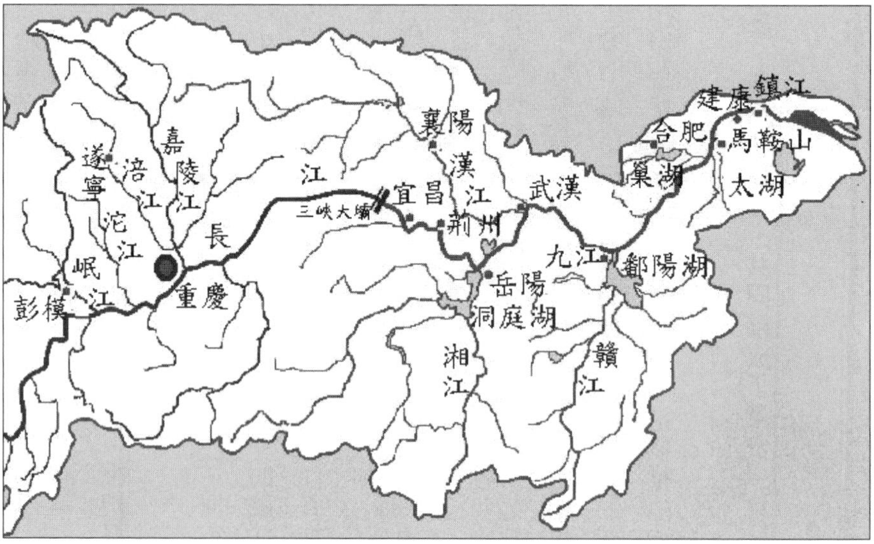

▲建康、荊州和長江，共同構成了東晉（包括南朝）的權力軸心地帶。

除了兩頭之外，在中間的岳陽和九江、湘江和贛江匯入長江。順著湘江和贛江向南，可以直達南嶺地區。同時，湘江谷地和贛江谷地也是出產糧食的好地方。於是，人們在爭奪啞鈴兩端的建康和荊州時，又往往將湘江谷地和贛江谷地當作中間目標。

除了這些要地之外，其餘的地方覆蓋著山脈和森林，很難展開作戰。所以，**要想理解南方的軍事行動，必須記住一個軸心，兩個重點區域（建康和荊州）、三個湖（洞庭湖、鄱陽湖、巢湖）、四條江（長江、漢江、湘江、贛江）、五座城市（鎮江、馬鞍山、九江、岳陽、武漢）。**理解了這些重點區域，也就可以看透紛繁複雜的南方戰爭了。

王敦：「皇帝——權臣」模式的開創者

永昌元年（西元三二三年）閏十一月初十，東晉開國五年之後，晉元帝司馬睿死在了宮中[1]。他死前已經心灰意冷。雖然他是東晉的建立者，卻作為失敗者死去。

在半年多以前，他的大將王敦剛發動了一次針對皇帝的戰爭，攻克了首都建康，殺死了他倚重的尚書令刁協，趕走了鎮北將軍劉隗。

王敦占領首都後，晉元帝只好寫信給他說：「如果你心裡還有晉朝，就息兵讓天下安定一會兒吧。如果你心裡已經沒有了，我就回我的琅琊（晉元帝當皇帝前，是琅琊王），退位讓賢。」

1　《晉書．元帝紀》。

王敦暫時沒有廢黜晉元帝，卻開始為禪讓做準備。半年後，晉元帝離世，將不確定的未來留給了繼任者。

王敦與晉元帝的關係，也為後來東晉南北朝的「皇帝——權臣」模式提供了樣板，在這種模式下，權力從皇帝的手中轉移到了眾多的地方霸權者手中，並在這些霸權者之間形成一種脆弱的平衡。一旦這種平衡被打破，就會產生出一個超級巨頭，這個巨頭的權力比皇帝還要大得多，到這時，就變成了超級巨頭與皇帝的對抗。如果對抗成功，就到了改朝換代的時候；如果對抗失敗，那麼皇帝周圍就會產生新一批霸權者，等待著下一次機會。

在東晉時期，前幾次超級巨頭與皇帝的爭奪都是失敗的，但為後來的人積累了經驗，直到劉裕出現後，取得了成功，推翻了東晉建立了南朝宋。

劉裕的榜樣又帶來了接二連三的跟隨者，直到最後一個超級巨頭侯景出現。侯景的叛亂打碎了梁武帝時期的繁榮，由於破壞性太大，導致南方政權疲弱到再也無力抵抗北方政權。北方政權的統一戰爭結束了南朝的「皇帝——權臣」模式。

不過，王敦在最初並不是晉朝的敵人，反而是東晉開國的功臣。

西晉永嘉元年（西元三〇七年），當西晉帝國在蠻族的打擊下解體時，執政的東海王司馬越看到北方已經亂成一團，派琅琊王司馬睿到江東地區鎮守。司馬睿邀請了一位叫做王導的人做他的親信，幫助他治理江南。而王導的堂兄弟王敦則被司馬越任命為揚州刺史，隨後王敦為司馬睿所用，成了東晉開國的另一位元勳。

於是，東晉從開國伊始，就形成了權臣掌權的局面，其中王導在首都建康和中央政府層面制訂政策、安撫民心。而王敦則使用武力，從揚州出發，將上游不肯聽從司馬睿指揮的各個州郡一一征服。

在最初，司馬睿連首都都無人聽從，後來逐漸征服揚州，再向上游奪取江州（治豫章，即江西省南昌）、湘州（治長沙）、荊州（治襄陽），成就了東晉的江山。二王功勳卓著也大權在握，被稱為「王與（司）馬，共天下」。

隨著東晉政權的穩固，晉元帝也開始考慮削奪權臣權力的問題。自從漢代以來，皇帝就享有著近乎獨裁的權力，直到西晉八王之亂，這種權力才告鬆動。既然已經恢復了半壁江山，晉元帝開始考慮整理內部。

為了對抗王氏兄弟，他開始重用中書令刁協、侍中劉隗，並疏遠了王氏兄弟。在兩兄弟中，王導為人灑脫，不在意功名，並沒有太多抗議。而王敦則不僅加強了防備，還為堂弟鳴不平。

當王敦表現出不滿時，皇帝與超級巨頭的對抗，就成了一種自我實現的危機。王敦的不平被皇帝當成了反叛的信號，開始加緊削奪他的權力，皇帝的進一步削權，又讓王敦擔心皇帝要拿自己開刀，不得不備戰將來。

王敦與皇帝的部署，也代表了未來鬥爭的樣式。皇帝的基地在建康，以長江中下游為中心，而權臣的基地則設在了權力軸心另一端的荊州，雙方各據基地，在長江上尋找戰場。

在晉元帝與王敦的對抗中，這條權力軸心更偏向於王敦一些。如果要讓兩邊平衡，那麼權力軸心的中間點應該在從江西九江到湖北武漢之間的某個點上，一人占據東部、一人占據西部。而王敦的實際控制區域卻是在蕪湖一帶，距離建康已經很近了。從這裡出發進攻建康可說是易如反掌。

皇帝的控制區除了建康之外，還包括江北的淮陰和合肥一帶，依靠這兩地作為補給基地，才勉強維持了獨立性。但這種獨立性在王敦的進攻下立刻粉碎。西元三二二年，王敦輕而易舉攻陷建康的堡壘石頭城，隨後進入建康，控制了皇帝本人。晉元帝憂鬱而死。

不過，讓晉室感到幸運的是，王敦並沒有比晉元帝多活太久。元帝死後，王敦也得了重病，加上他本人沒有後嗣，只有一個養子，這就失去了創立一代王朝的必要條件。

王敦病重時，其餘的人看見了出頭的機會，他們團結聚在晉明帝周圍，開始制訂反對王敦的計畫。

王敦雖然在死前試圖扶養子上位，卻有心無力。在他死時，討伐大軍已經與他的軍隊開戰了。這次的大軍主要來自建康北方的江淮一帶，也就是從馬鞍山到鎮江這段長江的北方，皇帝控制的主要城市是壽春、臨淮（又名盱眙）、廣陵（揚州），這些地方也是建康常用的後方基地，在歷次內戰中都能起到關鍵作用。

王敦的反叛被平息，使得東晉渡過了第一次危機，但是，「皇帝——權臣」的模式、「建康——荊州」的權力軸心，都已經出現，這註定著東晉南朝是不太平的朝代。

陶侃：力挽狂瀾救東晉

討伐王敦戰爭後，在中央政府擔任權臣的人換成了庾亮。王導在控制中央的時期，由於不在乎個人得失，做事公允，政策寬容，得到了人們的好評。即便他的堂兄王敦作亂，王導也一直忠於皇帝，幫助皇帝一同對抗王敦。但到了庾亮時期，情況卻變了。庾亮的妹妹是晉明帝的皇后，晉明帝死後，庾亮借助太后勢力成了權臣。但與王導相反，庾亮做事毛糙、性格偏激，很快就引起了朝內大臣和朝外權臣的不滿。

庾亮的敵人主要有兩個：第一個是位居上游荊州的陶侃，當王敦死後，陶侃占據了原本王敦的位置，成了下一個超級巨頭。另一個則是實力較小，卻距離首都更近的蘇峻。蘇峻在征討王敦的戰爭中功勳卓著，被封在歷陽（現安徽省和縣），與軍事樞紐馬鞍山僅一條長江之隔。

庾亮最初防範陶侃時，並沒有把蘇峻放在眼中，但在他清理政敵的過程中，由於牽連到了蘇峻，庾亮決定對他進行討伐。蘇峻得知此事，不得不先發制人。東晉咸和三年（西元三二八年），他從歷陽起兵，向建康進發。

蘇峻起兵後，各地紛紛表示要幫助朝廷鎮壓叛亂，遠在荊州的陶侃也願意提供幫助。但庾亮錯估了形勢，他把陶侃當作更大的敵人，擔心陶侃會乘機占領首都，於是拒絕了幫助。首都就變成了朝廷軍隊的孤軍奮戰。

朝廷沒有幫手，蘇峻卻找到了幫手。在淮河流域的壽春，是豫州刺史祖約的地盤。祖約的哥哥就是著名的祖逖。在西晉末年的大亂中，祖逖率軍北上，在長江中「中流擊楫」，發誓不收復中原不再南渡。但最終，由於實力不足和缺乏支援，祖逖只是占據了壽春地區，成了一個小型的軍閥。他死後，弟弟祖約繼續盤踞。祖約對庾亮在中央的政策也極為不滿，聽說蘇峻起兵後，也跟著發兵攻打建康。

叛軍進攻時，庾亮卻一再犯錯。在首都的上下游，各有一個重要的軍事重地，分別是上游的姑孰（又名當塗，在今安徽省馬鞍山）以及下游的京口（鎮江）。蘇峻出發的歷陽就在姑孰西面的長江彼岸。在他進攻時，姑孰除了有軍事地理上的戰略重要性之外，還儲存著大量的糧食。如果中央軍守住此地，不僅可以避免糧食落入敵人之手，還可以牽制敵人，不要讓他們過快進攻建康。但姑孰被庾亮放棄，蘇峻占領姑孰後繼續前進，他沒有走水路，而是從建康以南的陸路直接攻擊首都。

在蘇峻、祖約的聯合攻勢下，東晉政權遭受了第二次首都之圍，並很快淪陷。庾亮逃走了。對於東晉王朝來說，幸運的是，與王敦相比，蘇峻的叛亂更缺乏政治目的，純粹是對庾亮政策的一種應激反應（按：對各種內、外環境及社會、心理因素刺激所產生的反應）。另外，與王敦不同，蘇峻並不是權臣中的超級巨頭，以實力而論，他比占據荊州的陶侃要小得多，也沒有能力征服陶侃。因此，攻陷建康的那一刻，就是蘇峻真正危機到來的一刻。

此刻的「超級巨頭」陶侃並非是一個野心家，而是更樂於維持現狀的中庸分子，只想保持自己現在的地位，對東晉的皇權不感興趣。蘇峻破壞了這種現狀，就成了陶侃的敵人。於是，「建康——荊州」這條權力軸心有了新的變奏：這一次忠於朝廷的不是建康這個首都，而是荊州這個次中心。

被蘇峻趕走的庾亮放下架子向位於荊州的陶侃求救。陶侃也放棄了對庾亮的防備，決心出兵攻打蘇峻。

陶侃沒有犯庾亮的錯誤，他率軍東進時，首先攻擊了姑孰，切斷了蘇峻（在建康）和祖約

（在歷陽）之間的聯絡，造成了祖約的後勤無法解決。陶侃先擊敗祖約後，再繼續前進，圍困了建康。此刻，蘇峻的敗局已定，剩下的只是掙扎多久的問題了。

蘇峻、祖約之亂被平定後，陶侃又平定了發生在江州（九江）的另一次小叛亂——郭默叛亂。陶侃的出現，讓東晉進入了一個平靜期，他位高權重又不圖謀帝位，由他鎮守權力軸心的上游，讓東晉能夠盡快穩定下來，也避免了另一個超級巨頭的產生。

這次穩定，也讓南方人終於對這個搖搖欲墜的政權產生了信心，不再排斥它，把它看作外來政權。從這個意義上說，陶侃擊敗蘇峻起到了力挽狂瀾的效果，挽救了東晉政權，也避免了南中國重陷軍閥混戰。但這樣的好局面並沒有維持太久。由於地理上的不平衡，十幾年後，另一個權臣已在路上了。

顛覆東晉的權臣父子

東晉永和二年（西元三四六年），一位叫做桓溫的將軍率領晉軍從荊州西進，目標直指在四川的大成國（成漢）。

桓溫並非出身於著名的世家大族，卻在東晉亂世中崛起。這一年，擔任安西將軍、持節、都督荊司雍益梁寧六州諸軍事、領護南蠻校尉、荊州刺史的桓溫，聽說成漢與北方後趙準備聯合伐晉，決定先下手為強，向四川進軍。這是東晉歷史上第一次將勢力範圍擴展到四川盆地。

桓溫的軍隊從荊州出發，順長江直上，經過三峽進入四川盆地。在晉代，隨著中國人長江航行經驗的豐富，從三峽向西進攻成都的水路已經非常通暢。

從三峽到達重慶後，通往成都方向的河流主要有三條，分別被稱為內水、中水、外水（見第兩百九十六頁圖）。

所謂內水，指的是嘉陵江的支流涪江，這條江水可以到達成都東方的德陽（現遂寧，並非現在的德陽），或者成都北方的涪城（現四川綿陽），從德陽或者涪城走陸路直插成都。

所謂中水，指的是沱江，這條江北上經過成都東面。

所謂外水，指的是岷江。岷江在歷史上曾經被人們當作長江的主幹道。順外水北上可以到達成都南面的彭模（現四川彭山），或者成都西面的都江堰，再改走陸路。

三條水路各有優劣，其中外水的登陸點距離成都最近，水路卻最迂遠。內水的劣勢是登陸點距離成都較遠，卻可以抵達成都北方的綿陽，與北方的金牛道相呼應，形成兩方的聯動。

桓溫此次選擇的是外水航道，直達彭模向成都進軍。成漢政權一觸而潰，從此四川進入了東晉的版圖。

後來，四川在桓溫的兒子桓玄之亂中，曾經短期脫離過東晉政府，由一個叫譙縱的人割據。東晉大將朱齡石再次征服成都，朱齡石選擇的仍然是外水航道，但他在內水做了一次佯動，又向中水派遣了一個支隊。

四川的征服增加了長江混沌戰的複雜性。在之前，人們考慮的主要是「建康——荊州」權力軸心。現在，在荊州的西部又出現了四川，是否權力軸心也變成了「建康——荊州——成都」了呢？答案是，成都雖然增加了鬥爭的複雜性，但這種複雜性並不能高估。

作為中央政府抵抗荊州分離傾向的工具，建康的朝廷總是希望向四川派遣可靠的人，讓他從上游對荊州施壓，避免離心力。但四川由於距離荊州太遠、太險，對荊州的壓力有限，甚至本身也有很強的離心力。在大部分時間裡，四川作為一個單獨的地域而存在，對東部的紛爭影響力並不大。

桓溫占據了長江中游的荊州、江州（九江）等地，而下游的建康（南京）則是圍繞在皇帝周圍反對桓溫的基地。到了晚年，桓溫曾經有篡奪政權的企圖，卻由於幾次失敗的北伐而威望下降，加上在建康主政的謝安對桓溫採取了拖延戰術，所以直到桓溫死去，仍然沒有完成改朝換代的手續。

桓溫死後，他的兒子桓玄太小，權力被交給了桓溫的弟弟桓沖。幸運的是，桓沖對於晉朝的忠心超過了他的權力欲，他決定與在建康的謝安合作，東晉王朝度過了這次改朝換代的危機。前秦南侵的淝水之戰時期，桓沖負責以荊州為核心的長江中游防務，建康為核心的下游防守則交給了謝安。東晉王朝在這種權力分配機制下變得較為強大，擊敗了前秦的進攻。

但是淝水之戰後，桓沖和謝安相繼死去，東晉的政治分裂就越來越明顯。先是東晉宗室司馬道子在建康擅權，司馬道子的胡作非為又引起了荊州刺史殷仲堪和青州、兗州刺史王恭的不滿，兩者聯合起兵，卻兵敗被殺。

在兩刺史起兵的過程中，原本失去了實力的桓溫之子桓玄卻突然間坐大，成了統治西部地區的最大軍閥。

在中央政府的一再退讓下，桓玄除了任荊州刺史、江州刺史，還都督荊州、司州、雍州、秦州、梁州、益州、寧州、江州這八個州[2]，以及揚州、豫州所轄八個郡的軍事。加上其他桓氏家族成員還占據了諸多的官職，桓玄已經權傾朝野。

東晉元興二年（西元四〇二年），桓玄率軍從荊州出發，順江而下，到達姑孰，以此為基地兵分兩路討伐東晉，攻克了首都建康。

第二年，晉安帝禪位給桓玄，桓玄建國號大楚。這是南朝歷史上第一次改朝換代。如果桓玄能夠將政權穩固，就可以成為新王朝的開國之君。但可惜的是，占領了建康之後，桓玄放鬆了警惕。他以為從荊州到九江，再到建康都已經是他的勢力範圍，卻忽略了一個小小的角落：建康以東的京口、廣陵地區，也就是現在的鎮江和揚州一帶。

這裡由於有一條古運河——邗溝，溝通了長江和淮河，又可以控制吳越，也就是現在的蘇杭一帶。加之京口距離建康很近，更是一個容易出事的區域。

當桓玄將這裡忽略時，有一個人卻抓住了機會，他就是劉裕。

劉裕家境貧苦，與東晉時期擔任權臣的世家大族形成了鮮明的對比。他出身於行伍，從低級軍官做起，逐漸成長為著名將領，擁有著豐富的軍事經驗。

劉裕一眼就看到了桓玄棋盤上的漏洞，決心利用這個漏洞起兵反對桓玄。在他的號召下，揚州一帶的城市紛紛起義，提供了士兵和物資，讓他得以向建康挺進。在到達建康時，桓玄甚至都沒有組織起有效的抵抗，就匆匆決定率軍撤離，逃往西部。

於是，篡位者從西方趕來篡位不久，就又向著西方匆匆逃去。這也成了東晉南朝戰爭的模式：將軍們在長江上一會兒上行，一會兒下行，他們來也匆匆，去也匆匆，往往一場戰鬥就決定了他們向哪個方向走。

桓玄逃亡西部時，四川也反叛了，一位叫做譙縱的人獲得了四川，建立了一個新的蜀國，史稱譙蜀。它只存在了九年，就被劉裕的大將朱齡石滅亡。

譙蜀的建立，讓桓玄又喪失了進一步西逃的可能，當劉裕最終占領荊州時，桓玄以及他的桓氏後繼者的命運就走到了盡頭。

贛江、湘江變奏曲

在東晉的「建康——荊州」權力軸心中，偶爾會有一些變奏曲的存在，使得戰爭的範圍超過了長江，而進入了更加廣闊的領域。

這些區域主要發生在三個方向：**一是首都建康北面，長江、淮河之間地區，這裡也是南北政權交戰的主戰場；二是首都建康東面蘇州、杭州一帶，這裡是建康的糧倉，穩定首都的關鍵；三是在江西贛江谷地和湖南湘江谷地，順贛江和湘江可以直達兩廣地區，是長江的重要側翼。**

在這三種變奏中，發生在東晉義熙六年（西元四一〇年）的盧循之亂就是第三種。發生在南朝宋泰始元年（西元四六五年）的晉安王劉子勳叛亂中，建武將軍吳喜對吳越等地區的進攻則屬

2 東晉南遷後，設置了很多僑郡，即在南方安置北方人口時，將北方某郡的人口安置在一起，名字則沿用北方的郡名，所以司州、雍州、秦州等地並不一定就是其實際所在，而可能只是僑郡所在的地方。

於第二種。南朝梁太清二年（西元五四八年）導致南朝徹底衰落的侯景之亂則屬於第一種。

這裡只說盧循之亂（以及其前奏孫恩叛亂）和贛江、湘江的作用。

盧循之亂是一次政策失誤造成的。在東晉大臣司馬道子執政時期，曾經試圖削弱士族門閥的權力並增加兵源。在當時，許多人為了不當兵和成為官奴，紛紛跑到世家大戶手下充當佃客（按：漢代以後官僚地主、世家豪強蔭庇下的一種依附農民）。一旦成了世家的佃客，就不再承擔國家義務，不用服兵役，也不用出國家租稅了。由於國家人口不足，司馬道子的兒子司馬元顯決定將這些「佃客」從世家大族中清除出來，送到首都供政府指使。

這項政策不僅引起了那些佃客的不滿，也引起了擁有佃客的大戶的不滿。東晉隆安三年（西元三九九年）琅琊人孫恩乘機起兵反對東晉政府，獲得了當地許多人的支持。

東晉政府先後數次起兵攻打孫恩，孫恩後來逃到了東海中的海島上，以海島為基地，對沿海地區進行騷擾。在打擊孫恩的數次軍事行動中，有兩個人的功勞特別突出，一個是東晉大將劉牢之，另一個則是正在崛起的劉裕。

在東晉政府的一系列討伐之後，東晉元興元年（西元四〇二年）孫恩兵敗投海自盡。

不過，孫恩的起兵並沒有就此結束，他的妹夫盧循將殘部集結起來，渡海南走，進入了廣東地界，在南海郡（治所番禺）盤踞下來。隨著東晉政府在桓玄之亂中疲憊不堪，盧循也受到了招安，搖身一變成了廣州刺史、征虜將軍、平越中郎將。

義熙六年（西元四一〇年），劉裕率軍北上併吞南燕，盧循以為得到了機會，在他的姊夫徐道覆的勸說下，展開了北伐東晉的軍事行動。這是秦漢之後，廣東再一次成為引人注目的焦點。

在地理上，長江中下游與廣東、廣西之間隔著一條山脈——南嶺。南嶺在歷史上稱為五嶺。所謂五嶺，指的是江西省大余縣與廣東省南雄市之間的大庾嶺、湖南省藍山縣和廣東省連州市之間的都龐嶺、湖南省郴州市和宜章縣之間的騎田嶺、湖南省江華縣和廣西壯族自治區鍾山縣之間的萌渚嶺，以及廣西壯族自治區興安縣北面的越城嶺。

在秦伐南越時，曾經在五嶺開闢了五條通道。到了後世，較為常用的通道變成了兩條主道，以及由主道分岔形成的若干支道。

所謂主道，指的是由五嶺而下的兩條長江支流——湘江和贛江。這兩條河是長江中下游地區長江南岸最重要的支流，一條從南嶺北上穿過整個湖南地區，在洞庭湖一帶流入長江；另一條是江西的主動脈，從南嶺北上貫穿江西，最後從鄱陽湖流入長江。

贛江道沒有支道，從古至今人們都是順贛江而上，在大庾嶺上一個叫做梅嶺關的地方翻越南嶺，進入廣東南雄，再經過韶關進入嶺南低地，直達廣州。

而湘江道卻有若干支道，最著名的支道是一條水路——靈渠，由秦朝官員史祿開鑿。當年，史祿觀察到，從南嶺發源的兩條河一條向北流，另一條向南流，分別是湘江（向北流流入長江）和灕江（向南流流入珠江），這兩條河道的上游距離很近，只有幾十里，湘江的水位比灕江稍微高一點兒。於是史祿就開鑿了一條人工運河，河水從湘江流入灕江，這就是靈渠。有了靈渠之後，人們就可以方便的從湘江經過水路進入灕江，再匯入珠江直達廣州。這條路便於物資轉運，使得大規模的軍事輜重運輸成為可能。

但這條路卻有一個缺點：太遠。由於灕江向西轉了個彎，先要進入廣西，再折入廣東，這就拉長了旅行的距離。為了抄近路，可以從廣東韶關或者連州北上翻山進入湘江谷地。所以，從兩廣進入湘江的道路就有了兩條主要支路：水路更遠卻運輸量大，陸路更近卻險峻。

除了河道之外，人們還可以走海路到達嶺南，海路在東吳時代開通，但一直不夠安全。東晉南朝時期，如果是小規模的海盜，還可以考慮走海路，如果是大規模的軍事調動，仍然以陸路和內水為主。幾條道路之外的大片山地，還覆蓋著原始森林，無法通過。

盧循從廣州攻打東晉，也採取了湘江和贛江兩條水路。

兩路大軍的出發點都在廣東的始興，在這裡，盧循率軍從湘江下長沙，經過巴陵（現湖南岳陽），向長江上游的江陵

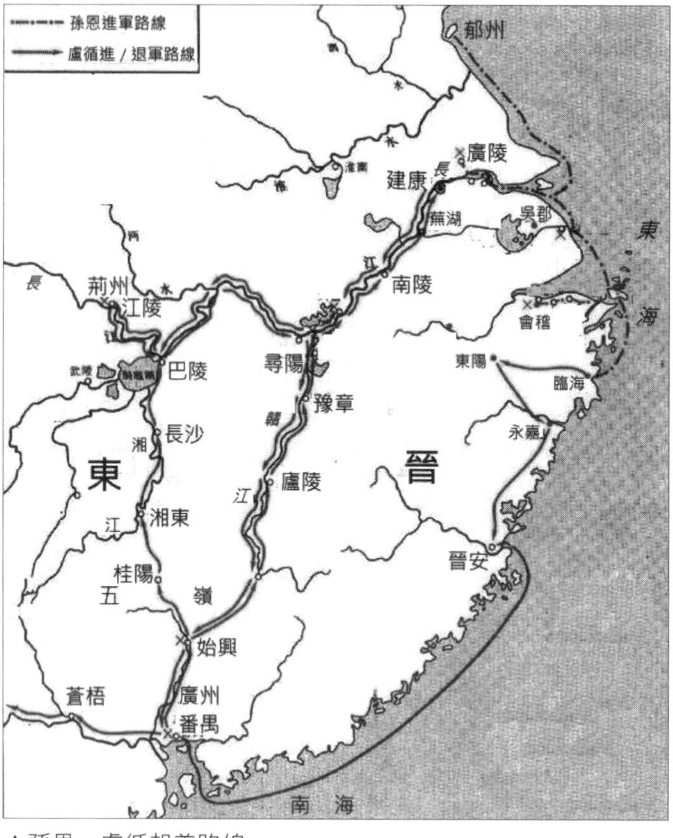

▲孫恩、盧循起義路線。

進軍，而徐道覆則從贛江過豫章（現江西省南昌），經過尋陽（現江西省九江），向建康進軍。如果能攻克江陵和建康這兩個最重要的城市，也就拿下了東晉江山。

一路上，兩支軍隊的進展都頗為順利，徐道覆按計畫攻克了豫章、尋陽，沿長江向建康挺進。盧循在經過長沙、巴陵之後，原計畫是向江陵進軍，突然聽說，東晉大將劉毅率領大軍從姑孰趕到，害怕徐道覆一人應付不了，就改變計畫，順江而下，與徐道覆合兵，共同擊敗了劉毅。到這時，建康的防線已經向盧循洞開，這位當年的海盜即將成為一個帝國的主人。

但一件意想不到的事情干擾了盧循的計畫。在他們制訂戰略時，就指望劉裕還在北伐燕國的途中，沒有辦法南下救援。他們不知道的是，劉裕已經攻克了南燕，聽說南方有威脅，馬不停蹄從北方趕回，在建康加強了防守。

在建康，劉裕占據了石頭城巨防，加固了城牆，加強了守衛，盧循快速占領首都的計畫因此失敗了。

經過幾場拉鋸戰，盧循損失了不少人馬。起決定作用的是，他的軍糧跟不上了，整個建康地區已經堅壁清野，讓他無法獲得糧食。

情急之下，盧循決定退守尋陽，再按照原來的計畫進攻荊州，試圖占據長江的上游，對下游形成持久的壓力。他派遣徐道覆率領三萬人馬進攻江陵，卻再次遭到了失敗。

最後，盧循只能率領人馬按照來時的道路向南逃竄，由於路遠，選擇長沙和湘江的道路已經不可能，只好從豫章沿著贛江回到了廣東。由於他戰敗的消息已經傳回廣東，根據地也不再穩固，盧循在一路逃竄中被殺，結束了他的帝王夢。

盧循作為中國歷史上第一個，借助廣州向北進攻的軍閥被記入史冊。在此之前，廣州和珠江三角洲一直是中華的附庸，缺乏軍事地理的重要性。每一次嶺南戰爭大都是北方侵略廣州，輪不到廣州主動侵略。但盧循的探索卻為將來的軍事行動提供了一種新的可能性，廣州雖然地處偏遠，卻並非毫無價值。一旦中原內亂，群雄割據，從廣州出發，也不是沒有逐鹿中原的可能性。

南方帝國的衰落

南朝宋永初元年（西元四二〇年），宋武帝劉裕廢黜了晉恭帝司馬德文，滅亡了東晉，建立了南朝宋。劉裕一生南征北戰，除了篡晉之外，還滅掉了南燕和後秦，重新掌握了四川，將南朝的領土擴張到最大。宋武帝、文帝時期，也是南朝發展的巔峰。這個時期，南朝的疆域一直擴張到了北方黃河的南岸，與北朝相對峙。而作為中部戰略據點的彭城、下邳、壽春、南陽、南鄭等地都掌握在南朝手中。

除了與北朝在中部地帶廝殺之外，在南方沿著長江的內鬥仍然是主旋律。南朝宋第二個皇帝宋文帝由於想改立太子，被太子劉劭殺死於宮中。隨後，武陵王劉駿在長江中游西陽（現湖北省黃岡）起兵對抗，獲得了荊州集團的支持，率軍沿權力軸心進攻建康，殺掉了劉劭即位，史稱宋孝武帝。之後荊州集團又擁立南郡王劉義宣起兵反抗孝武帝，被鎮壓。

孝武帝死後，十六歲的皇太子劉子業繼位。由於劉子業（前廢帝）聲色犬馬和倒行逆施，最終被刺殺。這時，在權力軸心的兩側出現了兩個皇位競爭者。

在下游的建康，繼位的是明帝劉彧（按：音同玉），而在權力軸心的另一端，則是鎮守江州的晉安王劉子勳。劉子勳是孝武帝的第三個兒子，而宋明帝劉彧只是孝武帝的弟弟、宋文帝的第十一個兒子。從繼承世系上來說，劉子勳更有資格取得皇位。

劉子勳的起兵也更早，在前廢帝還在位時就舉起了反抗的大旗。不過，由於前廢帝是在建康被殺的，劉彧就乘機登上了皇位，占據了首都的先機。

但形勢對劉彧卻非常不利。全國大部分的地方官員都選擇了支持劉子勳來對抗劉彧。徐州、冀州、郢州、豫州、益州、湘州、廣州、梁州等地都是劉子勳的支持者。而劉彧獲得的，只有首都建康，以及丹陽、淮南等幾個郡而已。當大部分的州郡都選擇支持對手，而所有的糧食都不送往首都，劉彧的處境就很危急，陷入了幾乎必敗的境地。

為了說明劉彧處境的危急，我們可以透過權力軸心體系來看。在以往的對抗體系中，戰爭的雙方往往各據權力軸心的一端，一方占領荊州及其周圍，另一方占領建康及其周圍，而戰場往往設在江西九江到湖北武漢之間，並逐漸向戰敗的一方境內推移。在劉彧與劉子勳的作戰中，劉子勳占據了權力軸心的中間位置（九江），整個權力軸心的上游（荊州方向）都是他的支持者。

除此之外，從江西贛江、湖南湘江直到廣東，也都支持劉子勳。更致命的是，在以往，首都建康以東往往是建康方面的支持者，特別重要的是長江下游的吳越地區，也就是現在的蘇州、杭州一帶，這兩個地方是首都的巨大糧倉，但這一次，吳越地區也加入了劉子勳的隊伍，將建康從東面包圍了起來，使建康方面成了孤軍。

劉彧唯一的機會，就在於能夠平定吳越，將這個後方的糧倉收回，才有可能集中兵力西向，沿著權力軸心向九江、荊州進攻。但在四面楚歌之下，到底誰有能力完成這件逆天的任務呢？

一位叫做吳喜的人出現了。東晉南朝時期，受重用的往往是武將，而吳喜卻是個典型的文人，掌管圖書、賣弄刀筆，在當時並不為人所重。此刻，吳喜卻要求劉彧給他三百人馬，前去平定吳越。由於要求不高，劉彧強壓下各方的質疑，將吳喜派往東南戰線。

雖然吳喜是文人出身，卻出使過幾次吳越地區，他做事公道，性情平和，得到了當地人的信任。當他進軍時，各地紛紛望風而降。

吳喜從太湖西岸掠過，直插錢唐（現浙江省杭州），再進攻會稽（現浙江省紹興），並派另一支人馬進攻吳郡（現江蘇省蘇州），於是整個東方被迅速平定。東方的安定，使得劉彧有機會西進與劉子勳在長江決戰，扭轉了敗局，成為皇位競爭的勝利者。

吳喜的平吳之戰，也為後世提供了一個長江攻防戰的另類樣本：當蘇杭地區不穩定時，對建康的破壞力是巨大的，如果想對外作戰，必須首先平定東方，才有可能獲得持續的支援基地。

事後來看，宋明帝劉彧的掌權對於南朝並非福音。宋明帝性格猜忌，心狠手辣，殺掉了所有威脅他的宋室王侯，讓本來就不穩固的執政基礎變得搖搖欲墜，為蕭道成的篡權做好了準備。對功臣，他也絕不手軟，就連立了大功的吳喜也被殺死，原因僅僅是他太受歡迎，對皇太子不利。

明帝死後，蕭道成逐漸掌握了大權，並以首都建康為基地，消滅了反對蕭道成、占據了上游荊州的沈攸之。最後，蕭道成篡奪了南朝宋的皇位，建立了齊國，這是南朝的第二個朝代。

只不過，經過了太多廝殺的南朝越來越弱小，並逐漸喪失了北方的土地。最先丟失的，是如今山東境內黃河以南和以東的土地，隨後在中原地區的勢力也逐漸縮水，到後來，不僅黃河流域全部丟失，就連淮河流域也丟失了一半，也就是淮河以北的地區大都被北朝占領。到這時，南朝已經越來越無力與北朝對抗了。

而對南朝衰落影響最大的，除了宋明帝以來的內亂之外，另一個則是梁朝時期的侯景之亂。

侯景之亂與南朝末日

南朝梁太清二年（西元五四八年），南方又迴光返照，進入了經濟和文化的一個好時代。在位的皇帝是梁武帝蕭衍，他已經八十五歲高齡，在南朝皇帝中最為高壽。

蕭衍之前，南齊皇朝變亂不斷，皇帝任意誅殺大臣，北方的外患不已，江南經歷了二十多年的顛簸。南朝齊中興二年（西元四〇二年），蕭衍取代了齊和帝，建立了梁朝，之後的四十多年裡，南朝在這位老皇帝的率領下變得富裕和平，形成了一次中興，享受了最好的時光。

蕭衍厲行節約，推行文化，尊崇佛教，在亂世之中形成了一片禮儀的孤舟。甚至北朝人都對此羨慕不已，開創東魏和北齊的權臣高歡就說過：「江東復有一吳翁蕭衍，專事衣冠禮樂，中原士大夫望之以為正朔所在[3]。」

3　《資治通鑑．梁紀十三》。

西元五四八年，已經接近蕭衍統治的晚年，做了一輩子皇帝、開創了一個時代的老人本有希望在安詳中死去。但就在這時，一場出人意料的災難出現了。這場災難令人猝不及防，不僅讓蕭衍失去了皇帝的榮耀，也造成了整個南朝的衰落，為將來的北朝統一打下了基礎。這場災難就是侯景之亂。

在東晉南北朝時期，不管是南方還是北方，都有收留敵國流亡者的傳統。比如東晉開創之初，王敦發動叛亂進攻晉元帝時，晉元帝最倚重的大臣是劉隗。在皇帝一方敗北後，劉隗逃向了北方，投奔了後趙的石勒，官至太子太傅。

南北朝時，各方的大臣更是交流頻繁，戰場上的叛變層出不窮，兩邊的朝廷也都習以為常。只要對方的將領接洽投降，且能夠帶來一定的軍隊，或者貢獻一、兩個城池，就會被接受。至於他的忠心有多大，並不重要。投誠的將領也絕不是因為忠誠而投降，只是因為成了鬥爭的失敗者而已。

蕭衍統治的晚期，北方的東魏發生了一次權力更迭，東魏權臣高歡去世，他的兒子高澄繼承了職位。高澄的繼位讓高歡手下的一員大將感到不安，他和高澄一直不和。這位大將叫侯景，於是率軍投靠了南方的梁朝。

侯景是少數民族的羯族人，曾經在北魏權臣爾朱榮手下效命，當高歡征討爾朱氏時，他又改換了門庭，效命於高歡。最後又叛離了高澄，率軍向南方投誠。

侯景的投誠在南朝引起了震撼。要了解這個震撼有多大，就要明白侯景的權力有多大。在他叛逃時，他是東魏的太傅、大將軍、河南大行臺、上谷郡公，統治著東魏的整個南方，也就是黃河以南的廣大地區。按照侯景自己的說法，是「函谷以東，瑕丘（現山東省兗州市）以西，豫、廣、郢、荊、襄、兗、南兗、濟、東豫、洛陽、北荊、北揚等十三州」，黃河南邊僅有青、徐數州或許不曾包括在內。

這片地區在南朝宋時期，曾經歸屬於南方，後來被北方逐漸吞噬。這裡是南北方的主戰場，誰占有了它，就占據了南北戰爭的主導權。自從南朝宋後期喪失此地之後，歷代南朝皇帝費盡心機北伐都無法取得這片土地，卻被侯景一股腦兒的送給了梁武帝，可見誘惑之大。

經過與大臣的討論，梁武帝決定接受侯景送出的大禮，封他為河南王，並派遣軍隊從懸瓠（現河南省汝南）出發接應侯景。梁武帝光看見了利益，卻沒有想到獲得利益的難度。發現侯景叛逃後，東魏的高澄立刻派兵日夜兼程向侯景進攻。這時，南方的接應還沒有到，也無法與東魏的軍隊抗衡，侯景在遠水無法解近渴的脅迫下，又向北方的另一個政權——西魏——求救。西魏的首都在長安，根據地在關中地區。侯景將河南地區靠近西魏的土地又許給了西魏，換取西魏來解救他。這些土地就成了「一女二嫁」。

但此刻，侯景仍然向梁武帝保證，割讓給西魏一部分，是為了獲取西魏的救助以活命，而剩下的部分仍然要割讓給南朝梁，他的最終歸宿也是南方。梁武帝接受了這種說法，繼續幫助侯景南歸。誰知，西魏獲得了侯景的部分土地後，又與侯景鬧翻。而梁軍與侯景合兵後，遭到了東魏的進攻，最終，將侯景所轄的土地丟失得一乾二淨。南朝沒有撈到任何實惠，只撈到了一個大麻煩——侯景本人。

侯景丟失轄地後，需要新的落腳點，他率領殘餘人馬來到梁軍據守的壽陽（又名壽春，現安徽省壽縣）一帶，強行將此城攻占，變成自己新的基地。於是，南朝梁不僅沒有任何收益，還賠上了壽陽。侯景只是名義上屬於梁朝，但壽陽的行政權已經脫離了梁的控制。

梁武帝做了虧本買賣，卻從道義上同意讓侯景繼續盤踞壽陽。但梁軍與侯景的摩擦隨即而起，讓侯景意識到，壽陽並非久居之地。

這裡位於東魏和梁的中間地帶，又是各家必爭的戰略要地，如果只占領這一個地方，用不了多久，就會遭到兵災而陷落。只有占據了更廣闊的基地，才能保證此處的安全。

侯景面臨的選擇只有兩種：一種，向北攻東魏，占據現在的山東省作為新基地，變成另一個南燕；另一種，向南攻梁朝，占領建康一帶，變成另一個梁朝。他選擇了更加軟弱、容易攻打、好處更大的梁朝作為目標。梁武帝蕭衍本來以為占了大便宜，最終卻發現接了杯毒酒。

西元五四八年八月，侯景向南方發動進攻。梁武帝最初並沒有把他當回事，認為這隻喪家之犬雖然善於打仗，卻無法和一個帝國對抗。他派出了四路大軍，從四個方向朝壽陽集結，準備包圍和消滅這支實力並不算強的部隊。

出乎意料，就在南朝大軍向壽陽進發時，侯景卻

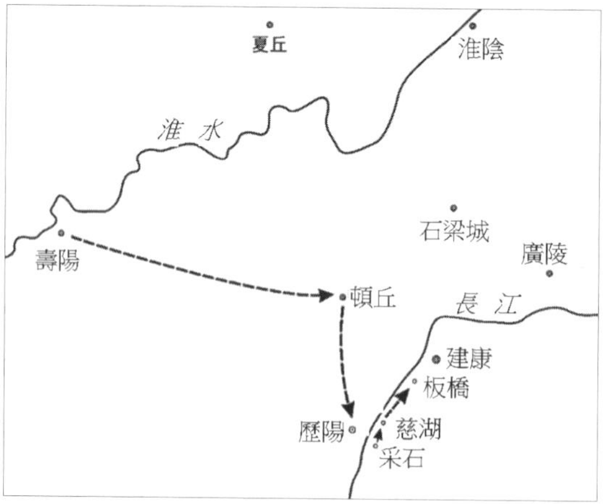

▲侯景之亂叛亂路線圖。

採取了一條鋌而走險的道路：迅速向首都建康躍進，經過歷陽、采石、姑孰，直搗首都。經過長期圍困後，攻克了建康。梁武帝成了侯景的階下囚，這位八十六歲的老皇帝本來可以安度晚年，卻由於一次錯誤的決策，在白髮之年突然死亡，與他一起被埋葬的還有南朝的黃金時代。

侯景的叛亂路線，代表了從淮河流域入侵首都建康的經典案例，戰爭局限在「建康——荊州」權力軸心的一端，並沒有進入荊州一極。

按照侯景的設想，當他把建康占領，控制了梁朝的皇帝時，就可以一面挾天子以令諸侯，另一方面逐漸消滅各地的反抗。但他沒有吃透南方的權力軸心，也不理解南方的皇帝權威並沒有那麼大，在權力軸心另一極的荊州，也不會聽他的調遣。

反抗侯景的力量主要來自兩個方向，一個方向是軸心的另一極荊州，而另一個方向，則是南方的廣州。廣州的領袖是始興太守、西江督護陳霸先，他從廣東出發，經過大庾嶺北上進入江西的贛江，從贛江直指尋陽（現江西省九江）進入長江。荊州的領袖是湘東王蕭繹，他派出大將征東將軍、尚書令王僧辯向東順江而下。

此時，侯景的機會只有一個：先不管廣州北上的敵軍，迅速擊敗荊州，獲得整個長江軸心，再回頭從東西兩方夾擊陳霸先的部隊。但侯景並沒有這麼做，他分散了兵力分別對付兩支敵軍，結果一支被陳霸先擊潰，另一支則被阻於巴陵（岳陽），也隨即被擊敗。

巴陵一戰成了這次戰爭的轉捩點，侯景失敗後掉頭東逃，回到首都。隨後又被逐出建康，流落在江東一帶，直到被殺。湘東王蕭繹在江陵繼位稱帝，是為梁元帝。由於元帝的權力基礎在荊州，「建康——荊州」權力軸心暫時向荊州傾斜。

侯景給南朝帶來的危害絕不僅僅是一次叛亂，它實際上是南朝衰落的轉捩點。在它之前，南朝在梁武帝的治理下，雖然問題重重，卻又有著小康的家底。在侯景之亂後，疆土迅速縮小，許多戰略要地先後丟失。首先出現的是兩帝爭立。除了在江陵的梁元帝之外，在四川，另一位皇室成員武陵王蕭紀在成都稱帝，於是梁朝出現了兩位皇帝。更致命的是，兩位皇帝距離位於關中的西魏太近，給了西魏插手的機會。梁元帝為了消滅四川的競爭對手，決心向西魏求助。於是，西魏的軍隊先是攻占了四川，再以四川和武關為基地，攻克了江陵[4]。

對於梁朝來說，江陵的失去意味著「建康——荊州」軸心不再完整，荊州已經成了敵國的領土。喪失了四川和荊州，也意味著長江中游防線崩潰了，孤立的建康再也沒有力量保護自己了。

這次領土的變遷甚至改變了北方兩大政權的實力對比。在這之前，東魏和西魏的爭奪中，西魏是弱勢的一方，它的領土主要在關中地區，而東魏則由於占據了廣闊的華北平原和黃淮地區，資源更加豐富，兵力更充足。但自從荊州和四川歸了西魏，雙方的實力對比發生了巨變，西魏已經獲得了如同秦朝和漢高祖一樣的優勢地位，不僅占據了荊州、四川兩大糧倉，還占據了一系列的戰略要點。如果說，在梁朝內亂之前，東魏更可能併吞西魏，那麼梁朝內亂之後，以西魏為基礎統一全國，成了更有可能的選項。

在西魏從南朝奪取大量土地時，東魏也從南朝奪走了長江、淮河間的地，將戰線推到了長江邊，東魏與梁隔江相對。丟失了淮河流域的南朝已經失去了防禦的完整性，加上長江上游的丟失，滅亡已經是遲早的事了。

梁紹泰元年（西元五五五年），鎮壓侯景叛亂的兩大功臣陳霸先和王僧辯發生衝突，陳霸先擊斬王僧辯。

梁太平二年（西元五五七年），陳霸先取代了梁靜帝，篡位稱帝，建立了陳朝。但陳朝的領土已經只局限在長江以南到洞庭湖的狹小區域內，苟延殘喘。在北方的兩個大國北周（取代了西魏）和北齊（取代了東魏），誰能併吞另一方，誰就可以順勢而下統一中國。

中國歷史上第二次大分裂時代在南朝衰亡的基礎上進入了尾聲，唐宋時代即將來臨了。

4 之後，西魏在江陵建立了一個傀儡政權，史稱後梁。後梁後為隋所滅。

第三部

失衡時代：游擊戰和運動戰，叛亂者的最佳戰略

西元三八四年～西元九〇七年，隋到唐

第十章

北朝：遷都鞏固南疆，為統一做準備

西元三八四年～西元五八九年

南朝劉宋時期，北方的鮮卑人統一了北中國，建立了北魏。北魏文明程度雖然落後於南方，卻從一張白紙之上建立了新的制度，避免了南方積累了幾百年的弊端，在國力上逐漸壓倒了南方。

北魏孝文帝遷都洛陽，雖然暫時沒有顯出太大的用途，但從戰略上，卻意味著北朝將戰爭重心轉移到了南方，為將來的統一打下了基礎。

玉壁古戰場位於汾河以南的臺地上，訴說著當年東西魏的廝殺，也見證了中國歷史上最後一次東西對立。此後，隨著江南的進一步發展，中國的分裂模式往往變成了南北對立。

玉壁城正好卡在從汾河進入黃河的岸邊，這座城市的存在，讓東魏不敢越過黃河進入關中平原，從而保證了關中的安全。

西魏對東魏的打擊主要針對中路的洛陽，卻由於河陽三城與虎牢關的存在，讓西魏即便占領了洛陽，也無法越過洛陽進攻豫東和太原。

西魏乘南朝內亂，獲得四川與荊州，這兩個超大糧倉成了改變戰爭局勢的勝負手，使得原本弱小的西魏一躍成為中國最強大的政權。

隋唐時期，長安和關中平原已經不再是中國的經濟和軍事中心，隨著長江流域的經濟發展，關中盆地雖然還有一定的戰略重要性，卻已經成了中原的附庸。在這種情況下定都長安，導致中國在軍事戰略上進入了一個失衡時代。

與東晉的淝水之戰後，七拼八湊的前秦帝國崩潰了，另一支少數民族政權卻正在復國。

在如今山西省北部，曾經存在著一個鮮卑人的小國——代國。它地理位置偏遠，國土面積也不大，與中原接觸不多。前秦王苻堅統一北方的過程中，在兼併其他地區的空隙，順便將代國也併吞了。

前秦在淝水之戰吞敗後，各個北方少數民族紛紛獨立。代國前首領拓跋什翼犍（按：音同堅）的孫子拓跋珪乘機崛起，重建了代國，定都盛樂（現內蒙古和林格爾）。後又改國名為魏，史稱北魏。在隨後的擴張中，北魏重新獲得了山西北部地區，又跨過黃河，擁有了陝西以北的河套地區。

在拓跋珪擴張時，中國北部的前秦已經消失，地圖上換成了占據關中的後秦（定都長安），以及擁有中原的後燕（定都中山）。

此外，在山西的長子還有一個小國西燕（也是前燕王室後裔所建），在甘肅河西走廊是前秦大將呂光所建立的後涼。

這些敵人中，最直接和最具威脅的是同處於北方的後燕，兩國只隔著一座太行山遙遙相望。相較於北魏，後燕位於平原之上，缺乏制高點，這給了拓跋珪機會。

不過先發制人的是後燕，北魏登國十年（西元三九五年），後燕王慕容垂派遣八萬大軍，從中山出發，越過太行山的井陘關口，進入晉陽（現山西省太原），再從晉陽北上經過平城（現山西省大同），出雁門，向北魏的首都盛樂前進出發。

事實證明，山西北部和內蒙古地區並不適合閃擊戰，當後燕大軍到來時，北魏迅速向西方撤退，一直撤退到千里之外的河套地區。後燕由於無法保障後勤，進退兩難，被機動性更強的拓跋珪擊敗[1]，大部分降卒被坑殺。

第二年，拓跋珪再次擊敗了燕王的部隊，並投入了反攻。

拓跋珪占領的地區主要是山西和內蒙古地區的草原地帶，要想通往華北平原，主要道路有兩條：一條從北京以北的軍都陘（現居庸關）穿過燕山山脈，進軍幽州（現北京）；另一條從山西北部南下，經過馬邑（現山西省朔州），攻克晉陽（現山西太原），再從井陘穿越太行山，直達後燕的首都中山。

拓跋珪兩道並進，大破燕軍，滅亡了後燕。

後燕的滅亡，讓拓跋珪同時獲得了山西北部和河北地區。山西提供了險要的地形，河北提供了糧倉。之後，北魏將首都遷往了平城（現大同），成了北中國的豪強。

北魏滅後燕時，恰好也是南朝宋劉裕向北擴張時期。南朝最遠占據到黃河南岸，北魏則擁有黃河北岸，雙方以黃河為界對峙。

與此同時，在北中國的西部，關中平原上的主人已經從後秦換成了匈奴人赫連勃勃。當年劉裕北伐關中，滅亡了後秦，但他攻克長安後卻匆忙南返，位於陝西北部的匈奴人赫連勃勃乘機進入長安和關中，建立了夏國。

對北魏而言，後燕滅亡後，北中國只有一個強大的敵手就是夏國，其餘的小地方政權已經不構成威脅。即便是夏國，實力也無法與北魏相比。北朝時期的關中地區由於常年戰亂，早已不再是富庶之地，無法與華北相抗衡，北魏只需要採取蠶食戰術，就可以慢慢將夏國消滅。從北魏始光元年（西元四二六年）九月開始，到西元四三一年，北魏用五年時間滅亡了夏國。

之後，北魏擊潰了位於遼東的慕容家族殘餘勢力北燕，並擊敗了北方強大的少數民族柔然，統一了中國北方。

北魏統一北方時，南方的劉宋仍然處於巔峰時期。但隨後，南朝進入了綿綿的衰落期。與之相反，蠻族建立的北魏卻啟動了建立國家制度的過程，將一個以游牧為主的民族部落變成了定居的國家。一系列制度確立，政權更加文明化。於是，此消彼長之間，天平已經向北方傾斜。

定都洛陽的利弊

北魏太和十七年（西元四九三年），乘南齊武帝逝世的時機，魏孝文帝率軍從首都平城（現山西大同）向南進發，準備攻擊南朝齊。

但天公不作美，大軍到洛陽後，一直淫雨綿綿，將士們疲憊不堪，不想繼續向南。孝文帝不得不屈服於將士們的意志，但他提出一個要求：如果此次不進行南伐，就必須遷都洛陽。

大部分大臣都留戀平城的偏安，遷都意味著他們必須放棄安逸的生活，千里迢迢帶著家眷，隨孝文帝來到洛陽重建家園。但是，相較於南伐，他們寧願選擇遷都，於是，遷都洛陽就成了魏孝文帝的既定政策。

1　拓跋珪同時使用了堪稱經典的計策：由於燕君離國家太遠，傳遞資訊不便，拓跋珪派兵封鎖燕軍交通線的同時，招降燕軍傳信兵，將燕王去世的假消息傳遞給了燕軍，從而擾亂軍心，擊敗了燕軍。

大臣們沒有料到，所謂遷都，其實只是孝文帝南伐的一個步驟而已，遷都洛陽之後，與南方政權的軍事衝突不僅沒有減少，反而迅速增加，進入了一個戰爭連綿的時期。

魏孝文帝時，北魏的制度建設已經進行了數十年，歷代皇帝將一個半游牧半開化的國家建設成了一個與漢人政權在文化上不相上下的國家。特別是在孝文帝時期，由文成文明皇太后馮氏主導的一系列改革，更是成了歷代改革的範本之作。

在馮太后的主持下，太和八年（西元四八四年），北魏實行了官員的班祿制改革。在這之前，北魏的中央官員都沒有俸祿，官僚階層依靠許多不正規的手段，如戰爭劫掠和霸占土地獲得收入。隨著戰爭的遠去，官僚階層沒有了戰利品，更加的依靠騷擾民間來獲得收入，太后決定給官員發薪水，發薪水的錢則來自從民間徵收的一筆特別稅。

為了從民間徵稅，太后又在第二年啟動了土地改革，將土地分給人民去耕種，建立了一套影響深遠，直到唐代仍然繼承的土地制度。

但分地進行得並不順利。要向人民分發田地，必須掌握人民的戶籍資料。可是北魏的統治者還不知道怎麼去統計和管理戶籍。太后在祕書令、南部給事中李沖的建議下，她開始建立社會基層組織，在縣以下建立三級村民機構（三長制），由這些機構負責基層的戶籍和稅收管理。

班祿制、**土地改革**、**三長制**，如同環環相扣的一齣大戲，**讓北魏的官僚制度成了當時最先進的範本**。

而在意識形態領域，北魏也同樣從落後到反超。北魏歷代皇帝都很重視佛教的發展，開鑿石窟，發揚佛法，南朝的佛教往往注重繁文縟節和奢侈豪華，而北朝的佛教則更注重義理和修行，在影響力上絲毫不比南朝差。

北魏還是一個尊崇儒教的國家，由於對漢族文化的尊崇，儒教在皇家的扶持下逐漸成了氣候，並主導了一系列神化皇權、加強儀式感的運動。而在南朝，儒教卻呈現衰落狀態，到了唐代，當人們再次想回歸儒教時，只能從北朝的傳承中去學習。

在政治上，北朝的各個皇帝都很在意制定一套符合時代的法律。由於南朝繼承了兩漢魏晉時期的社會制度，許多利益集團已經徹底把持了政治，任何改革都不再可能。北魏卻是從一塊白板上新建立法律制度。結果，北朝的法律制度很快超過了南朝，不論從公平性，還是從統一性，都成了後代的樣本。

北魏的改革高峰隨著馮太后的死亡告一段落。當孝文帝獨立行使權力時，他想繼承改革，卻總是改錯地方。

為了表現出比馮太后更加漢化，他加強了意識形態特徵，進行了一系列改革，比如改漢姓、穿漢服、禁胡語等。這些改革看上去很激進，卻意義不大，只是激起了鮮卑族人與中央政府的對抗。正是這些對抗，導致了北魏的分崩離析。

雖然魏孝文帝其他措施不盡如人意，卻有一項改革意義非凡，那就是遷都洛陽。人們往往把遷都洛陽也作為魏孝文帝漢化改革的一部分。但實際上，遷都之事不是為了漢化，而是服從於戰略需要。

北魏平城時期，人們只要看一眼地圖，就會發現南北兩大皇朝之間的地理錯位。南朝的首都設在了長江邊上的建康，而北朝的首都卻在遙遠的平城（如今的大同）。

之所以定都平城，與北魏建國初的政治形勢有關。在建國初，北魏的對手一直是柔然、燕國、夏國等北方國家，與南朝的交往並不多。但隨著北魏統一北方，北魏的軍隊卻發現，如果要南伐，面臨的最大問題，是出兵的戰線太長。

以孝文帝的南伐為例。孝文帝在平城組織軍隊，親自率軍南下。平城位於現在的山西省北部，已經屬於中原帝國的邊緣地帶。從平城南下必須首先經過太原，再從太原南下上黨，渡過黃河，進入洛陽地區。到洛陽時，士兵們已經翻山越嶺走了一千五百多里路，就算是沒有大雨，也必然疲憊不堪，而此刻軍隊連國境還沒有出去。

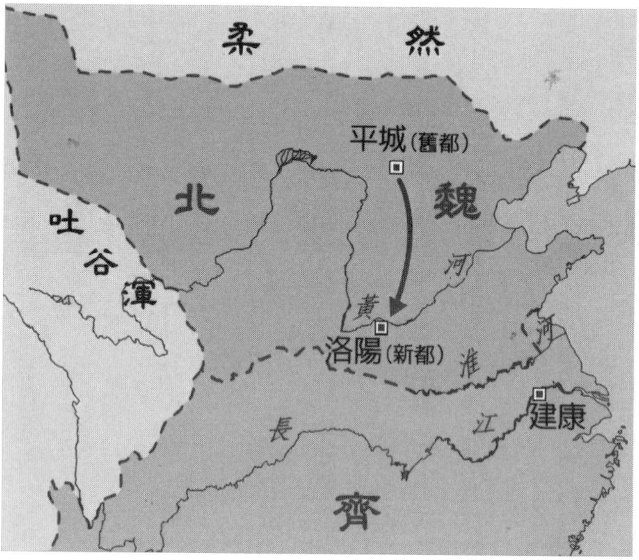

▲魏孝文帝遷都洛陽不是為了漢化，而是服從於戰略需要。

因為首都太靠北，北魏已經吃過一系列的虧。在北魏滅亡後燕後，燕國流亡者在如今的山東境內建立了一個小國南燕，如果北魏的首都在洛陽，就很容易沿黃河向東滅亡南燕，但由於首都距離太遠，出兵不便，反而讓劉裕乘機北上奪得了山東。這是整個東晉南朝時期，南方政權邊境最靠北的一次，甚至威脅到了北魏在河北地區的統治。

而北魏歷次與南方的作戰，雖然擁有著兵力優勢，卻大都因為距離太遙遠，指揮不便，而不得不半途而廢。孝文帝此次遷都的目的，不是因為大雨被迫留在這兒，而是希望借助遷都來鞏固北魏的南疆，並以此為基地，出發打擊南朝，節省一千多里的道路。

孝文帝遷都兩年後，再次開始了向南進軍。這次進軍以失敗告終。更為嚴峻的是，雖然這是一個頗具戰略眼光的決策，卻由於與孝文帝一系列不必要的改革混在了一起，成了保守集團攻擊的對象。在保守集團分裂傾向越來越嚴重的時候，北魏的政治被撕裂，從而影響了軍事。北魏分裂了。

但孝文帝的遷都，卻為後來的東魏和西魏打下了基礎，也是從這時開始，北方從更短的用兵線出發，將戰線南移，獲得了絕對優勢，為後來的統一做好了準備。

最後一次東西對峙

山西省稷山縣是一座在汾河北岸的城市。汾河水向南經過臨汾後，繼續經過襄汾和新絳，然後折向西方，經過稷山、河津，最後匯入黃河。如果從黃河出發，汾河就成了進入山西，特別是臨汾、太原的一條最便捷谷道。

除了溝通長安和太原之外，從汾河谷地的新絳縣向東南翻越中條山，可以經過垣曲到達濟源，這是另一條溝通汾河與黃河的道路。從濟源既可以渡河去洛陽，也可以在黃河北岸繼續向東去往河北。兩條路的交叉，賦予了汾河谷地（新絳到河津段）以特殊的意義。稷山縣恰好就處於這一段河道上。

從稷山縣向西，在汾河北岸行走兩公里，再向南渡過汾河，繼續前進兩公里左右，就來到了一個叫做白家莊的村莊。這個不起眼的村莊在東西魏時期卻是大名鼎鼎，即便到了現在，仍然保持著古戰場的形態。

在白家莊村外的西方，有一個巨大的黃土臺地，頂部平坦如桌，邊緣垂直如削，在臺地四周還可以看到一圈古人修建的土牆遺跡，這就是當年的城牆。臺地頂上，古代的瓦片、骨片俯首可拾。西緣有一條巨大的蝕溝，將整個臺地刻成了「凹」字形（那一凹，就是蝕溝的位置）。在蝕溝邊緣的土牆下，依然可以看到厚厚一層完整的人類骨架，大腿骨疊壓著脊椎骨，下頜骨上的牙齒顯示死者大都是二、三十歲的青壯年。當地人稱這裡為萬人坑。

這些骨架，都是一千四百多年前死去的戰士，可能達到數萬具之多，後來被集體埋葬於此。除了人的屍骨之外，還可以找到馬的屍骨，說明當年戰爭的慘烈。

在臺地上，還能看到地道的痕跡，這些地道是當年攻城者挖掘，希望能夠從地下攻入城中，卻又被守城者放火封鎖。一千多年後，地道猶存，甚至在地道口還可以找到大量的骨片，可能就是攻城者留下的。

這座城市叫玉壁城，是當年西魏揳入（按：揳音同些，比喻插入對方陣地）東魏的最深入堡壘，承受了難以想像的圍困和攻擊，卻依然屹立。

由於中國人口眾多，人類活動明顯，歷史上的古戰場大都不能保持原樣。但玉壁卻由於位於臨河的臺地上，且人口相對較少，躲過了人類活動的破壞，向我們訴說著當年的殺戮。

魏孝文帝之後的北魏王朝，經歷了一系列的內部紛爭而衰落。北魏末年，一場席捲北方的大騷亂打亂了這個剛剛文明化的王朝。

北魏時期，除了與東、西、南三方的敵人作戰之外，在北方還有一個少數民族的強大對手——柔然。太武帝拓跋燾曾經大力打擊柔然，將蠻族趕向了更北方。為了防止柔然回來，他在黃河以北、大漠以南，沿陰山山脈建立了六個軍鎮，分別是武川（現內蒙古武川）、撫冥（現內蒙古卓資山）、懷朔（現內蒙古五原縣）、懷荒（現內蒙古烏蘭察布境內）、柔玄（現山西省天鎮縣境內）、沃野（現內蒙古巴彥淖爾市境內）。在六鎮中擔任將領的大都是鮮卑貴族，士兵以鮮卑人為主，也有來自中原的漢人。由於六鎮起著保衛首都平城的作用，在北魏的軍事和政治中有著很強的影響力。

孝文帝遷都洛陽之後，北方的重要性在北魏朝廷中降低了，六鎮也不再受到皇權的照耀。

北魏正光四年（西元五二三年），沃野鎮和懷荒鎮首先舉起了造反的大旗，隨後，從關西到

▲北魏設立六鎮的用意是要抵禦侵略、鞏固邊疆，沒想到卻反而造成叛亂。

河北地區都發生了叛亂。

為了鎮壓這一系列叛亂，北魏政府不得不借助於另一位軍閥，位於秀容（現山西省忻州境內）的爾朱榮。於是，爾朱榮就成了北魏版的董卓，被政府邀請進入洛陽，獲得了大權，另立了皇帝孝莊帝。爾朱榮開始按照自己的理想改造北魏政權，他鎮壓叛亂的同時，卻大肆殺戮不服從的官員。

不肯充當傀儡的孝莊帝殺死了爾朱榮，卻又被爾朱榮的從弟爾朱世隆所殺。此刻，爾朱家族的權力已經遍布天下，許多家族成員都身居要職。但最終，爾朱家族被以高歡為首的另一個武裝集團消滅。

在一系列的紛爭過後，北魏形成了以高歡為首、以晉陽和鄴城為核心的東部集團，以及以賀拔岳為首、盤踞在關中的西部集團。賀拔岳死後，西部權力落在了他的手下宇文泰手中。

高歡和宇文泰並沒有稱帝，而是從北魏皇族中選擇不同的人擔任皇帝。於是，北魏分裂成了東魏和西魏。高歡和宇文泰死後，他們的後代分別篡位，成立了北齊和北周。

在中國歷史早期，當中華文明仍然以黃河流域為主時，不同政權大都是以崤山和黃河為界的東西對立，到了後來隨著江南的發達和關中的衰落，就變成了以秦嶺、淮河為界的南北對立。**東西魏（北齊、北周）是中國歷史上最後一次東西對立**。

雙方大致以關內和關外的傳統分界線作為國境線，也就是以現在陝西和山西之間的黃河為邊境。邊境線從黃河到蒲阪後，離開了黃河，經過潼關，南下武關，在襄陽西北與南朝梁的國境接壤。唯一的一點例外在陝北地區靠近內蒙古的地方，這裡在黃河以西有一座城市叫統萬城，曾經是夏國的首都，被東魏占領。

雙方國境線決定了，不管是東魏進攻西魏，還是西魏進攻東魏，都主要沿三條路線進攻，這三條路線從戰國時代以來就一直是溝通關內外的主要通道。

以率先發起進攻的東魏為例。東魏軍隊可以從晉陽（太原）沿著汾河谷地，經過臨汾、稷山等地，從龍門或者蒲阪渡過黃河進攻西魏（北路），也可以從洛陽出發進攻潼關，然後再向長安進軍（中路）。除了這兩條之外，第三條路線並不常走，即從南面的武關進攻上洛、藍田，直搗長安（南路），這條路過於遙遠，山路難走，對補給要求高，往往只是作為協同而使用。

在進攻中，東魏的高歡喜歡兩路並進，一路從太原沿著汾河谷地過黃河（北路），另一路從洛陽進攻潼關（中路）。這兩條路中，使用北路更多一些，這主要是因為山西地區是高歡曾經的轄地，也是重兵布防的所在，出於調兵方便，常常走北路。

西魏的宇文泰則喜歡在北路持守勢，而在中路使用攻勢，數次派出大軍經過潼關直搗洛陽。由於西魏掌握了潼關天險，又逐漸占據了位於現在三門峽的陝縣一帶，從中路進攻到達洛陽，已經相對容易。在歷次征伐中，西魏都能順利的到達洛陽，並繼續向北，企圖突破黃河直插山西的晉陽，或者向東進攻位於河北的東魏首都鄴城。

但西魏在洛陽東北的黃河邊，卻總是遭到決定性的失敗。

在洛陽以東，有兩個決定戰爭走勢的軍事據點，一個是位於汜水的虎牢關，距離如今的河南省會鄭州只有幾十公里。虎牢關地處黃河邊，在秦漢時期，虎牢關附近就是著名的滎陽城，在楚漢相爭時代劉邦和項羽圍繞著滎陽展開過激烈的爭奪。到了北朝時期，人們在滎陽旁的黃河邊上修築了一座關口，就是虎牢關。

虎牢關位於黃河南岸，這裡全是黃土構成的懸崖臺地，臺地之間溝壑縱橫，幾乎無法通過。只有一條叫做汜水的小河匯入黃河，如果沿著小河而上，就可以進入一個如同大肚寶瓶一樣的谷地，谷地的四周都是峭壁，即便老虎進入這裡，也如同進入了籠子。虎牢關就卡住了籠子的入口。如果西方的軍隊要向東前往豫東地區，只有占據了虎牢關，才敢於向東方進軍，否則就會被虎牢關從背後卡住脖子。

另一個決定走勢的據點是距離洛陽更近的河陽三城，位於洛陽東北的黃河渡口孟津不遠。這裡的黃河中心有一座小島，在島上和黃河兩岸，各築有一座城池，加起來一共三座，三座城市用浮橋相連。西魏在占領洛陽後，如果要渡過黃河向北進攻上黨（現山西省長治一帶）、晉陽，那麼必須將河陽三城拿下，才能順利渡過黃河並且沒有後顧之憂。

西魏的軍隊就在虎牢關和河陽三城這兩個據點屢屢遭受失敗，無法占領。雖然它每次都可以進攻並占領洛陽，但最後由於軍糧耗盡，無法防守，只能退出洛陽盆地，回到陝縣或者潼關。

西魏在中線的進攻無法得手，在北線的防守卻總是非常成功。

在如今的山西運城地區，有一個戰略地位非常重要的三角地帶，夾在黃河、汾河之間，在古代稱之為河內地區。這個三角地帶是北路和中路交會的中間地帶，如果東魏占領了這裡，就可以溝通北路和中路，形成策應，共同打擊敵人。如果西魏占領了此地，就如同一個打入敵人七寸的楔子，讓敵人不敢越過黃河進攻關中。

在這個三角地帶，西魏大將王思政發現了一個最具有戰略意義的地點。這個地點在如今稷山縣西南五公里的地方，在汾河南岸的一個高高土臺上。這個土臺四面絕壁（只有東面相對高差一些，但是這裡築有堅固的城牆），頂部平坦得像一張桌子。在土臺的西壁，又有一個巨大的蝕溝，使得整個土臺變成向西的「凹」字形。

如果在這個土臺上築城，就等於扼住了汾河的咽喉，東魏如果派兵從汾河進入黃河，就必須從玉壁城下經過。由於地勢險要，東魏將士幾乎不可能打下玉壁城。如果東魏將士想要繞過去繼續前進，玉壁城的守軍就會從後方掐斷他們的補給線。

王思政認為，只要占有了玉壁城，就等於防守住了北路，讓東魏無法通過此路進攻關中。唯一的難度是，這裡在黃河東岸，已經深入東魏的境內，對於西魏來說，要守住這樣的城市，也有很大的難度。

幸運的是，西魏在黃河南岸占有了潼關和弘農（陝縣），這兩座城市與玉壁城恰好構成一個三角形，潼關和弘農就是三角形的兩個底角。「潼關——弘農——玉壁」三角

▲玉壁城的地理位置十分重要，為歷代兵家必爭之地。

正好與「黃河——汾河」三角重合，西魏占據之後，東魏就很難從中路和北路進攻關中了。

自從建立之後，玉壁城就成了兩魏戰爭中最血腥的戰場。高歡每次率軍進攻西魏，都必須要先進攻該城。他利用地道、攻城車，所有的武器都嘗試過，卻只留下了數萬具屍體，被迫撤回。

正是有玉壁城的存在，西魏才鞏固了北部的邊防，有力量組織軍隊，對洛陽實施打擊。西魏本來就比東魏弱小，卻能在歷次戰役中不落下風，得益於玉壁城這座城市的傑出防衛作用。

對西魏更加有利的是，梁朝的侯景之亂改變了南北方的實力對比。在東西對抗的同時，西魏（北周）還騰出手來奪取了南方的四川和荊州地區，獲得了兩個超大的糧倉。於是，北方雙雄的勝負手已經悄然變換。原本資源處於劣勢的西魏已經成了中國最強大的政權，在經過了多年的鏖戰之後，西魏的大反攻來到了。

統一與失衡

北齊武平三年（西元五七二年），一場針對左丞相、咸陽王斛律光的陰謀正在進行中。

斛律光是北齊名將，甚至可以說是北齊當時唯一的依靠。他的父親斛律金同樣是名將棟梁，他女兒是當朝皇后，更難得的是，斛律光本人毫無野心，忠心耿耿的服侍著北齊皇帝。

但這時，民間突然傳出了很多民謠，比如「百升飛上天，明月照長安」，又如「高山不推自崩，槲樹不扶自豎」。在古代的計量單位中，一百升就是一斛，而明月則是斛律光的字，北齊的皇族姓高。這些民謠所指向的都是斛律光，暗示他有野心，要篡位。

在南北朝時期，中國的北方政權在學習漢文化的時候，往往以漢代為藍本，而漢代流行天人合一的讖緯，對民謠中蘊含的各種暗示都充滿了警惕。這些民謠的出現，必然令北齊的統治者感到慌張。在民謠的助推下，另兩位權臣祖珽和穆提婆開始構陷斛律光，勸說北齊君主高緯殺掉斛律光。高緯以獎勵斛律光一匹馬的名義，召他前來謝恩。毫無心機的斛律光沒有絲毫懷疑。高緯的衛士劉桃枝從背後偷襲並殺死了他。斛律光在死前故意不做反抗，表示自己沒有做過任何對不起朝廷的事。

斛律光的死，與當年南朝宋的名將檀道濟一樣，成了自壞萬里長城的典範。檀道濟是軍事名著《三十六計》的作者，也是幫助宋武帝劉裕打天下的人，卻由於宋文帝的猜忌而被殺。檀道濟臨死前說：「你在毀掉你的萬里長城！」他死後，北魏君臣彈冠相慶，慶幸南方再也沒有能夠打敗他們的將領了。斛律光死後，北齊的對手北周則慶祝得更為誇張，北周武帝得知後，乾脆在全國範圍內舉行了大赦，慶祝一番。

斛律光之死除了是奸臣所害之外，還是北周大臣韋孝寬的計謀，那些民謠就出自他的手。韋孝寬一輩子為北周立下兩宗大功：一宗是守衛玉壁，氣死了當年的東魏權臣高歡；而第二宗就是除掉了北周的最大對手斛律光。

在斛律光執政的最後年代，強大的北齊由於制度的失靈已經衰落。弱小的北周得到荊州和四川後，卻變得強大起來。只是由於斛律光等人的拚死搏殺，才保持了相對的均衡。

在斛律光死前九年，北齊河清二年（西元五六三年），北周曾經發動過一次激烈的統一戰爭。這次戰爭中，北周選擇了與突厥人聯合，試圖從一條北齊意想不到的路線進攻。

突厥人和北周大將楊忠從山西的正北方，向晉陽（現山西省太原）進攻，而另外兩支部隊則沿著傳統的北線和中線，分別進攻平陽（現山西省運城境內）和洛陽。但這次拼湊的進攻以失敗告終，特別是在北線和中線，斛律光先是在平陽阻擊了北周軍隊，又馳援南方逼退了洛陽的敵軍，可謂厥功至偉。

斛律光死時，北周武帝的下一次戰爭已經在準備了。

這一次，他決定不再像上次那樣分散兵力，而是集中在一個方向進行重點攻擊。到底選擇北路，還是選擇中路，就成了戰略決策的焦點。

北周武帝希望選擇中路，他親率大軍直攻洛陽，再以洛陽為跳板，過黃河，進攻北齊的首都鄴城。這條路接近於當年武王伐紂的道路。有三位大臣卻建議走北路，從汾河進攻晉陽，以晉陽為中間目標，再越過太行山進攻北齊的首都鄴城。這條路近似於當年韓信襲擊趙國的道路。

北周武帝經過衡量，仍然被洛陽古都的氣質所吸引。不過，他也做了變通，不準備直接進擊洛陽，而是順河而下，先進攻洛陽東北黃河上的河陽三城。北周武帝的軍隊長驅直入，攻克了位於黃河南岸的河陰城，阻止北齊軍隊從山西前來救援洛陽。然而，雖然占領了河陰城，位於河水中間的中潭城和北面的河陽城卻久攻不下，洛陽城也一直在堅守，不肯投降。山西方向北齊的救兵又快到了。北周武帝只好撤軍。由於選擇進攻方向的錯誤，他喪失了第一次機會。

事實證明，在從陝西向東進攻河北時，中路之所以不如北路，在於中路的戰略中間點洛陽處於平地之中，從洛陽打擊河北，缺乏制高點，也過於遙遠。如果平地作戰，必須有足夠的機動性，打閃擊戰，但黃河的阻隔讓進攻者的機動性也喪失了，快不起來。對手卻占據了山西的高地，反而可以很容易的實施打擊。在這種情況下，北周的進攻就只有失敗一條路了。

一年後，北周武帝再次伐齊。這次，他吸取了前面的教訓，選擇了北路。與中路相比，北路雖然位於山西的崇山峻嶺之中，卻由於一直順著汾河谷地前進，比起洛陽道的形勢更加簡單。山西地區的晉陽（太原）由於位於各條山脈的中心，擁有居高臨下的氣勢，有著控制河北、河南的作用。所以，北周武帝此次的目的，是利用晉陽從高處控制華北，再居高臨下對北齊首都鄴城進行打擊。這次的策略奏效了，在北周的打擊下，北齊滅亡。

隨著北周統一了北方，南方的陳朝小政權的滅亡已經不可避免。

隋開皇元年（西元五八一年），隋文帝楊堅取代了北周，建立了隋朝。

開皇七年（西元五八七年），為了給伐陳做準備，文帝廢除了位於江陵的傀儡國家後梁，進一步部署軍事計畫。西元五八八年底，占據了四川、荊州和整個長江北岸的隋文帝開始安排一次類似於西晉伐吳的軍事協同行動。

隋朝大軍兵分八路向陳朝猛攻。在西面，隋軍經過一個月戰鬥，占領了長江中游地區，而在東面的進攻選擇了春節時。由於在春節期間陳朝將領們紛紛請假回家過年，士兵也沒有防備，隋軍順利渡過長江。二十天後，首都建康城破，陳後主被俘。經過了兩百八十年的亂世紛爭，中國再次統一在了一個政權之下。

中國歷史上從東漢末年開始的大分裂，中間只經過西晉的短暫統一，大部分時間都處於南北對峙狀態。三國時期，曹魏統一了北方，南方的蜀、吳分別制訂了北伐戰略，卻由於南方的分裂，無法集中資源完成北伐。

東晉之後的南方在大部分時間裡都處於統一狀態，而北方卻分分合合，一直不夠穩定，這本來是南方反攻北方的好時機。但事實證明，南方反攻北方的難度比諸葛亮和張紘想像的要大。南方之所以難以反攻北方，在於北方的地理特徵過於縱深。南方即便攻克了洛陽，未必能攻克由潼關保護的長安；南方即便進入了長安，抵抗者仍然可以退到山西，借助地理優勢居高臨下打擊入侵者。

北方進攻南方時，只要攻克了建康，戰爭就算結束；而南方進攻北方時，即便占領了華北平原、洛陽和長安，戰爭也只是剛剛開始。

不過，即便從南方很難完成統一大業，但東晉南北朝的大分裂豐富了南方的戰略。在這段時期內，南方政權在發展經濟上也取得了巨大成就，同時開發出一條「荊州——建康」軸心，長江也成了戰略調兵的通衢大道。同時，廣州也進入了戰略視野，盧循和陳霸先兩次利用廣州為基地進攻長江流域，前一次失敗，後一次卻取得了成功。

南北對峙下，淮河流域的戰略價值得到了進一步的認識。**「要守長江，必守淮河」已經成了南方政權的魔咒，在未來也一直都是如此——任何守不住淮河的政權必然丟失整個國家。**最後一次驗證這個魔咒的是國民黨政府。西元一九四九年，蔣介石雖然在長江上布滿大軍，卻禁不起解放軍的一次集體衝擊，就是明證。

分裂雖然不利於人民的生活，卻是發展戰略的最佳時機。南北朝之後，中原的戰爭戰略基本已經定型，只有向外擴張時，才由於新的地理因素的引進而有所發展。

但令人感到擔憂的是，由於北周是從長安起家的，它的後續王朝隋和唐也都定都長安。在隋唐時期，長安和關中平原已經不再是中國的經濟和軍事中心，這裡已經供養不起一個帝國的規模。隨著長江流域的經濟發展，關中盆地雖然還有一定的戰略重要性，卻已經成了中原的附庸。

在這種情況下仍然選擇定都長安，必然引起新一輪的失衡，不管是和平時期供養長安物資，還是戰爭時期保衛長安，都必須付出足夠大的代價。於是，中國在軍事戰略上進入了一個失衡時代。

第十一章

唐代建國，關中的最後輝煌

西元五八九年～西元六二二年

隋煬帝組織了上百萬人（號稱兩百萬）的東征高麗行動，由於無法在如此龐大的軍隊中進行有效協同而告終。歷史證明，軍隊不是越多越好，超過需要的軍隊無法組織協同，還會把軍糧吃光，反而成了失敗的根源。

隋朝的崩潰在於財政機器太高效，將高於民間承受能力數倍的稅收從民間抽走。由於財政收入來得太容易，刺激了皇帝的野心，修建了一系列的大工程，並發動了數場耗資巨大的戰爭，拖垮了隋朝。在各地叛亂時，隋煬帝本應該留守北方鎮壓叛亂。但他卻選擇去戰略地位遠不及北方的揚州，實際上放棄了北方，這也宣告隋朝的統一結束了。

隋末楊玄感起義時，李密向楊玄感提出上、中、下三策，其中進攻洛陽是必敗的下策。不料楊玄感卻採取了下策，兵敗身死。當李密成長為隋末最重要的領袖時，又一次面臨著進攻關中還是進攻洛陽的選擇，沒想到，他仍然選擇了進攻洛陽這個下策，從而耽誤了機會，被唐王李淵捷足先登，占據了關中。

李淵進攻長安最大的障礙不是軍事，而是安撫北方的匈奴和南方的李密，趁他們放鬆警戒時完成自己的作戰目標。李淵利用低姿態迷惑了他們，從而完成了軍事計畫。

李淵是最後一次利用「關中——四川」模式統一全國的開國君主。他的策略是：首先從山西借助汾河谷道進入關中地區，獲得四塞之地，再將漢中、四川收入囊中，並平定甘肅、山西內的反抗勢力，拿下所有對關中可能產生威脅的戰略點。一旦關中安全，就東進洛陽和華北平原，取得這個巨大的糧倉和後備基地。獲得北方後，南方由於支離破碎，已經無力抵抗北方的攻擊。

唐代之後，關中的地位繼續下降，依靠關中就不可能再取得整個國家了。

隋煬帝大業六年（西元六一〇年）正月，是一年一度百戲大會的日子。

自從大業二年開始，為了炫耀國家的富裕和強大，隋煬帝每年都會組織龐大的歡會和遊行活動。在會上，匯集了海內外數萬人的樂工和舞者。政府只要聽說哪裡有好的歌舞表演者，都會邀請到東都。

這場集會從春節開始，持續十五天。黿鼉龜鼇（按：黿鼉音同元陀），水人蟲魚，遍覆於地。各種戲法，應有盡有，神鼇負山，幻人吐火，千變萬化，曠古莫儔。百官起棚夾路，從昏達旦。此外，春節還是萬國來朝的時期，大量的外國人擁入，在戲場上來回穿梭，驚嘆於中國的富裕和繁榮。

西元六一〇年春節，突厥的啟民可汗與許多小國的國王一同前來東都。這一年的百戲大會設在了天津街。朝廷拿出了上兆的經費來組織。各種奢侈的器玩，華麗的衣服，綴滿了珠寶金銀，修飾著錦繡羅綺，蠟燭火炬映紅了天空，讓外國人目不暇接[1]。

但在歡樂的背後，隋煬帝卻在組織一次大規模的遠征。他向天下的富人加稅，購買馬匹，又下詔徵兵，向北方的涿郡（現北京）集結，準備東征高麗（現朝鮮和韓國北部）。

在隋代，一共開通、疏浚了五條運河。隋文帝時期修建了一條從首都大興城（長安）到潼關的廣通河，當糧食從中原地區經過黃河運送到潼關附近時，就可以轉廣通河直達首都。

1 《隋書．音樂志下》。

隋煬帝時代則建立了三條，並疏通了另外一條已有的。第一條是從洛陽到淮河南岸的山陽（現江蘇省的淮安）的通濟渠，這條河從洛陽引谷水和洛水入黃河，再引黃河水入淮河。第二條從淮河到長江，則採用了春秋時期吳王夫差修建的邗溝舊道，進行了加寬，這條河（山陽瀆）從山陽直到江都（現江蘇省揚州）。

第三條是渡過長江之後，從江都對面的京口（現江蘇省鎮江）到餘杭（現浙江省杭州）的江南河。

這三條運河便構成了「洛陽——杭州」運河的主航道。另外還有第四條運河，是向北連接的永濟渠，從黃河北岸延伸到涿郡（現北京）。這條河將洛陽與北方連接了起來，直達現在的北京附近。涿郡也就此成了北伐的轉運中心，不管是物資還是士兵，都會首先運到涿郡，再經陸路朝東北出發。

▲隋唐大運河，以東都洛陽為中心，西沿廣通渠達大興城長安、北由永濟渠達涿州、南經通濟渠、山陽瀆和江南運河達江都、餘杭。

第二年，征伐高麗的軍事行動繼續準備，皇帝下令建造三百艘海船集結在東萊海口（現山東省煙臺），作為從海上打擊高麗的基地。官兵們日日夜夜造船，甚至為了趕工期不敢上岸，腰部都生了蛆。

煬帝本人則在四月抵達涿郡，隨後下令建造五萬輛運輸車，送到高陽（現河北省高陽縣，位於保定東南），再由士兵拖往前線。七月，江淮以南的民夫開始將大量的糧食，從洛陽附近的洛口倉、黎陽倉運送到涿郡，運河中一時擠滿了船隻，上千里不絕，路上奔波的運輸工達到了數十萬，死亡的不計其數。

所有的糧食運送到涿郡後，就無法使用水路了。接下來，要由民工用牛車運到下一站——懷遠（現遼寧省阜新境內）。由於東北地區較少開發，一路上坎坷泥濘，又造成了大量的死亡。

到這時，許多人禁不起折騰，已經走上了逃亡或者叛亂的道路。沿著運河各地，小的叛亂此起彼伏，煬帝只好命令各地政府進行鎮壓。

那麼，如此折騰的運輸，到底組成了多大一支軍隊呢？答案是：一共徵發了正規部隊二十四軍，加上御營軍，一共湊了三十個軍和十二衛，共一百一十三萬三千八百人，號稱兩百萬人。

這兩百萬人又分成水軍和陸軍，其中水軍以東萊為基地，渡海直接打擊敵人的重要城市。而陸軍則從陸地經過三道防線，進攻敵人首都。

其中第一道防線是在遼東（現遼寧省遼陽）的遼河防線，第二道是現在中朝邊境的鴨綠江防線，第三道是在如今朝鮮境內的薩水（清川江）防線。

大業八年（西元六一二年）正月初二，隋煬帝終於下達了出發的命令。每天出發一軍，每軍相隔四十里，一共花了四十天，所有的軍隊才出發完畢。隋軍在綿延上千里的進軍路線上旌旗招展，蔚為壯觀。

隋煬帝動用如此龐大的軍隊去征服一個彈丸小國，不是沒有反對的聲音。實際上，許多人看到了問題的所在：中國歷史上，還沒有出現過一支號稱兩百萬的部隊，這個龐大的部隊必然導致協同的不暢，引起效率的低下，被敵人各個擊破。

即便不會在戰場上失敗，吃飯的壓力也最終會壓垮補給線，造成軍隊的分崩離析。

在進攻過程中果然問題不斷。最合適的進攻方法是由段文振提出來的：為了避免軍需壓力，應該水陸並進，快速打擊，直接進攻首都平壤，速戰速決。

但是隋煬帝並沒有採納這個提議。於是，這支笨拙的大軍就以每天四十里的速度向高麗的邊境爬行。

三月十四日，隋煬帝到達遼河，開始準備渡河事宜。為此需要搭三道浮橋，但工部尚書宇文愷造的浮橋卻比河短了一丈有餘，結果士兵們上了橋仍然無法到達彼岸，只好撤回，丟下了大量的屍體。

十天後，隋軍才終於渡過了河。接著，隋軍的任務是攻克河對岸的遼東城。這件看似不麻煩的任務又耗去了隋煬帝兩個多月時間。

遼東城曾經多次想要投降，可煬帝要求將軍們不能自作主張，必須向他彙報。可每一次將領們找到他，報告完畢，又經過他決策之後，敵人已經重新安排好守備，繼續抵抗了。

到了六月初，隋煬帝嫌攻城太費時間，於是分出了九個軍共三十萬五千人先行東向，渡過鴨綠江進攻平壤。這支由于仲文和宇文述領導的部隊本來要和水軍會合，可是由於陸軍行動太慢，水軍已經被高麗先期擊敗，退走了，陸軍只好單獨出發。

到了鴨綠江，高麗派遣大臣乙支文德前來商談投降事宜。將軍們在自作主張和聽從皇帝之間搖擺不決，又耽誤了不少時間，還放走了乙支文德。

最後終於開始了攻城行動。但就在這時，宇文述又發現了新的問題：隋軍的糧食吃光了。出發時，本來每個士兵帶了百日的糧食，可由於糧食和武器裝備太重，士兵們偷偷把糧食都遺棄了。結果，圍困平壤還沒有開始，最先感到饑荒的反而是隋軍。

宇文述只好退軍。但在士兵們渡過薩水不到一半時，高麗人發起了進攻。活著的隋軍向鴨綠江奔逃，龐大的三十萬大軍只有兩千多人逃回。

這次遠征，是一次軍事協同作戰的巨大失敗。在本來需要協同的任何環節，都出現了極大的失誤。但實際上，以當時的技術能力，任何人都不可能組織如此大規模的軍事行動。要想獲勝，就必須減少士兵人數，降低後勤難度，只有這樣才能增加協同性。軍隊的數量不是越多越好，而是要合適。

進攻高麗，也是隋朝崩潰的開始。這次遠征剛開始，運河沿岸的人們就已經開始造反。隨後，煬帝又進行了第二次遠征。第二次遠征剛上路，就經歷了大臣楊玄感的叛亂，結果，所有的軍事準備、巨大的人力物力消耗都白費了。

大業十年第三次遠征以高麗王表面服從而告終，但這時，隋朝社會已經失控，中央政府再也無力挽救局面了。

隋朝崩潰於大躍進

隋朝建國後的政策可以稱得上是一次古代版的「大躍進」。

隋文帝本人生活節儉，為人刻薄，特別重視財政，並以財政來衡量民間的富裕程度。隋代由於經過了長期的分裂，剛剛統一，隋文帝的雄心壯志也造成了同樣的問題。為了表現盛世繁榮，隋文帝很重視戶籍和土地的增長情況，他一方面加大對人口的核查力度，將每一個不納稅的逃籍戶都找出來；另一方面加大對土地的丈量和分配，務必讓全國沒有隱藏的土地。由於隋代的稅收是根據土地、人口、戶數三方面進行徵收的，土地和人口的增加，就能提高政府的財政收入。

結果，隋代統計的土地和戶籍資料在政府的宣導、官僚的浮誇下，出現了極大的失真。以土地資料為例，開皇九年（西元五八九年），根據政府的統計，隋代的土地達到了十九．四億畝[2]，約合現在的二十一．三億畝土地，已經超過了中國現代的耕地面積。而事實是，在漢唐時期，中國耕地數量在五億畝（現代畝）左右徘徊，明代之後才大幅度攀升[3]。

隋代的土地統計偏離了實際資料四倍，如果按照這個資料進行徵收，必然導致稅率水準抬高了四倍。到了隋煬帝時期，浮誇更加嚴重，官員上報的資料是五十五．八五億畝[4]，已經超過實際情況十倍。

人口資料雖然沒有這麼離譜，卻也有些驚人。根據統計，恢復和平沒有多少年的隋朝戶數達到八百九十萬戶，人口四千六百零二萬人[5]。作為對比，唐太宗的貞觀之治時期，官方統計的人口不過三百萬戶而已[6]，相當於煬帝時期的三分之一。

正是隋代的財政豐盈，才導致隋文帝和煬帝父子兩人都熱衷於大規模的工程。他們大建首都宮殿樓堂館所，開鑿和疏浚了五條大運河，在洛陽附近修建了一系列大型的倉庫堆放糧食。經過兩位皇帝的不斷消耗，民間的糧食仍然源源不斷的堆滿糧倉。

當財政豐盈時，對外戰爭就成為必然。

在中國歷史上，**隋煬帝是除了蒙古人之外，跑得最遠的皇帝之一**。在他統治期間，曾經向南發動戰爭，進攻如今在越南中部的林邑國，也就是歷史上的占婆國。又遣兵進攻了現在臺灣的流求國。在北方，為了震懾突厥人，修築了位於黃河、燕山以北的三千里御道，花費了大量的人力。而在西方，也對位於新疆和中亞的西域諸國進行了打擊。

但他在東征之前最著名的遠征，是向祁連山中的蠻荒谷地進軍。

在如今，如果坐汽車從張掖南下去西寧[7]，汽車先是在河西走廊的乾旱土地上行駛，接著就會進入山區，順著河谷逐漸爬升，植被也從農田變成了山區林地，最後是草原，在道路的兩側，則是祁連山脈四千公尺高的白色雪峰。這裡現在被稱為扁都口，古代被稱為大斗拔谷。

2 （唐）杜佑：《通典．食貨二》。
3 趙岡、陳鐘毅：《中國土地制度史》，新星出版社，二〇〇六。
4 《隋書．地理志》。
5 《隋書．地理志》。
6 《新唐書．食貨志一》。
7 從西寧到張掖的高速鐵路也經過這一著名的山區，最高海拔在兩千公尺以上，是中國高速鐵路巨大成就的體現。

隨後，汽車翻過山口，進入一片巨大的草場，一座叫做峨堡的古城遺址在草場上聳立，經過草場後，爬過一串雪峰，就進入了青海省西寧所在的青藏高原地帶。

這條路在夏天還充滿了綠草鮮花，到了冬天則白雪封路、天寒地凍。在古代，由於沒有現代的道路系統，只能沿著陡峭的河邊行走，對於行人更是九死一生的體驗。但這條路，也是歷史上著名的一條行軍道，直接連接了青藏高原與河西走廊，它還是中國統一皇朝的皇帝（蒙古人除外）最遠到達的所在。

大業五年（西元六〇九年），隋煬帝率領軍隊從長安出發，舉行了一次著名的遠征[8]。為了征伐吐谷渾，他率軍從首都大興向西出發，進入甘南，再向西北進入如今的青海西寧一帶，這裡就是吐谷渾的所在。

但隋煬帝並不以到達西寧為滿足，他從這裡北上，翻越祁連山脈，經過大斗拔谷（扁都口）。在谷地裡，風雪彌漫，天昏地暗，煬帝與他的隨從失去聯繫，士兵凍死了一大半。

翻越祁連山到達張掖之後，隋煬帝接受了高昌王麴伯雅的朝見，高昌王向隋煬帝獻出了位於新疆的大片土地，皇帝在那兒設置了西海、河源、鄯善、且末等郡。這是隋代疆土的鼎盛時期。

從河西走廊回來後，隋煬帝就開始準備東征高麗了。在征高麗之前，隋朝的社會經濟已經在巨大的財政機器下被壓榨得嘎嘎直響，但這個高效的機器卻又總能繼續壓榨，給皇帝帶來巨大的幻覺。

而這種幻覺隨著遠征高麗帶來的巨大的軍事財政負擔，終於破滅了。隋煬帝三征高麗結束時，全國已經陷入了持續的動盪之中，各地較具規模的叛亂達二十多處。

但即便叛亂如此之多，隋煬帝仍然有財力舉行下一次征伐，他率領大軍進入山西北部的雁門，要與突厥人作戰，被突厥人圍困差點兒被俘。

突厥解圍之後，隋煬帝本應該迅速從雁門回到首都大興（長安）坐鎮，指揮鎮壓叛亂。當時從雁門回長安的道路有三條：一條是從雁門走北方的河套地區，從陝北直達長安；另一條是經過太原，走汾河谷地，渡過黃河回長安；最後一條，也是最遠的一條是經過東都洛陽，再走潼關回長安。

煬帝本來應該走前兩條，以最快的速度回去，但他先是貪戀洛陽（軍隊、大臣的家人大都在洛陽），決定走最後一條路。到了洛陽之後，又決定不回長安，而是前往南方的江都（現江蘇省揚州），這就把整個中國北方拋棄了。

江都雖然富裕，但在軍事上的重要性卻遠低於北方。當中國北方陷入戰亂時，隋煬帝想學習東晉的做法，在江都建立首都。但這種做法更加失策，這是由於：第一，北方統一南方容易，南方反攻北方卻非常困難，隋煬帝的做法實際上是放棄了北方；第二，皇帝的部下大都是北方人，且有家屬在北方，他們開始表達不滿。

這時，大臣宇文述的兒子宇文化及乘機殺掉了煬帝，率軍北歸。隋煬帝的死亡，意味著隋朝的統一已經不再，各地分成了幾十個小政權互相作戰，局勢向著另一次亂世滑去。

8　《隋書．煬帝紀》。

李唐：低調示人的黃雀

在隋朝的所有反叛者中，最有希望繼承正統的是李密。

隋煬帝第二次東征期間，在黎陽（現河南省浚縣）督運軍備的禮部尚書楊玄感突然爆發了叛亂，導致東征失敗。

在隋代，圍繞著東都洛陽，中央政府曾經在各個河口交匯處建立了一系列的大型倉庫，便於全國的稅收（當時以糧食為主）調撥。其中比較重要的幾座是：位於洛河與黃河交匯處的洛口倉，圍繞著東都洛陽的回洛倉、含嘉倉和河陽倉，以及主要負責北方糧食的黎陽倉（見左頁圖）。楊玄感占據了黎陽倉，也就切斷了北方隋煬帝的軍事補給。

楊玄感的知交李密從長安趕往黎陽，加入了叛亂。對於叛軍何去何從，李密給楊玄感提出了上、中、下三策。

上策是：從黎陽向北方進軍，占據北京，然後出兵臨榆關（山海關），與高麗前後夾擊攻擊隋軍。由於楊玄感斷絕了隋煬帝的糧道，不用多久，就可以戰勝煬帝。這樣做，皇帝幾乎不可能逃過被擊敗的命運，叛軍成功的可能性很大。

中策是：從黎陽向西進軍，盡快占領關中地區和長安，利用關中的地形進行守備，再逐漸統一全國。這樣做必然可以獲得關中地區。但由於關中的地位在全國已經下降，獲得了關中不一定能夠統一全國，叛亂頭子很可能成為地方軍閥。

下策是：進攻距離黎陽最近的東都洛陽，因為出征將士、百官的家屬大都在這裡。但洛陽的防衛也極其穩固，易守難攻，如果叛軍在百日之內無法攻克，等到各地勤王的軍隊都來到了，就是叛亂者的敗亡之日。

出乎意料，楊玄感卻選擇了下策，他的盤算是，先占據洛陽，把在洛陽的官兵家屬當作人質，讓隋煬帝的軍隊瓦解。事實證明，李密的預測是對的。叛軍對洛陽久攻不下，各地勤王軍紛紛到達，楊玄感的軍隊處於絕對劣勢之中。他被迫轉向中策，向關中進擊。但此刻改弦更張已經過晚，加上進軍路上猶豫不決，屢屢為城池所累，最後叛亂被平定。

楊玄感失敗後，李密改名換姓踏上了逃亡之路，他逃到了一個叫瓦崗寨（現河南省滑縣境內）的地方，加入了一夥強人，頭兒是一位叫做翟讓的人。

由於李密是文化人，逐漸成了瓦崗軍的首領。這支軍隊離開瓦崗之後，向南占領了恆山南方的陽城（現河南省登封市告城鎮境內），在這裡，李密制訂了進軍洛口倉的計畫。在當時，洛口倉位於洛河與黃河的交界處，糧食儲備是隋代幾大糧倉中最為豐富

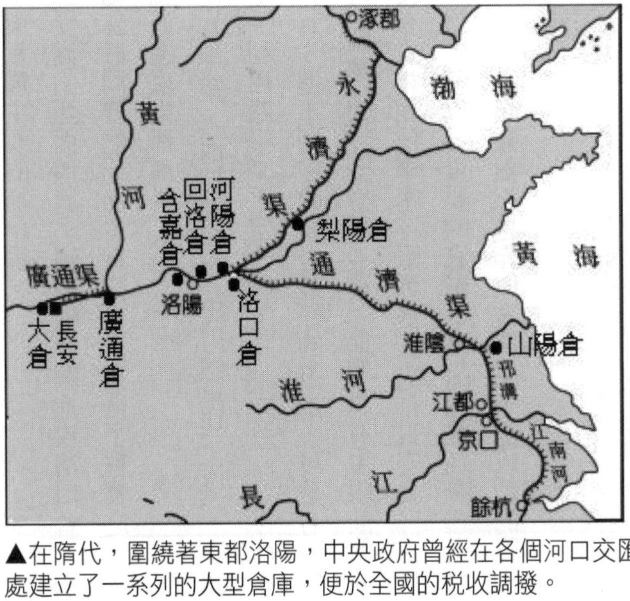

▲在隋代，圍繞著東都洛陽，中央政府曾經在各個河口交匯處建立了一系列的大型倉庫，便於全國的稅收調撥。

的，又地處交通要道，封鎖了洛口水路，就截斷了東都最主要的補給線。

大業十二年（西元六一六年）二月，李密率軍從嵩山西面擦過，經過轘轅關進攻洛口倉，乘機占領了這裡。此刻，李密突然間面臨著與當年楊玄感同樣的局面：在洛口倉獲得了糧食之後，他有兩種選擇：要麼向西進攻關中和長安，要麼就近進攻東都洛陽。

當年李密給楊玄感制訂計策時，將進攻關中作為中策，而把進攻東都洛陽當作下策[9]。李密的部下也向他提出進攻長安，獲得關中四塞的天險，利用關中來平定全國。

此刻成為統帥的李密卻否定了這個提議。他認為，進軍關中的確是最好的方法，可是考慮到自己手下的素質，卻無法做到。李密的兵大都來自翟讓領導的烏合之眾，他們更看重眼前的勝利，不在意全盤的形勢。如果連東都都攻不下，沒有人肯相信李密，跟著他去攻打長安。

從西元六一六年到西元六一八年這三年時光，這支隋末最重要的底層軍事組織就耗費在進攻東都洛陽的戰役之中。隋朝派來了大將王世充與李密對峙，雖然王世充敗多勝少，卻成功的阻止了李密的西進。

與此同時，在江都殺掉了隋煬帝的宇文化及率軍北上，希望回到關中地區，卻被李密在黎陽擊破，宇文化及輾轉於河北、山東一帶，被另一支叛亂軍隊竇建德所殺。王世充也乘著李密戰勝宇文化及之後的驕傲與疲憊，擊潰了李密。

就在李密與王世充纏鬥，失去了進攻關中機會時，卻是「螳螂捕蟬，黃雀在後」，另一支重要的軍事力量乘機向關中進軍。這支力量就是唐王李淵和他的三個兒子。

大業十三年（西元六一七年），就在李密與王世充在東都對決時，在晉陽（現山西省太原）

擔任太原留守的李淵已經忍不住了。

李淵是北朝貴族世家，在隋代擔任唐國公，也曾多次擔任地方長官。後來由於隋煬帝猜忌，被召回了煬帝的身邊。但隨著天下大亂，煬帝被突厥人圍困，李淵再次被起用，赴任太原鎮守山西重鎮。

李淵赴任時，社會局勢已經亂到了極致。李淵作為朝廷命官，又有數千人馬隨行，當他率領人馬沿著汾河谷地前往太原時，竟然遭到了一位民間叛亂分子甄翟兒的襲擊，被圍困在山西介休一帶的雀鼠谷中，如果不是兒子李世民及時相救，差點兒遭遇了不測。

到達太原後，李淵在兒子們的幫助下，迅速平定了太原周邊。此刻，隋朝江山已經分割成了無數小片，除了李密之外，在河北有竇建德、河南有盧明月、魯郡（現山東省兗州）有徐圓朗、馬邑（現山西省朔州）有劉武周、朔方（現陝西省橫山縣）有梁師都、榆林有郭子和、隴西有薛舉、河西有李軌。

在李淵身邊有一群人敏銳的認識到，即便想回到隋朝也已經不可能了。現在只是到底誰能脫穎而出，統一全國的問題。此時，李淵已經五十二歲，他的幾個兒子都已經成年。這個年齡已經接近老年，但對古代的開國帝王來講卻是黃金年齡。

雖然人們談論年輕人的衝勁更足，但在開創一代新王朝上，年輕人往往不夠成熟。群雄滅秦之時，劉邦已經四十歲，而項羽只有二十六歲，劉邦積累了足夠的人脈，得到眾多的幫手來完成

9　當年的上策已經失效，此時皇帝已經不在北方，也就無法北上進攻皇帝了。

多方出擊的戰爭。過於年輕的項羽卻無法獲得人才優勢，只能依靠單方面的打拚，他走到哪兒，就勝到哪兒，但他照顧不到的地方，卻屢屢吃敗仗。

劉邦之後的歷代開國者大都是年長者開國，只有東漢光武帝劉秀是個例外（三十歲稱帝）。還有幾個依靠禪讓的朝廷，在父親打好基礎後，由年輕的兒子完成禪讓的最後一步。

李淵太原起兵時，也積累了足夠的人脈資源，有閱歷來處理與部下將領的關係，形成多頭出擊。令人羨慕的是，他的三個兒子都野心勃勃、能力出眾，彌補了他作為老人的體力和膽量的不足。更難得的是，李淵同時是一個合縱連橫的高手，圍繞著最終目標，在螳螂和蟬爭鬥時，只是靜靜的行動，絕不打擾他們。當其他人纏鬥完畢，回頭一看，才發現李淵已經占據了先機，到這時，他的優勢已經不能動搖了。

西元六一七年，在兒子和部屬的鼓動下，李淵殺掉了隋煬帝派去的副手王威、高君雅，獲得了絕對的權力，隨後在太原起兵，向西南方向進攻長安。

雖然進攻長安是目的，但最首要的任務是保衛好自己的後方和側翼。由於太原北方還有突厥和另一個軍閥劉武周的威脅，而在南方的洛陽，勢力最大的反叛者是李密，只有安撫好突厥、劉武周、李密這三方勢力，才能保證在出兵長安時，太原基地不會丟失。

李淵首先派人前往突厥，向突厥人獻上厚禮並稱臣，表示了聯合的意向。他提出，出兵之後，自己只要土地，而劫掠的財產歸屬突厥。突厥人接受了這個提議，並送了兩千匹馬作為支援。由於馬邑的劉武周也是投靠突厥的，李淵搞定了突厥，也就搞定了劉武周。於是，李淵的北方邊境得到了保證。

對南方，李淵則派人與李密聯繫，奉李密為盟主，放低了自己的姿態。李密獲得了沾沾自喜的資本，而李淵卻鞏固了南方邊界。

唐軍進軍關中的難度最主要不是軍事上的，而是人際關係上的，當李淵以低姿態擺平了幾個競爭者之後，他已經占據了先機。這個小心翼翼的黃雀最終會讓當初忽略他的人大吃一驚。

在太原與首都長安之間，最便捷的通道是向西南匯入黃河的汾河谷地。在谷地中最驚險的一段，是介休附近的雀鼠谷，谷地向南經過賈胡堡到達霍邑（現山西省霍州），霍邑就是李淵起兵中的第一大障礙。

從霍邑向南，經過臨汾，就到達了隋朝重兵守衛的另一座城市絳郡（現山西省絳縣），是為第二大障礙。

從絳郡出發向西南，當時人們最常走的路是經過河東（現山西省永濟），在蒲阪渡過黃河，進入關中平原的道路，而河東城更是重兵把守之地，是為李淵進攻的第三個障礙。

過河之後，在渭河邊上有一個巨大的倉庫永豐倉，到了這裡，唐軍就獲得了重要的補給，是為進攻長安之前的一個中間目標。

李淵出發一個月後，到達了霍邑城下，此刻守衛霍邑的是隋朝守將宋老生。隋軍的最佳戰略是守險不戰，直到進攻者筋疲力盡再消滅它。但缺乏經驗的宋老生在李淵的挑戰下貿然出擊，被斷了後路，霍邑被輕鬆攻克。霍邑的失守引起了連鎖反應，李淵迅速向南推進，先後占領了臨汾和絳郡，半個月後，唐軍已經站在了龍門的黃河邊。

此刻，在黃河的東岸仍然有一大威脅等待著唐軍，就是位於河東的隋朝守將屈突通。

河東位於黃河蒲阪道的樞紐地帶，屈突通又是有經驗的老將，不會輕易被攻克。李淵在嘗試之後，決定採取另外的策略：從另一條稍微繞遠的道路，也就是汾河與黃河匯合口附近的龍門渡過黃河，同時留下一部分人馬進攻河東，避免屈突通從後面騷擾。直到李淵進入長安之後，河東據點才被攻克。

渡過黃河，李淵的唐軍占領了永豐倉，獲得了大量的補給。打開倉門，開倉放糧，得到了人們的擁護。接著，他兵分數路，一面圍攻長安，一面分兵在渭河谷地四下平定叛亂。兩個月後，當長安城最終被攻克時，長安周邊已經基本被平定。

在之後的數個月內，李淵除了攻克河東和潼關之外，還獲得了漢中、四川、陝北、靈武、南陽等多個地方，到這時，秦漢時期的關中四塞基本上都掌握在了唐軍手中，由於李淵還占據了四川和漢中，已經獲得了秦朝和漢朝統一之前的地理優勢。既有糧倉，又有險關，到這時，一條像當年秦始皇、漢高祖統一全國一樣的道路展現出來了。

但在隋唐時期，關中的優勢更加衰落，中原的富庶、江南的崛起讓關中的經濟地位變得微不足道。李淵即便占領了關中和四川，還有沒有可能搭上末班車，再一次利用「關中——四川」模式完成統一呢？

有人說，李淵比起當年秦始皇、漢高祖的優勢在於，他還掌握了山西高地，對於中原地區有壓迫性。但實際上，山西也並沒有全面掌握在他的手中，在山西的馬邑還有另一個軍閥劉武周，限制了山西的軍事優勢。

那麼，李淵如何行動，來最大化自己的優勢，從而搭上關中的末班車呢？

清理後院的戰爭

在奪取了關中之後，李淵接下來的最大任務是占領東都，而要占領東都，最大的敵人是李密、王世充和位於河北地區的竇建德。隨著李密被王世充打敗，李淵在北方最大的對手就只剩王世充和竇建德了。

與李淵相比，王世充和竇建德雖然實力強勁，可在地理上卻都處於平原地區。還有一些小軍閥實力不如他們，卻占據了險要，如果不把他們清除掉，在唐軍向東方進攻時，他們就會在背後進攻，牽制唐軍的軍事行動。

這些小軍閥位於隴西、河西走廊和山西北部，只有清理了這些後院，才解除了後顧之憂，可以放手對付位於中原和華北平原上的敵人。

這些較小的叛亂者是：在甘肅南部，以天水、臨夏、蘭州為中心，盤踞著軍閥薛舉和他的兒子薛仁杲；在河西走廊地區，是號稱涼王的李軌；在山西的馬邑（現山西省朔州）則是投靠了突厥人的劉武周。

另外，在如今的北京地區（幽州），還有一位軍閥羅藝，李淵進入長安後，羅藝一直對李淵表現出效忠。幽州的臣服，使得李淵在遙遠的北方獲得了一個堅固的同盟者。

最先對李淵發難的是位於甘肅南部的薛舉。隋大業十三年（西元六一七年），隨著李淵剛剛獲得關中地區，薛舉也開始以天水為基地，向唐軍發起了進攻。

在隋唐時期，從天水進攻關中平原的道路主要有兩條。一條是最常用的（南路），從天水經過隴山，下隴山後到達如今的隴縣一帶，繼續向東進攻扶風（現陝西鳳翔縣境內）。扶風位於群山之中，有五條河流（汧、渭、漆、岐、雍）交匯於此，是長安城西面的屏障。一旦獲得了扶風，就擁有了從渭河上游打擊長安的地理優勢。

另一條（北路）是從北邊繞遠的道路，從天水經過六盤山，在如今的固原南面順著彈箏峽向東去平涼，再下涇州（現陝西省涇川）。這一條路連接固原地區，從長安去往塞外就用這條路進入固原。

薛舉使用了最直接的隴山——扶風道，他的兒子薛仁杲下隴山圍困了扶風，但被李世民率領的援軍擊敗，退回了隴山之上。

當南路被唐軍扼守時，薛舉轉而尋求從北路突破，

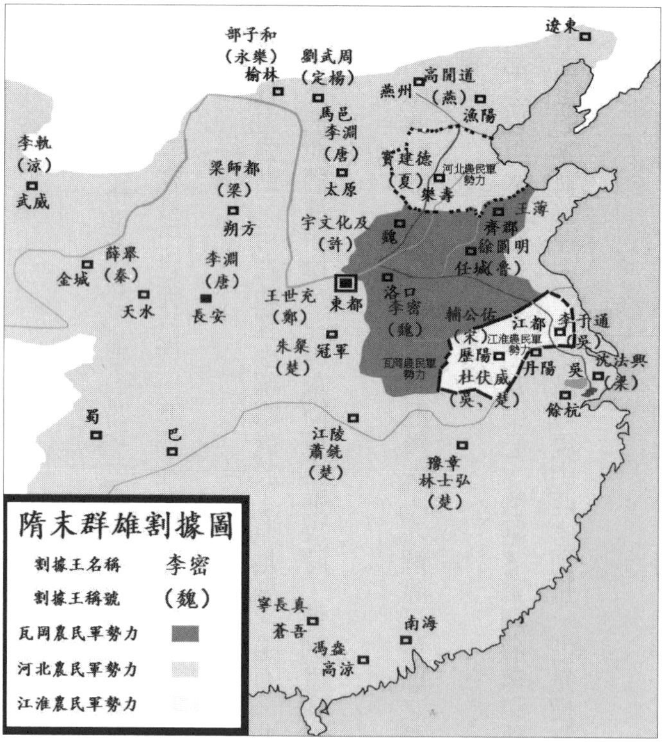

▲隋末民變四起、群雄割據之際，許多隋朝的官吏也紛紛造反，擁兵自立。

大舉進攻涇州。唐武德元年（西元六一八年），薛舉率軍從天水出發，進入北方的涇州地區，由於涇州有唐軍守衛，薛舉越過涇州，擊敗唐軍，向長安進軍。此刻，也是李淵的唐王朝最危急之時，如果丟失了長安，就意味著關中地區的混亂。即便未來唐軍能夠奪回長安，卻由於失去了時間，東部群雄可能已經整合完畢，不容易進攻了。

但是，幸運的是，薛舉突然死了，他的兒子薛仁杲威望和能力都不足，無力發動新的攻勢。同年下半年，唐軍大舉反攻，逼迫薛仁杲投降。

薛仁杲的滅亡，消除了唐軍關中地區最大的隱患。第二年，唐軍又擊敗了盤踞在河西走廊一帶的軍閥李軌。到這時，李淵開始緊鑼密鼓的準備起進攻洛陽來。

在洛陽地區，擊敗了李密的王世充已經殺掉了隋朝的傀儡皇帝楊侗，自稱皇帝，建國號為鄭。而在河北、山東一帶，竇建德也已經稱王，建國號夏。

就在唐軍準備東征時，突然卻傳出了北方軍閥劉武周入寇的消息。劉武周曾經在隋朝擔任過武官。當隋末群雄大亂之時，他在馬邑發動了叛亂，並依靠突厥人，占據了山西北部地區。

當李淵從太原率軍進入關中，開創一代王朝時，在他的背後，還有另一個人決定全盤照搬，複製他的軍事行動。

劉武周決定利用自己在山西北部馬邑的地理位置，首先進攻太原，將李淵發跡的老巢據為己有，再順著李淵進攻長安的道路向西南進軍，也完成一次進攻長安，奪取關中地區的控制權。

劉武周在大將宋金剛的幫助下率軍南下。由於晉陽（太原）駐紮著唐朝的晉王李元吉（李淵之子），劉武周繞過了太原，首先進攻太原南面的榆次，再繼續南下占領了平遙和介州（現山西省介休），並以介州為基地，擊敗了唐軍的數次援軍。

在如今介休東南十公里左右，有一個叫做張壁的小村子。這個村子建設在一個三面環溝的土原之上，溝深數十公尺，是個易守難攻的軍事寶地。如今的張壁村仍然環繞著城牆，街道兩旁房屋高大、小巷狹窄，帶有強烈的軍事色彩。在張壁村的地下，保留著複雜的地道，這些地道四通八達，又分為數層，是中國少有的古代地下系統。

當年劉武周就利用這些地道和堅固的堡壘，擊敗了唐軍的進攻，切斷了太原和南方的聯繫。由於唐軍的救援無法到達，李元吉逃離了太原，將這個山西最重要的軍事重鎮拱手讓給了劉武周。劉武周繼續南下，先後攻克了晉州（現山西省臨汾）、澮州（現山西省翼城）等地，並控制了渡過黃河的龍門通道。這時，除了西南一隅（河內地區）外，整個山西都掌握在劉武周手中。

劉武周的南下，讓李淵不得不推遲進攻洛陽，首先對付這個山西的競爭者，保證側翼安全。為了避開敵人的勢頭，有人提議唐軍撤出山西，退到黃河以西，再集結力量與劉武周決戰。

這個提議被李世民否決，他率領軍隊東進，與劉武周相持在絳州一帶。在如今新絳縣以西的汾河南岸，有一個叫做柏壁的小村子。這個村子距離東、西魏玉壁大戰的戰場玉壁城只有二十公里左右，與玉壁一樣，同樣屬於黃土臺地地貌。

柏壁村的位置恰好位於幾條道路的交會點附近，它西可以通黃河的龍門通道；東南可以經過垣曲縣，到達濟源，再過黃河前往洛陽；北可以沿汾河谷地而上，去往太原。李世民選擇柏壁的意圖很明確，和當年西魏占據玉壁一樣，李世民只要占有了柏壁這個位於高臺地上的堡壘，劉武周就不敢貿然東進進攻長安，而它在幾個方向上的交通線也都會受到柏壁的騷擾。

為了克服柏壁的屏障，宋金剛率軍圍困了這裡。李世民一面下令運輸糧食囤積在柏壁，做好長期圍困的打算；一面堅守不戰，以消耗敵人的物資為主。最後，再派軍破壞了敵人的交通線，造成了敵人的糧食匱乏。

半年後，宋金剛放棄了速勝的打算，由於糧食無以為繼，終於率軍撤走。在撤退途中，遭到了唐軍毀滅性的打擊。

劉武周進攻時勢如破竹，在撤退時也崩盤得非常迅速。一路上，他放棄了占領的所有據點，包括晉陽，退回了北方的馬邑，又逃入了突厥，最終被殺。

劉武周的失敗，讓唐軍消除了一個心腹大患。到這時為止，影響關中地區的所有戰略點都已經被唐軍控制。王世充與竇建德雖然凶猛，但他們處於地理上的絕對劣勢之下，唐軍鞏固了關中和山西堡壘之後，開始出關向最大的敵人進攻了。

關中的最後輝煌

唐武德三年（西元六二〇年）六月，經過多次耽擱之後，唐軍進軍東都的戰役終於爆發。

此刻，由於唐軍的遲遲不發，王世充已經藉機占據了大片的領土，南方直達襄陽，東方達汴州（現河南省開封）、杞州（現河南省杞縣）。在東北方向，則與另一個軍閥竇建德相接，竇建德占據了河北和山東的廣大地區。

唐軍進攻時，王世充的主要兵力除了分布在洛陽和幾個衛星城之外，還有襄陽、虎牢、懷州

（現河南省沁陽）等交通要道。

王世充的薄弱點在西面的崤山、函谷關一帶，由於唐軍占領了從關中到河南的天險潼關、陝州（現河南省陝縣）一帶，王世充在西面缺乏抵禦唐軍的地理優勢。為此，王世充採取的方法是「機動防禦」與「固守首都」的結合。

所謂機動防禦，指的是由於缺乏天險，只能派出機動軍隊，在唐軍主力的方向做防守。另外，自從隋代以來，洛陽就彙集了天下的糧食，建立了一系列的糧倉，可謂兵強馬壯。王世充希望在首都做防禦，當唐軍久攻不下，而糧食又出了問題時，就會撤軍。這種思路與當年王世充和李密決戰時是一樣的。

唐朝大軍在李世民的率領下東進，王世充採取了機動作戰，派出三萬人阻擋唐軍的前進，卻被李世民擊敗。他只好東撤，回到了洛陽一線，放棄了機動作戰，開始認真組織洛陽防禦戰。

為了對付王世充的堅城防禦，李世民則採取了蠶食戰略。他知道一時無法攻克洛陽，就從周邊入手，首先切斷洛陽與周圍的聯繫。

洛陽的南面，與江漢平原的聯繫主要透過龍門山（現龍門石窟所在）上的伊闕塞進行溝通，通往伊闕可以前往南陽、襄陽。李世民派軍向南進軍伊闕，切斷洛陽與南方的聯繫。

洛陽的北面，是黃河和孟津渡口，黃河以北又是軍事重鎮懷州（現河南省沁陽），而在黃河以南則是著名的糧倉回洛倉，也是洛陽的糧食基地。李世民派軍進攻懷州（沁陽），再從懷州向黃河進軍，切斷回洛倉與洛陽的聯繫。

洛陽的東面是另一大倉庫洛口倉，也是李密當年進軍洛陽的基地。李世民同樣派軍占領了洛口倉。李世民本人則率領大軍繼續進攻洛陽城。

在唐軍的節節進逼之下，王世充退入了越來越逼仄的空間之中，大批的軍隊投降了唐軍。周邊的據點逐漸被清理乾淨，洛陽越來越成為孤城。

然而，對唐軍來說，這樣的策略也有巨大的風險：在唐軍與王世充對壘時，位於河北、山東地區的另一個軍閥竇建德的走向令人關注。如果他乘機加入反對唐軍的一方，必然導致唐軍的腹背受敵，陷於危險。

為了拉攏竇建德，李淵在進攻洛陽之前，就與竇建德取得了聯繫，約定建立同盟關係，共同出擊王世充。但在實際戰爭中，由於竇建德忙於平定東部的另一個小軍閥孟海公，並沒有參與對王世充的軍事行動。

當王世充逐漸失去領土，而唐軍也因為食物匱乏，出現了厭戰情緒時，王世充向竇建德求救。此刻，竇建德突然間明白了，如果他繼續與唐軍聯合，那麼等王世充滅亡後，下一個目標就會是他。竇建德及時改弦更張，開始與王世充聯合。他首先派出使者，希望雙方罷兵。竇建德的提議讓唐軍感到緊張，因為唐軍也到了強弩之末，很難再抵禦新的敵人。但李世民決定孤注一擲，堅決不撤兵。

武德四年（西元六二一年）三月，竇建德大軍呼嘯西進，滎陽、陽翟（現河南省禹州）等地應聲而下，大軍直達虎牢關東面的東原。東原在歷史上以廣武而知名。在楚漢相爭時期，廣武城分為楚國占據的東廣武和漢軍占領的西廣武，兩個廣武城中間是一條深深的大溝，即鴻溝的所在。在西廣武的西面二十餘里，就是著名的虎牢關。李世民占據了虎牢關，與竇建德的東廣武遙遙相對。唐軍主守勢，竇建德被阻擋在虎牢關以東，無法救援洛陽。

此刻，竇建德的部屬提出了一個「圍魏救趙」的建議：既然無法前往洛陽，就應該率領大軍向北渡黃河，沿著黃河北岸向懷州、河陽進軍，越過太行山到達上黨地區，再進入汾河谷地，向關中進軍。這樣一方面可以占據山西的高地，居高臨下監視洛陽；另一方面又可以震懾關中，逼迫唐軍放棄洛陽，回關中守衛長安。

竇建德想採用此計，卻又禁不住王世充三番五次的求救。他的猶豫不決直接影響了士氣。在這之前，處於兩方夾擊之中的唐軍顯得更絕望。

但隨著時間的拖延，竇建德軍隊士氣下降，唐軍的地位又開始好轉了。著急的反而成了竇建德，他必須盡快打一個勝仗，才能解決軍隊的士氣問題。

到雙方真的在戰場上相見時，李世民利用了竇建德急於決戰的心理，故意拖延布陣，讓布好了陣的竇建德軍從辰時足足等到午時，方才利用對方人困馬乏之際展開戰鬥。這次戰鬥的結局是：唐軍一舉擊潰了對方，俘虜了竇建德[10]。

李世民雖然一戰封神，卻帶有很大的僥倖。在雙方上戰場之前，都面臨著許多不利因素，在地理上也沒有一方具有絕對優勢。可以說，勝面只是五五開。但心細膽大的李世民卻孤注一擲，利用一切機會拖延和消耗敵人，將敵人的心急和厭戰情緒儘量放大，這才取得了勝利。

虎牢關一戰同時解決了唐軍最難纏的兩個對手，竇建德被俘後，王世充見援軍沒有了，只好舉城而降。唐軍占領了東都和山東，幽州的軍閥羅藝一直是唐朝的友軍。整個北方已經為唐所有，到了收拾南方的時候了。

在中國的南方，割據的軍閥勢力主要有三家。

占據荊州地區的是南朝梁的皇室後裔蕭銑，他乘隋末大亂，占據江陵，希望恢復南朝的統治。當唐朝占據了襄陽和四川後，在三峽和襄陽與蕭銑對峙。

占據如今江西省地域的是軍閥林士弘，他定都豫章（現江西省南昌），自稱楚帝。

而盤踞江淮一帶的則是軍閥杜伏威。在李淵稱帝後，杜伏威與北方幽州的羅藝一樣，一直是唐朝的忠實盟友，並稱臣於唐。當唐平定南方時，杜伏威為了防止唐皇的猜忌，主動要求進京交出兵權。但他離開後，大將輔公祏卻舉起了造反的大旗。

這三家互不隸屬，由於地盤不大，本身並不構成太大的威脅。唐軍採取了各個擊破的原則，先兵分三路，滅亡了蕭銑。之後進攻林士弘。最後平定輔公祏。

當最後一個軍閥被唐王朝平定時，一個足以比肩漢朝的龐大帝國，第二次屹立在中國大地。這一次，它存在了兩百八十九年。

李淵最初起家於山西，他的策略在於首先從山西借助汾河谷道進入關中地區，獲得四塞之地，再將漢中、四川收入囊中，並平定甘肅、山西的反抗勢力，拿下所有對關中可能產生威脅的戰略點。一旦關中安全，就東進洛陽和華北平原，這裡是巨大的糧倉和後備基地。獲得北方後，南方的支離破碎，仍然無力抵抗北方的攻擊。

但這已經是中國歷史上最後一次利用陝西統一全國了。唐朝之後，關中的地位進一步下跌，

10 竇建德部將劉黑闥後來繼續抗唐，三年後被平定。參考《新唐書》。

人們發現，如果同時占據了山西和華北平原，依靠山西的地勢和華北的糧食，已經遠遠超出了關中地區的實力。唐朝的統一已是關中的最後輝煌。

第十二章

平安史之亂最佳打法，關門打狗

西元六二二年～西元七六三年

安史之亂初期，當安祿山占據洛陽後，由於叛軍缺乏制高點，唐軍本有望透過側翼進攻的方法，在河北一帶切斷叛軍，擊敗安祿山，但這個機會被楊國忠等人浪費。

在楊國忠等人的壓迫下，唐軍將領哥舒翰不得不擱置自己死守潼關的正確戰略，率軍出擊。哥舒翰被擊敗後，安祿山突破關中，逼迫唐玄宗逃走。

節度使的出現是由於唐代財政問題的惡化。唐代的財政一直不健康，財政收入不夠養兵，節度使就是為了解決軍事財政問題而一步步出現，直至徹底失控的。

安祿山的軍事計畫包括四個方面：第一，保住河北和北京的大本營；第二，由於出征的距離遙遠，要想獲勝，必須保證軍事補給線的暢通；第三，必須盡快破壞敵人的軍事補給線，讓敵人在財政上無法支持戰爭的消耗；第四，出其不意，迅速占領兩京，瓦解唐王朝的指揮中樞。

保護自己的補給線，掐斷敵人的補給線，這兩條充分展現了安祿山的軍事智慧。

唐代首都長安一直是失衡的，它只是政治中心，卻必須靠江淮的物資來養活。江淮到首都的通道包括兩條，一條走大運河，另一條走武漢、漢江到漢中，再翻越秦嶺到達長安。安祿山成功的封鎖了第一條通道，在封鎖第二條通道時卻失敗了。

由於忽略了山西，安祿山的軍隊被困在了反「L」形的平原之內。缺乏制高點，無法應付側翼攻擊，這是他戰略上最大的失誤。

郭子儀打通朔方到太原的通道，使得唐軍掌握了一條從側翼進攻安祿山後方的道路，這條路在整個安史之亂時期都發揮了重大作用。

長安失陷前，唐軍採取關門打狗戰略：將安祿山限制在北京到洛陽的平原地帶，把四周封死，利用山西高地，打擊敵人的側翼，直到安祿山疲於奔命。但這個戰略由於楊國忠等人的干預而失敗。

運河失守後，唐朝建立的第二物資轉運線成了支撐戰爭的生命線。這條路線是：江南和江漢的糧食彙集在荊州、襄陽一帶，沿著漢江到達漢中地區，再從漢中地區向北翻越秦嶺，繞過長安，從西面直達寶雞一帶，再繼續北上，經過固原送往北方前線。

長安失陷後，李泌提出了一個大膽的戰略：暫時不收復兩京，而是借助兩京拖垮安祿山，再從北方塞外出奇兵直搗他的老巢，將其擊敗。這是中國歷史上最具想像力的戰略之一，卻沒有被皇帝採納。唐軍雖然收復了兩京，卻無法徹底擊敗叛軍，造成了更長久的破壞力。

為了鎮壓永王和安史之亂，設立的內地節度使，種下了唐中期藩鎮割據的苦果。安史之亂結束時，全國已經有了三十六個節度使。

天寶十五年（西元七五六年）中，起兵造反的安祿山第一次嘗到了四面楚歌的滋味。此刻，他已經占領了唐朝的東都洛陽，並在這裡稱帝。

然而，唐軍的頑強抵抗也讓他始料未及。按照計畫，他從幽州（現北京）發動叛亂，揮師南下，經過河北，渡過黃河，占據洛陽之後，應該一面率領軍隊過潼關占領唐朝首都長安；另一面則派人繼續南下，從淮河、襄陽兩個方面切斷唐朝南方的稅收，徹底瓦解唐帝國。

大唐是一個失衡的帝國，它的政治中心在長安，但經濟和稅收中心則轉移到了江淮一帶，一旦切斷了稅收線，整個帝國就如同缺血一般陷入困境。然而，事情的發展卻出乎安祿山的意料。

他的大軍占領洛陽之後，卻在三個方面都遭受了挫折（見第三百九十二頁圖）。

在西面，由哥舒翰率領的唐軍據守潼關，擋住了西進的道路，他無法在短期內突破哥舒翰的阻礙。

在東南方向，安祿山的大軍也同樣遭受了激烈的阻擋，兩座不起眼的小城擋住了叛亂者的大軍，這兩座小城叫雍丘（現河南省杞縣）和睢陽（現河南省商丘）。一位叫做張巡的小人物血戰不屈，先是據守雍丘，後來退到睢陽，致使安祿山的大軍無法越過睢陽而占據江淮的糧倉。

在西南方向，南陽太守魯炅也在葉縣設防，後來又退到了南陽繼續防守，阻擋了安祿山占據南襄隘道。張巡和魯炅兩人的頑強抵抗，起到了阻止戰局惡化的作用，成功為唐軍爭取了反擊的時間。

唐軍的抵抗，將安祿山壓制在了一個反「L」形的平原地帶，這個反「L」形以幽州（北京）為頂點，伸向鄭州附近的平原區域，在這裡轉折向西，到達另一個頂點洛陽。

這個反「L」形區域位於富庶的中原地帶，是唐朝領土的中間位置，將剩餘疆土隔得四分五裂。可安祿山卻有一個致命的弱點：缺乏高地，也就是戰略防禦點。這個反「L」形的四面都有唐軍對其形成壓迫，最重要的地點在太行山背後的山西，這裡是高原地帶，具有高屋建瓴的作用，卻由唐軍牢牢掌握。如果安祿山不能突破這個反「L」形區域，遲早如同風箱中的老鼠，在唐軍的攻擊下疲於奔命。

果然，事情向著惡化奔去。就連安祿山的老巢也遭受了唐軍的打擊，局勢變得越來越艱難。安祿山起家時，擔任著平盧、范陽、河東三鎮的節度使，同時擔任河北道的採訪處置使，是整個中國東北部的最高長官，他的根據地在幽州和河北一帶。

當他進攻洛陽後，根據地卻逐漸陷入了混亂，先是有顏杲卿和顏真卿兄弟在河北地區反抗安祿山，宣布效忠唐朝。其後，李光弼和郭子儀先後率軍從太原方向打擊河北，要切斷安祿山軍隊在洛陽與根據地幽州的聯繫。

安祿山憂心忡忡，在留守洛陽還是返回幽州的問題上猶豫不決，至於進軍關中，占領長安，早已經是遙不可及的目標了。

此刻也是安史之亂的第一個關鍵點，如果唐玄宗能夠把握好時機，繼續讓哥舒翰、張巡、魯炅等人死守，同時讓郭子儀、李光弼等人從背後打擊安祿山，那麼反叛者的部隊很可能會潰散，這場叛亂在兩年之內就會被迅速剿滅。如果是這樣，大唐的江山也不至於傷筋動骨，開元、天寶年間的盛世基礎猶在。

但突然間，朝廷卻犯了一個巨大的錯誤，讓安祿山的命運柳暗花明。他不僅沒有退回幽州，反而占據了長安，將唐玄宗逐出了關中。

錯誤的緣由來自唐朝內部的爭鬥。擔任宰相的是楊貴妃的哥哥楊國忠。在唐玄宗後期，兩位宰相李林甫和楊國忠先後擅權，引起了人們巨大的不滿。有人勸說駐守潼關的天下兵馬副元帥哥舒翰，要他率軍首先進長安把奸相楊國忠清理掉，再去處理安祿山的問題。哥舒翰拒絕了，但楊國忠卻擔心有朝一日哥舒翰會重新想起這個提議。他一方面建立效忠自己的部隊做防範，另一方面則催促皇帝，命令哥舒翰不要留在潼關以西，而是趕緊出戰。他的情報顯示，安祿山在潼關以東的兵力薄弱，如果哥舒翰出擊，一定能獲得勝利。

哥舒翰、郭子儀等人都主張不要與安祿山硬拚，在潼關取守勢，在敵人的背後（河北）進行打擊。這種側翼迂迴攻擊的效果遠大於正面對抗。但在楊國忠的一再催促下，哥舒翰別無選擇，他大哭一場，率軍上路。果然，楊國忠的情報是錯誤的，那些戰鬥力不強的老弱病殘只是誘餌，當唐軍進入山谷之中時，被敵人從山上扔下大石塊砸死無數，敵人隨後又放火焚燒，唐軍大敗。

在哥舒翰之前，唐玄宗由於聽信了宦官邊令誠的謊言，殺掉了鎮守潼關的大將高仙芝和封常清，換上了哥舒翰。此時哥舒翰失敗後，為了避免遭遇高仙芝同樣的命運，他投降了安祿山。結果，原本陷入絕境的安祿山竟然交上了好運，享受了一場意想不到的勝利。他的對手唐玄宗在潼關淪陷後聞風喪膽，向四川境內逃跑。

一場更大的災難席捲了大唐江山，盛世再也不復返。

都是藩鎮惹的禍

要想看清安史之亂的根源，就必須追溯到唐代初期建立的制度。

唐代繼承了隋代和北周的軍事制度，建立了以府兵制為基礎的軍事制度。所謂府兵制，指的是士兵以府為單位聚居，他們既負責打仗，在打仗之餘也要種糧食養活自己。之所以要讓士兵自我謀生，與唐代極其簡化的財政制度有關。唐朝的前兩位皇帝都不重視正規的財政稅收，而是想建立一套自我經營的養官體系，不用太多的稅，就能讓官員和士兵自我生財。

簡單來說，就是劃出一部分土地給士兵和官員，士兵種地供應軍費，而官員分得的土地叫職分田，他的主要生活來源就是出租這些職分田，獲得收入作為俸祿。就連官府的辦公經費也不依賴於正規稅收，而是由中央政府劃撥一部分土地出租，來作為辦公經費，這些土地稱為公廨田。

除了土地之外，中央政府還一次性給每一個政府機關一筆錢，讓它們放高利貸，把利息作為辦公經費，這些錢叫公廨錢。

唐高祖和唐太宗認為，這個架構完成了政府機關的自我維持，不需要中央政府劃撥太多的財政撥款，就可以照常運轉。由於對財政稅收依賴小，唐代前期的稅收一直不正規。然而，這套「自我維持」手段卻被證明是失敗的。雖然府兵們有土地，可是隨著惰性的增加，士兵並不樂於種地，而劃撥的土地也不夠維持他們的軍事行動經費，最後只能靠政府撥款。

官員們的職分田也引起了麻煩，許多官員理財不善，收不到足夠的租金，最後政府只好再發一份俸祿。

充任各級政府辦公經費的公廨田和公廨錢也都失敗了，特別是公廨錢，由於官員不會管理公家財務，放出去的錢收不到足夠的利息，甚至出現了虧本，到最後，只好採取強買強賣，把錢硬是貸給一些富戶，強迫他們按照年率百分之百交錢給政府。不過即便這樣，辦公經費仍然不夠，中央政府還是得調撥經費。

就這樣，一方面自我維持系統失敗了，另一方面，政府的財稅體系又沒有建設好，造成了唐代財政一直處於緊張之中。

財政收入不夠的同時，財政支出卻越來越大。唐代恰好處於一個周圍的少數民族都很發達的時代。唐朝皇帝們要對付蠻族，除了傳統的突厥人之外，還必須與薛延陀、回紇、吐谷渾、高昌、龜茲、高麗、百濟、奚、契丹、突騎施、吐蕃、大理作戰，甚至最遠到達了中亞地區，與穆斯林直接發生了衝突。

如此龐大的戰爭需求對不健康的財政系統帶來了極大的壓力，隨著府兵制的惡化，到了玄宗時期，已經沒有辦法依靠正規財政來供應軍隊需求了。

唐玄宗執政初期，是兩種思想的碰撞時期：一種思想認為，要解決財政問題需要節省開支；而另一種思想堅持，要解決財政問題，在於增加收入。

這兩種思想區分了兩個集團，可以分別稱為「賢相集團」和「聚斂集團」。在玄宗執政前期，賢相集團在朝廷占據優勢，但隨後財政的惡化，聚斂集團逐漸興起。玄宗後期，聚斂集團已經將賢相集團排擠走，控制了朝政。這樣，中央政府就被一群以聚斂為目的的技術性官僚所控制。他們執政唯一的目的，就是以財政為目標來考慮政策，任何能夠帶來財政收益的都是好手段。在聚斂集團的主導下，唐代的軍事制度出現了巨大的變革。

唐代採取的府兵制中，全國各地設有總管府（都督府），這些府本來只管軍事，不負責民事，地位在民事的各州之上。有的都督府駐紮在一個州內，但是又節制周邊的數個州，形成了一種複雜的結構。但基本上而言，軍事與民事是分家的，而軍事又直接受中央政府節制，不參與地方財政。

唐高宗時期，由於軍事行動中需要協調各方關係，高宗給一些軍事官員（都督）授予了節度使的稱號。他們由中央派出，帶著皇帝的令符，負責節制當地的軍事。這時的節度使並不是一個官職，只是臨時性的稱號。

唐睿宗在景雲二年（西元七一一年），由於西北方向用兵的需要，給涼州（現在的武威）都督賀拔延嗣了一個新的名號——河西節度使。節度使作為官職正式出現。

所謂節度使（藩鎮），既不同於之前的都督，因為都督只負責軍事，不參與民事；也不同於地方的州刺史，因為刺史不管軍事，只負責民事。它還不同於觀察使，因為觀察使只有監察權，沒有軍事和民事權。節度使是將所有這些權力都合而為一、權力高度集中的官職，不僅負責招兵買馬，還負責民事和稅收權，同時可以選擇部屬官員，擁有任命權和監察權[1]。

節度使的兵員也不再依靠府兵制，而是直接從民間募兵，這樣，士兵就會和直接長官結成非常強烈的忠誠關係，皇帝反而邊緣化了。

為什麼要設立節度使？因為軍事財政的需要。唐代政府沒有足夠的錢養兵，府兵制的戰鬥力又太差，設立節度使的意圖就是，將軍們除了帶兵之外，還負責地方財政，從地方上直接搜刮錢財養兵，而中央政府不再管這事了。

由於士兵們脫離了勞動，節度使的兵戰鬥力更強，當他們守衛邊關時，對蠻族的威懾力更大。從表面上看，這是一項有利於軍事作戰的改革。但問題在於，以前的兵都是中央政府直接控制，而現在由於節度使搜刮錢財養活士兵，士兵們就認為自己是節度使的私家兵，對節度使的忠誠逐漸替代了對唐朝政府的忠誠。

1　《新唐書．兵志》：「及府兵法壞而方鎮盛，武夫悍將雖無事時，據要險，專方面，既有其土地，又有其人民，又有其甲兵，又有其財賦，以布列天下。然則方鎮不得不強，京師不得不弱，故曰措置之勢使然者，以此也。」

表4 唐玄宗時期的十節度使[2]

名稱	治地	統攝	兵力
安西節度使	龜茲	統攝龜茲、焉耆、于闐、疏勒四國。	戍兵2.4萬人，馬2,700匹，衣賜62萬匹段。
北庭節度使	北庭都護府（現新疆烏魯木齊）	防制突騎施、堅昆、斬啜，管瀚海、天山、伊吾三軍。	兵2萬人，馬5,000匹，衣賜48萬匹段。
河西節度使	涼州（現甘肅省武威）	統赤水、大鬥、建康、寧寇、玉門、墨離、豆盧、新泉等八軍，張掖、交城、白亭三守捉。	兵7.3萬人，馬1.94萬匹，衣賜歲180萬匹段。
朔方節度使	靈州（現寧夏靈武）	統經略、豐安、定遠、西受降城、東受降城、安北都護、振武等七軍府。	兵有6.47萬人，馬4,300匹，衣賜200萬匹段。
河東節度使	太原	統攝天兵、大同、橫野、岢嵐等四軍，忻、代、嵐三州，雲中守捉。	兵5.5萬人，馬1.4萬匹，衣賜歲126萬匹段，軍糧50萬石。
范陽節度使	幽州	臨制奚、契丹，統經略、威武、清夷、靜塞、恒陽、北平、高陽、唐興、橫海等九軍。	兵有9.14萬人，馬6,500匹，衣賜80萬匹段，軍糧50萬石。
平盧軍節度使	營州	鎮撫室韋、靺鞨，統平盧、盧龍二軍，榆關守捉，安東都護府。	兵萬7,500人，馬5,500匹。
隴右節度使	鄯州（現青海省樂都）	以備羌戎，統臨洮、河源、白水、安人、振威、威戎、莫門、寧塞、積石、鎮西等十軍，綏和、合川、平夷三守捉。	兵有7萬人，馬600匹，衣賜予250萬匹段。
劍南節度使	成都	統團結營及松、維、蓬、恭、雅、黎、姚、悉等八州兵馬，天寶、平戎、昆明、寧遠、澄川、南江等六軍鎮。	兵3.9萬人，馬2,000匹，衣賜80萬匹段，軍糧70萬石。
嶺南五府經略使	廣州	統經略、清海二軍，桂管、容管、安南、邕管四經略使。	兵1.54萬人，輕稅本鎮以自給。

由於節度使士兵的戰鬥力更強，又不用花中央政府的錢，唐朝政府開始削減其他士兵，到最後，邊關地區的藩鎮兵已經占了全國士兵總數的大半，造成了嚴重的失控。玄宗時期，圍繞著唐代邊關，北方、西南、東南，一共設立了十個節度使（見右頁表4和下圖）。

唐玄宗時期的另一個錯誤，是對節度使的控制力太弱。最初，為了保證節度使的忠心，皇帝還特別注意派遣可靠的官員，比如請一些退職和沒有退職的宰相來擔任或者兼任節度使。隨著賢相集團的崩潰，帝國的宰相職位被聚斂集團掌握。這些聚斂集團有著嚴酷的內鬥傳統，為了打擊政

2 根據《舊唐書・地理志一》。

▲唐玄宗在位時，為保障帝國的安全，在帝國的邊疆地區冊封軍官，稱為「節度使」，一共有10 個，簡稱十節度使。

敵，獲勝的人不會把節度使的職責放給那些失敗者（退職宰相）。

玄宗後期，李林甫成為宰相後，決定再進一步，將節度使授予歸順的胡人。於是，唐帝國邊境的軍政大權經過數次演化後，落入了蠻族之手。安祿山、史思明、高仙芝、哥舒翰等一批外族名將就掌管起了龐大的唐朝軍隊。

李林甫時期，依靠著個人魅力和手腕，能夠保證這些蠻人節度使的忠誠。但他一離任，這種平衡立即打破。李林甫的接任者楊國忠不僅沒有魅力，還立刻與節度使們起了衝突。他首先要對付的，是兼任了平盧、范陽、河東三鎮節度使的安祿山。此刻，安祿山的力量已經發展到了失控的地步，如果他想叛亂，沒有任何力量能夠阻止他。

楊國忠想削弱節度使的職權，但他的削藩舉動又進一步激起了安祿山的疑心。雙方的不信任感越來越大，到這時，一場叛亂已經不可避免了。

安祿山的智慧與失誤

天寶十四年（西元七五五年），長安城內發生了一次祕密搜查行動。這次行動由宰相楊國忠授意，他首先派門客四處打聽，又派人搜查了安祿山在長安的宅邸，抓捕了他的兩位食客李超、安岱，叫人在御史臺將這兩人勒死。接著，楊國忠把安祿山安插在京城的親信貶出了長安。

楊國忠之所以這麼做，有幾個目的：一是為了動搖安祿山在首都的根基；二是尋找證據讓唐玄宗醒悟；三是激怒安祿山，讓他露出馬腳。

可惜的是，楊國忠的策劃並沒有讓唐玄宗醒悟，反而讓安祿山鐵定了心發動叛亂。他打出的名義就是誅殺皇帝身邊的奸臣楊國忠。聲名狼藉的楊國忠沒有想到，當安祿山打出這個招牌時，大部分人竟然拍手稱快，持觀望態度。

安祿山最初的計畫，是以獻馬的名義，派精兵護送馬匹到洛陽，一舉拿下洛陽之後，再進攻長安。這個計畫還沒有實施，就被河南尹達奚珣識破。隨後，安祿山又制訂了另一個更加可靠的戰略。

安祿山占據的土地是盧龍、范陽和河東三地，具體說來包括三部分：一是現在北京附近，二是北京以西的遼東地區，三是山西北部的大同地區。

與安祿山勢力範圍接壤的地區中，山西太原在唐軍手中，而黃河以西的河西地區，則是朔方節度使郭子儀的地盤。幸運的是，唐朝由於掌握了山西與河西，無意之間占有了戰略地理上的優勢。只要能夠守住山西太原及其以南地區，就把控了華北的屋脊，將叛軍壓縮在平原地帶，這一點決定了後來的戰局。

在河北地區，安祿山由於是河北採訪處置使，也擁有著較強的控制力。但在河北道所轄的二十五州，仍然由各州的民政長官控制，安祿山只有監察權。安祿山必須依靠自己的權威，先鎮住河北，才能鞏固北方基地。

綜合上述形勢，安祿山制訂了計畫，這個計畫一方面表現了他卓越的軍事戰略才能，另一方面又展現了他的不足。

安祿山的計畫可以分成幾個方面：第一，保住大本營；第二，由於出征的距離遙遠，要想獲勝，必須保證軍事補給線的暢通；第三，必須盡快破壞敵人的軍事補給線，讓敵人在財政上無法支持戰爭的消耗；第四，出其不意，迅速占領兩京，瓦解唐王朝的指揮中樞。

他對於「保護自己後勤」和「破壞敵人後勤」這兩方面的強調，尤其顯示出一個軍事家的智慧。針對上述四個目標，具體的計畫是：

第一，安祿山的大本營主要是大同、幽州、遼東一帶，三地又以幽州最為重要。而對幽州造成最大威脅的，是唐軍在太原的基地。從太原到幽州，中間只隔著一座太行山。為此，安祿山一方面在太行山主要通道井陘布設了軍隊，防止太原唐軍從這裡過境；另一方面，派遣大同的軍隊進攻太原，期待攻克這座城市，徹底保證側翼的安全。

第二，安祿山的基地是幽州，要進攻的第一目標是洛陽。從幽州到洛陽最重要的通道是隋煬帝開通的運河永濟渠。為了保證這條運河的安全，安祿山在運河沿線設下了重兵進行防守。

第三，在唐代，首都長安實際上已經處於一個非常尷尬的位置。唐代的經濟中心已經轉移到了江淮一帶，而長安所在的關中平原雖然在秦漢時期是巨大的糧倉，可到了唐代，關中的產量已經無法供應龐大的首都人口，只能依靠從江淮地區轉運糧食來維持首都的消耗。

從江淮轉運糧食到首都，有一條主要通道和一條次要通道。主要通道是從淮河通黃河的通濟渠（大運河），一旦通濟渠被截斷，長安的糧食就會立刻陷入緊張。次要通道則是利用長江將物資轉運到武漢地區，在武漢轉入漢江，經過襄陽地區，最後到達陝西漢中，再從漢中走陸路，翻越秦嶺，到達長安。次要道路需要經過陳倉道或者褒斜道，都是古代重要的通道，卻並不好走，在翻越秦嶺時必須放棄水路而走陸路，所以並不經常使用，只是作為應急道路。

安祿山為了掐斷首都長安的糧食供應，在進入黃河流域後，就派人出發去攻占江淮，以切斷主要通道；同時又向襄陽進軍，以封鎖次要道路。如果這兩條通道得以封鎖，時間持續久一點兒，長安可以不戰而潰。

第四，當軍隊到達黃河後，打閃擊戰，盡快攻克洛陽和長安。

但百密一疏，安祿山作為軍事家又是不合格的，他雖然制訂了複雜的計畫，卻輕視了一點：山西。之前，不管是後漢光武帝還是劉淵和石勒，他們在打擊洛陽之前，都必須首先考慮山西。由於山西地處高原，不先拿下或者結盟山西，當進攻洛陽的時候，就很容易受到從山西發動的側翼進攻。

安祿山必須考慮先拿下山西的太原盆地、長治盆地和臨汾盆地，才能夠封鎖住側翼進攻線，否則，即便攻下了洛陽，唐軍只要仍然控制著山西，就隨時可以從高處調兵打擊叛軍。

安祿山並非不重視山西，只是由於最初的進攻過於順利，起兵不到一個月，就已經過了黃河向東都洛陽進逼。當進攻東都迫在眉睫時，山西問題被擱置了。

山西被擱置引起的問題暫時不會顯現，但時間長了，叛軍始終在反「L」形的平原內活動，隨時被山西壓迫，這時想起來當初的決策，才會發現失誤有多大。

叛軍進攻洛陽時，唐玄宗倉促任命了安西節度使封常清為范陽、平盧節度使，前往東都招兵。封常清飛馳到洛陽，緊急招兵六萬人，出發前往虎牢關。安祿山已經攻克了滎陽。在兩軍對峙中，由於封常清的士兵沒有經過訓練，缺乏戰鬥力，被安祿山擊潰。當年十二月十二日，安祿山占領了洛陽。

洛陽的占領達成了一個重大目標：長安的交通命脈被切斷了。洛陽控制了從江淮地區到長安的水路，這也是唐代最主要的糧食運輸道路（也就是長安、江淮兩條交通道的那條主道）。洛陽一失守，長安就陷入了恐慌之中，道路被封鎖後，時間長了，必然會導致物資和糧食的匱乏。

封常清撤退到陝州，與唐玄宗倉促任命的副元帥高仙芝會和，兩人商議退守潼關，憑藉天險阻擋安祿山進攻長安。高仙芝與封常清都是唐代名將，在唐代邊關征戰多年。特別是高仙芝，近代英國探險家奧萊爾・斯坦因（Aurel Stein）在中亞探險時，曾經探訪了巴基斯坦喀什米爾境內一系列的高山峽谷。這些峽谷在一千多年前，曾經被中國將軍高仙芝征服。高仙芝曾率軍從現在的新疆西南部出發，進入喀喇崑崙山的崇山峻嶺之中，完成奇襲，征服了小勃律，即便是現代人借助現代機械，仍然很難到達。

高仙芝與封常清退守潼關是個軍事上非常正確的決定，一方面，可將安祿山關閉在從洛陽到幽州的低地上；另一方面從側翼襲擊他，在正面戰場卻暫時不與他作戰，以免他攻破了戰線進入長安。

但固守的做法在政治上卻很難被採納。一方面，由於安祿山斷絕了長安的糧食運輸線，皇帝擔心長安會缺乏糧食，希望能夠盡快打通交通線；另一方面，宮廷內鬥使得更多的人質疑將軍們堅守不戰的做法。

大宦官、監軍使邊令誠利用了這種質疑，乘機上告皇帝要求誅殺兩位將領。唐玄宗竟然批准了這個請求[3]。高仙芝和封常清的死亡顯示了唐軍的混亂與皇帝的昏庸。

但就在這時，安祿山卻遇到了第一次轉捩點：他的好運似乎就要結束了。

唐軍的關門打狗戰略

就在安祿山制訂策略進攻兩京，並破壞了中央政府的經濟交通動脈時，唐軍也逐漸適應了戰爭的特殊時期。局部反攻的時候到來了。

反攻的最關鍵地點就在安祿山忽視的山西太原。雖然安祿山也試圖從大同出兵進占太原，甚至派人渡黃河打擊位於陝北和寧夏的朔方節度使郭子儀。但由於戰略沒有落實，真正將山西利用起來的，反而是唐軍將領郭子儀。

郭子儀一面組織人馬擊敗來犯的敵人，另一面則派遣大將李光弼、僕固懷恩等人出兵向大同反攻，占領了中途的馬邑、雁門一帶。雖然大同仍然掌握在叛軍手中，但馬邑和雁門卻有一條路通往太原，這樣，郭子儀就掌握了從朔方到太原的關鍵性道路。唐軍源源不斷的透過這條路支援太原，再從太原出發，通過井陘進入河北地區騷擾安祿山。安祿山的後院開始受到威脅，他千方百計確保的交通線和後勤線不再穩固。

當郭子儀從山西高處打破了叛軍的戰略意圖時，河北也有了抵抗。在河北率先起事的是顏杲卿和顏真卿兄弟。

顏氏兄弟都在河北道任職，顏杲卿擔任常山（現河北省正定）太守，顏真卿擔任平原（現山東省平原）太守，本來都受安祿山節制。特別是顏杲卿所在的常山，就在井陘口的東側，與太原

3 封常清在死之前仍然上書皇帝：「臣死之後，望陛下不輕此賊，無忘臣言。」

隔太行山相對，是安祿山阻擊太原的前線。

安祿山叛亂後，率軍從河北掠過，南下進攻洛陽，在背後的顏氏兄弟則先後起兵效忠唐朝。在二顏的鼓動下，河北各郡紛紛響應。河北二十五個州郡中，一共有十七個郡反正（按：敵對的一方向我方投降）歸唐，真正鐵心效忠安祿山的只有范陽、盧龍、密雲、漁陽、汲、鄴等少數幾個郡。到這時，形勢開始對唐朝有利。

為了對付二顏在河北的起兵，安祿山派大將史思明從北方趕來，加入了混戰。顏杲卿戰敗被殺，顏真卿繼續抵抗。

當河北戰局再次向安祿山傾斜時，唐玄宗派李光弼出井陘，過太

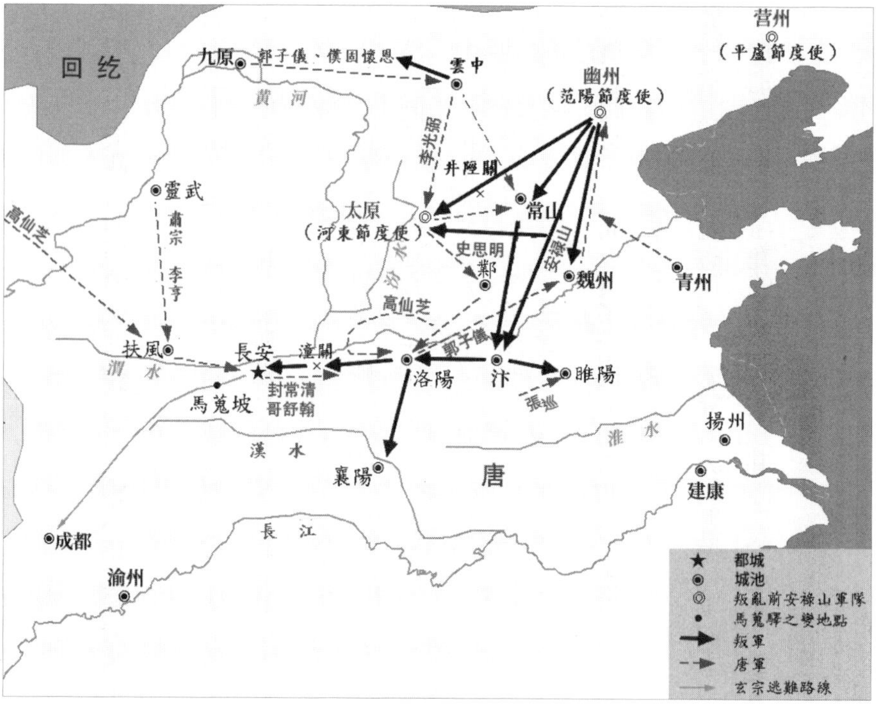

▲安史之亂路線圖，最終唐朝慘勝，國力被毀滅性削弱。

行山進入河北地區，加入戰團，擊敗了史思明。山西的戰略地位再次得以顯現。

李光弼出兵後，安祿山在河北的困境並沒有出現根本變化。

河北大亂時，南方也並沒有按照安祿山的戰略順利進行。按照計畫，一旦占領了東都洛陽，叛軍就要兵分三路：一路向西攻打長安；一路向東南方向進攻，經過淮河到達長江，占領江淮地區的大糧倉，徹底破壞唐代的軍事財政系統；另一路則向西南進攻南陽盆地、襄陽和荊州，奪取長江中游。

但這三路的進軍都遭到了抵抗。在西路，唐玄宗雖然殺掉了高仙芝和封常清，卻又任命了另一位邊關悍將哥舒翰擔任守將。哥舒翰同樣繼承了高仙芝的戰略，在潼關堅守不戰，以消耗叛軍的銳氣。

在叛軍截斷了大運河到黃河的物資運輸線之後，唐王朝匆忙間搭建了另一條物資運輸線（也就是原南北交通的次要道路），沿長江而上，到達武漢，再轉漢江，過襄陽，沿著漢江進入陝西漢中地區，再從漢中走陸路送往長安。這條路雖然非常繞道而行，卻避開了叛軍占領地界，讓唐王朝勉強可以維持戰爭財政需求。

要想截斷這條新的運輸線，必須向西南進攻南陽、襄陽，從襄陽斷掉唐朝的運輸船隊。安祿山第三路軍正是要攻打襄陽。

叛軍到來後，南陽太守魯炅（升職為南陽節度使）率軍北上葉縣，抵抗兩個月後退守南陽，在南陽又抵抗了整整一年，隨後棄南陽保襄陽。這種有計畫的抵抗和撤退，始終沒有讓叛軍摧毀襄陽的運輸線。而在東南，安祿山的軍隊在小城雍丘（現河南省杞縣）和睢陽（現河南省商丘）

遇到了頑強的抵抗。雍丘令張巡和睢陽太守許遠堅決阻止敵人南進，一共抵抗了二十一個月，直到叛軍勢頭過去，已經無力南侵，才告淪陷。

到這時，安祿山的軍隊正式被限制在一片廣大的反「L」形平原地帶：從現在的北京向南，抵達華北平原，但在「南陽——許昌——睢陽」一線被唐軍阻止，無法繼續南進；在西面則被阻於潼關；他雖然占領了山西北部的大同，但在以太原為中心的山區直到黃河北岸，也就是所謂華北屋脊地帶，仍然由唐軍占領。

唐軍戰略也已經成形，可以歸結為「關門打狗」戰略：把安祿山逼在一條狹長的平原通道內，將四周的門封死，你打一下我打一下，讓他四處亂竄直到最終被消滅。

唐軍的戰略，是幾員大將不經意間配合的結果：哥舒翰負責關上潼關的門，李光弼負責騷擾安祿山的北方基地，同時，郭子儀則開始在太原囤積軍隊，準備從上黨地區南下黃河，進攻安祿山占領的洛陽，完成對他最後的擊破。

但就在這最緊急的關頭，由於宰相楊國忠的私心，他逼迫潼關的哥舒翰出戰，被安祿山乘機利用，攻破了潼關，衝破了唐軍設下的「牢籠」，形勢瞬間直下。

馬嵬坡之變：玄宗聲威掃地，楊貴妃香消玉殞

潼關失陷的當天，消息已經傳到了長安。一天後，宰相楊國忠提議西逃四川。第三天，皇帝召集百官商議，所有的人驚慌失措，卻無人提供對策。第三天晚上，大量的官員開始逃亡，到了

第四天上朝時，剩下的人已經寥寥無幾。第四天晚上，皇帝也開始做逃跑的準備。第五天一早，唐玄宗帶著皇子、皇孫、妃子、近臣踏上了逃亡之路。

在長安西面的馬嵬坡，跟隨皇帝的將士發動叛亂，殺死了宰相楊國忠，並且逼迫皇帝絞殺了楊貴妃。

將士們希望皇帝不要進入四川，因為四川是偏安一隅的地方，一旦去了四川，就失去了對北方的控制權。唐朝即便沒有完全滅亡，也會變成一個龜縮在四川的小政權。

安祿山雖然攻入了關中平原，但關中四周的險要（除了潼關之外）都還掌握在唐軍手中，皇帝並沒有喪失希望。特別是在北方，以靈武和太原為中心，已經是反擊安祿山的核心，隨時打擊敵人的側翼。

靈武是朔方節度使郭子儀的地界，他是唐軍最堅強的後盾。如果皇帝能夠撤向靈武，無疑是對唐軍的一大鼓舞。但灰心喪氣的唐玄宗沒有接受這個提議，撤向了四川的大後方。他的兒子李亨決定留在北方，與父親分道揚鑣後，前往靈武稱帝，是為唐肅宗。

肅宗前期，是唐王朝最艱難的時期。潼關的失守，導致殲敵的大好形勢瞬間反轉。郭子儀和李光弼被迫離開了河北，撤回到太原和朔方。在河北一直抵抗的顏真卿等人被迫轉移，將整個河北留給了叛軍。安祿山占據了長安後，獲得了兩京的控制權。

安祿山占據了華北和關中，唐朝控制的領土變得七零八落。西北的朔方和太原是主要的軍事集結地區，但這個地區卻缺產糧食，必須從外界運糧救濟。江南、江淮、江漢和四川地區雖然有糧食，但運河交通線被敵人破壞後，如何把這些糧食運到北方，成了必須解決的問題。

在江南地區，唐朝的宗室永王李璘也發動了叛亂。由於南方的租稅糧食大都囤積在江陵（現湖北省荊州）一帶，駐紮在這裡的永王決定自立門戶，不再聽從北方唐肅宗的領導，想在這裡建立一個新的南方政權。

永王沿江東下，直取江東。為了對付永王，唐政府不得不繼續分權，新設立了幾個節度使，讓高適擔任淮南節度使、來瑱擔任淮西節度使、韋陟擔任江東節度使，由他們鎮壓永王李璘。節度使的隨意設置，讓唐王朝變得更加支離破碎，為未來的藩鎮割據打下了基礎。所幸的是，唐朝危急的時刻，安祿山也犯了錯誤。

占據長安之後，他本應該繼續以長安和洛陽為基地，迅速平定關中周邊的關塞以及山西南部，如果能夠有效控制北方的制高點，就形成了有效占領，唐朝覆亡的可能性就很大了。但安祿山此刻卻出現了戰略空白期，除了繼續向江淮和江漢用兵之外，在關中卻缺乏合理的戰略，導致叛軍盤踞在長安不知所措。出了長安不遠，就已不在叛軍的控制之中。

長安西面的扶風地區（現陝西省寶雞市扶風縣），本來是長安的側翼，仍然掌握在唐軍的手中。唐軍利用扶風、寶雞地區，形成一條新的通道，從南方向北方運輸糧食。

這條通道是這樣的：江南和江漢的糧食彙集在荊州、襄陽一帶，沿著漢江到達漢中地區，再從漢中地區向北翻越秦嶺，繞過長安，從西面直達寶雞一帶，再繼續北上，經過固原送往北方前線。這條路雖然極其繞路，卻勉強解決了唐軍的後勤問題，使得肅宗能夠繼續領導將軍們抵抗安祿山。

李泌奇謀空嘆息

在山西地區，史思明在潼關淪陷後，向太原發動了進攻，太原卻被李光弼死死守住。保住了太原，也就能繼續從太行山後出兵，從側翼打擊河北地區。在南方，張巡、魯炅的抵抗仍在繼續，確保了江南的安全。

與此同時，一個叫李泌的人進入了肅宗的幕僚團隊。李泌是中國歷史上最具傳奇色彩的人士之一，他才思敏捷，聲名遠播，當年玄宗有意讓他入仕，卻被拒絕了。李泌以布衣的身分與當時的太子李亨結交。後來為了避開楊國忠的迫害，他隱居於湖北。肅宗即位後，李泌再次前來，卻堅持不要官，仍然以布衣的身分幫助皇帝，成了皇帝的首席幕僚。

針對當時的形勢，李泌敏銳的觀察到安祿山的困境並不比唐軍少。唐朝的地盤雖然分散，卻以大包圍的形勢將安祿山裹在了當中。安祿山南過不了淮河，北占不了太原，雖然占領了長安，但長安城外幾十里就是唐軍的勢力。留給他的，只有長安和洛陽之間的一條通道。

針對這個形勢，李泌提出了一個大膽的戰略：暫時不收復兩京，而是借助兩京拖垮安祿山，再搗毀他的老巢。這個戰略具體的內容是：

第一，派遣李光弼從太原出井陘（見下頁圖），擾亂安祿山控制的河北地區，由於北方是安祿山的老巢，李光弼的出兵可以拖住安祿山在河北的大將史思明和安守忠。

第二，派遣郭子儀從馮翊（現陝西省大荔）渡黃河進攻河東（現山西省永濟），由於河東在潼關以北，威脅潼關、華陰，郭子儀的出兵可以拖住安忠志和田乾真。安祿山拿得出手的大將除了這四位之外，只有阿史那承慶。

郭子儀在占領河東之後，不需要進攻潼關和華陰，給安祿山留一條在洛陽和長安之間的通道。由肅宗、郭子儀和李光弼輪流在長安以西、潼關以及河北三地打擊叛軍，讓安祿山率領阿史那承慶四處救火，如風箱裡的老鼠在三地間奔波，直到把士氣消耗完。

第三，再派肅宗最英勇善戰的兒子建寧王李倓率軍從北方塞外出發，繞過河套，從燕山以北進入北京地區，與李光弼南北夾擊，把安祿山老巢端掉。當叛軍失去了老巢，位於兩京的叛軍就無處可去，就只有滅亡一途了。

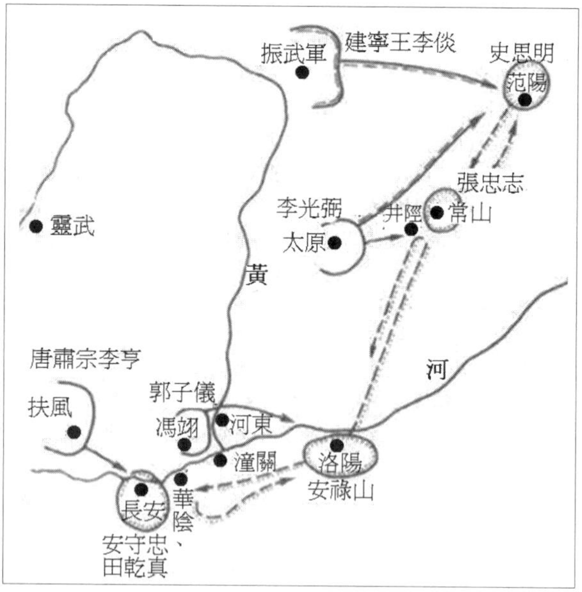

▲李泌建議從大北方進行包圍直搗安祿山老巢，可惜未被採納。

李泌的戰略有兩點最值得稱道：

第一，出其不意，從大北方繞道北京以北，進行大包圍，直搗安祿山老巢。這條路雖然在隋代就已經打通，但是在軍事上一直沒有引起足夠的重視。到了李泌時期，北方道路才進入戰略視野，並在未來宋、元、明、清的戰爭中成為一條戰略要道。

第二，肅宗曾經認為這個戰略過於麻煩，不如率軍直搗兩京來得痛快，何必放著眼前的兩京不打，反而千里迢迢去攻擊遙遠的幽州？李泌說出了這麼做的好處：如果直搗兩京，的確可以把敵人趕走，但是不能把敵人殲滅。即便唐軍收復了兩京，安祿山必然率軍逃回老巢，事後還將捲土重來。

肅宗最後採納了李泌戰略的前兩步，派遣郭子儀、李光弼分別進軍河東和河北，但是拒絕了最關鍵的第三步，他還是選擇了直接進攻兩京。

事情果然如李泌所料，在經過幾次嘗試後，唐軍在回紇人的幫助下占領了兩京，而此時，安祿山已經被兒子安慶緒殺死，安慶緒退出兩京後，率軍回到了河北的鄴城。

安祿山的大將史思明投降了唐軍，卻由於李光弼試圖除掉史思明，逼迫史思明再次叛亂。史思明的叛軍南下救助被圍困在鄴城的安慶緒，獲得優勢的唐軍派出了九位節度使組成的大軍將鄴城團團圍住，卻被史思明擊潰。史思明進入鄴城，殺掉了安慶緒取而代之。

唐肅宗沒有採納李泌的策略，導致唐軍無法徹底殲滅敵人的老巢，史思明父子代替了安祿山父子繼續叛亂，給唐朝造成了更多的傷害。

在中國歷史上，李泌奇謀與當年秦取四川統一中國、蒙古借道雲南包圍南宋一樣，是最具想像力的戰略。如果肅宗不急於奪回兩京，而是選擇從北方奪取幽州，那麼戰爭後中央政府仍然可以重樹權威，唐朝可能不會陷入後來的藩鎮割據局面。但由於皇帝沒有採納，這個奇謀只剩下了一聲嘆息，留在了歷史的夾縫裡供人討論。

安史之亂的後半段已經變成敘利亞戰爭式的消耗戰。史思明已經失去奪取全國的可能性，但唐王朝卻一時無法消滅他。

唐軍鄴城戰敗後，戰線再次被拉回了洛陽一帶。史思明乘機占領了汴州（現河南省開封）和洛陽。統率唐軍的李光弼（郭子儀為戰敗負責被撤職）再次以山西為依託，開展了對史思明的騷擾作戰。他不急於進攻洛陽，而是占據了洛陽北面、黃河上的河陽城。如果史思明向西攻打長安，李光弼就從河陽出兵，在背後攻擊他。如果史思明進攻河陽，李光弼就採取固守的策略，利用背後的山西支援河陽。

只有在叛軍完全疲勞之後，李光弼才會從山西出發，對河北、洛陽的敵人分別進行打擊和切割，各個消滅。但李光弼的作戰意圖仍然沒有實現，干擾他的還是皇帝和太監。太監魚朝恩遊說皇帝，逼迫李光弼出兵洛陽，導致唐軍在洛陽北面的邙山下再次慘敗，還丟失了河陽城。形勢再次變得對唐軍不利。史思明厲兵秣馬，又準備進攻長安。

幸運的是，這時叛軍再次起了內亂，史思明的兒子史朝義殺掉了父親篡位，叛軍內部的風雨飄搖讓他們對長安的進攻無疾而終。

經過了長期的拉鋸戰，叛軍的力量終於開始削減。唐軍在新統帥僕固懷恩與回紇兵的幫助下，最終收復了洛陽，把戰線推回到了河北地區。

在收復河北的過程中，僕固懷恩為唐朝留下了最後一個隱患：為了盡快結束戰爭，僕固懷恩認為，應該爭取史朝義的幾員大將反正。除了對他們叛亂的經歷既往不咎之外，還由朝廷委任他們為當地的節度使。

在僕固懷恩的安排下，史朝義的大將薛嵩、李寶臣（原名張忠志）、田承嗣、李懷仙都成了唐朝的節度使，繼續統治著河北地區（見第四百一十二頁圖）。這些河北的節度使將成為未來戰爭的主角，是中央政府支離破碎的罪魁禍首。新的叛亂種子已經種下。

安史之亂結束時，全國已經有了三十六個節度使，這些節度使有些是以前的，有些是為了鎮壓叛亂，在臨敵的前線臨時設置的，還有河北的降將們。

節度使們擁有著地方統治的全權，又有兵權，控制著地方財政，唐朝中央政府的權力被逐漸消解，最終產生了藩鎮割據的局面。有的節度使甚至對抗中央，完成了世襲制。當人們終於鬆了一口氣，以為戰爭結束了時，卻發現，現在的唐王朝早已經面目全非。

第十三章

藩鎮的群狼謀略，抱團取暖求生存

西元七六三年～西元八二〇年

唐代後期，每一個藩鎮都是一個小軍閥，他們不能獨活，所以抱團取暖，頑強的存在著。中央政府無力消滅藩鎮，只能孱弱的活在幾十個軍閥的夾縫裡。

節度使並沒有當皇帝的野心，他們只是為了自保。為了自保，他們採取了兩個措施：一是抱團，二是世襲。保證皇帝無法將他們調走，又能透過聯盟關係對抗皇帝的「軍事入侵」。

唐朝中央政府雖然失去了地方控制權，藩鎮卻由於過於碎片化，必須依賴中央政府名義上的授權，來維持自己的地位。

中央政府與藩鎮爭奪最激烈的是徵稅權，誰控制了徵稅權，誰就有能力組建更強的軍隊。最初徵稅權被藩鎮拿在手中，在唐憲宗時期，收回了部分徵稅權，達成了一定的平衡。

唐德宗時期，最危險的藩鎮有六個，分別是位於河北地區的河北四鎮，以及位於襄陽的山南東道節度使和位於許州（許昌）的淮西節度使。六鎮的地理位置控制了河北與江南的稅收路線，成了中央政府的心腹大患。

皇帝徵召藩鎮的軍隊，必須付給藩鎮三倍的軍糧作為補貼。這導致藩鎮出工不出力，拿到了補貼，卻作壁上觀，或者謀求自我利益。中央政府在戰爭中花費巨大卻成果有限。

唐德宗時期的涇原兵變顯示出藩鎮戰爭的複雜性。為了鎮壓淮西，皇帝動用了涇原的軍隊。但由於皇帝付不起軍費，涇原軍發生了叛變，將皇帝趕出了長安，一場局部戰爭最後演變成了全面戰爭。

涇原兵變表明中央政府的軍事行動已經超越了財政能力，由於軍事財政無法得到保證，又引起了更大的混亂和崩潰。

唐憲宗依靠武力收回了一部分藩鎮權力，但這也耗空了唐朝國庫，使得唐憲宗的中興變成了曇花一現，並且再也無力阻止唐朝的分崩離析。

代宗時期的藩鎮周智光，代表了唐後期藩鎮的風采。周智光出身卑微，在軍隊中服役時，靠巴結太監魚朝恩上位。

在代宗時期，吐蕃人成了唐朝的心腹大患。由於中原發生了安史之亂，唐朝平叛無暇他顧，吐蕃從青藏高原下來，占領了新疆南部，以及整個隴右（甘肅南部）和河西走廊地區。另外，從川西到雲南也是吐蕃的勢力範圍。

代宗繼位不久，吐蕃軍繼續向東，下了隴山進入了關中地區。代宗一看大事不好，連忙拋棄了長安，逃難去了。這是唐朝皇帝第二次逃離首都。吐蕃進入長安大肆劫掠一番，由於無法形成有效統治，只好撤離。

代宗時期，吐蕃並不是唯一的威脅，平定安史之亂的功臣僕固懷恩也出了岔子。由於功高震主，僕固懷恩與中央政府之間無法建立信任關係，他擔心成為政府的打擊對象，決定先下手為強，勾結吐蕃和回紇進攻唐朝。

為了對付僕固懷恩，唐代宗派出了各路節度使組成的聯合軍隊北上抵抗，其中一支部隊就由同華節度使周智光率領。這位節度使由此進入了我們的視野。

雖然被徵召，但周智光並沒有認真對付叛軍，而是夾雜了大量私貨。他在攻擊吐蕃人時，率軍到了忠於朝廷的鄜州（按：鄜音同夫），當時的鄜州（現陝西省富縣）屬於鄜坊節度使杜冕，刺史是張麟。周智光與杜冕有仇，乘機攻下了鄜州，殺死了刺史張麟，並把困在城裡的杜冕家人八十一口全部活埋。

鄜坊節度使被滅門，這樣的事情朝廷竟然毫無辦法，只能聽之任之。當軍事行動結束後，周智光繼續擔任他的同華節度使。

所謂同華節度使，主要是鎮守長安東方的同州（現陝西省大荔）和華洲（現陝西省華縣），華州是從關中通往中原的交通要道，而同州則是通往山西的必經之路。正是兩座城市的戰略地位，讓周智光成了唐代宗時期的一霸。

他聚集了大量的無賴子弟，隨意的截留送往關中地區的漕糧，掠奪各級官員的財物。按照傳統，到長安趕考的學子，在去往京城的一路上，要到每個地方的官府裡點個卯（按：官衙官員查點到班人數。因在卯時進行，故稱點卯。亦泛指點名），但他們聽說了周智光的所作所為，趕赴京城時都悄悄的通過同華地界，避免驚動他。周智光聽說學子們故意避開他，勃然大怒，立刻率軍襲擊他們，造成了大量的死傷。

就連朝廷官員，一語不合，周智光也一樣隨意殺伐。陝州（現河南省陝縣）本來與同華節度使的地盤相鄰，但周智光與陝州刺史皇甫溫鬧翻，於是將皇甫溫的手下張志斌殺死做成了菜。

周智光如此倡狂，就連皇帝也拿他沒辦法。當皇帝聽說周智光殺了杜冕一家八十一口之後，根本不敢主持公道，只是悄悄的把杜冕送到遠處的南鄭藏起來，免得被周智光發現。周智光聽說後，立刻出兵想截住前往南鄭的杜冕，但沒有成功。隨後，他向皇帝討要陝州、虢州、商州、鄜州、坊州五個州，皇帝不答應，他就立刻出兵自己去拿。

皇帝之所以拿周智光沒有辦法，是因為中央政府已經孱弱到無法鎮壓藩鎮的地步了。最後，皇帝實在忍無可忍，只好偷偷的下令要郭子儀出兵幹掉周智光。他不敢明著下令，因為同華距離首都太近，萬一郭子儀沒趕到，周智光卻先進攻長安了，皇帝的命都難保。

周智光只是藩鎮的代表之一。他雖然滅亡了，但唐代中央政府的孱弱地位卻很難改變。這樣的藩鎮在唐代有幾十個，他們大權獨攬，名義上屬於中央，卻有相當的獨立性，甚至職位都可以世襲。他們如同一個個土皇帝，收稅、招兵、截留皇帝的收入，將中國變成了一盤散沙。

割據，是為了自保

那麼，既然安史之亂已經結束，唐代為什麼無法回到開元、天寶年間的穩定，反而陷入藩鎮割據之中呢？

這其中既有中央政府的失誤，又有藩鎮的私心。他們共同造成了中國歷史上一個特殊的時代。在這個時代中，由於各地充斥著犬牙交錯的小型軍閥，他們每一個都無法獨活，所以依靠抱團取暖，大部分都頑強的生存著。

正是由於每一個軍閥的力量都不夠大，孱弱的中央政府才能在夾縫中繼續存在著，起起落落，又維持了一百多年，才最終被取代……。

唐寶應元年（西元七六二年），原山南東道節度使來瑱的死亡，讓唐代的地方將領感到心寒。來瑱是安史之亂中著名的大將，鎮壓過永王李璘的叛亂，阻止過安祿山軍隊的南侵。他守衛的南陽地區具有極其重要的戰略意義，如果南陽丟失，那麼中央政府建立的漢江運輸線就會斷掉，而唐代之所以能夠組織起對安祿山的反攻，這條運輸線又是必不可少的。

正因為來瑱的功勞巨大，他先後擔任過淮南西道節度使、河南節度使、山南東道節度使、陝虢華等州節度使等重要職位。

安史之亂臨近結束，皇帝擔心這些節度使的獨立性太強，會學習安祿山和史思明發動叛亂，開始削弱他們的權力。來瑱也被調回了中央，擔任兵部尚書、同中書門下平章事（宰相）。雖然仍然兼任山南東道節度使，卻不再赴任襄陽，而是留在了長安。

這時，會揣摩皇帝意圖的人來了，大太監程元振以前曾經請求來瑱辦事，遭到了他的拒絕，一直懷恨在心。他發現皇帝對來瑱充滿了警戒，立刻上告來瑱謀反。唐代宗採納了程元振的說法，將來瑱貶到貴州，又在路上下詔賜死。

來瑱的死亡讓所有的將領感到寒心。一位太監在皇帝面前呼風喚雨，就能決定功臣的生死。他們意識到，此刻的朝廷已經不再可靠，任何人離開了手裡的軍隊，被調回長安，都可能遭遇與來瑱一樣的命運。

來瑱死亡最直接的衝擊，來自兩個方面：一是安史之亂第三號功臣僕固懷恩的叛亂，二是來瑱所在的山南東道的變局。

在安史之亂後期，由於皇帝想遏制郭子儀和李光弼的聲名，派出僕固懷恩擔任戰爭的總指揮。僕固懷恩在平定叛亂後，功勞巨大，然一家四十六口死於王事。關於僕固懷恩的功高震主的謠言越傳越烈，他不得不擔心自己的處境。

從後來的情況看，皇帝並沒有幹掉僕固懷恩的意圖。但在皇帝與將軍之間，卻無法建立起一條互信的管道讓將軍放心，而各級官員的所作所為也讓僕固懷恩寒心。

由於鎮壓叛亂動用了回紇軍隊，加上僕固懷恩是回紇可汗的老丈人，在他送回紇兵出境時，河東節度使辛雲京在太原故意把他們當敵人一樣防範，不給補給、不犒勞軍隊，惹得僕固懷恩上書控告。

為了解開兩者的矛盾，朝廷派太監駱奉先前來調查。但駱奉先吃了辛雲京的賄賂，僕固懷恩卻不知道送禮，駱奉先回京後繼續造謠說僕固懷恩反叛。皇帝與將軍的正常溝通管道已經不存在了，只能依靠一些太監從中傳話。

恰好此時，來瑱的死變得盡人皆知。不管皇帝如何安撫僕固懷恩，都無法再讓他放心。僕固懷恩終於與回紇、吐蕃人聯合起來，對抗唐朝。

僕固懷恩病死於反叛的前線，他死後，唐朝借助郭子儀的名聲與回紇達成諒解，並擊敗了吐蕃人，躲過了一場新的劫難。

但躲過了外來的災難，內禍卻無法避免。來瑱死後，他的部下、山南東道裨將梁崇義立刻抓住機會，殺死了唐朝在襄陽的官員，自封山南東道節度使。梁崇義不僅繼承了來瑱的職位，也大聲為來瑱喊冤。他給來瑱立廟燒香，聲稱來瑱是無辜的，要求懲罰罪犯和凶手。皇帝只好找替罪羊，藉機貶斥了程元振，並承認了梁崇義的篡權，冊封他為正式的山南東道節度使。

這件事讓人們突然間意識到皇帝原來已經這麼虛弱。梁崇義明顯的篡權行為不僅不受懲罰，反而得到了承認。只要節度使不去京城長安找死，緊緊手握地方兵權，就可以為所欲為。節度使的命運戲劇般的兩極化了：要麼待在駐地稱王稱霸，要麼回到長安被皇帝處死。

那些身居最緊要地位的節度使從這時開始考慮如何進行長久統治的問題，他們大部分並沒有滅亡唐朝的野心，且僅僅靠一個節度使管轄區，也不可能完成這樣的任務。他們的目的主要是自保。

為了自保，節度使們採取了兩個措施：

第一，形成互保聯盟，在節度使之間進行通婚，依靠婚姻關係形成複雜網路。一家有難，其他家立刻來幫忙，哪怕是對抗朝廷也在所不惜。這很像是一種群狼戰術，一隻狼在自然界很難生存，可一旦結成了群，戰鬥力立刻發生質的變化，讓獅子都不敢小覷。

第二，謀求世襲制，脫離中央政府的官員任命體系，不准中央政府任意調動他們的職位，再將職位傳給子孫。世襲制一形成，士兵就有了歸屬感，不用擔心節度使死後秋扇見棄，對節度使的忠誠感加強了。

唐代宗時期，藩鎮（節度使）已經遍布全國。在玄宗後期，只在邊關設了十個節度使。在安史之亂時期，為了對付安祿山和史思明，原來民事、軍事和財政分家的地方政治體系已經不適合保衛領土了，中央政府必須在與叛軍接壤的地區設立大量的節度使，只有同時掌握了財政、軍事和民事全權，才能協調足夠的資源來守城和抵抗。

這個時期，在華北、江淮、江漢一帶都有大量的節度使出現，他們大的控制十幾個州，小的控制三、四個州，代宗時期節度使有三十六個，以後又增加到四十多個。

安史之亂後，節度使尾大不掉，中央政府已經不可能回到民事、軍事、財政分離的體系去。

對中央政府來說，最可行的方法是：保留節度使，承認他們在地方上的全權，但同時設法讓節度使不要世襲，而是由中央政府任命。只要中央政府能隨時調動節度使，他們就無法發動叛亂。

到這時，中央政府和藩鎮的目標有了極大的衝突。中央政府的目標是把節度使變成「流官」，也就是隨時可以調往別處的官員，而節度使的目標卻是世襲，永遠不離開自己的領地。

當目標矛盾時，兩者的衝突就爆發了。

唐德宗：失衡的關中與高昂的軍費

代宗死後，唐朝又迎來了一位雄心勃勃的皇帝——唐德宗李適。童年時在玄宗宮廷成長的德宗試圖恢復唐朝的開元盛世。為了實現目標，首先必須把不聽話的藩鎮幹掉，讓中央政府能夠控制藩鎮的轄地。對中央政府來說，最重要的權力是稅收權，只有能夠從全國徵稅，中央政府才能建立更加強大的軍隊來實現實質上的統一。

在唐朝，首都關中地區不再是經濟中心，中國經濟最發達的地區轉移到了華北和江淮。不幸的是，經濟中心卻掌握在各個藩鎮的手中，藩鎮又控制了徵稅權，讓皇帝無法從這些發達地區獲得足夠的收益。全國的藩鎮中，最危險的有六個，分別是位於河北地區的河北四鎮，以及位於襄陽的山南東道節度使，和位於許州（許昌）的淮西節度使。

為了讓安史之亂儘早結束，僕固懷恩建議唐朝接納了幾個史思明的大將，讓他們留任河北地區的節度使。這些降將雖然名義上服從中央，但由於擔心重蹈僕固懷恩、來瑱的命運，他們不理會中央政府的徵召，拒絕離開駐地，又透過婚姻、聯保等各種方法，達成了互相支援的協定，一家受攻擊，另外幾家都要出兵幫助。

這些藩鎮號稱河北四鎮，分別是：淄青節度使李正己（他的兒子李納繼任），他是河北四鎮中規模最大的，最初下轄淄、青、齊、海、登、萊、沂、密、棣九個州。在代宗時期發生了魏博節度使田承嗣的叛亂，李正己幫助皇帝鎮壓叛亂時又獲得了德州。後來在汴宋節度留後（代理節度使）李靈曜的叛亂中，又獲得了曹、濮、徐、兗、鄆五個州。這時，李正己一共統治了十五個州。

魏博節度使田承嗣（他的兒子田悅繼任），下轄魏、博、相、衛、洺、貝、澶七個州。田承嗣曾經在代宗時期反叛，皇帝無法透過軍事解決他，只好達成了和解。這次和解也讓河北地區的藩鎮看到了皇帝的虛弱。

成德節度使李寶臣，下轄恆、易、趙、定、深、冀、滄七個州。

幽州節度使朱滔，下轄幽、薊、嬀（按：嬀音同規）、檀、莫五個州。

河北四鎮控制了最繁華的華北地區，讓中央政府幾乎無法從華北收稅，也就無力鎮壓他

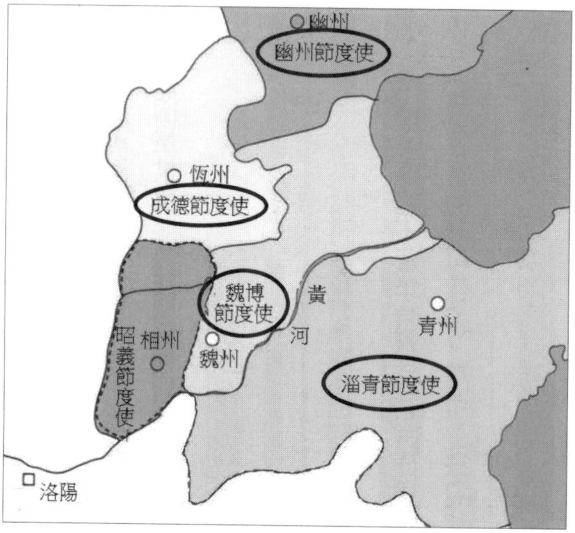

▲河北四鎮控制了最繁華的華北地區，讓中央政府幾乎無法從華北收稅，也無力鎮壓他們。

們。更糟糕的是，除了他們之外，還有另兩個節度使地處交通要道，分別是淮西節度使李希烈和山南東道節度使梁崇義。他們的轄區分別位於淮河地區和漢江地區，唐代稅收的轉運主要依靠淮河、運河與黃河，從揚州一帶轉運到長安，必須通過淮西節度使的轄區，一旦淮西節度使把運河封鎖，長安就會出現饑荒。

如果不走運河，從揚州一帶向長安轉運糧食，還有一條備用路：從武漢走漢江到襄陽，繼續沿漢江到達漢中，再轉運長安。山南東道節度使的轄區恰好封鎖了這條備用路。

一旦淮西節度使和山南東道節度使同時反叛朝廷，江南的稅收就無法進入長安。如果六個藩鎮一同反對長安，那麼江南與華北兩大糧倉的糧食就都被截斷了。

六鎮由於地理位置的重要性，對皇帝充滿了戒心，也不肯輕易服從中央。當胸懷大志的唐德宗開始削藩，試圖增加中央政府權威時，首先面對的就是失衡的地理，以及孱弱的中央。長安的地理弱點，也讓唐朝成了最後一個定都於此的全國性政權。唐朝之後，看清了長安劣勢的開國皇帝們紛紛避開了這裡，選擇距離經濟中心更近的華北地區定都了。

建中二年（西元七八一年），成德節度使李寶臣去世，他的兒子李惟岳按照傳統請求接任。但這次，唐德宗試圖打破世襲的規矩，拒絕了。李惟岳隨即與魏博節度使田悅、淄青節度使李正己、山南東道節度使梁崇義發動叛亂。

在這次叛亂中，幽州節度使朱滔和淮西節度使李希烈最初選擇支持皇帝，派兵協助鎮壓叛亂。但他們的目的是為了擴大地盤，不是為了幫助皇帝。特別是李希烈，從一開始就對準了山南東道，試圖將勢力範圍擴展到長江流域。

在皇帝的指揮下，各路大軍紛紛趕來參與了對四個叛亂軍閥的戰爭。然而，這場戰爭的代價也是高昂的，按照規矩，中央政府徵調藩鎮的軍隊，必須支付開支。在皇帝與藩鎮間，軍費的分配如下：

如果藩鎮只是在自己的統治區裡調動軍隊，那麼軍費由藩鎮負擔；如果藩鎮的軍隊接受了皇帝的命令，離開了他的統治區，那麼從離開的那一天起，皇帝必須支付給藩鎮一筆豐厚的軍事補貼，叫出界糧，每個士兵的花費相當於平常的三倍[1]。

許多藩鎮為了拿補貼，故意把軍隊派出境外，卻作壁上觀，不打仗、專門拿津貼。中央政府的任何軍事行動都花費高昂，卻效果有限。

以李希烈為例，當他進攻山南東道的時候，皇帝必須支付給他三倍的軍糧，而一旦攻克了襄陽，李希烈本人卻想占據襄陽不走，把山南東道也納入他的藩鎮之中。皇帝負責開支，利益卻歸藩鎮，顯然這是一筆合算的買賣。幽州節度使幫助皇帝打仗，也是為了從成德、魏博的手中獲得足夠的利益。

這場戰爭起先規模並不大，幾個月後，李希烈已經打敗了梁崇義，占據了襄陽。一年後，在幽州朱滔的幫助下，三個叛亂的河北藩鎮也岌岌可危，眼看就要失敗。但就在這時，事情卻發生了變化。

李希烈原本想占據襄陽，皇帝卻並沒有給他。朱滔指望獲得更大的利益，皇帝也不能滿足他。於是，李希烈和朱滔轉身加入了叛亂者一方，形勢瞬間急轉直下。

在河北地區，由於馬燧、李抱真等名將的參與，中央逐漸控制了局勢，將朱滔趕回了幽州。

但在淮西地區，事情卻越來越麻煩，直到徹底失控。

涇原兵變：回到原點

在鎮壓淮西時，最初皇帝從附近的藩鎮調兵，都被李希烈打敗了。為了繼續鎮壓，必須從更遠處尋找兵源。調兵的半徑也從中原地區轉移到了遙遠的陝西西部。

在長安的西面，有一個涇原節度使轄區，管涇、原、渭、武四州。由於距離淮西太遙遠，如果皇帝不是迫不得已，是不會調動這麼遠的軍隊的。

隨著戰局的拖延，德宗終於命令涇原節度使姚令言率軍經過長安，再向東去援助在襄城被圍的唐軍。但調兵的同時，皇帝卻沒有足夠的經費來支付涇原軍的出界糧。德宗的官員們只好採取了拖延戰術。涇原軍的士兵並不知情，他們遠道而來，滿懷著對豐厚賞賜的憧憬。

涇原軍到達長安附近時，遭受了第一次打擊：皇帝不僅不讓他們進入近在咫尺的長安玩耍，還沒有給他們一丁點賞賜。直到從長安城外走過，到了東部的滻水時，京兆尹王翃才匆匆忙忙為他們準備了吃的，且全是粗茶淡飯。

理想與現實的巨大差距讓士兵們拒絕前行，一陣陣的謠言在軍隊中傳播，說長安城裡有數不

1 《新唐書．食貨志二》：「是時，諸道討賊，兵在外者，度支給出界糧。每軍以臺省官一人為糧料使，主供億。士卒出境，則給酒肉。一卒出境，兼三人之費。將士利之，逾境而屯。」《舊唐書．德宗紀》：「凡諸道之軍出境，仰給於度支，謂之『食出界糧』，月費錢一百三十萬貫。」

盡的金銀珠寶，皇帝一個人享受著榮華，卻置士兵的死亡於不顧[2]。

唐德宗大驚失色，趕快下令對涇原軍進行安撫，派人前去犒軍。這次的賞賜是每人兩匹帛。當賞賜下發時，士兵們更加被激怒了，他們感覺皇帝如此吝嗇，不僅不值得替他賣命，還應該把他推翻，換一個大方的。

涇原節度使姚令言已經失去了對軍隊的控制，只能任由士兵轉頭前往長安，懷著對財寶和劫掠的渴望，衝向了帝國的首都。涇原兵變爆發。

涇原兵變是一個複雜的產物，表明中央政府的軍事行動已經超越了財政能力；軍事財政無法得到保證，又引起了更大的混亂和崩潰。

在唐德宗倉皇逃離首都，前往長安西面的奉天避難時，造反的涇原軍卻陷入了兩難境地，他們既無法建立穩定政權，又不能投降。最後，他們把幽州節度使朱滔的哥哥朱泚（按：音同此）抬了出來。

朱泚本來是幽州節度使，皇帝為了防範，將他調離，居住在長安。朱滔造反時，曾經試圖聯絡哥哥一同反叛，信件卻被唐德宗截住。德宗認為朱泚並不知道弟弟的消息，沒有追究。

但對叛亂者而言，朱氏兄弟卻是最有可能建立新政權的人物，弟弟掌握幽州，哥哥占據長安，控制了北中國很大的一部分。在士兵的擁立下，朱泚稱帝，率軍攻打德宗所在的奉天，卻失敗了。

朱泚的失敗說明，唐朝中央政府雖然失去了地方控制權，藩鎮卻由於過於碎片化，必須依賴中央政府名義上的授權，來維持自己的地位。這時的唐朝很像春秋時期的周王朝，周王的權力逐漸縮小，卻又必不可少，屹立不搖。

不過，屹立不搖並不意味著沒有困境，唐德宗在奉天不得不發出「罪己詔」，向天下人承認錯誤，宣布改過自新。

這份罪己詔除了對皇帝本人大加貶斥之外，還總結了戰爭為什麼失敗的根由。皇帝認為，自己輕率的發動戰爭，沒有考慮到戰爭成本，是失敗的根源[3]。

由於低估了戰爭消耗，德宗本來以為對四鎮的征伐是很容易的事，卻沒有想到，隨著越來越多的士兵被徵調，影響早已超出了河北和江淮一帶，整個中國都要承受戰爭成本。軍餉需要從千里之外運到，士兵也要大量換防。人力不足，造成了大量的田地荒蕪，戰爭引起的社會動亂已經初現端倪。

實際上，在涇原兵變中，長安城裡的人們因為德宗皇帝的苛捐雜稅太多，不但不支持皇帝，反而迅速與叛軍合流了，因為叛軍進城時只想掠奪皇帝的寶庫，對社會卻是免稅的。

到這時，德宗的戰爭已經不可能再打贏了，他必須縮小規模，對一些叛亂分子進行安撫，把

2 《舊唐書．姚令言傳》：「涇師離鎮，多攜子弟而來，望至京師以獲厚賞，及師上路，一無所賜。時詔京兆尹王翃犒軍士，唯糲食菜啖而已，軍士覆而不顧，皆憤怒，揚言曰：吾輩棄父母妻子，將死於難，而食不得飽，安能以草命捍白刃耶！國家瓊林、大盈，寶貨堆積，不取此以自活，何往耶？」

3 《舊唐書．德宗紀》：「不知稼穡之艱難，不恤征戍之勞苦。致澤靡下究，情不上通，事既壅隔，人懷疑阻。猶昧省己，遂用興戎，征師四方，轉餉千里。賦車籍馬，遠近騷然；行齎居送，眾庶勞止。力役不息，田萊多荒。暴令峻於誅求，疲民空於杼軸，轉死溝壑，離去鄉里，邑里丘墟，人煙斷絕。天譴於上而朕不寤，人怨於下而朕不知。馴致亂階，變起都邑，賊臣乘釁，肆逆滔天，曾莫愧畏，敢行凌逼。」

有限的財力運用到最主要的叛亂方，才有可能回到長安。

在罪己詔中，德宗皇帝宣布大赦，大赦範圍之廣超乎想像。在最初的叛亂四鎮中，山南東道節度使梁崇義已經滅亡，成德節度使李惟岳也被滅了，這兩人不牽扯到赦免問題。而淄青節度使李納（李正己之子）和魏博節度使田悅都得到了赦免。後來加入叛亂的李希烈，以及代替了李惟岳的王武俊也都得到了赦免。

更難得的是，幽州節度使朱滔的哥哥朱泚已經在長安篡位稱帝，是大逆不道，應該滅族的罪行，但皇帝仍然赦免了朱滔，繼續讓他擔任幽州節度使，只對稱帝的哥哥朱泚進行追究。

這種做法，實際上是想將大部分叛軍爭取回中央政府陣營，因為皇帝已經打不起仗了。付出的代價，就是這些節度使仍然耀武揚威的控制著自己的地盤，不聽中央的命令，統一帝國繼續向著四分五裂滑去。

這場戰爭以朱泚的被殺、皇帝回到首都為結局。叛亂的各個諸侯命運也各不相同，淮西節度使李希烈不肯投降，還自稱大楚皇帝，由於皇帝的罪己詔已經團結了大部分人，李希烈被李勉等人擊敗。

不過李希烈死後，淮西節度使的職位又落入了軍閥吳少誠手中，吳少誠和後代繼續抗命中央，一直持續到唐憲宗時期。

河北四鎮中，田悅的弟弟田緒殺害了哥哥，繼任了節度使，王武俊和李納都得到了赦免，繼續把持本部。朱滔被赦免後不久就死了，幽州的大權留給了部將劉怦和他的兒子劉濟。但總結說來，四鎮擅權依舊，朝廷毫無辦法。

德宗皇帝浪費數年，花費無數，換來的結果既沒有更糟，也沒有更好。這就是唐代藩鎮割據的實質：每一個藩鎮都想保護好自己的土地，但每一個藩鎮都沒有實力一爭天下，不管哪一方付出巨大的努力，到最後都回到原點，對全盤形勢沒有太大的改善。

德宗在位後期，想盡一切辦法積攢財政，為未來唐王朝的中興做準備。他期望有朝一日能夠重新獲得全國的控制權。他的搜刮的確積攢了大量的軍費，有了重新統一的資本，但他沒有見到那一天，就孤獨的死去了。

中央王朝的迴光返照

唐元和十年（西元八一五年）六月三日清晨，唐朝宰相武元衡正準備從位於首都的家裡去往皇宮上朝。當他騎上馬，帶上侍從，剛剛從靜安里東門出來時，突然間有人呵斥他們把蠟燭熄滅。隨從由於跟著宰相，有恃無恐，也朝對方呵斥。

就在這時，突然從暗中飛出一支箭來，射在了武元衡的肩膀上。在陰影裡衝出幾個人，將他的隨從驅散，另一個人則用棒子擊打武元衡的左股。當隨從都逃走後，這群人拉住武元衡的馬向東南方向走了十幾步，然後將宰相殺害，將他頭顱割下帶走了。隨從們帶著救兵回來時，發現無頭的宰相躺在血泊中。他死亡的地點，距離家的東北角只有一牆之隔。

當時黑夜還沒有過去，路上大都是上朝騎馬的官員和隨從，這些人呼喊著四下傳播，都說宰相被殺了，聲音一直傳到了朝堂上。文武百官面面相覷，不知道哪個宰相死了（唐朝宰相不只一個）。武元衡的馬還按照既定路線，一路走到了上朝的地方，看到了馬，人們才知道死的是誰。

皇帝上朝時，走到紫宸門，才聽說了武元衡的死訊。他驚訝萬分又沉痛不已。這次宰相遇刺事件中，另一位官員裴度也遇刺卻逃過了一死，說明這是一場精心策劃的行動。

事後，人們查找殺死武元衡的凶手。在當時，中央政府正與淮西節度使吳元濟發生戰爭，武元衡和裴度都是堅定的主戰派，他們的遇刺一定與吳元濟有關。吳元濟的幫手是成德節度使王承宗，兩人有可能是王承宗刺殺的。可後來，人們又認為是淄青節度使李師道刺殺的。

宰相的死亡雖然成了懸案，卻給了唐憲宗清理藩鎮的最佳藉口，也是唯一的時機。

貞元二十一年（西元八〇五年），忍辱負重的唐德宗去世，太子繼位後由於身體有病，又讓位給了兒子李純，是為唐憲宗。

唐憲宗時期，全國節度使增加到了四十九個，但與德宗相比，由於財政狀況的好轉，中央政府已經有了更強的實力去平定諸侯。雄心勃勃的憲宗發起了鏟除不聽話的藩鎮的鬥爭。

與德宗一樣，憲宗的目的仍然不是為了廢除節度使制度，它已經深深的扎根在唐代的官僚制度之中，不能動搖了。憲宗想做的，只是：第一，將不肯聽話的藩鎮拿掉，換上聽話的人；第二，在做到第一步後，再有限的剝奪藩鎮的財權和兵權，讓他們沒有實力與中央抗衡。

與德宗時期相比，隨著藩鎮的世襲化，節度使們也喪失了當年的銳氣，與中央政府抗衡的決心大大削弱，軍隊實力也不如當年，甚至有的藩鎮決定投靠中央，這是對皇帝有利的一面。

除了當年的河北四鎮和淮西節度使之外，憲宗時期決心與中央抗衡的藩鎮還有兩處，分別是位於四川西部的西川節度使，以及位於現在江蘇省鎮江的鎮海節度使。憲宗的策略是，從容易的入手，先將不聽話的周邊藩鎮收復，樹立中央政府的威信，然後再對最難解決的河北四鎮動手。與河北四鎮的互相勾結、形成聯保不同，西川和鎮海都處於孤立狀態，在它們四周都是服從於中央的地區。特別是西川節度使，雖然位於四川地區，而四川自古以來就有著易守難攻的特質，但此時的四川被分割成了東川和西川兩部分，從關中去往四川的蜀道大都在東川境內，所以，西川並沒有天險可以防備中央的進攻。

西元八〇五年，憲宗剛剛繼位，原本鎮守西川的節度使韋皋去世，韋皋對中央忠心耿耿，但在他死後，他的副手劉辟奪取了西川，最初他只要求皇帝冊封，隨後又想攫取更多的土地，與中央形成了對峙。

繼位的第二年，皇帝派神策軍使高崇文率軍平定西川。高崇文從褒斜道進入漢中，再過劍閣，一路過關斬將，用了八個月時間就平定了西川叛亂。這次平定劉辟，給了皇帝極大的威望，人們開始憧憬這位雄心勃勃的皇帝能夠恢復當年的盛唐氣魄。

第二年皇帝對鎮海節度使李錡的鎮壓，更讓人們看到了希望。李錡除了擔任鎮海節度使外，還擔任浙西觀察使、諸道鹽鐵轉運使。在唐代後期，鹽鐵轉運使是最有油水的職務，相當於中央外派負責財政的專員，管轄各地的國有企業，並將它們的利潤轉運到中央。在這個過程中會形成大量的結餘收入，供轉運使本人支配。

但李錡的好日子結束了。憲宗為了加強中央權威，將財政權力回收，只給他保留了鎮海節度使的職位。李錡心懷不滿，不服從中央命令，被憲宗抓住把柄，派兵征討。皇帝的軍隊只用了一個月，就將李錡平定，送往長安腰斬。

憲宗征討藩鎮時遇到的最大障礙是成德節度使王承宗。元和四年（西元八〇九年），成德節度使王士真死亡，他的兒子王承宗希望繼承父親的職位。但這次憲宗卻不同意世襲，成德立刻以反叛回應。

在征討成德時，唐憲宗選擇了一個宦官吐突承璀擔任討伐軍的總指揮。在宦官的指揮下，政府軍徒勞無功。不過，吐突承璀卻暗地裡與王承宗議和，要他上表歸順，皇帝也順水推舟將節度使授予他。

議和的結果，是中央權威再次下降，各地藩鎮又各自為政，憲宗的集權努力眼看就要失敗。但突然間，魏博節度使轄區發生的變局，讓中央再次感到了柳暗花明。

元和六年（西元八一一年），魏博節度使田季安病死，他的兒子太小，親戚田興（也叫田弘正）逐漸掌握了權力。與其他節度使不同，田弘正已經嗅到了變天的氣息，他力排眾議，決定投靠中央政府。在以後的歷次平叛中，他都毫不猶豫的選擇和中央一條陣線。田弘正的反正，如同一枚致命的楔子，插入了河北四鎮之中。在魏博的配合下，皇帝開展了數次平叛戰役。

首先是對付淮西節度使吳元濟，元和九年（西元八一四年），由於得不到皇帝的冊封，吳少誠的兒子吳元濟發動叛亂。這次叛亂一直持續到西元八一七年，才在名將李愬（按：音同素）的努力下平定。李愬雪夜襲蔡州，也成了唐朝平定藩鎮叛亂中最有名的戰役。

西元八一五年宰相武元衡遇刺後，為了替宰相報仇，除了與吳元濟繼續作戰外，中央還展開了與成德節度使王承宗的戰爭。當吳元濟平定後，四面楚歌的王承宗也決定投降，中央保留了他節度使的位置，卻讓他的兩個兒子入朝當作人質。

由於後來查明武元衡是淄青節度使李師道派人刺殺的，西元八一六年又展開了對李師道的討伐。三年後，李師道被殺死。淄青節度使轄區是河北四鎮中最大的，最多時曾經下轄十五州，即便在憲宗時期，也有十二個州。為了便於管理，李師道死後，皇帝將淄青轄區分成了三份，防止未來這個藩鎮再出問題。

西元八二〇年，成德節度使王承宗死亡，他的弟弟王承元被調任別地，朝廷將原魏博節度使田弘正調任成德節度使，再派遣名將李愬擔任魏博節度使。這樣，原本世襲的職位變成了由朝廷任命的流官，也就不會再成為坐地虎（按：地頭蛇）了。

這一年也是幽州節度使結束盤踞的日子，原節度使劉濟的兒子劉總曾經毒殺了他的父親，看到周圍的節度使們都一個個倒下，劉總也意識到好日子結束了。他決定棄官去當和尚，落髮之後不知所終。中央政府的最後一個心腹之患也消失了。

歷史上習慣於把唐憲宗稱為中興，除了他平定了各個反叛的節度使之外，還由於他想從機制上約束所有的節度使，不管是順從的還是不順從的。

唐憲宗推出了兩個改革來限制節度使的權力。元和四年（西元八〇九年），唐憲宗針對地方財政制度進行改革。改革前，地方上繳中央的財政是上貢式的，州政府徵稅後，留一部分給自己，剩下的交給節度使，節度使留夠了自己的，剩下的才會上繳（或者進貢）給中央。

唐憲宗試圖限制藩鎮的徵稅權。由於每一個藩鎮（節度使）都下轄幾個州，藩鎮選擇其中的一個州作為駐紮地（直轄州）。皇帝規定，節度使駐紮的那個州（直轄州）徵稅完全交給節度使支配，中央不再指望這個州的財政。但是對於其他的非直轄州，其財政則完全上繳中央，不再經過節度使[4]。中央政府這種自斷一臂，保全身體的做法，其實將節度使的許可權減少了。之前的節度使可以對下轄的幾個州財政全部插手，現在只能插手一個州。相當於將節度使的財政降到了和州同樣的級別。

十年後，皇帝再次推出了另一項制度：針對藩鎮的軍事制度，採用與財政制度類似的規則。節度使直轄州的軍事完全歸節度使統轄，而非直轄州的軍事權力被授予州的刺史，州刺史所轄軍隊也不再聽從節度使的調遣[5]。這是中央政府第一次將軍事權交給州刺史，表面上看是加強了地方分權，但由於削弱了節度使的軍事權力，藩鎮對中央政府的反抗能力大幅度減少。

但唐憲宗的軍事征服和改革已經是唐朝的迴光返照。憲宗本人依靠他的祖父德宗積累的中央財政，完成了重新統一。但軍事行動消耗了大量的財政，又再次讓社會付出了代價。

元和十五年（西元八二〇年），雄才大略的唐憲宗被宦官陳弘慶謀殺。他死後，各地的藩鎮又陷入了和中央政府的摩擦之中。只是這時候，中央政府已經沒有錢，很難再組織起大規模的軍事行動，來獲得藩鎮的歸順了。

當黃巢的叛亂興起後，唐朝在黃巢的軍事打擊和藩鎮的割據之下，終於分崩離析。

4 《新唐書．食貨志二》：「分天下之賦以為三：一曰上供，二曰送使，三曰留州。宰相裴垍又令諸道節度、觀察調費取於所治州，不足則取於屬州，而屬州送使之餘與其上供者，皆輸度支。」

5 《舊唐書．憲宗紀》：「丙寅，詔：諸道節度、都團練、防禦、經等使所管支郡，除本軍州外，別置鎮遏、守捉、兵馬者，併合屬刺史。如刺史帶本州團練、防禦、鎮遏等使，其兵馬額便隸此使。如無別使，即屬軍事。其有邊於溪洞連接蕃蠻之處，特建城鎮，不關州郡者，不在此限。」

第十四章

黃巢起義，史上最漫長的長征流動戰

西元八五九年～西元九〇七年

由於經濟中心的轉移，唐代之後長安再也沒有成為統一王朝的首都。相繼成為首都的洛陽、開封、南京、北京都在東部。但東部諸城市卻缺乏長安的形勝，使得中國的軍事戰略也出現了變化。唐代之前軍事行動主要依託於戰略地理，守住城池是戰爭的關鍵因素；宋代之後，機動戰的特徵更加明顯，守城逐漸讓位給了野戰和機動戰。

黃巢的流竄作戰提供了一個機動戰的樣本，並為後來的軍事流竄作戰做出了榜樣。它的特徵是：以運動戰和流竄的方式，尋找中央帝國的薄弱點進行打擊，利用機動性拖垮帝國的財政，從而造成帝國的分崩離析。

唐代末年，一群思鄉的士兵在龐勛的領導下，在桂林發動起義，展開了流動戰，千里躍進向徐州進軍。成功到達徐州後，他們守住徐州的努力卻失敗了。龐勛起義打開了一條可貴的戰爭經驗：在中央政府控制力已經腐朽時，運動戰比起守城戰，更適合實力弱小的起義者。黃巢、李自成、中國工農紅軍都借鑑了這條經驗而取得成功。

唐末王仙芝前期由於堅持了機動戰，成了唐朝的心腹大患，但後期卻放棄了機動戰，被唐王朝擊敗身死。與此同時，黃巢卻堅持機動戰的打法，他轉戰數萬里，活動範圍從山東到廣東、陝西，利用運動戰拖垮了唐王朝。

黃巢從廣州數千里躍進，直到攻克了唐朝首都長安。但此後，黃巢也陷入了運動戰和守城戰的悖論。運動戰意味著可以透過劫掠來獲得給養，而保衛戰卻必須在固定的地盤上來解決糧草問題。隨著機動性的喪失，黃巢滅亡了。即便到現在，黃巢也是中國長征距離最遠的軍人。那些更加出名的後來者不管如何，從距離和難度上，也都無法超越這位前輩。

唐代的繁榮和社會發展把關中的地理劣勢暴露得一覽無餘。關中在秦漢時期仍然是中國最繁榮的地區，並擁有著地理上的戰略優勢，在函谷關（潼關）、武關、大散關和蕭關的保護下，易守難攻，是成就帝業的基地。

然而，經過了東吳、東晉、南朝的拓殖，到了隋唐，長江下游地區已經成了新的經濟引擎和糧食基地，其產量和經濟活躍程度超越了關中。函谷關以東的黃河下游地區曾經是湖沼遍布的泥濘土地，隨著湖沼的乾涸，變得更加適合作物生長。與這兩個糧倉相比，關中地區已經不再具有經濟上的優勢。

唐代時，關中本來已經不再適合成為首都。以唐為例，首都長安發展成了一個超級國際大都市，這裡充斥著來自全國各地的商人、官員，以及從中亞來的大量外國人，眾多的非生產性人口需要大量的糧食來養活。在西漢，依然可以透過關中平原的生產來滿足長安的糧食需求；到了唐代，狹小的關中平原即便把所有作物都貢獻出來，依然無法滿足長安的口糧。

隋代時煬帝已經看到了類似的問題，他的解決之道是在更靠近全國糧倉的洛陽和揚州設立新的中心城市，並修建運河將各個行政中心連接在一起（見第三百五十頁圖）。

但在修築運河過程中，通往關中地區的河道仍然是最困難的。隋唐時期，江南的糧食需要集結在揚州，再沿著古邗溝北上進入淮河，再沿著通濟渠（大運河）進入黃河，從黃河進入渭河體系，或者進入與渭河平行的廣通渠到達長安。最困難的河道有兩段，一段是從運河進入黃河時，由於黃河水每年有榮枯，只有數月能夠通船，運輸糧食的船隻在黃河口往往需要等待很久。另一段是進入黃河後，最艱難的是三門峽河道，這裡河道中間有數座巨大的礁石山，沉船無數，充滿了艱險。

重重困難導致從江南向長安運輸糧食極其不易。即便運糧成功，也由於路途遙遠而時間漫長，形成了巨大的統治成本。作為首善之地，首都必須更靠近經濟中心，而長安已經不再適合這個角色。

在安史之亂中，叛軍切斷運河通道造成的首都糧食恐慌還歷歷在目，讓人們看到了關中的軟肋。秦漢時，守住關中四塞，就能利用形勝而獲得軍事優勢，但在唐代，只要切斷中原通往關中的糧道，就能讓關中變得羸弱不堪。

唐代到宋代，正是這種趨勢的強化時代。唐代之前，長安是歷代皇帝心目中理所當然的首都。唐代之後，長安就再也沒有成為任何一個統一王朝的首都。與此同時，洛陽、開封、南京、北京等地相繼崛起，它們距離中國的糧倉更近，也更加容易完成後勤補給。

不過，在軍事地理上，不管是洛陽、開封還是南京、北京，與長安相比都有地理上的劣勢。開封是四面平原的四戰之地，易攻難守，最不適合做首都；南京、北京、洛陽雖然也有天險可守，但四面的關防卻缺乏長安的完備性。

隨著行政中心的轉移，中國的軍事也發生了較大的變化。在長安時代，最常見的軍事戰略，是借助地理上的戰略樞紐，固守城池，將進攻方拖疲，最後依靠反攻來取得勝利。

唐代之後，由於東方區域缺乏長安這樣的形勝之地，戰爭雙方越來越多是依靠機動戰來取勝，城池的重要性減弱，野戰和閃擊戰卻大幅增加。

這種趨勢，在唐末已經得到了體現。唐末的兩次底層叛亂，都帶有很強的軍事流竄特徵。由於東部河網縱橫，平地千里，缺乏有效的山脈阻隔，叛軍在東部流竄的廣度和深度，都遠超過後來的模仿者，為中國軍事史上的機動作戰提供了戰略樣本。

在唐代之前，除了西漢末年的赤眉軍短暫的利用流動作戰攻克了首都，大部分情況下，要想獲得政權，首先必須考慮在一個戰略要地扎根（通常為長安或者山西高地），再以此為基地併吞周圍的平原地帶，穩紮穩打獲得勝利。唐朝末年的黃巢卻不建立戰略基地，而是在大半個中國之內流竄，依靠閃擊戰攻城掠地，不斷壯大，直到攻克了首都長安。

黃巢的成功讓人們看到了中國國內防守的脆弱性，並確立了另一種作戰風格：當中央政府控制力衰退時，以快速行軍為基礎，不斷尋找中央政府防守最薄弱的地區，攻城掠地，並快速轉換作戰陣地，直到中央政府在軍事和財政上完全無法承受而垮臺。

黃巢之亂的前奏：思鄉武士叛亂記

唐懿宗咸通九年（西元八六八年）七月，一場爆發於桂林的兵變吹響了唐王朝解體的號角。這場兵變最初只有八百人，卻轉戰千里，為後來的黃巢提供了經驗借鑑，也展現了唐代末年運動戰的魅力。

這場兵變的緣由可以追溯到雲南的大理王朝。在唐代，位於雲南洱海邊的南詔國一度強盛，成了西南方除了唐朝和吐蕃之外的第三種力量。

南詔國長期依附於吐蕃，後來改為依附唐朝。但在安史之亂前，南詔國由於唐朝雲南太守張虔陀的不法，起而反叛，與唐朝爆發了大規模的戰爭。

天寶十年（西元七五一年），唐將鮮于仲通出征南詔大敗，戰死六萬人，三年後，唐將李宓率軍七萬攻打南詔，又全軍覆沒。現在的大理下關有兩座巨型古墓，號稱千人塚和萬人塚，據說就是當年唐軍將士的集體墓葬。雖然戰爭過去了千年，大理人仍然透過集體記憶，記得當年唐軍將士進入洱海盆地後，在龍尾關外的平地上被全殲和埋葬，他們死亡之地現在成了下關市中心區，但附近的街道仍然被當地人稱為「戰街」。

這兩次戰役讓唐朝的軍事情況更加失衡。由於主持戰爭的是宰相楊國忠，也從側面助長了他與安祿山對抗的可能性，導致了安史之亂。

唐代晚期，南詔再次展開了對唐代邊疆領土的進攻，主要的進攻點除了兵向四川、貴州、廣西之外，還向現在的越南河內（交趾）一帶進攻。為了對付邊關寇亂，唐政府派出高駢去收復交趾，並在內地大肆徵兵戍邊。

徵兵命令傳到徐州境內，這裡分配了兩千名的徵兵名額。被徵集的新兵統一前往南方集散地。在南方集散地，又有八百人被二次分配到桂林。

按照規矩，戍邊三年後，士兵就可以調回原籍。然而由於兵源的缺乏，地方政府並不能很好的執行中央定下的規矩。三年期滿時，徐州的行政長官突然決定延長服役期三年。軍隊中開始出現牢騷，但士兵們仍然服從了政府的命令。

西元八六八年是戍卒們六年期滿的日子，但這時又傳來了命令，徐泗觀察史崔彥曾再次命令戍卒們延長服役一年。對於地方政府來說，戍卒迭代的成本是非常高昂的，這牽扯到從徐州招兵，再把士兵派往數千里之外，同時把遠方的士兵調回去。運輸、軍供成本大都由地方財政承擔。士兵們就成了政府節省經費的犧牲品。

士兵們這一次再也不願等待了，他們意識到，如果不反抗，政府會將他們無限期擱置在邊關，永遠離開父母、老婆和孩子。他們叛變了。叛變的領導者是一位叫龐勛的人，他是這支部隊的糧料判官。龐勛率領士兵殺掉了主將，開始了歸家之路。

與普通的叛亂不同，士兵們並沒有多少野心，他們的訴求只不過是回家看親人。中央王朝的龐大規模對人們生活的影響已經顯露無遺：大理、交趾距離徐州有五千里，而桂林距離徐州也有三千多里。為了遙遠的大理和交趾的爭端，徐州的士兵必須遠赴三千里之外的桂林。當他們起義後，又必須跨越三千里，才能回到家鄉。其間需要經過無數城市和節度使轄區，處處都有軍隊可能攔截他們。這區區的八百人能夠跨越地理上如此遙遠的距離，與親人見面嗎？

幸運的是，唐末的另一個特徵幫助了這群思鄉的武士，讓他們不僅沒有被吞沒，反而逐漸壯大。這個特徵就是**節度使制度**。

唐代的節度使一度形成了藩鎮割據的局面，唐憲宗時期，開展了對節度使的一系列戰爭，剝奪了他們的一部分兵權，又承認了他們一定的獨立性。到了唐末，藩鎮制度繼續異化，一方面，中央政府的命令在藩鎮的領地內都會打折扣；另一方面，藩鎮本身也老化了，不僅中央政府兵力不足，就連藩鎮本身也沒有太多可用的兵。有的城市只有幾十人、數百人，且大都無法作戰。

當戰爭威脅傳來，地方政府首先想到的不是打仗，而是自保，或者把起義者引入別家地盤，只要不威脅自己就可以了。在這種特徵下，龐勛的歸家士兵們很少被阻攔，甚至受到各州縣的款待，只求他們儘早離開。

從桂林前往徐州的路是這樣的：在桂林北上嚴關，可以到達靈渠，這裡是長江（湘江）流域和珠江（灕江）流域的分界線，順著灕江南下可以進入珠江水系，而順著湘江北上則進入長江。龐勛的士兵們進入湘江後，順流而下，直達潭州（現湖南省長沙）、岳陽，進入長江，再順長江而下，到達大運河的長江起點揚州，順運河進入淮河，轉泗水進入徐州。

隨著離家越來越近，龐勛的士兵擔憂起自己的命運來。他們透過起義實現了見到親人的願望，可之後又該怎麼辦？他們能夠得到中央政府的原諒嗎？由於地方官員的錯誤，他們有足夠的理由發生兵變，但中央政府能夠聽到他們的呼聲嗎？實際上，地方政府早已在報告中將他們當作徹頭徹尾的叛亂分子了。

這時，龐勛和他的士兵們開始密謀如何獲得中央政府的承認。在他們面前，有一個現成的例子可循：唐穆宗長慶二年（西元八二二年），徐州節度使崔群被他的部下王智興發動兵變驅逐，由於中央政府鞭長莫及無法鎮壓，只好承認了王智興的合法地位。

龐勛認為，只要他們武力攻打下徐州，並能鞏固住地盤，中央政府就會被迫承認他們的地位，士兵們不再是叛亂分子，還能統治自己的家鄉。

按照計畫，他們順利的打下了徐州，並以徐州為基地，向四面擴張，希望控制淮河、泗水、運河流域的土地。龐勛的計畫看上去完美，卻忽略了一個事實：在唐末，當一個流寇比當一個坐寇要有利得多。由於地方的守備不足，流寇可以一躍千里，向政權的薄弱處滲透。可一旦他想以某個地方為基地停留下來，立刻就侵犯了周圍各個藩鎮的權力，也為中央政府不容。

在歷史上，徐州是一個戰略要地，它控制著黃河、淮河之間地帶，四周平原物產豐富，歷代政權都將徐州視為必須控制的地區。這使得任何一個想控制徐州的軍閥，都要花費比別人多數倍的努力，還大都以失敗告終。

龐勛選擇以徐州為基地，就意味著這支小小的部隊凶多吉少。果然，為了奪回徐州，唐政府派出大軍，在周圍藩鎮的配合下，對起義者發動了進攻。士兵們雖然竭盡全力支撐了一年，最終仍然被政府軍剿滅。

龐勛以失敗告終，卻為後來的起義者提供了有意義的借鑑：與普遍的認知相反，**如果起義者力量還不夠強大，就不要在一個地方死守，而是應該打運動戰，流亡四方**。在流亡的過程中不僅不會被政府的軍隊消滅，反而會越來越壯大。另外，**打運動戰應該向政權力量薄弱的地區去發展，直到實力足夠強時，再突然間躍進中原，甚至進攻關中，往往能取得出奇制勝的效果**。守住徐州也許是比攻克長安更加艱難的任務。

龐勛的經驗被黃巢付諸實現。

王仙芝：失控社會的流竄作戰

龐勛起義對唐朝政府的打擊，不僅是軍事上的，而且是財政上的。由於唐政府動用了大量軍隊參與鎮壓，使得原本捉襟見肘的財政平衡被打破，民間經濟越過了能夠承受壓榨的臨界點，唐代也隨即進入了起義頻發的末期狀態。

唐僖宗乾符元年（西元八七四年），在山東地區的濮州（現河南省濮陽境內），有一位叫做王仙芝的人借助饑荒開始造反（見第四百四十頁圖），第二年，冤句（現山東省曹縣）的黃巢也加入了王仙芝的隊伍。這次起兵是西晉末年以來最大的一次民間運動。

不管是王仙芝還是黃巢，都充分發揮了起義軍擅長的游擊戰。由於唐末地方政府的盤踞分隔，幾乎很難對持續運動的軍隊形成有效打擊。唐代中央政府也沒有足夠的財政來支持戰爭，只能仰仗地方割據勢力。而戰爭製造的流民又源源不斷加入起義隊伍，使得起義規模越來越大。當起義規模超過了地方藩鎮勢力之後，就沒有人能夠制止他們直搗關中了。

王仙芝、黃巢的起義又可以分為兩個階段，以王仙芝的死亡作為分界點。在前個階段，起義者的活動範圍還有所收斂，被政府軍圍困。而到了後一個階段，黃巢開始了極為大膽的長征，在唐代的邊境地區穿插發展，使得政府無力再應付。

最初兩年，兩人的活動範圍主要在如今的山東西部一帶，以濮州、曹州為中心，並向東南方進攻沂州（現山東省臨沂）。為了鎮壓起義，唐代中央政府派出了周圍的五路節度使軍隊，分別是鎮守鄆州、曹州、濮州的天平節度使，鎮守江都（現江蘇省揚州）的淮南節度使、忠武節度使（現安徽省淮陽）、宣武節度使（現河南省開封）、義成節度使（現河南省滑縣）。後來又動用平盧節度使宋威參與救援。

但政府軍犯了一個錯誤，宋威率軍將王仙芝、黃巢在沂州城擊敗後，以為兩人已經死亡，就上奏中央罷兵了。罷兵之後，要想再次召集軍隊，勢必引起更大的不滿，甚至士兵的叛變，對於鎮壓更加不利。

王仙芝、黃巢兵敗之後，離開了他們的老家根據地，開始了更加廣泛的軍事機動。從這一刻開始，唐朝傳統的鎮壓方法變得不再靈光了，因為藩鎮兵不願離家太遠，無法跟上起義者的行軍速度。

王仙芝的下一站進入了現今河南境內，很快攻克了陽翟（現河南省禹州）、郟城（現河南省郟縣）等八縣，這些城市都靠近現在的許昌、鄭州一帶，距離洛陽已經不遠，威脅到了唐王朝的東都，變得更加危險。

唐朝政府被迫部署東都的防守，並派人守住了潼關，避免王仙芝流竄進入關中平原。此刻，王仙芝的軍事實力還不夠強，雖然能夠攻克一系列的城市，引起東都巨大的震動，卻無力攻打東都。他在政府軍的逼迫下，繼續向西南方機動，尋找薄弱點。

王仙芝尋找的薄弱點是洛陽南方的鄧、唐一帶，以這裡作為跳板向漢江流域的南襄平原進軍。南襄平原是江漢平原的一部分，在湖北的西北部，自古以來就是中原進入湖北、湖南的跳板，占領了這裡，就扼住了兩湖與中原之間的最主要通道。

王仙芝與黃巢在南陽、襄陽地區攻城掠地，攻克郢州（現湖北省鍾祥）、復州（現湖北省仙桃）、隨州、安州（現湖北省安陸）等地，又派人向東面的淮河、長江流域滲透，攻打中州（現河南省信陽）、光州（現河南省潢川、光山）、壽州（現安徽省壽縣）、舒州（現江西省安慶）、廬州（現江西省九江）等一系列地區。

如果這些地區丟失，意味著從中原到長江流域交通的阻滯。唐朝從中原到長江中下游，只有南襄隘道、武漢以北的義陽三關、壽州以南的巢淝故道以及大運河四條路可以走，王仙芝活動區域扼住了前三條通道，只有最後一條通道尚沒有觸及。唐朝的地方官員為了自保，紛紛閉關不出，也不參與討伐。中央政府第一次感覺到無力鎮壓，於是開始考慮封賞和招降王仙芝。

在王仙芝和黃巢之間，也開始有了矛盾，王仙芝不排斥招降，而黃巢則是更加堅定的起義者。第一次招降雖然沒有成功，卻分化了王仙芝和黃巢兩人，此後，黃巢北上回到了山東根據地，並在山東、河南、湖北的寬廣區域內來回流竄，而王仙芝的活動範圍則主要在湖北中西部、河南西南部。

到這時，兩人的命運也有了區別，黃巢仍然把軍事機動貫徹到底，攻克州縣是為了劫掠，不是長期占領。如果碰到絕對優勢的敵人，就明智的避開。王仙芝由於受到招降的影響，開始尋找根據地，他的目光盯在了湖北西部。他攻克了鄂州（現湖北省武昌），但隨著盤踞意識的增強，機動性大大下降，隨著傷亡的積累，軍隊也逐漸被削弱。

當軍隊被削弱後，唐王朝的招安意識也越來越淡，更傾向於武力鎮壓。

在南襄地區無法立足的王仙芝決定向荊州進軍，企圖奪取荊州作為基地，但進攻失敗。他的軍隊實力、士氣等都受到了嚴重打擊，最終在黃梅被殺。

王仙芝早期的成功，在於他的機動性作戰原則，使得唐朝調動軍隊的能力已經超出了極限，不得不對他招降。王仙芝要麼接受招降，要麼堅持機動性，但他在兩者之間猶豫不決，喪失了機動性的他不得不承受失敗的代價。

在王仙芝兵敗被殺後，他的搭檔黃巢卻開始了歷史上最大膽的機動行軍，並在這個過程中逐漸壯大，直到擁有了推翻唐王朝的實力。

黃巢：最漫長的流竄

在福建與浙江之間的深山裡，藏著一條古代進出福建的主要道路。如今的人們要到達這裡，必須先從福州坐火車前往一座叫做建陽的小城，從建陽乘坐汽車到達浦城，這是一座深藏在武夷山中的小城市。武夷山橫亙在江西省與福建省之間，自古以來將福建與其他省分隔絕開，如同一處巨大的桃花源。

從浦城再坐車向浙江方向前行，在一個叫做達塢村的小村子下車，再步行前往一個叫做龍井的小村莊。這座村莊在半山腰，過了村子，就是前往仙霞嶺的古道。

在中國漫長的歷史進程中，人們要想前往福建，只有兩條道路可以選擇：一條是從浙江進入福建，從杭州沿錢塘江（浙江）經過金華、衢州、江山，再翻越仙霞嶺，進入福建的浦城、建甌，進入閩江流域，這一條是主路。另一條是從江西翻越武夷山，從上饒地區進入福建的武夷山市，這一條路在後期發揮了更大的作用。兩條路距離並不遙遠，都位於如今福建省的西北角。

在仙霞嶺主道上，至今依然保存著古代的卵石路面，從福建翻山進入浙江後，在北側的山坡上，有一座現代人樹立的武士像，他就是黃巢。

當年，黃巢就是借助仙霞嶺進入福建地區的。通過仙霞嶺後，他率軍進入了福建沿海，並鑿山開路，從福建進入廣東。在唐代，雖然海上交通已經發達，但從浙江到福建、廣東一帶，仍然屬於偏僻的邊疆區域，就像現代人看待四川、雲南、甘肅的山區一樣。

在黃巢之前，叛亂者一旦向邊疆逃竄，就意味著進入衰亡期，不再對中原王朝構成威脅。只有黃巢是個例外，當他消失在茫茫武夷山中時，皇帝一定鬆了口氣。沒想到隨後更強大的黃巢卻從廣東殺了回來，變得堅不可摧了。

乾符五年（西元八七八年），王仙芝死後，黃巢的境遇也危險起來。此刻，他盤踞在家鄉附近的沂州（現山東省臨沂），政府的軍隊正從四面八方趕來，試圖剿滅這支叛亂者的最後武裝。

黃巢決定跳出包圍圈，向東都洛陽所在的河南進軍。但唐王朝調撥部隊守住了洛陽和潼關，擊敗了黃巢。

這時的黃巢和唐王朝都已經到了崩潰的邊緣。從中央政府的角度看，軍事財政已經崩潰，政府再也拿不出更多的錢財來組織戰爭，只能聽任各個節度使和地方政府自己組織抵抗。中央政府臨近崩潰時，黃巢也已精疲力竭，無力打仗。到底誰能先緩過勁來組織最後的打擊？

黃巢決定以退為進，他率軍南下，渡過了長江，向中國的邊緣地帶撤退。他進入了如今的江西，到達了饒州（現江西省上饒），上饒已經在武夷山的北端，屬於江西、浙江、福建的三角地帶。從上饒，他率軍進入了浙江，想劫掠紹興所在的太湖平原。這時，他遇到了此生一大對手——高駢。

在唐末，朱溫、李克用等人崛起之前，高駢是唐朝最強的戰將。他前往交趾對付過南詔，又擔任荊南節度使鎮守邊關。唐朝政府為了對付黃巢，將高駢調任鎮海節度使（治所在鎮江）。他不負眾望，擊敗了黃巢。

黃巢認識到，浙江仍然不夠偏遠，他需要到更遠的地方去休整，於是向南撤退，進入了武夷的茫茫大山之中，經過仙霞嶺到了閩江流域，在福州等地劫掠。高駢在黃巢身後緊追不捨，黃巢看到福建仍然不夠遙遠，繼續撤退，他沿海岸線前進，再經過福建與廣東邊界的山區，進入了廣東，並圍困了廣州。此時，他已經跳出了高駢的轄區。按照規矩，節度使出轄區是要經過批准的，高駢只好上報中央政府，請求越區打擊，但遭到了皇帝的拒絕。

在唐朝，廣州已經成了著名的大城市，也是面向東南亞的巨型海港。這裡雲集著眾多的海外商人，據說阿拉伯人、波斯人、猶太人等聚集了十幾萬，是中國少有的國際型城市。黃巢攻克廣州後，士兵將這座城市的財富劫掠殆盡，並殺死了所有能夠找到的外國人。

廣州的休養，讓黃巢獲得了足夠的財政支持。休養過後，他決定率軍北返。與之形成對比的是，唐朝政府並沒有得到足夠的休養，財力沒有恢復，士兵疲於奔命。

黃巢沒有考慮按照來時的路返回，因為這條路過於偏僻。在唐代，從廣州北返的通道除了福建之外，還有兩條：一條是翻越梅嶺進入贛江的通道；另一條是經過桂林和嚴關，進入湘江的通道。後一條路是龐勛所走的路，黃巢也選擇了這一條。湘江通道可以直達湖北和湖南，距離洛陽和長安這兩個政治中心更近，離黃巢最大的敵人高駢更遠。

黃巢從廣州沿珠江（西江）和灕江直上，攻克了桂州（桂林），順湘江直下，到達了潭州（現湖南省長沙），並北上攻克了荊州（見下頁圖）。就在一帆風順的黃巢自信滿滿繼續向兩京靠近時，第一次打擊來到了：他在進攻襄陽時，被唐軍擊敗，被迫南撤。

他收集了殘軍，撤往了鄂州（現湖北省武昌），並再次轉戰江西。到這時，他不得不再次面對敵人高駢。

幸運的是，此刻的高駢也陷入了唐王朝內部爭執之中。由於高駢抗巢有功，已經升任了天平、淮南、鎮海、西川、荊南、安南六鎮的行營兵馬都統，權力更大。但妒忌高駢的人也越來越多，他本人也更加防範其他將領與他分功。

黃巢利用高駢的心態，先是宣稱要投誠，騙取高駢將其他各路軍隊都遣返回去。威脅解除後，他再次出爾反爾，擊敗了高駢的大將張潾。隨著高駢與朝廷矛盾的激化，他乾脆自保一方，只要黃巢不入境，他也不再出兵攻擊。

高駢態度的改變，讓黃巢安全通過了他的轄區，渡過了淮河向北挺進。唐朝的主力軍隊主要由高駢領導，分布在江淮地區，一旦黃巢渡過了這個區域，在茫

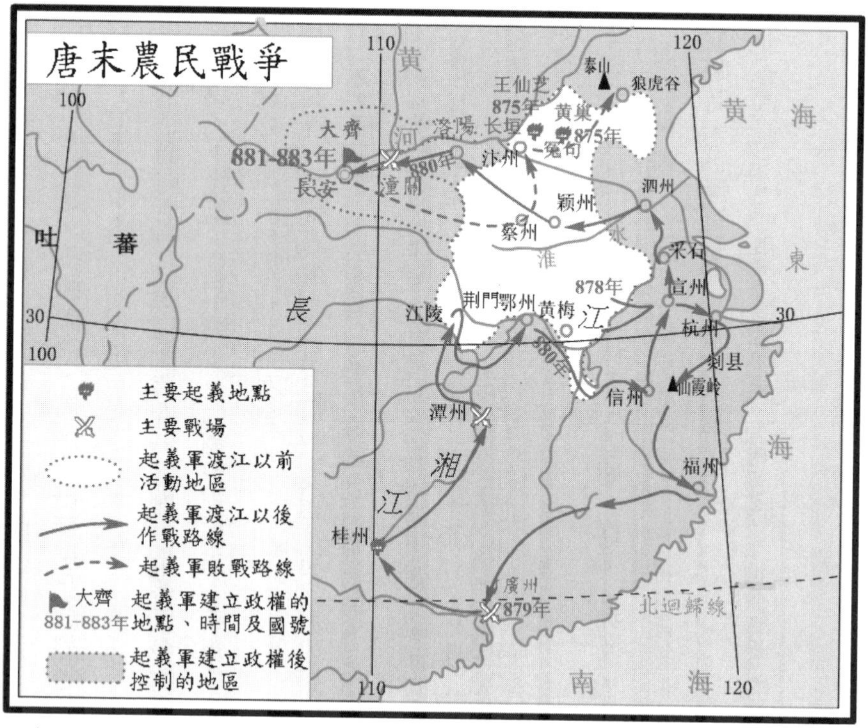

▲唐末民變歷時25年，沉重的打擊了唐朝的統治，並加速唐朝的滅亡。

茫的北方，就很少有部隊能與之抗衡了。

黃巢的大軍橫掃了安徽、河南，攻克了東都。此刻，在長安的唐僖宗終於意識到，他的敵人比他還強大，於是匆忙間率領百官逃往了興元（漢中）。黃巢隨即攻克潼關，占領了長安，建立了大齊政權。然而，占領了長安的黃巢卻突然間陷入了兩難的境地。此前他以運動戰擊潰了唐朝，可一旦占領長安之後，卻立刻從運動戰變成了守城戰。

運動戰意味著可以透過劫掠來獲得給養，而保衛戰卻必須在固定的地盤上來解決糧草問題。另外，唐王朝雖然失去了首都，大部分的藩鎮對唐朝也並沒有太深的感情，但藩鎮們又感覺到，相較於草莽起家的黃巢，寧可接受唐王朝的領導。

黃巢控制了長安及其周邊，卻無法在更廣闊的範圍內建立統治。藩鎮在回過神之後，決定恢復一個孱弱的唐王朝。他們組織了一個大聯合，除了各個藩鎮兵馬之外，還請來了少數民族沙陀人的騎兵，共同對付黃巢。於是，運動戰專家黃巢突然間變得笨拙，不知所措，被唐朝軍隊圍困，最終失敗。他率軍逃離了關中，退回了河南，直到被圍困、擊斃。

縮短的分裂期

黃巢起義之後，一個統一的唐王朝實際上已經消失了。取而代之的，是一個分崩離析的中國。在這種分崩離析的模式下，雖然還有皇帝，卻不再受到尊重。節度使幾乎都擁有了獨立的權力，他們之所以還承認中央政府，是因為每一個節度使的實力都不夠強大，無法統一全國，在無政府狀態下也無法保證自己不被別人蠶食。對他們來說，最有利的選擇，莫過於維持現狀，維持一個孱弱的中央政府，卻不用遵守中央政府的規則。

但是，暗地裡取代唐朝中央政府的努力卻開始了。節度使們互相吞併，從小變大，直至產生出最後的勝利者。

在眾多的節度使中，有幾位強大的候選人。最強大的一位是宣武節度使朱溫（治汴州，即開封）。朱溫曾經是黃巢的將領，後來投靠了唐朝，獲得了封官。朱溫不學無術，卻懂得擴張的重要性。他以汴州為基地，併吞了山東、河南、河北、安徽、湖北的大片地區，最後又進攻關中，獲得了關中長安一帶的控制權。

與朱溫針鋒相對的是河東節度使李克用（治晉陽，即太原），李克用是少數民族沙陀人，在鎮壓黃巢的反叛中榮立首功，分封到了太原。他以太原為基地，控制了山西的大部分，他也學西晉時期的劉淵和石勒，想同時掌握山西與河北，於是向東擴張進入河北，卻被朱溫擊退。

他的地盤雖然小一些，也沒有平原地區富庶，卻由於控制了山西的形勝之地，是朱溫最大的威脅。與此同時，朱溫地盤面積雖然更大，卻由於缺少了山西這個制高點，顯得危機重重。

幽州，是盧龍節度使劉仁恭的地界。劉仁恭最初依靠李克用起家，隨後又投靠了朱溫，他的實力較小，沒有能力統一，只有能力割據。

在關中的鳳翔地區，是隴右節度使李茂貞的地盤，他控制了陝西西部地區，直到甘肅南部區域。他曾經與朱溫聯合，在朱溫稱帝後又與李克用聯合反對朱溫。

在江淮地區，是高駢的部將楊行密的天下。高駢被他收留的黃巢降將畢師鐸所殺，部將楊行密擊敗了畢師鐸，獲得了長江中下游和淮河流域的控制權。從控制面積上來說，楊行密是僅次於朱溫的第二大軍閥。

在湖南省長沙一帶，由一位叫做馬殷的將領控制。在湖北省荊州一帶，則是高季興的勢力範圍。盤踞兩廣的是軍閥劉隱。四川盆地則由王建控制。在福建，王潮成了名副其實的主人。浙江沿海的吳越地區，則由一位叫錢鏐的人控制。

唐朝末年的軍閥割據，基本上是地理形勢的自然延伸，由於中央控制力不再，節度使們從自己轄區向外擴張，直到地理形勢不允許他們繼續。

只有在北方的中原地區，由於這裡是巨大的華北平原，形成了一個超級軍閥區，誰控制了這個區域，誰就有了號令天下的權力。而其他區域則分裂成了一個個的小政權。

所謂五代十國，就是這些軍閥控制區的自然演變。那個巨大的超級軍閥區換了五次控制人，於是就有了梁、唐、晉、漢、周五代的更替。五代無法控制的小區域內，小軍閥們紛紛獨立建國，就構成了十國的基礎。

最初控制超級軍閥區的是朱溫。朱溫獲得關中之之後，廢掉了唐朝皇帝，建立了後梁王朝。不過，後梁王朝控制的領地只有河南、河北、山東大部，安徽、湖北一部，其餘地方仍然是割據的。

後梁只存在了十六年，就被盤踞在山西的李存勖（李克用之子）所滅。後梁只在華北和關中平原地帶，沒有山河之險。李存勖充分利用山西的形勝，在後梁強大時，可以與它分庭抗禮；當後梁衰弱時，就從高地下來滅亡了朱家王朝。

李存勗建立了後唐。後唐的領土稍大，除了繼承自後梁之外，還包括了山西、北京（他擊敗了幽州的劉仁恭父子），同時，關中的李茂貞也向後唐臣服。在大將郭崇韜的努力下，又併吞了四川。

在內亂和契丹人的聯合攻擊下，後唐也滅亡了。

後唐滅亡後，這個超級軍閥區又相繼出現了後晉和後漢，兩者的國土面積中又減去了四川。後漢又被後周篡奪，後周讓位於宋。之後，宋朝開始了統一全國的步伐。

在超級軍閥區之外，則是各個小軍閥獨立後的國家。幽州軍閥劉仁恭被李存勗的後唐滅亡。陝西李茂貞服從於後唐，沒有單獨成國。除此之外，王建在成都建立了前

▲後晉、後漢時五代十國局勢圖。圖中燕雲十六州已經割讓給契丹國。

蜀，前蜀被後唐滅亡後，後唐大將孟知祥又盤踞四川建立了後蜀。

楊行密在江淮地區建立了吳國。他死後，吳國被將領徐知誥（即李昪）篡奪，建立了南唐。高季興建立了荊南國。劉隱建立了南漢國。錢鏐建立了吳越國。王潮建立了閩國。馬殷建立了楚國。另外，在後漢被後周取代後，後漢的殘餘勢力盤踞在晉陽（現山西省太原）建立了北漢。

吳、南唐、前蜀、後蜀、荊南、楚、吳越、閩、南漢、北漢，就構成了十國。

從原因上來講，五代和十國都只是唐王朝崩潰之後的小碎片。它們要麼努力自存，要麼吞併別人。但在走向統一的道路上，五代十國都成了失敗者。直到宋代，才又重新將中國捏合成一個整體。與南北朝時期的大分裂不同，這次分裂時間不過五十幾年，也說明中國統一的觀念已經深入人心。

進入中央帝國模式後，**中國歷史上最大的分裂時期是魏晉南北朝時期**，過了這個時段，隨後的王朝更迭中，分裂的時間都很短就結束了。即便是清朝之後的「中華民國」，由於統治民族的更替和外來衝擊的影響，維持了較長時間，但清政府崩潰三十八年後，一個新的統一政權就接管了全國。

分裂時間的縮短，除了說明人們已經習慣了統一帶來的巨大好處，也是軍事技術和軍事戰略進步的體現。隨著全國地圖的打開，人們對於山川地理有了更全面的了解，軍事行動更加堅決和快速。

秦代對於中原地理，三國對於長江形勝，都摸索了足夠長的時間，才徹底了解了新的區域。隋唐時期的戰爭已經幾乎將所有資訊都彙集起來，戰略顯得更加完整和豐富，戰爭的速度也加快了。安史之亂騷擾了大半個中國，黃巢之亂更是席捲了全國，但這種規模巨大的軍事行動都可以在短短的數年間完成。五代時期，中國分裂成如此眾多的小碎片，把它們捏合起來也不過只用了幾十年。

時間雖然縮短，但戰爭的破壞性卻沒有減少。事實上，隨著技術和戰略的發展，戰爭帶來的平民和軍人死亡都大幅上升。對於社會經濟的破壞和軍事財政的消耗也呈幾何級數般上升。

在海外，兩次世界大戰都被稱為「絞肉機」；在中國，抗日戰爭雖然打了十四年，但戰爭帶來的破壞性，卻比歷代任何一次戰爭都大，也是戰爭加速的最新例證。

第四部

中原時代：無天險可守，
游牧民族長驅直入

西元九〇七年～西元一二七九年，五代到宋

第十五章

高平之戰，中原王朝由弱轉強

西元九〇七年～西元九七九年

後周與北漢的初次對決，決定了中國的大方向。如果周世宗獲勝，就可以制訂統一全國的戰略；如果北漢獲勝，依靠契丹人的北漢只能建立另一個弱政權，拖延中國統一的時間。

作為合縱連橫的高手，後梁太祖朱溫從汴梁出發，將華北地區和山東地區的軍閥一一剿滅，成了一代霸主。但由於山西制高點掌握在對手李克用手中，朱梁一直無法統一北中國。在南方，朱梁也被位於江淮的楊行密擊敗，江淮也因此成了五代的邊界。

後唐李存勗借助山西的形勝，滅亡了後梁，並擊敗了北京的割據勢力劉仁恭父子。在獲得了關中的臣服後，進軍四川滅亡前蜀。但李存勗沒有解決擴張之後的穩定問題，在進攻江淮前，在內亂中被殺，浪費了五代時期第一次統一的機會。

後晉和後漢將燕雲十六州割讓給契丹後，北中國少了對北方游牧民族最重要的戰略防禦點。後晉和後漢還喪失了四川，後周比起後漢又少了山西。柴榮的統一之路並不平坦。

由於後周缺乏天險，周世宗在繼位初期，首先獲得了隴右地區，以防止來自四川的進攻，又奪取了南唐的淮河流域，將防線壓到了長江，這兩步確定了後周的戰略安全。之後，世宗並沒有立刻滅亡南唐，而是讓南唐幫助維持南方的穩定。他首先向北開戰，奪取燕雲十六州。他始終知道，對於中原威脅最大的，是契丹所占據的燕山以南土地。

陳橋兵變後，宋太祖為了避免下一次兵變，改革了中國的官僚制度。簡單說，宋太祖的制度變革，就是加大官員和兵員的冗餘度，讓這些冗官和冗兵互相制約，互相監督，避免任何人有過大的權力來發動政變。

周世宗想首先解決十六州問題，再統一南方政權。趙匡胤大部分思路繼承了周世宗，卻做出了一點改變：先解決南方，最後再對付契丹和十六州。這點改變，決定了北宋永久性失去了十六州，因為一旦獲得了南方，需要投入精力維穩，也就缺乏足夠的銳度去進攻北方了。

宋朝雖然統一了全國，但有幾個地區卻被排斥在外，除了北方的燕雲十六州歸屬於契丹，南方的安南（現越南北部）也在這時獲得了獨立，雲南全境和四川西南部也有大片地區成為外國。

後周顯德元年（西元九五四年），在當年秦趙長平之戰的戰場上，又發生了一場決定意義的戰役。這次戰爭的雙方是剛剛失去了開國君主的後周，以及前朝餘孽北漢。

三年前，後漢隱帝劉承祐大肆殺戮功臣，被大將郭威追殺身死，郭威立武寧節度使劉贇（按：音同暈）為帝。劉贇是後漢河東節度使劉崇的兒子，劉崇是後漢高祖劉知遠的弟弟。

劉贇稱帝不久，郭威在率軍討伐契丹的途中，在澶州（現河南省濮陽）突然被士兵披上黃袍，來了一次兵變。郭威回軍汴梁，殺死了劉贇，自立為帝，建國號周，歷史上稱為後周。劉贇的父親劉崇聽說兒子身亡，在晉陽（現山西省太原）稱帝，繼續稱漢，歷史上稱為北漢。

劉崇為了給兒子報仇，揮師南下，被郭威擊敗。三年後，後周太祖郭威逝世，繼承皇位的是養子郭榮（又名柴榮）。劉崇聽說郭威死去，再次起兵進攻後周，試圖奪回江山。這次戰爭就成了對年輕的柴榮的第一次考驗。

劉崇的軍隊從太原，到達上黨地區後繼續南下，準備渡河襲擊汴梁（後周首都）所在的大平原，柴榮則派兵北上天井關，雙方大軍在高平相遇。

這是一場充滿了偶然性的戰爭：如果柴榮獲勝，這位年輕有為的君主將憑藉著戰爭建立的威望，制訂統一全國的戰略；如果劉崇獲勝，由於他勾結契丹，只能建立另一個兒皇帝政權，推遲中國統一的時間。幸運的是，這次戰爭的勝利方屬於周世宗柴榮。高平之戰勝利後，他率軍圍攻太原，但由於這次戰爭他是被迫應戰，沒有準備好進一步行動的計畫，最後只得撤兵。

撤兵讓周世宗意識到，如果沒有一個完整的戰略，就很難有遠慮去擊敗對手，乃至統一全國。為了給軍事行動做好準備，他首先進行了一系列的改革，改編了軍隊，增強了戰鬥力，並建立了面對契丹的北方防線，防止在戰爭中遭受契丹的騷擾。同時，他鼓勵糧食生產，治理水患、發展漕運。為了逼迫人們從事生產，他甚至開展了滅佛行動，減少寺廟數目，強迫僧人還俗從事生產性活動。

在他的努力下，經過五代混亂的中國第一次出現了生機勃勃的氣象，人們開始幻想重新統一。周世宗就是在這樣的背景下，開始了他統一全國的大戰略。

與唐代的統一不同，後周（和宋）是中國第二次從中原出發開展的統一戰爭。之前的統一往往從關中開始[1]，只有東漢光武帝利用關中的混亂，撿漏式（按：是一句古玩界的行話，因古玩界普遍認為撿漏是可遇而不可求的行為，故而，北方的方言，用「撿」來寓意它的難得）的從中原完成了統一。

周世宗時期，關中已經失去了重要性，中國的重心轉移到了東部，最大的兩塊領土是後周所在的華北地區，以及南唐所在的江南地區。光武帝依靠王莽引起的混亂而統一，可在五代時期，各地軍閥卻牢牢的掌握著手中的地盤。華北的地形也並不算有利，因為這裡是大平原，缺乏戰略制高點。

北方的制高點是山西，如果周世宗擁有了山西，那麼會更加容易發動南方戰爭。可山西卻掌握在與後周敵對的北漢手中，隨時準備從後方襲擊，這樣的地理條件明顯不利於後周。周世宗如何在不利的地理條件下完成新的統一呢？

五代時期的軍閥整合

自從唐朝經過黃巢之亂，破碎成十幾個小塊後，把中國重新捏合成一個整體的努力就在不斷嘗試之中。

最初做出嘗試的是梁太祖朱溫。朱溫的根據地是汴梁（現河南省開封）。在黃巢滅亡後，河北、河南和山東一帶的軍閥勢力是這樣的：黃巢餘黨秦宗權占據了河南的西部地區，並向朱溫所在的汴梁進攻；兗州一帶，是天平軍節度使朱瑄和泰寧軍節度使朱瑾兩兄弟的領地，兄弟倆分別以兗州和鄆州為基地；徐州，是武寧軍節度使時溥的地盤。在北方河北、河南、山東交界地帶，則是魏博節度使羅弘信的轄區。在山西，是朱溫的死敵李克用。

朱溫是一個解讀形勢的高手，他知道自己一時無法消滅李克用的山西，便將精力主要放在了併吞秦宗權、朱瑄、朱瑾兄弟和時溥上。只有這樣，才能讓朱溫的國家有足夠的厚度承受來自山西的衝擊。

1　唐代雖然從太原起家，但也首先搶占關中。

為了併吞幾個獵物，朱溫一方面對李克用嚴防，一方面聯合魏博節度使羅弘信。秦宗權選擇主動出擊朱溫，是最先要對付的對手，朱溫不惜聯合朱瑄、朱瑾，擊敗了秦宗權。隨後，他決定先解除南方的威脅，出兵進攻時溥的徐州，將徐州拿下後，從北、西、南三面形成了對朱氏兄弟的夾擊，最終擊破了朱氏兄弟。

到這時，朱溫已經獲得了河南北部、山東西部、江蘇北部。他接下去試圖對付江淮之間的楊行密（即後來的吳國），但以失敗告終，江淮地區也就成了五代時期的南北分界。

既然南下不成，朱溫轉而北上。

在現在的河北省中部，山西的李克用已經翻越了太行山，占據了邢、洺、磁等州。如果朱溫不出擊，那麼很可能整個河北就成了李克用的天下。一旦李克用借助山西高地又獲得了河北平原，就形成了對朱溫的全面優勢。

朱溫率軍北上，將李克用趕回了山西。他甚至對山西發動了進攻，雖然沒有占領太原，卻讓李克用暫時無力對抗自己。

北伐讓朱溫獲得了河北的中部和南部。北京地區仍然在軍閥劉仁恭的手中，暫時無法得到。朱溫接著向關中地區進軍，進入了唐代首都長安。他成功的控制了皇帝，完成了帝位的禪讓和接替，建立了梁朝。但他撤軍後，關中地區仍然在軍閥李茂貞的控制之下。

朱溫最後的征伐是針對山東省東部的淄青節度使王師範，在剿滅了王師範後，後梁的疆域達到了最大，包括如今的河南、山東全境，以及河北的中部和南部、江蘇北部。但由於缺乏制高點，朱溫雖然東征西討，後梁的形勢卻一直打不開，無法衝出低地的束縛。

後梁之後，輪到李克用的兒子李存勖進行新一輪的併吞了。在朱溫擴張的高峰期，李克用被死死的壓在太原一隅。但在朱溫死後，李存勖首先鞏固了晉南，然後越過太行山進入了河北，開始擴張。

在北京，是幽州節度使，後來稱燕王的劉仁恭、劉守光父子的領地，劉氏父子投靠過李克用，也臣服過朱溫，他們的首鼠兩端（按：形容躊躇不決，瞻前顧後的樣子）讓李克用死前叮囑兒子一定要滅掉劉氏父子。

在大將周德威的攻擊下，劉氏父子被消滅，李存勖獲得了北京地區，並順利的進入河北，將戰線推進到了黃河，獲得了對後梁的全面優勢。

雙方在黃河展開了拉鋸戰，為了阻滯敵人，梁軍不惜掘開黃河，製造黃泛區。李存勖利用大將郭崇韜的計策，避開了梁軍的正面，從東面繞過了黃泛區，經過鄆州（現山東省東平）、中都（現山東省汶上）、曹州（現山東省菏澤），直取汴梁。從出軍到滅梁，一共只用了十天時間。

李存勖滅亡後梁，建立後唐時，除了囊括後梁的疆界外，還包括了山西和北京一帶。關中的李茂貞死後，他的兒子李繼曮歸屬了後唐，使得後唐擁有了陝西和甘肅南部。

由於控制了幾乎整個北中國，統一全國的契機第一次出現了。在郭崇韜的建議下，後唐軍隊大舉進攻前蜀的王衍（王建的兒子），滅亡了前蜀，擁有了四川境內。到這時，只有江淮地區的吳國（楊行密）、荊州地區的荊南國、位於湖南的楚國、位於浙江的吳越國、位於福建的閩國、位於廣州的南漢國仍然游離在外。不過，這些國家中，只有吳國是大國，其餘國家都只是割據勢力，一旦吳國滅亡，都將順應形勢回歸中央。

一切就緒，後唐的內亂卻爆發了。李存勖殺死了功臣郭崇韜，又在內亂中被殺。繼位的新皇帝李嗣源忠厚老實，卻缺乏動力，後唐擴張的高峰期過去了。

在五代時期，最有可能統一中國、也最遺憾的就是後唐。如果能夠鞏固新獲地域，保持政治的穩定性，中國有可能更早獲得統一。但李氏並沒有能力解決快速擴張帶來的整合問題。

在後唐的內亂中，李嗣源的女婿石敬瑭決定借兵北方蠻族契丹來奪取江山。契丹人幫助石敬瑭打敗了後唐皇帝李從珂，建立了後晉。

隨著後唐的滅亡，位於四川的後唐大將孟知祥立刻脫離了中原統治，建立了後蜀政權。到這時，後唐時的領土又開始分裂。

為了酬謝契丹，石敬瑭在從山西到遼東的北方國防線上，劃出了十六個州送給契丹，這就是著名的燕雲十六州。丟失了十六州後，中原失去了北方屏障，契丹人隨時可以大舉南下，對處於平原地區的首都汴梁形成致命威脅[2]。

後晉很快就嘗到了燕雲十六州丟失的危害。建國十一年後，兩國反目成仇，契丹軍隊立刻大舉南下，滅亡了後晉。但由於契丹社會和政治上過於落後，無法在中原建立有效統治，位於太原的河東節度使劉知遠乘機南下，恢復了中原政權，建立了後漢。

後漢時期的疆域與後晉相當，由於這一朝只存在了短短的三年，更無力策劃統一中國。隨著郭威取代了後漢，建立了後周政權，後漢的殘餘又回到了太原，是為北漢。於是，後周的領土又比後漢少了山西。

後周皇帝就是在這樣的背景下開始謀劃重新統一中國。

周世宗的命題作文

後周顯德二年（西元九五五年），周世宗突然下了道奇怪的命令，要他的臣下必須寫一篇命題作文[3]。

在現代社會的考試中，考生們最怕的就是所謂命題作文。老師出一個刁鑽古怪的題目，考生們無所思考還必須裝作若有所思，寫出言不由衷的文字，希望老師能網開一面給個高分。

這一年出題人卻是皇帝，考生則是他的以翰林學士承旨徐台符為首的二十位大臣。題目有兩篇，分別是〈為君難為臣不易論〉和〈平邊策〉。由於周世宗的地位已穩固，他開始考慮接下來如何避免後唐和後晉時期的混亂，並乘機平定南方。他希望大臣們幫助他思考，如何制訂戰略，才有可能做到統一。

與現代考生一樣，大臣們大都只求穩當，對皇帝的題目並不感興趣，也沒有想明白皇帝為什麼要讓他們寫。不過，大臣中也有人採取了不同的態度，這些人包括陶穀、竇儀、楊昭儉、王朴等，其中又以王朴的〈平邊策〉最著名，讓皇帝嘆服。拋棄其中關於民心的陳詞濫調，從技術上說，王朴認為統一首要目標是南方，而南方目標中，又以南唐為重。

在所有國家中，除了後周之外，南唐的地方最大、資源最富裕，與後周接壤的邊境最長（見

2　十六州問題見下章。
3　《舊五代史．周書．世宗紀》。

第四百六十二頁圖）。王朴希望先施行騷擾策略，利用少量兵力疲敝南唐，再奪取長江以北的土地（淮河流域和長江、淮河間）。一旦失去了長江以北，南唐就失去了屏障，後周大軍就隨時可以大舉平定了。

南唐如果滅亡了，那麼剩下的南方國家都不構成威脅。一旦平定了南方國家，就可以兵向北方，奪取山西和幽州，完成全國的統一。

周世宗對王朴的作文非常感興趣，他未來制訂的統一策略，就是採取類似的措施。具體而言，周世宗的策略可以分為三個階段：第一，自保；第二，平定南方；第三，平定北方。

世宗繼位時，後周的江山是五代中第二小的。後梁占據了天下七十一州，地域上只是在華北平原和山東半島地帶。後唐的疆土最大，為一百二十三個州。後晉由於割讓了燕雲十六州給契丹，最大時疆土為一百零九個州。後漢疆土一百零六個州，而到了周世宗初期，只有九十六個州。與後漢相比，後周缺乏了山西地區；與後唐時期相比，更是丟失了燕雲十六州的北方屏障。這樣，後周的土地只限於華北平原、山東半島和陝西的一部分領土。

從地域上來說，這片土地是沒有天險可守的。以往在北方，燕山是中原的屏障，可是自從丟了燕雲十六州，契丹人在北方控制了燕山以南，隨時可以長驅直入進攻首都汴梁。

山西的劉崇也虎視眈眈，希望從太行山上下來，奪回江山為兒子報仇。

在南方，江淮地區有一大部分是在南唐的手中，從淮河進攻汴梁，只需要從水路直上就可以到達。

在西部，後蜀控制了漢中地區和隴右地區，要攻打關中也很方便。可以說，後周控制的是一片軍事價值薄弱，隨時可能遭受攻擊的土地。周世宗首先要做的，不是如何統一全國，而是如何守住這片土地以自保。他戰略的第一步，是將國境線推到安全線以外，透過構造天險實現存活。

要想守住中原，如下土地是必須的：

第一，在西部的隴右之地，如果要想防止四川的後蜀進攻，只有占據了隴右的高地，遏制住隴山通道和故道（陳倉道），才能保證關中的安全。

第二，對南唐，必須占領淮河流域，將國境線定在長江，以長江為天險，才能保證南唐無法進攻首都汴梁。

第三，必須要攻克契丹奪回的燕雲十六州，特別是位於燕山以南的幾個州，防止契丹人從北方進攻。

奪取了上面的土地，才能保證這個國家長期穩定存在。其後，再按照王樸所說，從南方開始逐個消滅敵對政權。當南方統一後，再對付北漢和契丹，統一全國。

在歷史上，山西一直是中原和陝西的最大威脅，可周世宗卻決定將山西留在最後解決。原因在於，山西必須與關中或者河北結合起來，才具有最大威脅。如果劉氏只是占據了山西，雖然擁有形勝，卻沒有足夠的物資，生產不出足夠的糧食。

另外，劉氏也並沒有獲得整個山西，後周控制了山西南部的上黨地區，實際上已經塞住了劉氏進軍洛陽的通道，山西已經很難製造麻煩了。

周世宗定好了戰略，開始了他南征北戰的戎馬生涯。

最初的戰爭在與後蜀的邊界爆發。這是一次小規模的戰役，不以進攻四川本土為目的，只求占領隴右的土地，最多再試圖占領漢中，使得後蜀無力從四川對中原形成打擊。

戰爭攻克了秦州和鳳州，保障了關中地區的安全，基本上達到了戰略目標。之後，周世宗對南唐的戰爭打響。此次戰爭的目的是占領長江以北的土地，特別是淮河流域。從淮河進攻首都汴梁，只需順淮河的支流渦水（渦河）直上即可。要想保證首都的安全，必須將淮河全境占領。

這是一場艱苦的戰爭，從西元九五五年底開始，一直持續到西元九五八年初，共經歷兩年五個月。

在淮河流域，南唐最堅固的堡壘是壽州（現安徽省壽縣）。淮河最大的支流潁水（潁河）從嵩山發源之後，經過周口、阜陽，在壽縣境內匯入淮河。周世宗的軍隊順潁水而下，進入淮河後，首先遇到的障礙就是壽州。

南唐從壽州開始，沿著淮河大量布軍，直達東面的楚州（現安徽省淮安）。作為西面起始點附近的城市，如果壽州無法攻克，必然成為淮河上游的威脅，即便周軍攻克了下游的城市，也隨時可能遭受到來自上游的攻擊。

除了沿淮河一線之外，在五代時期，從壽州還有陸路可以直達東面的定遠、滁州、六合、揚州，到達長江北岸，威脅南唐首都金陵的安全。

然而，壽州的南唐守將、節度使劉仁贍讓周世宗大吃苦頭。在一年零五個月的時間裡，他屢屢挫敗了周世宗的進攻，讓這座戰略要地始終屹立。

由於久攻壽州不克，周世宗只好退而求其次，繞過壽州，一方面派兵向淮河下游進軍，在渦河河口附近大敗南唐的援軍。渦河是淮河的另一大支流，順渦河直上，可以直接抵達後周的首都汴梁，打通了渦河河口，也算部分實現了保障首都安全的目標。

另一方面，他分出另一支兵馬，由殿前都虞侯趙匡胤率領，離開淮河，經過定遠、滁州、六合，直達長江邊上的揚州、泰州，與南唐江南重鎮潤州（鎮江）隔江相望。

即便如此，壽州仍然沒有攻克。由於壽州的威脅，周世宗南下的軍隊也數次撤回，無法形成進一步的成果。一年後，劉仁贍得了重病眼看就要斷氣，他的部屬才偷偷的投降了後周。

進入壽州城，周世宗親自下令封劉仁贍為天平節度使兼中書令，以示對這位不屈守將的褒獎。然而，劉仁贍在當天就去世了。

獲得壽州後，後周軍隊沿淮河大舉東進，攻克了泗州、楚州，並沿運河線南下占領了揚州，直搗金陵。這次軍事行動逼迫南唐後主李煜割讓長江以北的土地，並納表稱藩。

周世宗控制了長江北岸，從此，南唐已經成了囊中之物。但周世宗並沒有藉機滅亡南唐，而是接受了李煜的稱臣，甚至鼓勵他修整甲兵，維持一方治安。為什麼他不一舉滅亡南唐呢？

因為統治難度。周世宗始終知道，對於後周最危險的敵人在北方，只要燕雲十六州仍然在契丹人的掌握之中，汴梁就隨時有可能受到攻擊。當年後唐併吞了前蜀，卻被北方人的契丹所滅，這樣的教訓不能再次重演。

為了進攻契丹，必須要有一個穩定的後方。如果消滅了南唐，後周必須拿出大量的精力來維持南方社會的穩定，稍有不慎就可能出現叛亂，南方和北方同時受敵。與其浪費精力，不如暫時維持一個穩定的南唐。也因為後周已經獲得了江北的土地，南唐不再構成威脅。當後方穩定之後，就可以放手向北進攻，奪取失去的十六州了。

後周顯德六年（西元九五九年），周世宗開始了北伐，目標：收復燕雲十六州。但在剛剛收復了最靠南的瀛州、莫州之後，周世宗突然得病身死。這位雄才大略的皇帝再也沒有時間來完成他的統一戰略了。

趙匡胤的軍事變革

後周太祖郭威永遠想不到，他一手導演的兵變大戲會被別人「依樣畫葫蘆」，用同樣的手段篡奪了他打下的江山。

後周廣順元年（西元九五一年），率軍北伐的郭

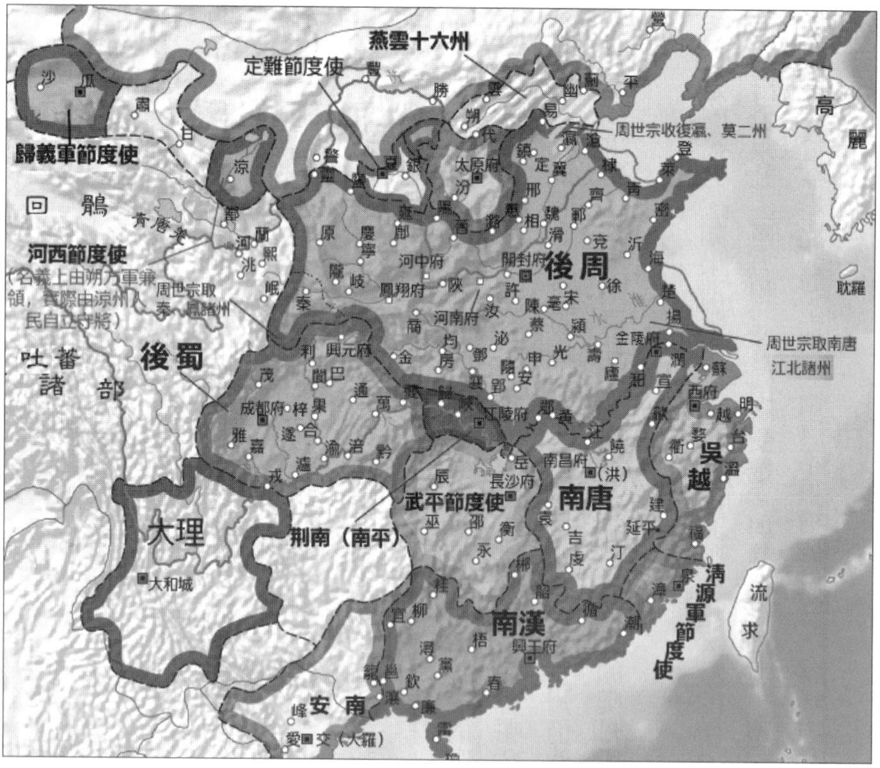

▲後周時五代十國局勢圖。周世宗是一位雄才大略的君主，可惜英年早逝，未能收復燕雲十六州。

威在澶州突然被士兵們披上一面黃旗當作黃袍，揮軍入京取代了前朝。九年之後，同樣的事情發生在了大將趙匡胤的身上。這次，趙匡胤更加等不及，走到距離首都不遠的陳橋驛，就讓士兵披上了黃袍。

當上了皇帝的趙匡胤意識到，既然郭威和自己都可以透過兵變當上皇帝，那麼，在現有的體制下，一定會有下一位權臣利用機會登上帝位。要想防止這樣的事情一而再再而三的發生，只有從制度上來遏制。

五代時期最大的制度特徵，仍然是以節度使為代表的武將控制政局。節度使們成了每個地方事實上的統治者，他們擁有軍隊，從地方收稅來養兵，甚至有自己的官僚系統。

宰相趙普向趙匡胤提出了三點計策：在政治上，削奪其權；在軍事上，收其精兵；在財政上，制其錢谷。

政治上，為了加強中央集權，在正常的官僚制度之外，加上了許多附屬性的監管措施，來防止官員擅權。為了分散宰相的權力，宋代設置了副宰相（參知政事）。又將兵權分出去，劃歸了樞密院。同時將財政權力分出去，設置了三司使。

在地方官制上，財權、軍事、行政權力也各個分離，官員皆由中央任命，並且互相牽制。[4]

宋代是中國歷史上官僚制度最複雜的朝代，各種官僚盤根錯節，任何人想要反叛，都無法獲得足夠的權力。

4 《宋史．職官志》。

軍事上，五代時期為了對抗節度使的權力，形成了樞密院領兵制度。為了限權，除了樞密使之外，還設置了殿前司、侍衛馬軍司、侍衛步軍司組成的三衙。這三衙統領全國的禁軍和廂軍，負責軍事訓練。

三衙負責練兵，樞密院負責調兵，而打仗時還要另設將帥領兵。路、州、縣各個地方政府也設有各式各樣的軍事職務，負責當地駐軍的監管、協調和後勤工作。

不管是官員還是軍隊，都沒有獨立的財政權。中央對地方和軍隊的制約，表現在財政上的「制其錢谷」。宋太祖剝奪了地方的獨立財權，派遣了大量的使職官僚下去。他規定，財政官員直接向中央負責。地方財政事務都由中央政府設立的轉運使掌握，而地方長官（節度使、防禦使、觀察使、留後、刺史等）均不掌握財政事宜。透過這個做法，皇帝就架空了地方機構的財政權力。

在中央層面上，皇帝設立了三司使，專管財務。三司與宰相、樞密院並立，號稱計相。財政官員的地位提升，並獨立於行政之外，皇帝更加掌握了對於財政的控制權[5]。簡單的說，宋太祖的制度變革，就是加大官員和兵員的冗餘度，讓這些冗官和冗兵互相制約，互相監督，避免任何人有過大的權力來發動政變。

這樣做的結果，是如此複雜的制度經過自然生長過後，其複雜度超出了任何人的能力，到最後，就連皇帝都無法控制事態。北宋中後期，冗官和冗兵如同巨大的腫瘤生長在社會身體上，不管怎麼努力都無法去掉。

為了養活冗官和冗兵，宋代不得不生成了極端複雜的財政體系，從國有企業、專賣制度、金融體系等各個方面，從民間抽取財富，即便這樣，仍然無法滿足政府的需要。與此同時，士兵的戰鬥力卻得不到保證，將軍們由於沒有足夠的權力，處處受到制約，在戰爭中敗仗連連。

可以說，宋太祖在防止內部叛亂上極端成功，卻以犧牲了對外作戰能力為代價。這個特徵，決定了宋代的戰爭大都是對外的，而內部的叛亂規模小，也容易鎮壓。

但在宋代初年，這些弊端都還沒有顯現，宋太祖仍然可以借助後周的餘勇來統一全國。

柴規趙隨統一全國

幸運的是，後周雖然被取代，歷史卻沒有重演當年後唐的一幕。後唐莊宗李存勖差一點統一了中國，卻由於內亂而身死國滅。周世宗制訂的戰略，在他死後被宋太祖趙匡胤繼承了下來。宋代的統一，基本上繼承了後周的思路。特別是在南方，完成了周世宗當年沒有完成的統一。只是在北邊作戰上由於戰鬥力不強，無法收復燕雲十六州而已。

趙匡胤取代後周後，在數個月內接連發生了兩次忠於後周的軍事官員起義。其中昭義軍節度使李筠所轄區域為潞州（現山西省長治）、澤州（現山西省晉城）、沁州（現山西省沁縣），位於山西南部的上黨地區和黃河北岸，是山西進入河南和洛陽的交通要道。在地理上，從河南進入

5　《宋史．職官志》：「三司之職，國初沿五代之制，置使以總國計，應四方貢賦之入，朝廷之預，一歸三司。通管鹽鐵、度支、戶部，號曰計省，位亞執政，目為計相。其恩數廩祿，與參、樞同。」

上黨，需要翻越太行八陘之一的天井關，也是個易守難攻的地方。在山西省太原地區還盤踞著北漢政權，如果李筠和北漢聯手，意味著整個山西都站在了宋的對立面上。

在南方的淮南軍節度使李重進則控制了揚州、楚州（現江蘇省淮安）、滁州、和州（現安徽省和縣）、壽州（現安徽省壽縣）、廬州（現安徽省合肥）、舒州（現安徽省懷寧）、蘄州（現湖北省蘄春）、黃州（現湖北省黃岡）、安州（現湖北省安陸）、沔州（現湖北省漢陽）這十一個州，從淮河直到長江，從揚州直到武漢，這裡是歷史上最著名的戰場區域，中原政權和江南政權的主要交鋒區域就在這裡。當年，後周世宗與南唐戰爭爭奪的就是這個區域。

如果李筠和李重進聯手，再借助北漢、契丹和南唐的力量共同進攻趙匡胤，那麼宋這個新興的朝代必將腹背受敵，經歷第一次重大危機。

幸運的是，這五方力量雖然有心聯合，卻又各自為政。趙匡胤利用各方無法協調的空檔，發動進攻，以迅雷不及掩耳之勢首先滅掉了李筠，隨後揮軍南下，乘李重進猶豫不決之際剿滅了他，度過了第一次危機。

在解決了內部兵變之後，趙匡胤繼續了周世宗的戰略，依次解決各個割據政權的問題。不過，他對周世宗的戰略做了一定的調整。周世宗去世時，契丹成了他想解決的首要問題，趙匡胤卻把契丹問題當作最後要解決的，把首先的打擊目標放在了各個弱小的南方政權上。

這點改變，讓北宋永久性的失去了十六州。因為一旦解決完南方，就要投入大量的精力去維持當地的治安，以北宋的架構，很難再有餘力奪回十六州了。

在南方，最強大的政權是盤踞在南京的南唐，其次則是四川的後蜀。江南和後蜀因為它們的富裕，處於一東一西兩極，而在它們的中間和南方，則有南平（中心在荊州）、湖南、吳越、閩國（在福建）、南漢（在廣東）。

其中湖南此刻由周保權占據。湖南原來是馬殷所建立的楚國，儘管楚國已經被南唐滅亡，但南唐無力直接控制這裡，導致政權幾次易手，最終落入大將周行逢之手，又傳給了兒子周保權。

南唐、後蜀之外的五個小國並無力抵抗宋軍。征服五小國，可以將南唐和後蜀隔開，便於各個殲滅。宋太祖最初將位於南唐和後蜀之間的南平、湖南列入了打擊對象。

恰好這時，湖南的周行逢去世，未成年的兒子周保權無力控制局面，大將張文表乘機反叛。北宋以平叛的名義，借道南平，進入湖南。南平王高繼沖知道不借道凶多吉少，借道也是滅亡，決定把居民、土地、冊籍都上交給宋朝，併入大宋。宋朝也乘機南進，將湖南合併。

併吞了南平和湖南，向南可以進攻廣東的南漢，向西可以進攻四川，向東則可以進攻長江下游的南唐。宋太祖首先對四川的後蜀用兵，兵分兩路，分別從陝西的漢中地區，以及湖北的荊州地區，進軍四川。後蜀王孟昶無法抵擋宋軍，選擇了投降。

經濟雖發達，卻經常鬧「錢荒」

宋軍占領四川後，對四川進行了嚴苛的經濟掠奪。在宋代，一個奇怪的現象是，每一個區域實行的經濟制度是不一樣的。以基礎性的貨幣制度而論，北宋大部分地區流行銅錢，可是四川卻是鐵錢，原因在於北宋初期北方一直缺乏銅，形成了錢荒。在四川，孟氏政權則既發行銅錢也發行鐵錢。北宋征服四川後，為了解決北方的錢荒，就把四川的銅錢全部運走，只剩下鐵錢留在了當地。久而久之，四川就成了著名的鐵錢區。於是，四川的經濟依然保持繁榮，可是金融卻顯得極為荒誕，由於鐵錢太重，攜帶不便，四川人只好創造性的發明了紙幣——交子。

另外，壓榨過度也導致了四川人的反叛，這就是著名的李順、王小波起義。

平定四川後，南方唯一的大政權就是南唐了。為了孤立南唐，宋太祖決定從湖南南下廣東，先將南漢拿下，斷絕南唐的後路，形成包圍之勢。

開寶三年（西元九七〇年），宋軍開始攻伐南漢，幾個月後，南漢投降，嶺南地區也進入了北宋的邊界之內。

由於與北方的北漢發生衝突，攻打南唐的計畫被擱置了幾年。開寶七年（西元九七四年），宋軍開始進攻南方最重要的敵人南唐。由於南唐失去了淮河地區的保護，北宋又占據了上游地區的荊州，這次攻打的難度並不大。南唐僅僅抵抗了一年，就投降了。

南唐滅亡後，僅剩小國吳越和福建。在此之前，它們之所以能夠存在，只是因為南唐擋住了宋軍的進路，到這時，也紛紛表示獻地給宋朝。趙匡胤完成了對南方的統一。

趙匡胤去世後，宋太宗從河北、河南兩路進攻北漢，獲得了山西太原地區。到這時，北宋的統一宣告完成。

但是，北宋的統一又遺漏了哪些地區呢？最著名的是北方燕雲十六州，這些曾經屬於唐朝的州郡被契丹人占領後，沒有再回歸。在南方，曾經的安南（現在的越南河內）也是唐朝交州的領地，唐朝滅亡之後，交州進入割據狀態，與南漢發生了長期的戰爭，甚至殺死了南漢的太子劉弘操。

宋朝滅亡南漢時，統治越南的是丁部領（按：一說名為丁桓）所建立的丁氏王朝，後丁朝又被黎桓建立的黎氏王朝取代。但丁朝和黎朝都只向中國納貢，不再受中央政府領導，這就是越南獨立的起點。

在西南，由於唐代與大理地區的南詔國有過長期的戰爭，宋太祖在地圖上用玉斧畫線，表示大渡河以外不再是中國領土，導致雲南省和川西南的大片土地被排除在外。

所以，宋代疆域是唐朝疆域的縮小版。但在宋國境內，由於信用的擴張和政府對於貿易的鼓勵，經濟發達程度卻超過了唐代。隨著印刷術的普及，宋朝的文化修養也高於唐代，從這個意義上說，宋代是中國的又一個黃金時代。

第十六章

燕雲十六州，宋朝三百年的痛

西元九三六年～西元一一二五年

燕山作為游牧與農耕文化的分界線，起到了保衛農耕文明的作用。一旦游牧民族在燕山以南獲得據點，無險可守的華北就處於危險之中。

十六州之所以重要，在於圍繞著幽州的數個州已經位於燕山以南，喪失這些山前州，意味著無法防範游牧民族對華北的進攻。

中國北部每一個城市作為首都都有弱點。長安（唐代以後）由於不夠富裕，無力承擔和平時期首都的責任。開封沒有險阻，無力承擔戰爭時期首都的責任。洛陽比長安富裕，比起開封又四周環山，但它在兩方面都只能算平庸，只能算是折中的選擇。

北宋定都開封，無險可守，使得北宋一代必須有大量的軍隊，造成了巨大的財政壓力。

與女真、蒙古相比，契丹是一個漢化嚴重、失去了銳氣的民族，正因為此，北宋才能抵禦住遼國的進攻，在簽訂澶淵之盟後，又與遼國和平共處了一百多年，成就了雙方的盛世。

為了保衛無險可守的河北平原，宋代在河北的各個城市堆積了大量的冗兵。但由於北宋與遼國長期保持和平，因此，如此眾多的冗兵非但沒有起到保家衛國的作用，反而是吃垮了宋國的財政和經濟。

從北京出發向北數十公里，經過昌平，再向西北方向進入山區，就到了著名的居庸關。這裡也是中國氣候和文明的分界線。

從北京向南，是與華北平原相接的平地地貌，在北京的西側和北側，橫亙著一座著名的山脈——燕山山脈。從地理上看，燕山更像是太行山的一條餘脈，但燕山對於中華文明來說，卻顯得非常重要。

在燕山以南，是適合耕種的平原區域，燕山以北則畫風一變，進入了風吹草低見牛羊的草原世界，農耕文化讓位給了游牧民風，這裡也成了農耕社會保衛文明的前線。

在古代，人們常說太行山中有八條通道，連接了太行山內外兩側，號稱太行八陘，其中最後一條其實在燕山山脈與太行山交界地帶，叫軍都陘，在軍都陘設立的關口就是居庸關。

從居庸關向西北方向，經過官廳水庫，就到了河北省境內的懷來縣和宣化縣，這裡在宋代被稱為媯州和武州，都位於燕山山脈所在的山區。

如果繼續向北，可以到達河北省張家口市。從張家口向北，經過著名的野狐嶺，地勢突然從綿延不絕的山地變成了平坦的高原草甸，也就出了燕山，進入了北方草原的範圍。

在宋代，這片區域更加著名，因為它就是燕雲十六州的所在。後唐清泰三年（西元九三六年），大將石敬瑭與契丹簽署協定，以十六州為代價請契丹出兵滅掉後唐。兩年後，十六州正式交割給了契丹人。

除了十六州，還有三個州必須提到。在石敬瑭之前，契丹人已經從劉仁恭手中獲得了營州（現河北省昌黎縣）、平州（現河北省盧龍縣）和灤州（現河北省灤縣），這些州也都位於燕山山脈以南、河北省的東部，契丹人占領了這裡，就意味著可以從燕山以南出兵直接打擊中原。石敬瑭又將燕雲十六州割讓給了契丹，契丹就盡數占有了北京和山西北方的重要戰略地，隨時可以進軍中原了。

所謂十六州，是從山西到河北的北方邊境線上，事關戰略生死的十六座城市和附屬土地，大約處於現在的北京、天津、河北和山西境內。屬於現在北京的有四州：幽州（現北京）、檀州（現北京市密雲）、順州（現北京市順義）、儒州（現北京市延慶）；屬於現在天津的有一個州：薊州（現天津市薊州區）；屬於現在河北的有六個州：瀛洲（現河北省河間）、莫州（現河北省任丘）、涿州、新州（現河北省涿鹿）、嬀州（現河北省懷來）、蔚州（現河北省蔚縣）；屬於現在山西的有五個州：雲州（現山西省大同）、應州（現山西省

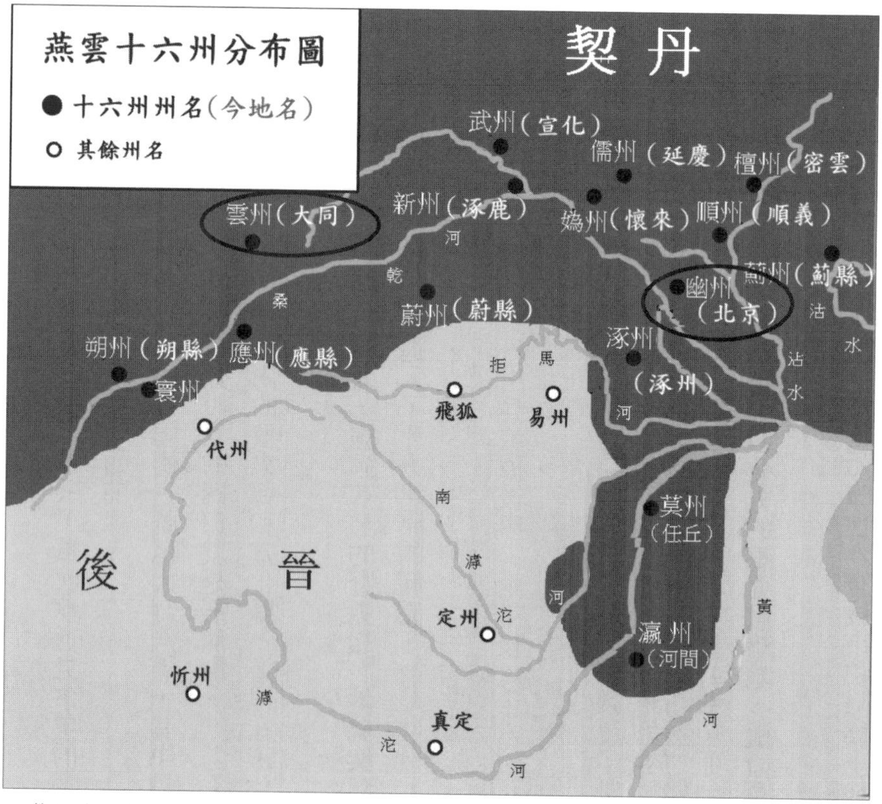

▲燕雲十六州分布圖，這十六州的重要性各不相同，其中以幽州和雲州最重要。

應縣）、寰州（現山西省朔州市馬邑）、朔州（現山西省朔州）、武州（現山西省神池縣）。

這十六州的重要性又各不相同，其中以幽州（也稱燕）和雲州最重要，分別是從北方進入河北和山西地區的主要通道。幽州的重要性自不待言，雲州則是面向山西的基地。山西北部的大同（雲州）和太原分別在兩個小型盆地之中，兩個盆地中間夾著一座雁門山（古代稱為句注山，或者勾注山），著名的雁門關就設在這座山上。北方歷次進攻山西的部隊都是在雲州集結完畢後，再乘機南下雁門關，向太原進攻。

按照十六州的地理位置，又可以將其分為山前諸州和山後諸州。所謂山前州，是指位於燕山山脈以南和太行山以東的幾個州（幽、順、檀、薊、涿、瀛、莫）[1]。剩餘的山後州則位於燕山、五臺山、雁門山等山脈的北面。

對於北宋政治中心華北平原來說，山後諸州還沒有那麼迫切，只要把守好居庸關和雁門關，還可以阻擋敵人入侵。可山前諸州的丟失卻是不可忍受的，一旦丟失了這些州，就再也沒有穩固的戰略要地可以防守，敵人以山前州為基地，可以一馬平川潑向華北平原，直至北宋首都汴州（開封）。

除了幽州之外，瀛洲和莫州的地理位置已經非常靠南，接近於中原的腹心，在周世宗的北伐中，這兩個州被收復，解除了一定的威脅。但隨著周世宗的死亡，其餘州仍然掌握在契丹人的手

1　關於燕雲十六州有不同的說法，有時人們將營、平、灤三州算入，就變成了十九州。營、平、灤也位於山前。當瀛州、莫州被周世宗奪回後，人們又常把景州（現河北省遵化市）和易州（現河北省易縣）加進去，仍然構成十六州。宋徽宗時期，與遼、金交涉時的十六州指的就是後者。

中。這時，人們又把契丹控制的山前的景州（現河北省遵化）和易州（現河北省易縣）加進去，又湊夠了十六州之數。

宋太祖趙匡胤統一了南方之後，燕雲十六州的歸屬就提上了日程。但北宋無力解決這個問題，圍繞著十六州的爭執持續了一百多年，直到雙方亡國方才結束……。

東京汴梁的長與短

開寶九年（西元九七六年），北宋朝廷發生了一次爭吵。這次爭吵的主題是：應該把都城設在哪裡？

在此前一年，隨著滅亡了南唐，宋太祖趙匡胤命人到唐東都洛陽查看。此刻的洛陽由於戰亂的影響，破爛不堪。當年的宮殿、城防早已損壞，城裡的人民也都走散，至於官衙宮廟，更是不見蹤影。太祖命人趕快對宮殿進行了搶修。

第二年，太祖率領群臣從汴梁來到洛陽。汴梁是前朝（後周）的首都，也是宋太祖暫時的都城，而洛陽是他心儀的遷都的地方。但在洛陽，人們紛紛進諫宋太祖不要遷都。其中起居郎李符的上表最為具體，他總結了遷都洛陽有八點難處：京邑凋敝、宮闕不備、郊廟未修、百司不具、畿內民困、軍食不充、壁壘未設、盛暑扈行。

還有人提出，汴梁是各大運河交匯的所在，由於交通方便，糧食不會匱乏，如果遷都洛陽，則意味著要改造運河系統，工程量大，勞民傷財。甚至連太祖的弟弟、後來的太宗趙光義也說不便遷都。

但宋太祖不為所動，甚至認為，遷到洛陽只是第一步，等以後還要想辦法遷到長安去。如果太祖能夠活久一些，那麼遷都也許會成為事實。但隨著對北漢戰爭的準備，遷都沒有成為現實，當年太祖就死去了，遷都的爭議也正式被擱置。

那麼，為什麼宋太祖堅持要把都城從開封遷到洛陽呢？這要從開封的地理位置說起。

在歷代古都中，北宋首都開封的命運最為曲折。現在如果前往開封，會看到巍峨的城牆和雄偉的開封府，將人們帶回北宋當年的繁華。

但這只是幻象，是現代旅遊業發展的產物。事實上，與洛陽、西安等相比，開封很少有宋代的遺跡保留下來。現在人們看到的城牆是清代後期修建的，那座巍峨的開封府更是現代人的產品。至於宋代的開封，只存在於張擇端的〈清明上河圖〉之中，以及十多公尺深的地下。

開封處於黃河改道南下後的河道旁，地勢平坦，成了黃河最大的受災區之一。歷代的黃河氾濫將原來的文化層深深埋沒。清道光二十一年（西元一八四一年）的一次黃河決堤，泥漿就產生了三公尺厚的地層，宋代開封府也相應的下移了三公尺。

「開封城、城摞城」的歷史，也反映了這座古老都市的命運：它處於河南東部的廣大平原之上，屬於華北平原的一部分，也是數條河道交匯之處，最著名的是汴河。這條河流早期是戰國時期魏國開鑿的鴻溝，一直是溝通淮河和黃河的人工運河，之後的隋唐大運河也是照著汴河的河道開掘的。除了運河，這裡還有淮河支流渦河，以及改道之後的黃河。

河流環繞，沒有險阻，使開封成了一個經濟富裕卻四方爭奪的地方。所以這裡本來是不應該成為都城的。

戰國魏曾把大梁（開封）作都城，但魏國隨後成了齊國、楚國、秦國爭奪的戰場，不管從北、南、西方，都可以輕易地到達開封，這導致了魏國後期的孱弱。

戰國魏之後，開封一直作為一個重要城市，卻非戰略城市存在。直到唐代末期，後梁太祖朱溫做節度使時，由於封到了汴州（開封），在開國之後，就把首都定在了這裡。

後唐滅亡後梁後，又跟隨當年唐朝的做法，把首都遷到了洛陽，成了五代時期唯一把都城設在洛陽的朝代。後唐被契丹人滅亡後，洛陽城遭到了毀滅性的破壞，後晉、後漢、後周三代只好跟隨後梁的做法，將首都設在了汴梁。北宋又取代了後周，開封就這樣陰差陽錯成了這個著名王朝的首都。

宋太祖統一全國之後，意識到**五代之所以短命，一個很重要的因素就是定都不當**。除了後唐是內亂之外，其他朝代由於都城在汴梁，幾乎都無法經受北方的打擊。只要契丹人從北方而來，一路上經過的全是華北的廣袤平原，幾天之內就可以到達黃河岸邊。而黃河作為防衛開封的唯一屏障，由於過河地點多，路線複雜，需要大量的士兵來守衛，一旦疏忽，就會被攻破。

如果要讓朝代穩定，必須將首都遷出開封，到一個有險阻可守的地方。不幸的是，在整個華北地區，除了北京有險阻可守之外，其餘的地方都不夠險，而北京還被割讓給契丹人了。

洛陽算是一個不壞的選擇，它四面環山，又有黃河之險，中國古代許多朝代選擇洛陽，就是看中了這一點。但洛陽周圍的山並不算高，到了宋代，隨著游牧民族充分發揮了機動性，洛陽也並非不可攻破。

宋太祖認為洛陽至少比開封強，他甚至想最終遷往長安，就是擔心洛陽也不夠穩固。

但長安也有長安的問題。從地理上講，長安的確是四塞之地，但由於陝西的經濟落後，這裡已經養活不了那麼多人口。如果說，開封是在戰爭時期無法承擔首都的職責，那麼長安是在和平時期都無法承擔首都的職責。畢竟和平的時間更長，因此，長安也不再符合要求。

總結而言，在華北地區，每一個城市都不是完美的，但相較而言，還是洛陽的優勢最大。

在與弟弟的辯論中，宋太祖提出：之所以要遷都，是為了利用山河的險固，來減小軍隊的規模。軍隊規模減小了，又可以減少財政需求，從而刺激民間的發展。

趙光義則學究氣（按：指迂腐、賣弄學問）的回答：「在德不在險。」試圖從道德的角度尋找答案。最終這次遷都未成，宋太祖因此發出感慨，定都汴梁，未來一定會產生巨大的冗兵問題。果然，終宋一世，冗兵一直如同鬼魅一般纏住了北宋王朝。

由於北方沒有燕雲十六州的險阻，宋代與遼國的邊境幾乎是順著平原上的幾條小河劃界；又由於首都無險可守，遼軍可以隨時進軍，所以為了對付遼國，宋代在邊境地區建立了大量的堡壘，構築了三條防線，這就需要龐大的軍隊。

而士兵太多，又對財政形成了嚴重的威脅。為了維持軍費，宋代開始從各個方面找錢，建立國有企業、開展特許經營、搞金融投機等，最後拖垮了社會經濟秩序。

更可怕的是，即便有如此眾多的士兵，仍然沒有辦法解除北方的威脅。金國滅亡北宋之前，著名將領种師道（按：种音同崇）曾經提出了汴梁的危險性，認為這裡無法抵禦金國的進攻，宋欽宗必須立刻離開汴梁，遷到長安固守。在當時由於洛陽也成了前線，同樣不安全，將首都遷往長安是個保險的舉措。

但种師道的提議被宋欽宗的大臣們否決了。於是，在下一輪戰爭中，金人長驅直入進攻汴梁，宋欽宗開門投降導致了北宋的滅亡。

從這個角度看，當年決定定都汴梁時，就註定了北宋最後的命運。雖然過程充滿了曲折，但只要北宋無力抵抗北方進攻，對方遲早會趕到汴梁城下，演出擒賊擒王的歷史大戲。

要想避免歷史向這個方向發展，只有一個辦法：收復十六州（特別是山前州），將防線重新推回到燕山之後，利用燕山的險阻來完成防守任務……。

宋太宗：失敗的收復戰

宋太平興國四年（西元九七九年），剛剛征服了北漢的宋太宗趙光義率軍從太原回到了太行山以東的鎮州（現河北省正定）。他決定乘勝率軍迅速北上，直指遼國在燕山以南的中心城鎮幽州。宋朝大軍用十天就攻克了涿州，直達幽州城南，在如今北京西直門外的高梁河駐紮。

到達幽州後，宋太宗一面圍城，一面派兵向北進軍。在幽州北面的得勝口（現昌平境內，距離居庸關不遠）還有一支遼軍，由南院大王耶律斛軫率領。宋軍暫時阻止了耶律斛軫的南移，防止他援助幽州。

如果宋軍能夠做到徹底阻止契丹援軍，透過圍城遲早可以攻克幽州。然而，由於不熟悉地形，宋太宗並沒有將遼國與幽州的另一條主要通路——古北口封鎖。在北宋時期，從關外進入關內一共有五大關口，從西往東分別是：位於現河北省易縣的紫荊關、居庸關、古北口、松亭關（現河北省寬城縣西南）和榆關（即山海關）。其中紫荊關和居庸關位於太行山，剩下三個位於燕山。

居庸關和古北口是距離北京最近、最常用的關口。現在，北京通往承德的公路就經過古北口長城。

居庸關溝通的是北京向西北方向，與河北、內蒙古的交通，而古北口溝通的是北京向東北方向，與河北和東北的交通。由於東北地區經濟不發達，開發晚，古北口的開發也比居庸關晚，南北朝時期的慕容氏燕國建立，才有人開始注意它。到了遼、金和清代，由於敵對勢力已經轉移到了東北，古北口的重要性超過了居庸關。

宋初，人們的關注點仍然在太行八陘，對古北口重視不夠，宋太宗也因此忽略了古北口。故他雖然封鎖了居庸關，但遼國的援軍卻可以透過古北口進入北京盆地，支援幽州的守軍。

果然，在宋太宗攻打幽州城時，遼國派出了大將耶律沙和耶律休哥各自率軍前來援助。由於宋軍沒有封鎖古北口，兩支軍隊先後到達了幽州城外。

耶律沙與宋軍先開戰，宋軍贏了。但就在宋軍已經感覺疲憊時，耶律休哥的軍隊突然來到，他們每人持兩個火把，聯合耶律沙的殘兵，加上耶律斛軫和幽州城內的守軍，終於衝垮了宋軍的戰線。

趙光義乘坐驢車一直逃到涿州，又擔心涿州守不住而繼續南逃。臣下因為找不到他，以為他陣亡了，甚至考慮另立皇帝。

此次戰敗，標誌著北宋收復燕雲十六州計畫的複雜化：宋朝進攻過後，該契丹人反攻了。與宋軍單路出擊不同，北方（遼國和後來的金國）進攻南方，往往同時選擇兩條路線進攻。一條是從北京南下河北，另一條則是從山西的大同經過雁門關，南下太原，再從太原經過上黨高地直達河南。兩路大軍隔著太行山，還可以透過太行山的幾條通道互相聯繫。最主要的通道是通往石家莊的井陘，以及通往邯鄲的滏口陘。

高粱河戰役幾個月後，遼軍在元帥韓匡嗣的率領下，經過幽州向河北進軍，在河北省滿城境內遭到失敗。另一支遼軍從山西北部向雁門關進攻，也被宋將楊業擊退。

在河北地區，宋遼交界形成了以益津關（現河北省霸州）、瓦橋關（現河北省雄縣境內）、岐溝關（現河北省涿州西南）為前線的交界線。與其他的關口相比，河北三關都設在平地上，依靠不大的河流進行防守，使得防守難度加大。

第二年，遼軍在耶律休哥的率領下，進攻瓦橋關，宋軍以極大的損失阻止了遼軍的前進。第三年，遼軍再次進攻，又被宋軍擊敗。宋軍之所以能夠守住河北、山西防線，與其說是宋軍的英勇，不如說是遼軍進攻能力的不足。

與後來的女真人、蒙古人相比，契丹人是一個漢化程度較高、戰鬥力不強的民族，當它所建立的國家重心轉移到北京一帶時，它便已經失去了游牧民族的機動性。同時，由於地理位置偏北，缺乏大規模糧食生產能力，契丹人的軍隊很難做出長時間的遠端打擊。

遼國的進攻模式往往是這樣的：遼國進攻宋境，在攻克了前幾個據點後，受阻於某一個城池之下無法前進；由於機動能力不足，很難越過據點進行遠端打擊；糧食輜重不足，又很難演化成長期進攻；已經占領的據點，由於無法建立有效統治，也無法固守；最終，在大肆掠奪之後遼軍向北撤退，回到傳統邊界之後。

到了女真人和蒙古人時期，隨著機動性的增加，騎兵可以一躍千里，實行更加遠端的打擊，北宋的厄運才真正降臨。

由於遼軍進攻能力不足，加之遼國內部的權力更迭，宋遼休戰了幾年。宋太宗認為應該重新嘗試一次奪回燕雲十六州。雍熙三年（西元九八六年）春，宋軍開展了一次協同作戰，利用山西和河北兩個方向，向遼國進攻。

宋太宗對戰爭做了充分的準備，派遣了五路大軍，從河北和山西的基地進攻遼國，五路大軍的最終目的，是會師幽州。

這是一次頗具現代化的戰略，在第一次世界大戰中，德國採取了旋轉策略，在法德交界的南方地帶以防守為主，甚至可以主動撤退一點兒，拖住法國的軍隊，而在北方則發起進攻，閃電進攻法國北部。整個戰局如同一個巨大的旋轉臂，按照逆時針旋轉，北方朝法國境內旋轉，而南方朝德國境內旋轉（撤退誘敵）。

宋太宗制訂的戰略與德國的戰略有很大相似之處，簡單來說，就是「西方主攻，東方主守」。在東方的河北境內，天平軍節度使曹彬負責進攻涿州，彰化軍節度使米信從雄州（現河北省雄縣）出發北進。不過這兩路大軍主要的任務是拖住敵人，不要快攻，而是慢攻，牽制敵人的兵力，讓敵軍遠離幽州和山西。

在西方的山西、河北交界，以及山西境內，宋太宗派遣了三路大軍負責進攻。第一路是靜難軍節度使田重進，他的基地在河北的定州，按照命令，他必須走河北、山西的交界地帶，出太行山上的飛狐口（飛狐口南面就是紫荊關，溝通關內外五條道路的第一條，也是最西面的一條），進攻幽州東面的蔚州（現河北省蔚縣），從側翼包抄幽州。

第二路是太原的忠武軍節度使潘美（評書《楊家將》中的潘仁美），他一面防守太原，一面從五臺山出軍，與田重進一起打通蔚州。

第三路是雲州觀察使楊業（評書《楊家將》中的楊繼業），他從北方的雁門關出發，以收復山西北方的四州為目的，再轉而東向，與其他各路一起進攻幽州。

當西面的軍隊攻克了既定目標之後，東方的兩路大軍再轉為積極攻勢，兵向幽州，五路大軍共集結在幽州城下。從戰略上講，宋太宗的部署頗有新意，與上次倉促北伐不同，這次的行動只要執行得當，的確可能成功。

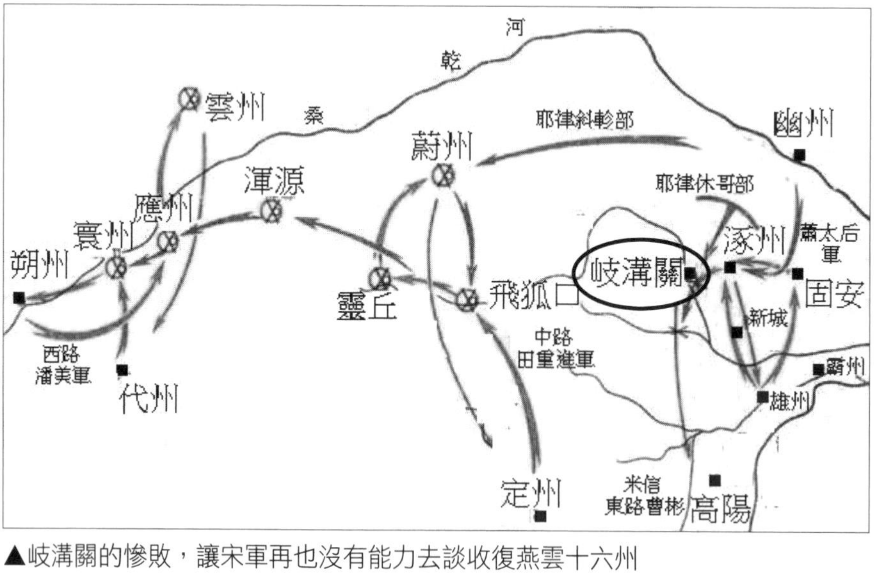

▲岐溝關的慘敗，讓宋軍再也沒有能力去談收復燕雲十六州

但問題就出現在了執行層。戰爭開始後，西方三路軍進展順利。楊業在潘美的幫助下，很快攻克了山西北方的諸州，包括戰略意義僅次於幽州的雲州（大同）。田重進的大軍挺進飛狐口，順利占領了蔚州。潘美則與田重進會師於蔚州。遼軍損失慘重。

東路軍本來應該採取緩慢進攻的策略，等待西路軍布置到位，占領了各個城池後，再快速進攻。然而東路軍統帥曹彬卻犯了搶功的錯誤，一路進攻，連下數城，快速推進到涿州城下。這從戰術上看是一種勝利，但從戰略上，讓遼軍過早的明白了宋軍的意圖，將重兵收縮到幽州一線，對蔚州的防守強度也大大增加，對於整個戰局來說非常不利。

當遼軍在蔚州加強防守後，田重進、潘美的部隊被阻擋在了蔚州一線，無法按照預期越過太行山，會師於幽州。到這時，曹彬就只能孤軍與遼軍作戰了。

曹彬的宋軍和遼軍對峙於涿州城南的岐溝關一帶。指揮戰爭的遼軍統帥耶律休哥襲擊了曹彬和米信的糧道，導致東路大軍的崩潰。

東路軍的崩潰又影響了西路軍。遼軍隨後對蔚州的田重進和潘美發動進攻，宋軍在被圍困後，突圍撤退，在撤退中損失慘重。

楊業攻克的山西北部四州也無法獨存，只能把居民撤離，留下空城還給遼國。在撤退中，由於潘美（他是楊業的上司）的指揮錯誤，楊業兵敗被俘，絕食三天而死。

當年底，遼軍大舉進攻，大敗宋兵於君子館（現河北省河間市境內）。

岐溝關和君子館的慘敗，讓宋軍再也沒有能力去談收復燕雲十六州，遼國隨後的進攻也沒有成功，雙方又回到了均勢，維持了十幾年。

至道三年（西元九九七年），宋太宗去世，他的兒子繼位為真宗，遼國又藉機發動了南侵。

買來的百年和平

在二十四史中，元代丞相脫脫主持編撰的《宋史》是規模最大的一部。雖然規模龐大，編撰此書卻只用了兩年半時間，從元至正三年（西元一三四三年）三月開始，到至正五年（西元一三四五年）十月結束。

因為時間短，《宋史》顯得龐雜混亂，訛誤眾多。但也正因為缺乏精心剪裁，書中反而保留了許多非常活潑的文字，足以與司馬遷的《史記》相比。如宋宰相寇準的傳記就有這樣的特點。特別是在描寫澶淵之盟的章節中，寇準的苦口婆心、皇帝的驚慌失措都躍然紙上，如同小說一般精彩。

宋真宗繼位的前幾年，遼國認為真宗皇帝占位未穩，是進攻宋國的好時機，先後發動了三次南侵，對北宋的土地進行了大肆劫掠，但最終都由於無法形成長期固守而撤退。

遼人的入侵對宋代君臣形成了巨大的精神震懾，甚至產生了談遼色變的氣氛。有的大臣甚至建議，首都汴梁和河北都無法待了，最好還是撤退得遠遠的，避開遼軍的勢頭。

宋景德元年（西元一〇〇四年），遼軍的騎兵部隊再次在北宋境內騷擾，但這些部隊卻有意不和宋軍接觸，宋軍一進攻，他們就撤退。當邊將把這個消息報告給皇帝時，宰相寇準立刻敏銳的意識到，這是遼軍在搜集軍事情報。寇準立刻建議皇帝展開戰備。

遼軍的進攻一般選擇在秋冬季節。半年後，遼軍果然開始進攻。當其他大臣如坐針氈時，寇準似乎胸有成竹，邊關的求救文書一天來了五封，全被他扣押下來不交給皇帝，他飲食自如、談笑自若。

第二天上朝時，寇準的同僚們終於有機會見到宋真宗，將遼國入侵的消息上報給了皇帝。皇帝也立刻陷入了恐慌之中，問寇準該怎麼辦。寇準徐徐回答，如果要對付入侵，其實只需要五天時間就足夠了。他請皇帝御駕親征，坐鎮澶州抵抗遼軍。

他的同僚們一聽說寇準要皇帝親征，立刻想托詞離開，避免與皇帝一起送死。他們的托詞被寇準擋了回去。皇帝也想溜進後宮，寇準對皇帝說，陛下一旦回到後宮，就肯定躲著不見我了，到時候就大事去矣，請陛下留步，把親征的事定了再說。

在寇準的軟硬兼施之下，皇帝和群臣極不情願的答應出征，但具體的措施仍然沒有決定。透過這樣的描寫可以看出，在與契丹人的戰爭中，北宋的群臣都恐慌到了什麼程度。

事實也證明，這次遼國的軍事行動規模比以往都要大。在以往，遼軍往往只能推進到幽州以南數州，就會被宋軍阻攔，很難到達黃河沿岸（黃河是北宋的最後一道防線），最多能夠派出一支偏軍打破封鎖，到山東、河北南部擄掠一番，就回北方。而這一次，遼軍卻成功的突破了河北諸州，直搗黃河北岸，如果突破了黃河防線，北宋江山就可能易主。

澶州城在黃河岸邊，由於防禦的需要，這裡設置了兩座城市分居黃河兩岸，中間有吊橋相連接，是從宋都汴梁到北方的最主要通道。按照以往的作戰經驗，宋軍總是兵敗如山倒，敵人還沒有到達北岸，南岸的士兵就都逃光。寇準把皇帝放在澶州，就是想避免出現這樣的崩盤，借助皇帝的權威來穩定軍心。

當敵人向澶州前進出發時，首都汴梁的君臣仍然在爭吵具體的行動。這時，又有人跳出來宣稱皇帝不應該向北進攻，而是應該向南撤退。比如，作為副宰相的參知政事王欽若是江南人，他就主張宋真宗應該學習晉朝的經驗去金陵（現江蘇省南京）避難並準備反攻，把首都留給遼國去掠奪。而另一位四川大臣陳堯叟則主張皇帝應該學習唐玄宗的經驗，跑到四川成都去。

皇帝猶豫不決，詢問寇準這兩個人的看法，寇準佯裝不知是誰提的，大聲說：出這些餿主意的人都應該直接砍了！皇帝終於怏怏不樂的上路了。等他們到達黃河南岸的澶州南城後，宋真宗再次不想走了。大臣們心領神會，勸說皇帝停在這裡，查看軍勢。寇準連哄帶騙請求皇帝繼續上路，表示如果皇帝不過黃河，就是對勝利沒有信心，士兵們看見了會心寒。再說，黃河以北還有足夠強大的兵力對付遼軍，他們唯一需要的就是士氣。

皇帝仍然不肯前行，寇準只好私下裡找到太尉高瓊，請他幫忙勸說。高瓊在皇帝面前也贊同寇準的言論。皇帝這才心懷忐忑的過了河。過河後，皇帝登上北城的門樓，讓遠近的士兵都能望見御蓋（按：帝王、官員出行時護衛所持的旗、傘、扇、兵器等。）士兵們踴躍歡呼，讓契丹人感到驚愕害怕。

由於宋軍的頑強抵抗，遼軍遭受了重大損失。遼國的統軍元帥蕭撻覽被宋軍射死。當遼國皇帝發現進攻無望時，決定派遣使者，商談議和條件。宋真宗立刻如同抓住了救命稻草，決定與遼國議和。

按照寇準的觀點，希望一次性從遼國手中奪回幽州，哪怕和談也要以幽州為條件。只有把遼軍推回到燕山之後，才能保證河北不受到騷擾，進而保證首都的安全。

但宋真宗已經嚇破了膽，他派遣曹利用與遼人和談。談判策略則是以金錢換土地。宋方的要求是不割地，但可以賠錢。在私下裡皇帝告誡曹利用，只要是每年一百萬以內的賠償都可以接受。而寇準則偷偷告誡曹利用，賠償必須控制在三十萬以內，否則回來等著被斬首。

曹利用最終達成條件：每年給遼國絹二十萬匹、銀十萬兩。當他回到宋營向皇帝彙報時，伸出了三個手指頭。宋真宗大驚失色，驚嘆說：怎麼會三百萬！過了一會兒，又轉口說如果三百萬能夠息兵，也值了。宋太宗時期，北宋的財政收入大約是兩千萬。宋真宗後期，則漲到了一億五千萬以上[2]。三十萬在整個財政盤子中，即便按宋太宗時期的標準，也只有百分之一多一點。以這樣的代價換取兩國的和平，對於北方防線孱弱的北宋來說，的確是值得的。

這場以金錢換和平的協議，就是歷史上著名的「澶淵之盟」。到了三十多年後的慶歷年間，由於北宋和西夏的開戰，遼國威脅重開戰爭，要求增加上供，於是北宋的上供又增加了十萬兩白銀和十萬匹絹。

不過，遼國與北宋的確實現了相對和平，為北宋河北和長江地區的經濟繁榮創造了條件。遼國之所以願意拿錢不願意打仗，還是與它本身並不算強大的軍事實力有關。拿錢息兵，對於遼人來講，也是一筆划算的買賣。從這個意義上講，澶淵之盟並不公平，卻以較小的代價，實現了雙

2　《宋史．食貨下一》：「至道末，天下總入緡錢二千二百二十四萬五千八百。天禧末，上供惟錢帛增多，餘以移用頗減舊數，而天下總入一萬五千八十五萬一百，出一萬二千六百七十七萬五千二百，而贏數不預焉。」

方的受益，也維持了北宋核心地帶一百年的和平，打造了中國歷史上又一個盛世。

無險可守的邊境線

回顧一下北宋與遼國的邊境線。

由於燕雲十六州的丟失，北宋與遼國之間缺乏天險，在河北廣大的平原地區，形成了一條幾乎無法守衛的邊境線。

澶淵之盟簽訂後，北宋與遼國進入了和平狀態。但為了防範未來的風險，鞏固北方防線，北宋政府採取了廣修城堡的策略，在邊境地區修建了一系列的堡壘。遼國如果要進攻北宋，必須突破這些堡壘群，才能到達黃河地區。過了黃河，才可能接近北宋的首都汴梁。不過，由於地勢過於平坦，一旦敵軍突破了黃河，首都基本上就沒有了保衛的價值。

在北宋的防禦體系中，可以分出三道防線。

第一道防線緊貼遼國占領區，在山西，以恆山、句注山為界，兩國之間最著名的三個關隘是寧武關、雁門關和平型關。在河北，北宋在大清河、拒馬河構築防線，在河畔有益津關、瓦橋關和岐溝關三關。在霸州、雄州、易州、定州、保州（現河北省保定）、祁州（現河北省安國）等地，則設立了大量的堡壘駐軍。

如果遼人攻克了第一道防線，則會遭遇北宋以滹沱河為中心構建的第二道防線，這條防線上有瀛州（現河北省河間）、滄州、冀州、貝州（現河北省清河）、邢州（現河北省邢臺）等城池，可在受到進攻時互相援救，形成互保。

宋代的第三道防線，也是最後一道防線，就是黃河防線，其中著名的城市是大名、滑州、澶州、濮州、鄆州（現山東省東平）、博州（現山東省聊城）、棣州（現山東省惠民）、齊州（現山東省濟南）等地。

宋太祖當年為軍隊的冗兵感到憂慮，但直到北宋滅亡，仍無法解決冗兵問題，其原因在於北方防線無險可守，只能靠人來堆積。即便是和平時代，由於河北地區需要守衛的城池太多，軍隊仍然無法削減。河北平原本來是北宋的糧倉，但當它成為兩國邊境，需要投入重兵進行防衛時，其農業和經濟價值也受到了影響。也是從這時開始，中國南方的經濟正式超越了北方。

當和平到來後，遼國的軍事能力也在退化。由於長期不用打仗，加上地理位置過於偏北，遼國的經濟一直無法適應大規模戰爭的需要。到最後，隨著蒙古人和金人的崛起，遼國顯現出了頹勢，無法應付更加北方的敵人了。

從戰爭和對抗程度上看，對北宋造成最大危害的不是遼國，而是西北的西夏。北宋與遼國的戰爭持續了二十幾年就告結束，之後雙方維持了一百年的和平。但北宋與西夏的戰爭卻進行了一百多年，直到北宋被金滅亡，與西夏不搭界了，雙方的戰爭才告結束。

為了應付與西夏的戰爭，北宋的財政步入了危機，皇帝開始四處找錢，卻始終無法滿足戰爭的需求。從這個角度講，北宋在河北的冗兵既拖累了財政，也沒有起到保家衛國的目的，可謂得不償失。

第十七章

西北爭奪戰，八十年用兵淨做白工

西元九八二年～西元一〇八五年

保存至今的好水川戰場上依然屍骨凌亂，訴說著當年宋夏百年戰爭的殘酷。

北宋在與西夏邊境一共設置了六個（行政區劃）路，六個路中，一共形成了四條進攻路線，其中鄜延路和涇原路境內的兩條進攻線是最常用的。

宋仁宗時期的宋夏戰爭，均以北宋慘敗收場。其中發生在涇原路的一系列慘敗讓皇帝痛定思痛，決定改革。但只堅持了一年就不了了之，停戰後，皇帝和大臣又都回到了原來的軌道上。

宋夏戰爭還導致了一種新型貨幣鹽鈔的產生，由於政府總是缺錢，只好以政府壟斷的鹽為信用，設計了複雜的機制發行紙質憑證。鹽鈔在北宋曾經作為紙幣使用，到末年卻由於政府發行過量而淪為廢紙。

宋神宗時期最大的一次對夏協同戰有過成功的可能性，一共動用了五路大軍，沿著宋、夏四條交通道（前兩路共用東部通道）發起進攻。卻由於宋軍內部複雜的人事關係而拖延、失敗。

與西夏的戰爭消耗了北宋大量的財政，卻總是徒勞無功。西夏對於北宋的拖累遠超過遼國。

清晨，士兵們正在做飯。他們在一個紅色小山崗的側面架了灶。灶火上，陶罐裡正冒著熱氣，小米粥的香味引得人食慾大開。

就在這時，四周突然響起了號角，西夏人如同潑水一般從小山的背後冒出來，藉著地形優勢從高處衝下。正在做飯的士兵們手忙腳亂的尋找著武器，面對凶惡的敵人，準備不足的他們經歷了一場大屠殺。

很快，宋軍士兵就潰散了。他們的屍骨七零八落的散布在這座小山周圍。陶罐裡還在冒著熱氣，灶火還沒有完全熄滅，只是，再也沒有人回來享用了。

由於地理位置偏僻，這個戰場很久都沒人收拾，那個陶罐就一直放在那裡，直到裡面的粥都乾了。屍骨和陶罐被埋在地下破成了碎片，乾了的粥繼續碳化。

直到九百七十四年後，我來到了古戰場，發現了那個破碎的陶罐。在碎片內部，有一些非常輕的黑色物質，經過仔細辨認，能確定那就是當年沒有喝完的粥。在陶罐旁還散落著許多屍骨的碎片，它們屬於那些死去的宋軍戰士。

西元二〇一五年，我前往固原去尋找一個新發現的宋夏戰爭古戰場，雖然經過了一千年，北宋將士的屍骨仍然歷歷在目。

從甘肅省東南的平涼到寧夏回族自治區的固原，有一條從關中通往西北的大動脈。從平涼向西，就進入了充滿黃土臺地和溝壑的六盤山區。涇河通過一個叫做彈箏峽的峽谷奔流而下，先是向南，遇到六盤山後改為向東經過平涼。

在秦代，這裡有著名的關中四塞之一——蕭關。

秦代蕭關的具體位置已不可考，但大致位置就在彈箏峽形成的河谷某地，現代人在涇河拐彎的附近修築了一個類似於關口的建築，算是一種紀念。

過了這個現代人修建的蕭關，有一座秦漢時期著名的朝那古城，如果繼續向前，則是現代的固原城。固原曾經是秦代的邊關，著名的秦長城就在這裡通過，至今仍然保留著其龐大的身影。

從固原坐車向西到達西吉縣，這個縣和北方的海原，加上固原，在現代被稱為「西海固地區」。由於雨水稀少，是著名的貧困區，進入了聯合國名冊。對於古蹟，雨水稀少反而是一種幸運，正因為這樣，固原地區才保留了如此眾多的古蹟。

西吉縣向南，一條叫做葫蘆河的河谷經過一個小鎮——興隆鎮。新發現的古戰場在距離鎮政府南方兩公里的張家堡子。葫蘆河與一條支流（名叫好水川）在這裡相遇，兩水交叉處的旁邊有一座紅色的小山，被當地人稱為紅崗。

紅崗在近一千年前曾經目睹了一場大屠殺。當年，西夏王元昊把指揮中心設在了紅崗之上，宋軍從好水川谷地西行，在進入葫蘆河谷之前，與西夏人遭遇，大敗。

這場戰役之後，紅崗再次變成了一座無人過問的荒山。甚至人們都不知道當年戰場的具體位置。直到現代人發現了大量的枯骨，才意識到這就是當年好水川戰場的所在。

如今，在一面現代人掘土產生的斷崖上，能看到大量的白色人骨，頭蓋骨、股骨、脊椎骨散亂的丟棄在地上。在戰場所在的地層上，隨眼可見大量的陶器和瓷器的殘片，或許當年的宿營地就設在這裡。

那個破碎的陶罐就是在這裡發現的。本章開頭的戰鬥場景來自我的想像，歷史記住的只是：宋軍全軍覆沒。沒有人關心他們在死前到底經歷了什麼。

我把陶罐殘片、黑色物質以及將士的屍骨搜集起來，拍了照片，用土簡單埋葬，紀念這些死於近一千年前的戍邊戰士。

在好水川戰場北方數十公里，還有另一處宋代的遺跡——黃鐸堡。在北宋時期，它叫平夏城，是當時的邊關要地之一。在平夏城遺址附近曾經出土過西夏士兵的屍骨，與幾十公里外的宋軍屍骨一併訴說著戰爭的殘酷。

除了好水川和平夏城，北宋著名的定川寨之戰也發生在附近某地，但現代人已經不知道定川寨的具體位置了。

這些當年的古戰場，只是一場百年戰爭的一部分。西夏作為北宋最難對付的敵人，從建國開始就與北宋糾纏廝殺，直到北宋滅亡，才因為雙方不接壤了，不得不落幕。

西夏戰爭是陝甘寧地區近代之前最後一次影響全域的戰爭。北宋時期，隨著中國經濟的轉移，陝西、甘肅已經落後成為華北和江南的附屬品，但小小的西夏卻依靠著凶猛的戰鬥精神和對於戰略的精準把握，硬是成了北宋（在女真人出現之前）最難纏的敵人。

宋夏的四條進攻線

誰也沒有把一個小小的叛亂分子當回事。北宋太平興國七年（西元九八二年），黨項人李繼遷打出造反的大旗時，沒人想到他會成為北宋王朝的心腹大患。

西夏的起源，按照史書的說法，可以追溯到北魏時期的皇族拓跋氏。實際上，他可能與川西甘南地區的羌族人有血緣關係。在唐五代時期，黨項人一直是活躍在西北的一支重要勢力，分布在如今的陝西西北、寧夏等地。

宋太宗時，黨項首領李繼捧向宋稱臣，留在了京師。宋朝派遣官員統治黨項人的居住地。李繼捧歸順宋朝時，他的弟弟李繼遷居住在銀州（現陝西省米脂縣境內），宋朝派員接收銀州時，李繼遷不合作，率領幾十人逃往了茫茫北方。在如今的內蒙古鄂爾多斯地區，有一個巨大的沼澤地，叫地斤澤，這裡成了李繼遷的根據地。

李繼遷和他的兒子李德明或戰或降或叛，在不經意之間，攻克了寧夏、甘肅、內蒙古境內，以及陝西北部的廣大地區，在西北形成了割據。北宋前往討伐的軍隊即便能夠暫時獲勝，卻無法阻止李繼遷的滲透。對於宋軍來說，他們的進攻是點狀的，而李繼遷在西北的勢力則是面狀，以點控面，最終必定無法成功。

和北宋邊界穩定後，黨項人已經將北宋西北的土地盡數掠走。他們活動的中心地帶，在靈州（現寧夏靈武）和興州（現寧夏銀川）地區，也就是如今寧夏回族自治區的腹心地帶，向西占據了河西走廊，向東到延安以北和以西地區，向南則抵達寧夏固原以北，以及甘肅蘭州附近。

在青海地區，分布著一些吐蕃族的部落，他們保持著與北宋的友好關係，為了切斷吐蕃部落與北宋的聯繫，夏人還進軍到甘南地區，這裡也就成了西夏人入侵的最南端。當西夏的崛起成為事實，宋軍開始採取守勢，在西北邊境地帶建立了一系列的堡壘進行防禦。

北宋在陝西地區（包括甘肅、寧夏）主要有六個路，每個路以管轄的兩個最主要城市命名，分別是鄜延路、環慶路、涇原路、蘭會路、熙河路、秦鳳路。

鄜延路以鄜州（現陝西省富縣）和延州（現陝西省延安）為中心，是對夏的最東部的前線地帶。環慶路以環州（現甘肅省環縣）和慶州（現甘肅省慶陽）為中心。涇原路以涇州（現甘肅省涇川）和原州（現甘肅省鎮原縣）為中心。蘭會路以蘭州和會州（現甘肅省靖遠）為中心。熙河路以熙州（現甘肅省臨洮）和河州（現甘肅省臨夏）為中心。秦鳳路以秦州（現甘肅省天水）和鳳州（現陝西省鳳翔）為中心（見第五百零六頁圖）。

在這六路中，又實際上包括了四條宋夏對峙的軍事線，也就是西夏攻打宋軍的路線。

第一條在鄜延路境內，也就是從陝西的正北方，以延安為中心，經過陝北的大沙磧（北宋稱為旱海）進攻銀川。

第二條在環慶路，以環州為中心，從青剛川（現環江，黃河支流）直下，向黃河挺進，進攻銀川。

第三條是從涇原路出發，經過鎮戎軍（現寧夏固原），沿鳴沙川（現清水河，黃河支流）向黃河挺進，到中衛再向北進攻銀川。

第四條在蘭會路境內，從蘭州出發，沿黃河直搗銀川。

至於秦鳳路和熙河路，相對更靠南，從這兩路前往西夏，往往要先經過涇原路或者蘭會路，所以陝西六路一共有四條進攻線。

離開這四條線，從西夏到北宋的邊界就要經歷一系列的山脈和沙漠。在北方河西走廊，是巨大的祁連山將西夏與北宋、吐蕃隔開；黃河與河西走廊之間則是廣大的沙漠地帶，無法通行。在南方則有六盤山、橫山組成的陝北山脈，將關中平原與陝北沙磧隔開。在機器時代之前，這些地方除了固定的山口之外，人類要想穿越都要付出很大的代價。

在這四條進攻線中，尤其以鄜延路進攻線和涇原路進攻線用得最多，這兩條路開通得最早，也是西北通往關中平原的最主要通道。在面對西夏所在的銀川地區時，更是千里躍進的最佳位置。宋夏戰爭的發生地，大都在鄜延路和涇原路所在的範圍內。

兩次改革，想法美好，結局卻殘酷

慶曆三年（西元一〇四三年），宋仁宗起用一位剛從戰場上回來的重要朝臣擔任參知政事（副宰相），並由他負責組織宋代第一次重要改革——慶曆新政。這位大臣就是范仲淹。

在仁宗時代，北宋的經濟發展恰好達到了最高峰，皇帝也個性寬容，生活節儉。那麼，到底是什麼動力讓仁宗下決心推動改革呢？

原來，五年前，北宋經歷了一次戰爭危機。危機所帶出的問題，使得仁宗痛下決心進行改革。這次軍事危機，就是由西夏王李元昊引起的宋夏戰爭。

在宋真宗、宋仁宗時代，北宋和西夏的關係有過一段時間的緩和。當宋遼澶淵之盟達成後，北宋社會和平穩定，經濟高速發展。但是，到了宋寶元元年（西元一〇三八年），西夏人的領袖已經換成了李繼遷的孫子李元昊。與祖父和父親不同，李元昊更加果敢大膽，他不僅進攻甘南，切斷了北宋與吐蕃人的聯繫，還大膽的要求與宋、遼平級，自稱皇帝。

李元昊割據時，北宋還能夠接受和忍耐，他一稱皇帝，立刻觸到了北宋的忌諱，雙方爆發了嚴重的軍事衝突[1]。

西夏最初的軍事攻擊點設在了鄜延路所在的延州（現陝西延安）附近。西元一〇三九年和一〇四〇年，接連兩年，西夏大軍雖沒有攻陷延州，卻屢次擊敗宋軍，俘虜宋將。北宋在屢屢吃虧之後，派出了一批較為能幹的大臣守邊，包括涇原秦鳳路緣邊經略安撫使夏竦，以及他的副手韓琦和范仲淹。

由於延州是西夏打擊的首要目標，所以范仲淹前往延州組織軍事。他加強了軍事管理和訓練，改掉了以前邊關將士散漫的作風，又重視軍糧的徵集和運輸，為戰爭打下了後勤基礎。北宋習慣在國境線上修築大量的堡壘，形成鏈條互保，守衛邊境。范仲淹也整頓和修整了各個堡壘，加強了邊關的警戒和防衛。

經過范仲淹的大力整治，延州的防禦有了較大的改觀，西夏人從延州進攻，已經很難再占到便宜。這時，李元昊改變了進攻方向，開始頻繁的向固原所在的涇原路進攻，由於環慶路距離涇原路較近，也受到了進攻的波及。

康定元年（西元一〇四〇年）下半年，轉而進攻涇原路的李元昊再次戰勝了宋軍，這次的戰爭地點在三川寨，三川寨位於鎮戎軍附近，夏軍的進攻殺死了宋軍五千人。

為了應付夏軍的進攻，宋仁宗決定採取攻勢。但宋軍的攻勢卻由於皇帝直接插手指揮權，以及各個將領之間的協調失誤，屢屢無法推出，反而是李元昊的反攻接踵而至。

宋太祖為了防止將領擅權，將軍事訓練和指揮權切割成碎片，授予不同的將領。這種傳統讓宋代的軍事行動總是遲緩，將領們互相成為對方的負擔，在戰場上無法做出快速回應。

李元昊進攻涇原路，這裡歸韓琦負責。韓琦派遣鎮守環州的環慶路馬步軍副總管任福率領九萬八千名宋軍從環州出發，前往鎮戎軍，與涇原軍配合作戰。這批士兵肩負著截斷元昊後路的重任，等元昊回師時將其擊破。

1 《宋史．夏國傳》。

任福率軍來到了六盤山區，他的軍隊順著兩條平行的谷地前進，兩條谷地相距數里，各有一條小河流淌其中，其中一條就是好水川。任福率軍沿好水川前進時，西夏王李元昊已經率領精兵等待著宋軍的到來。任福原想出其不意打伏擊，卻落入了對方的伏擊圈中。此刻，由於長途奔襲，宋兵已經人困馬乏，糧食不繼。

就在任福率領先鋒軍來到好水川和葫蘆河交匯的河口時，突然間，有人發現幾個泥盒，裡面有響聲。任福打開盒子，從裡面飛出百十隻鴿子。隨之西夏的伏兵四起，任福才知道中了埋伏。宋軍在倉皇間拿起武器迎戰，卻無法阻止事情變成一場大屠殺。

葫蘆河是一條從如今西吉縣流向南方的河流，好水川是它的一條支流。在好水川口，紅崗小山如同堡壘般鎮守在這裡，是整個戰場的制高點。西夏士兵十萬人埋伏在紅崗的兩側，在旗幟的指揮下，從山後衝出，順著地勢從高處衝下，將宋軍陣營擊潰。

在屠殺中，任福身中十餘箭，換了三次馬，最終死於陣中。他死後，夏軍轉而攻擊宋軍的後續部隊。整個戰鬥結束時，宋軍死亡一萬零三百人。

好水川之戰，是宋夏戰爭中最令人震驚的屠殺。在好水川之前，宋軍還有士氣與西夏決一死戰，並尋找主動出擊的機會。屠殺過後，宋營裡的求和聲逐漸高漲，並最終取代了主戰派，成為主流。

好水川之戰後，李元昊轉兵東方，從北方繞過了范仲淹所在的延州，想去進攻與山西交界處、極北方的豐州、府州和麟州。這三州都在陝西、山西交界處，位於黃河几字彎的右上肩部，是從北方前往山西的要道，也是宋、遼、西夏三國的邊境地帶。

在奪取了豐州後，乘著北宋調兵遣將時，李元昊又千里躍進，轉回涇原路，繼續在固原盆地進行打擊，在固原以北的定川寨擊敗了宋軍，殺死將近一萬人。宋軍指揮官、涇原副都部署葛懷敏也被殺。

定川寨與好水川，成了宋夏戰爭中起到決定意義的會戰。到這時，宋朝已經沒有決心繼續打仗，雙方的議和隨即展開。

慶曆四年（西元一〇四四年），北宋與西夏議和。條約以類似於宋遼的方式，由北宋支付一定的錢款換取與西夏的和平。最終議定北宋每年送給西夏銀七萬兩千兩、絹十五萬三千匹、茶三萬斤。與此同時，遼國也趁火打劫，要求增加歲幣，經過談判，北宋對遼的歲幣在每年十萬兩銀、二十萬匹絹的基礎上，再增加銀十萬兩、絹十萬匹[2]。

由於戰爭的屈辱，宋仁宗決定重用范仲淹，發起了著名的**慶曆改革**。**改革的重點是：減稅、減少冗兵冗官、提高軍事和行政效率**。

然而，由於宋太祖設計制度時，就從基因中注入了防範官員反抗的機制，這個機制本身必然產生相互制約和冗官、效率低下。所以范仲淹的改革措施得不到官員的真心擁護，慶曆新政持續了一年就失敗了。

新政的失敗導致了朝廷上下普遍的失望感，也喪失了漸進式改革的最佳時機。隨後上臺的王安石開始了激進化改革，所引起的黨爭最終毀掉了北宋政權。從這個意義上說，仁宗時期的軍事

2 《宋史·仁宗紀》、《宋史·富弼傳》、《宋史·食貨志下一·會計》。

危機，成了北宋改革和失敗的催化劑，從而改變了歷史軌跡。

與西夏的戰爭還引起了另一項影響人類的重大變革——鹽鈔。為了作戰，北宋政府需要大量的錢財充作軍費，但朝廷又拿不出這麼多錢。慶曆四年（西元一〇四四年），一位叫范祥的太常博士想出了一個辦法，來解決困擾中央政府的軍事財政問題[3]。

北宋是中國歷史上各種專賣制度的高峰，鹽、茶、香藥[4]、奢侈品等都只能由政府專賣，類似於現代的國有企業。而專賣的錢，就作為政府財政的補充，用來養官和打仗。由於鹽是生活必需品，只能由政府買賣，就成了社會都樂於接受的商品。但是，即便是大商人也很難弄到鹽，因為政府不允許。

范祥提出，可以由政府配給商人一部分鹽，讓商人去賣。不過這是有條件的，要求商人幫助政府解決軍事後勤問題，把軍隊急需的錢、糧食等，自己組織人力運送到邊關，由邊關發給憑證（可以稱為鹽票），證明他送過來多少貨，就發多少鹽票。商人再拿著這個鹽票到山西運城的鹽池裡去換鹽。

由於商人們都很喜歡鹽，他們都樂於透過向邊關輸送物資來換取鹽票。後來，人們就給這種鹽票取了個名字，叫鹽鈔。再後來，鹽鈔甚至可以當鈔票使用。有鹽鈔的人不一定要去換鹽，他們只要用這張紙，就可以換來所需要的其他商品。這樣，鹽鈔實際上就變成了一種特殊的紙鈔。

當北宋政府發現鹽鈔可以當紙幣使用後，就偷偷的發行了很多。結果，鹽鈔的數量超過了人們對鹽的需求，造成了鹽鈔的貶值，這就是北宋的通貨膨脹。北宋滅亡時，鹽鈔已經變得一文不值了。

不過，鹽鈔作為中國歷史上一次特殊的紙幣實驗，仍然值得現代人研究和借鑑。這也是宋夏戰爭帶來的一個副產品。

北宋與西夏之間的最後一次大戰，發生在宋神宗改革的時代。皇帝為了扭轉積弱的現狀，利用王安石發起變法運動，對財政制度進行了重大變革。

王安石變法的主要理論基礎，是利用國家資本主義的方式，由政府控制各個經濟命脈，並以計畫經濟、國家參與的方式，來謀求財政最大化。王安石認為，當經濟中加入一定的計畫因素，由政府控制之後，能夠提高生產率，從而有利於經濟發展。

作為現代計畫經濟的鼻祖，王安石的改革也以失敗告終，並形成了內部官僚系統的黨爭，使得中央政府的分裂傾向更加明顯。為了增加內部凝聚力，宋神宗決定對外發動戰爭。

神宗北伐，敗在協同？

早在熙寧六年（西元一〇七三年），在宋國將領王韶的策劃下，宋軍從西夏人手中收復了甘肅省西部和南部的河州（現甘肅省臨夏）、岷州（現甘肅省岷縣）、宕州（現甘肅省宕昌）、洮州（現甘肅省臨潭）、疊州（現青海省同仁）。這些州是當年李元昊為了切斷北宋和青海吐蕃人

3　《宋史．食貨志下三》。

4　芳香類藥物，如沉香、檀香、乳香等，多為進口。

之間的聯繫而攻克的。當宋軍奪回五州之後，就斷掉了西夏的右臂，也恢復了與青海的聯繫。

北宋元豐四年（西元一〇八一年），王安石變法失敗後，宋神宗制訂了詳細的北伐策略，這次策略以五路大軍，從不同的方向進攻西夏的靈州，待會師之後，再進攻距離靈州不遠的西夏首都興州。在北宋歷史上，這次進軍是最有可能獲得勝利的對夏進攻。它的戰略完備，利用了幾乎所有與夏相接的通道，動用大軍三十多萬，民夫也使用了十多萬，執行力度也達到了北宋能夠組織的極限。

五路大軍分別是：

第一，在東面，由名將种諤率領鄜延路的士兵五萬四千人，再加

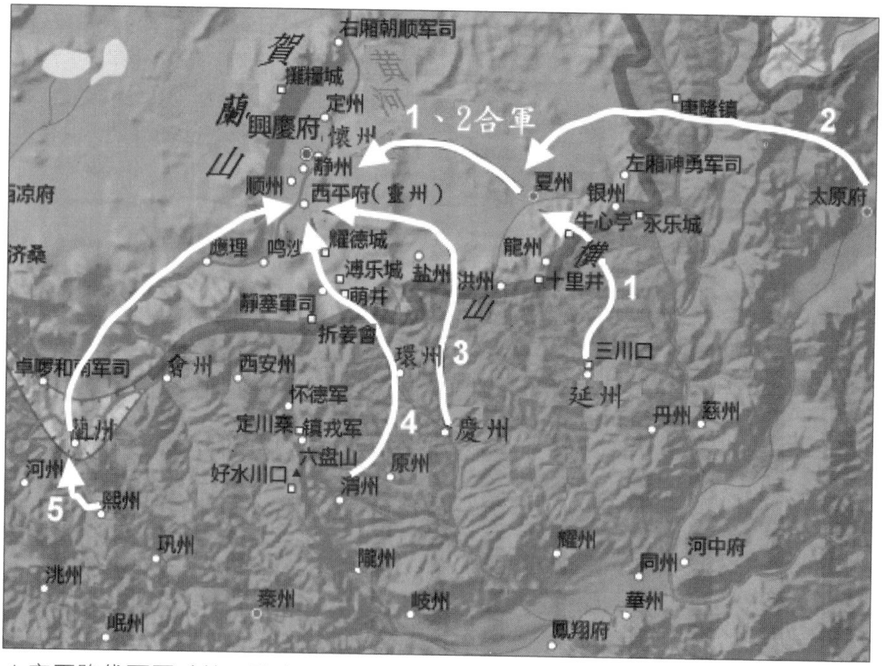

▲宋五路伐夏圖（第一路出熙河路、第二路出鄜延路、第三路出環慶路、第四路出涇原路、第五路出熙河路和秦鳳路）。

上另外三萬九千人，從延州出發，向西北方的靈州進軍。

第二，由於擔心种諤兵力不足，又派遣了另一路人馬，由大將王中正率領，共六萬人，從山西省太原出發，越過黃河進入陝西北部，與种諤會合後一同進攻靈州。

第三，在中部的環慶路，派遣大將高遵裕率領八萬七千人，沿著環江向北直接攻擊靈州。

第四，在環慶路西面的涇原路，派遣大將劉昌祚率領五萬人北進。根據命令，劉昌祚應該受到高遵裕的節制，與高遵裕會合後，再一同進攻靈州。

第五，在最西面，由李憲率領熙河路和秦鳳路的士兵，向蘭州和會州進軍，沿黃河北進，進攻靈州。

這五路大軍將宋夏之間的四條道路都囊括在內，又形成了一定的競爭和配合關係，讓敵人顧此失彼，從而達到共進的目的。

在進攻初期，雖有一些意外，但整體的進軍情況又令人滿意。所謂意外，指的是東面兩路大軍的遭遇。种諤本來應該直接進攻靈州，向西北方前進，但是，為了與從太原出發的王中正配合，他不得不首先向北進攻銀州、夏州等地，這就偏離了向靈州的方向。

但令人欣慰的是，种諤雖然偏離了方向，在進攻米脂寨（現陝西省米脂）的過程中卻斬首夏軍八千人。夏軍潰敗時，屍體充斥著城外的無定河水。這是北宋歷史上少有的一次大捷，起到了鼓舞士氣的作用。种諤也乘機兵進夏州東南方向的石州。

在最西面，李憲的推進也極為順利，他率領的大軍兵向蘭州和會州，並順利的攻克了會州。宋軍的另一次大捷是涇原路的劉昌祚帶來的，他率領人馬北上，沿著清水河谷，到達磨臍隘後，遇到了西夏的軍隊。由於西夏軍隊預料到宋軍會從環慶路和涇原路方向進攻，所以在這裡布下了重兵。劉昌祚不懼與西夏的主力作戰，一番鏖戰後獲得了勝利。在如今的寧夏，沿著清水河從固原前往中衛的路上，還有一個地名叫大戰場，就是當年宋軍與西夏交鋒的地方。

在五路大軍中，最不利的是從太原進軍的王中正，以及從環慶路進軍的高遵裕。

王中正率領的太原軍到達陝北時，已經落在了种諤的後面。种諤一路上大砍大殺立功很多。由於將士們的軍功主要靠砍人頭的個數計算，外快則主要來自掠奪，王中正晚到後，既找不到人頭，也沒有戰利品，於是開始四處出擊，以掠奪為目的作戰。這不僅耽誤了進攻靈州，還導致了軍糧匱乏，士兵開始餓肚子了。

高遵裕本來是劉昌祚的指揮官，節制環慶和涇原兩路軍隊，但劉昌祚在磨臍隘獲勝後，繼續北進，進攻了鳴沙（現寧夏中衛），獲得了大量輜重，然後進攻到靈州城下，距離最終目的地興州已經不遠了。劉昌祚是第一個進攻到靈州的將領。高遵裕落在了後面，既缺乏糧食，也無力作戰。同時，他還怕劉昌祚提前攻克了靈州，搶了他的軍功，又下令劉昌祚慢慢攻打，劉昌祚被迫在靈州城外等待上司的到來。

在等待中，電光火石之間，機會已經過去了。由於超過了預定時間，把糧食吃光了，東路軍還沒有接近靈州，就出現了食物匱乏。首先崩潰的是王中正從太原而來的部隊，這支部隊紀律最壞，四處掠奪，卻仍然無法解決糧食問題。隨後，种諤的部隊也被王中正拖垮了，兩支東路軍在飢餓中被夏軍擊潰，成為潰軍奔向延州。

李憲順利到達了蘭州和會州之後，接下來的進軍卻無法前行，被阻止在會州一帶。

高遵裕繼續北行，與劉昌祚會和。然而，高遵裕首先想的不是打仗，而是如何與劉昌祚爭功。兩人衝突越來越大，高遵裕甚至差點將劉昌祚斬首。在內鬥中，攻克靈州也成了空話。不僅無法繼續進攻，還只得撤回。

這次協同戰以不協同而告結束，也反映了北宋軍隊中複雜的關係，一個將領要應付的不僅僅是戰場，還包括與同僚的爭執。在某些時候，最凶狠的敵人不在戰場的對面。

接下來的兩年，西夏的反攻讓宋軍喪失了滅夏的可能。於是，雙方再次回到了打打和和的地步。這種偶爾間斷、又一直處於摩擦中的狀態持續到北宋末年。大量的物資被消耗在宋夏前線。直到最後，金國的出現結束了北宋的痛苦，接手了與夏的國境線。

第十八章

變換的北方防線，高宗的逃亡之路

西元一一一五年～西元一二〇八年

宋高宗放棄北方四都的那一刻，也就放棄了整個北中國，註定只能成為偏安的南方政權。由於地理的制約，一個王朝一旦退到南方，幾乎沒有再回中原的可能。

與遼國不同，金人和蒙古人有意避免完全漢化，希望保留好戰的血統，對中原文化雖然嚮往，卻有很強的防範之心。

在金滅遼的過程中，北宋本應該幫助已經文明化的遼國防禦金軍，讓遼國當作中國的北方屏障，以抵擋游牧民族的衝擊。卻由於童貫等人的主張，北宋採取了海上之盟，改與金人瓜分了遼國。

海上之盟包括兩部分：明的條約與暗的口頭協議。即便條約能夠遵守，口頭協議卻在不斷變化。這也預示著雙方不可能完全遵守條約。一旦金國了解了十六州的價值，協議必然無法執行。首先毀約的不是金人，而是北宋，這給了金國更多的藉口，在攻滅遼國之後轉而進攻北宋。

金國的進攻策略：西線從大同經過太原、上黨直下河南，東線從幽州經過河北直下汴京。兩路軍之間透過太行山孔道進行協同，並在汴京完成會師。不計較一城一地的得失，盡快趕到北宋首都。

汴京之圍和北宋滅亡，更凸顯了北京和太原的重要性，表明這兩點是中國防衛北方民族的關鍵點，一旦失去，就要受到懲罰。

宋高宗撤往南方後，在宋、金的政治核心區域之間，有一千多里的空白區域（從北京到揚州的距離），金軍實施打擊，必須首先克服地理上的距離，當他們行軍一千多里後，已經進入了疲勞期，難以完成致命一擊。金軍由於政治落後，無法在空白區域內形成有效占領，導致他們不可能縮短進攻線，也無力滅亡南宋。

一旦國家內部出現困難，就容易借助對外戰爭來轉移內部矛盾。但由於內部矛盾必然導致無法組織起高效的戰爭財政，這樣的戰爭也必然以失敗告終。

南宋建炎三年（西元一一二九年），金國將領金兀朮（完顏宗弼）進行了一次令人吃驚的遠端進攻。此時，金朝已經滅亡了北宋，是對宋高宗趙構建立的南方政權進行打擊的時候了。

此時宋高宗趙構的宮廷還沒有來得及撤到後來的杭州行在所，而是在長江北岸的揚州停留。金人滅亡北宋後，由於無法控制龐大的疆域，曾向北方撤回了兵力。其實際控制區只到達河北地區和山西太原一帶。至於東京汴梁、西京洛陽，以及江淮等地都還在宋軍手中。宋高宗的大臣們曾圍繞著一個問題爭吵不休：到底皇帝應該留在北方，還是南下躲避？

宋高宗沒有受制於大臣，他認定開封、洛陽都不能待下去，選擇了南方的揚州作為落腳點。揚州地處長江北岸，是大運河的重要停靠點，進可以去淮河流域，退可以渡過長江圖保江南，是個不錯的選擇。

金人撤往北方整頓完畢，再次揮師南下，他們派出三路大軍，分別從陝西、山西和河北出擊，向南方進軍。其中東路軍在完顏宗輔的率領下，從河北進入山東劫掠，與宋軍大戰於山東地區和淮河以北。

鑑於形勢，宋高宗的大臣們開始討論皇帝撤往江南的可能性。但由於戰線還在淮河以北，朝廷遲遲沒有行動。但突然間，完顏宗輔派出一支五千人的騎兵部隊，由金兀朮指揮，晝夜兼程向揚州進襲。

正月二十七，金軍從東平一帶出發，三十日，五千騎兵已經到達了淮河上的臨淮（現安徽省泗縣境內）。金軍都戴著白氈的斗笠，與宋軍裝束完全不同。但宋軍的守軍並不認識金軍的裝束，還以為是山東地區的潰軍。直到抓到了幾個騎兵，才發現是金兵。守將一面派人向揚州彙報，一面阻止金兵渡河。但哪能阻止得了，金兵當天就渡過了淮河，繼續南下。

也是在當天，宋高宗得到了彙報，皇帝命令大臣開會討論。大臣們帶著不相信的神色，嘲笑著情報。但不管怎樣，朝廷終於動起來了，開始搬運行李，為向江南逃跑做準備。

二月初一那天，宋高宗乘著御舟在運河上轉了一圈。突然間，人們發現了皇帝，以為他要逃走，整個城市如同爆炸了一般。為了平息民情，高宗決定暫時不離開，而是派人偷偷的把國庫的三分之一搬上了船。

從揚州上船後，必須先走一段運河，到達瓜洲渡口，才能進入長江。雖然長江寬闊，但運河裡只能容下一艘船的寬度，大量船的湧入，立刻擁堵了河道，造成了嚴重的混亂。

二日，金兵到達天長以北，宋軍聞風而逃。三日，金兵終於逼近了揚州。此刻，宋高宗還在派人偵查金兵的動向，當偵查人員帶回消息說金兵已經到達時，他連忙穿著甲冑騎上馬，拋開了臣下，向揚州城南逃去。在路過城內街道時，有人認出了皇帝，大喊官家跑了！城內大亂。大臣黃潛善是當初力主逃到揚州的人，人們對黃潛善恨之入骨，想乘機殺了他，卻錯殺了另一位大臣司農卿黃鍔。

由於運河河道堵塞，皇帝先從陸路向長江上的瓜洲渡口逃竄，再登船直入長江，終於在金兵到來之前上了一艘小船，趕到了長江對岸的京口（現江蘇省鎮江）。京口的軍民聽說金兵來了，也逃得精光。由於沒有被子，皇帝夜間只能睡在一張貂皮上。當晚，金兵追到瓜洲，由於無船渡江，才不得不目送宋高宗離開。

在揚州的運河中，由於船隻的阻塞，大量的宮廷物資無法及時運出，都被金兵截獲。瓜洲長江岸邊，十萬民眾聚集著等待過江，近半的人死在了江中，即便僥倖渡江，也都支付了昂貴的費用。金兵來後，更有人相擁投水而死。長江邊上也堆滿了金銀珠玉，被金兵擄掠。

在揚州城內，則是另一番景象。那些不打算逃走的人為了存活，早已忘記了宋朝的故事，張燈結綵歡迎著金兵的到來。

歡呼的另一面，是那位越逃越遠的皇帝，他不敢在六朝古都的南京停留，繼續向東南方，逃到了臨安（現浙江省杭州）才收步，收拾這殘破的江山。而遙遠的北方，早已經不在他的思考範圍之內了……。

搬石頭砸自己的腳的海上之盟

北宋與遼和平共存了一百多年，原因在於契丹並不是一個好戰的民族。從唐代開始，契丹就與中原保持著密切的聯繫，對中原充滿敬畏。即便五代分裂時期，契丹人也多是中原的幫手而不是對手。

在與石敬瑭達成的燕雲十六州交易中，契丹人承諾透過幫助石敬瑭取得中原，來獲得十六州的統治權。在達成協議後，契丹大軍從太原南下，幫助石敬瑭擊潰了後唐在山西南部的守軍。還沒有過黃河，契丹君主就對石敬瑭說：「大局已定，就不陪你進軍河南了，作為異族人如果前往河南，會引起當地百姓的驚駭。」

他們承諾會待在山西繼續觀察戰局，一旦石敬瑭河南戰線不利，就揮軍去救他。直到石敬瑭獲得了洛陽，他們才北返。北返前，還囑咐「世世子孫勿相忘」。

從這些舉動來看，契丹並沒有野心併吞中原。在宋遼戰爭過後，一旦與北宋達成了和解，就滿足於每年獲得那些歲幣，不再南下。

與契丹相反，北方的女真人和蒙古人都沒有對中原政權抱太多的尊敬。他們對北宋的評價採取了另一個標準，崇尚馬上打天下，對於所謂的經濟和文化更加輕視，甚至認為文化會使一個民族軟弱。

從完顏阿骨打祭起對遼國反叛大旗的那一天，女真人的頑強和野蠻就得到了完美的體現。從北宋政和四年、遼天慶四年（西元一一一四年）女真反叛，到北宋宣和七年、金天會三年（西元一一二五年）金滅遼國，只用了十一年時間。

遼國的地理位置決定了它的不穩定。在燕山以北的關外地區，女真人對地理的熟悉程度不亞於遼國，而在燕山以南，遼國只有幽州周邊的數個州，也容易探查。

遼國的國防線以防衛北宋為主，是朝南的，在幽州和雲州（大同）以南布置了重兵堡壘，而在遼闊的關外北方，控制力卻很弱。

金兵在關外掃蕩時，遼國的重兵仍然在北京和大同，即便這兩個點對北方的防禦也是薄弱的，特別是大同，由於處於塞外，從北方到大同沒有太多阻隔。北京由於有燕山阻擋，相對進攻難度大一些，成了遼國最後的守衛地。一旦北京失守，遼國就只能向西北方逃竄了。

金國作戰的順序是，首先從阿骨打起兵的最北方——松花江、嫩江流域進攻遼國的寧江州（現吉林省扶餘），占據了如今吉林和黑龍江境內的北方領土，再南下遼寧，進攻遼東，隨後轉向遼西。

遼國設立了五個都城（見下圖），分別是：東京遼陽府、上京臨潢府（現內蒙古巴林左旗境內）、中京大定府（現內蒙古赤峰境內）、西京大同府、南京析津府（現北京）。金國人從東向西，首先攻克東京、上京，再獲得了中京，將遼人壓往在與漢人地區接壤的西京和南京。

在最後兩京中，由於燕山山脈阻隔，金軍首先進攻西京，最後再兵向南京。遼國殘餘部隊在耶律大石的率領下逃往了如今的新疆西部和中亞地區，建立了一個新的國家：西遼（也叫喀拉契丹）。西遼最終被屈出律竊占，成吉思汗派哲別滅之，西遼於是成了蒙古帝國的一部分（見第五百四十九頁）。

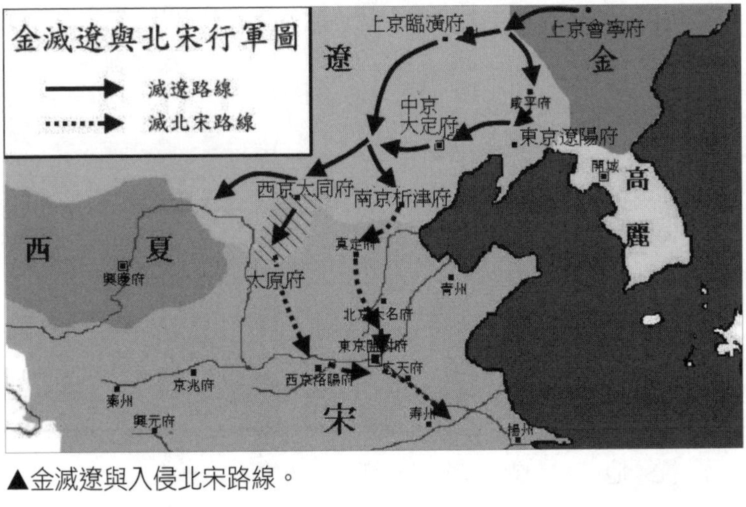

▲金滅遼與入侵北宋路線。

當金軍滅亡遼國時，北宋朝廷卻經歷著一場大辯論：到底是與金軍一同瓜分遼國，還是幫助遼國防禦金軍？

主戰派以當時的樞密使童貫為代表。童貫的主戰可以追溯到政和元年（西元一一一一年）。當年北宋派員出使遼國，出使的大臣是端明殿學士鄭允中和大太監童貫。童貫雖然是太監，卻掌管樞密院，是朝廷的軍事重臣。

在遼國，童貫認識了一位叫做馬植的人，因為在遼國受到排斥，馬植結交了童貫，謀求對遼國的報復。他透露遼國已經很孱弱，建議北宋做好攻伐遼國的準備。

童貫將馬植帶回北宋後，馬植改名李良嗣。到了金人開始攻遼時，李良嗣透過童貫向皇帝建議，與金國聯合進攻和瓜分遼國。他的提議得到了童貫的大力支持。

由於宋金不搭界，北宋使臣必須從渤海坐船，才能到達遼寧境內金國的領土，所以雙方的結盟稱為海上之盟。雙方約定從南方和北方共同夾擊滅亡遼國，北宋把給遼國進貢的歲幣轉給金國，金國同意將燕雲十六州交還給北宋。

主戰派的提議受到了主和派的反對。在主和派中，比較典型的是一位叫做安堯臣的官員（他是前工部侍郎、兵部尚書、同知樞密院安惇的族子），他上書表示，一個國家的禍端，往往是從和平走向戰爭的那一剎那。北宋之所以不和契丹爭燕雲十六州，也是考慮用土地換和平。既然已經維持了上百年，一旦重啟戰端，往往會得不償失，讓原本已經疲憊的民間更加無法承受。

另外，遼國已經是一個開化、愛好和平的國家，與北宋是脣亡齒寒的關係，這個國家雖然稱為帝國，其實卻是北宋的北面屏障。一旦遼國沒有了，換成更加野蠻和勇猛的女真，那麼北方就再也沒有和平可言了。宋徽宗最初同意了安堯臣的看法，但隨後，在蔡京、童貫等人的主導下，皇帝再次偏向了戰爭。

就在金軍進攻時，金人東面的高麗國派人來求醫，宋徽宗派了兩名醫生去提供幫助。醫生帶回來的消息：高麗全國都在為戰爭做準備，他們認為女真（金人）是虎狼之國，必須趕快做準備。建議北宋皇帝千萬不要和女真交往。

最後，對於收復北方領土的渴望還是影響了宋徽宗，他決定與金人聯合。李良嗣（後改名趙良嗣）出使金國，與金軍簽訂了夾攻協議。

其實海上之盟在一開始就有無數的問題。金國之所以同意這個要求，不是經過認真考慮，而是無知的結果。金國地處偏僻，對遼國充滿了仇恨，但對十六州的價值卻了解不深，眼中只有遼國北方領土。

可也正因為這樣，一旦它了解了十六州的價值，就很難遵守協議。更何況，所謂協定包括了兩部分，一部分是明著的框架，另一部分則是口頭協議。十六州中，燕山以北的諸州都是以口頭協議的形式存在的，這種口頭協議被遵守的可能性更小。

宋金協議如果要執行，只有一個辦法：北宋迅速進軍，利用金國的無知，加上金軍沒有反應過來，就收回了十六州。否則必然陷入更大的糾紛之中。然而這個辦法，卻在北宋軍隊的拙劣表演中葬送了。童貫所領導的宋軍僅僅攻占了涿州和易州，就被遼軍阻擋，無力北進。反而是金人「解放」了大部分十六州。

以幽州為例，這個州原本劃歸北宋去解放。按照協議，金軍不過燕山，燕山以南的州都交給宋軍處理。但在進軍幽州時，宋軍卻屢吃敗仗，只好求助於金軍。金軍這才進入關內，兵不血刃獲得了幽州。

但到這時，金軍仍然是守約的。遼國滅亡後，金國首先交割了幽州和其他六個州（薊州、景州、檀州、順州、涿州、易州）給北宋。只是在守約的大前提下，又勒索了北宋一筆錢作為贖城費。且金國在撤出之前大肆擄掠，帶走人口，只留下了空空如也的城市。在山西方面，朔州、應州和蔚州守將向北宋投降，金國還將武州還給了北宋。

但致命的是，透過與宋國打交道，金國已經逐漸了解了天下的廣闊和十六州的價值，也知道了趙宋君臣的懦弱與無力。這個戰鬥的民族本來還比較嚴肅的對待政治協議，反而是北宋在許多方面屢屢破壞協議，給了金國足夠的藉口。就這樣，事情起了變化……。

靖康之變：漢民族的奇恥大辱

遼國滅亡後，北宋原本占有了幽州，將防禦線推進到了燕山。但由於無力在新獲得的幾個州實施有效統治和占領，所以宋金戰爭一開，北宋新獲得的各州立刻被金軍占領。原本遼國與北宋對峙的邊境線就成了宋金的新邊防線。

北宋的防禦線主要是依託於河北地區的河流大清河、易水，以及山西地區的山脈恆山、管涔山、句注山，輔以城市防禦。河北地區的戰略點在霸州、雄州、保州、定州、真定，其中定州和真定是主要駐軍區；山西地區的防線設在了蔚州、代州和嵐州，最主要駐軍區在太原。

如果敵人攻克了這道防禦線，北宋就會退到黃河一線。在河北方向，有一系列的城市（大名、澶州、浚州、滑州，以及黃河北方的瀛洲、深州、冀州、邢州、磁州、洺州）作為防禦，在山西地區則是隆德府（現山西省長治）、懷州、河陽等黃河北方地帶。

宋遼對峙時期，遼國進攻南方的路線主要有兩條，分別是從山西大同直下太原、長治，渡過黃河進攻河南的西線，以及從北京出發，進攻河北，渡過黃河進攻北宋首都汴梁的東線。

遼國人在進攻時還往往猶豫不決，到底是選擇其中一路，還是選擇兩路並進？即便兩路並進，也總是協調不好兩路的關係，無法完成協同。但金國從一開始，就堅決的選擇了兩路齊頭並進的思路。這一點也展現了金國軍事比遼國更加強大，也讓北宋猝不及防。

在戰略上，金國與遼國也有明顯不同。遼國深受中原影響，在戰爭中強調有效占領，盡量不要在戰線背後留下沒有被攻占的城市，他們雖然偶爾也採納純粹的掠奪式進攻，派軍隊進入敵人的後方大肆劫掠一通就撤回，但大部分情況下，仍然以占領為目的。

這種戰略讓遼國傾向於穩紮穩打，不會孤軍深入，也缺乏了銳度，無法一擊致命。

金國由於是新興的國家，戰略體系還沒有成形，反而能夠打出孤軍深入的經典戰役。他們不惜在身後留下眾多沒有攻克的城市，冒險直達最遠方。

這種冒險性戰略屬於部落戰爭的典型打法。在部落戰爭時期，只要孤軍深入、將敵人的部落首領抓住，整個部落隨即臣服，戰爭結束。

金國對北宋採取了類似的打法，卻意外的獲得最大化的收穫：由於北宋皇帝怕打仗，一旦金國孤軍深入直搗首都，皇帝就會嚇得和談甚至投降，並主動壓制馳援首都的軍隊；北宋的其他區域雖然屯有大量軍隊，但很難快速行軍救援首都。

北宋宣和七年（西元一一二五年）十月，在滅亡遼國的當年，金軍兵分兩路，分別從東線河北和西線山西進攻北宋。其中進攻河北的左路軍（東路軍）由南京路副都統完顏宗望（又名斡離不，宋人稱之為二太子）率領，進攻山西的右路軍（西路軍）由左副元帥完顏宗翰（又名粘罕，宋人稱之國相）指揮。

完顏宗望率領的東路軍首先進攻的目標是現在北京所在的燕山府路（原來的幽州、遼南京）。自從金人將燕山府路割還之後，北宋政府就在這裡駐紮了大軍防衛。如果軍事部署能夠起到作用，金人就很難越過燕山，從河北南下。然而，金人從燕山進入檀州、薊州之後，燕山府路守將郭藥師（原來的遼人降將）在白河與金人大戰失利後，投降了金人，致使北京地區淪陷。

北京淪陷後，完顏宗望長驅直入河北。他們進攻中山（定州），無法攻克。但金軍沒有像當初遼軍一樣與宋軍相持，而是繼續南進，直指北宋首都汴京。經過慶源府（現河北省趙縣）、信德府（邢州，現河北省邢臺）、邯鄲、浚州，到達黃河北岸。

宋軍聽說金軍已經向黃河進發，出現了大潰逃。金軍到達黃河北岸時，不僅北岸潰軍已經無影無蹤，南岸的士兵也燒毀浮橋逃走了。金軍在沒有防衛的情況下，花了五天時間，用所有能夠找到的小船，將騎兵全部渡過黃河。如果宋軍能夠固守南岸，金軍根本沒有機會渡河。

金軍渡河後，宋軍最後的屏障已經失去了。

在完顏宗望兵圍汴京時，金軍的西路軍卻在太原受阻，無法與東路軍會合進攻汴京。圍攻汴京的只有東路軍的六萬人。北宋以士兵數量著稱，常在一百萬以上，只算在金兵圍城期間，從各地趕來的勤王大軍也有十幾萬人。最著名的是北宋西北邊將、河北河東路制置使种師道，以及位於西北涇原秦鳳路的武安軍呈宣使姚平仲。最堅決的主戰派則是朝內大臣兵部侍郎李綱。

從數量看，宋軍更具優勢；從防守看，北宋首都汴梁也有著完整的防禦系統；從後勤上看，金軍長途奔襲，本無後勤保障。但宋欽宗卻急於與金軍達成和議，以割讓太原、河間、中山三鎮為條件，換來金兵北歸（三鎮並沒有完成交割）。完顏宗望獲得了大量的戰爭賠償，心滿意足。

如果皇帝與群臣能夠取得一致，堅決抗敵，那麼不用多久，金兵如果不北歸，也必然會因為孤軍深入而崩潰。

東路軍撤離後，金軍的西路軍繼續圍困太原，圍堅打援，擊潰了北宋數次援軍，並最終攻克了太原。

太原的失守使得金國在西路獲得了極大的優勢。在第一次南征中，由於東西兩路大軍配合出了問題，且西路受阻於太原，無法完成攻克汴京的戰略目標。但由於獲得了太原，在第二次進攻時，他們的戰略必將更加成熟。

宋欽宗以為金軍北歸，事情就結束了。但事實上，東路軍獲得了大量的賠償，必然讓西路軍更加心動。

金國的軍隊當時還不是兵餉制，而是掠奪制。表面上，皇帝徵召軍隊都是不出錢的，由各個部落自己組織軍備，這樣使得皇帝基本上沒有養兵成本，在財政上極其靈活。但皇帝必須允許士兵在攻克城池後進行掠奪，獲得戰爭收入。東路軍在第一次戰爭中獲得了重大的收入，西路軍卻一無所獲，於是完顏宗翰率領的西路軍成了堅決的主戰派。

不到一年時間，靖康元年（西元一一二六年）八月，在完顏宗翰的推動下，宗望和宗翰分別率領東、西兩路大軍，再次進攻北宋。

他們仍然採用快速打擊、略過堅城、閃擊首都的方法。與第一次相比，他們特別注意兩路大軍的協調，避免像第一次那樣，當東路軍趕到時，西路軍卻無法會合。

西路大軍首先在攻克太原後，從長治方向過天井關渡過黃河，與此同時，東路大軍仍然採取上次的路線進軍汴京，兩支大軍渡過黃河後在汴京城外會合。

北宋朝廷中，此刻主和派又占了上風。在第一次東京保衛戰中立了大功的李綱已經被貶到南方任職，另一員大將种師道已經死亡。在死前，他預測到金兵還會再來，向皇帝提出遷都陝西長安，利用潼關天險進行長期抗戰。這個以空間換取時間的最好方法被欽宗否決。

汴京之圍，也表明了北京和太原在防衛游牧民族襲擊中的重要性。它們只要掌握在南方王朝手中，就等於封死了北方的進攻路線，一旦兩城皆丟失，就沒有任何辦法能夠阻止游牧民族直達黃河了。

在一片慌亂中，東京圍城戰持續了一個月。由於經濟和軍事上的雙重崩潰，外界的援軍很難有效組織。加上城內的指揮失誤，金軍最終攻克了汴京，北宋滅亡了。

金軍進攻北宋的兩次戰役，也詮釋了汴梁作為首都的不足。當足夠強勢的北方軍隊南下時，由於缺乏天險，對方可以快速渡過黃河，對首都形成圍攻。閃擊戰之下，全國可能來不及救援，首都就已經陷落。

在滅亡北宋的過程中，金軍還表現出虛虛實實使詐的天才。即便在宋欽宗投降之後，天下的大勢也並沒有確定。各地勤王的部隊雖然缺乏有效組織，在數量上並不少，康王趙構也舉起了反金復國的大旗。

但金軍一直給宋欽宗懷抱希望，彷彿他們掠奪過後就會撤退，將江山還給趙氏。滿懷希望的宋欽宗配合著金軍完成了投降之後的交接工作，甚至壓制對金人的反抗。直到最後，金軍才告訴徽、欽二帝，要一網打盡，將兩位皇帝以及他們所有的子女妃嬪都帶回北國。除了已經逃脫的康王趙構之外，兩位皇帝的子女全成了俘虜。

金軍的做法在部落戰爭中並不稀奇，勝利者戰勝一個部落，便將首領一家帶走，換另一個傀儡當首領。失敗首領的兒子被遷到受監視的偏僻之地，女兒嫁給戰勝者。

根據這種做法，金軍把趙氏全部帶走，換上他們認為聽話的張邦昌當皇帝。兩位皇帝和他們的兒子們都可以保全性命（除非死於疾病），被分送到北方各地居住，他們的女兒和妃嬪則嫁給金軍將領，或者充當官妓。

但中國並不是一般的部落，皇帝也不是部落首領。在一般的部落裡，首領家族並不大，一般幾個人或幾十個人就足夠了。而要將整個北宋皇族遷走，卻造成了一次近兩萬人的大遷移。在部族傳統中，女人嫁給勝利者是理所當然的。但對於華夏民族而言，皇室子女死的死，賣的賣，有的成了蠻人的小妾，有的進了洗衣院（又稱浣衣院，金朝的官立妓院，政府為皇族儲備性服務的機構），卻是奇恥大辱。

靖康之恥留給漢人的，不僅僅是失去了兩個皇帝，而是華夷失序所帶來的哲學崩潰，這種創傷遠遠超過了徽、欽二帝的壽命，直到現在，仍然被稱為中華民族最大的恥辱之一。

逃往海洋的皇帝

歷史習慣於將徽、欽二帝被金人擄掠當作北宋滅亡的標誌，但實際上，兩位皇帝被俘並不一定意味著滅國之災。

雖然金軍攻陷了首都汴梁，但要想把占有的土地都消化，卻顯得困難重重。

作為新興民族，金國出征時並沒有想到，它要征服的是一個面積幾百萬平方公里的大國，更沒有費心考慮如何去統治這個大國。他們對這片土地和社會都處於極其無知的狀態。

兩位元帥獲得了首都汴梁，卻由於無法建立有效統治，只有樹立傀儡這一條路可以走。金國樹立的傀儡叫張邦昌，曾經是宋代大臣（擔任過少宰和太宰，都屬於宰相）。金人北還後，將廣大中原留給了搖搖欲墜的傀儡政權。

但在一個擁有著強烈君臣觀念的社會，人們對張邦昌的認可甚至還不如對金人。張邦昌也很識時務，他放棄了帝位，迎接唯一沒有被帶走的徽宗皇子康王趙構當了皇帝。在當時的人看來，除了兩位皇帝北狩之外，大宋江山又恢復了，甚至連汴梁和洛陽兩個首都也都回到了漢人手中。

金國實際控制的中國土地是極其有限的：在北方，燕雲十六州歸了金國；在山西，宋朝丟失了太原（含）以北地區；在河北，金國借助占領了燕京的勢頭，逐漸南向滲透，但實際控制地依然只在北京以南數州，其餘地區要麼依附於宋，要麼處於半獨立狀態。

宋朝仍然控制了山東、河南全部、山西、河北南部，以及陝西南部（其北部是西夏，不是金控制），所失去的領土並不多。北宋除了首都汴京之外，還有三個陪都，分別是西京河南府（洛陽）、南京應天府（現河南省商丘）、北京大名府。這四京之地都掌握在宋朝的手中。在高宗君臣的討論中，大都貫穿著如何利用大半河山完成抗敵，甚至收復山西、河北北部地方。但有一個核心問題無法繞過：是否遷都？

由於北方領土的損失，汴梁已無險可守，太容易受到打擊，不遷都很容易遭受徽、欽二帝的下場。但如果遷都，又影響了士氣，意味著放棄了北方。

圍繞著遷都問題朝臣分成了若干派別，比如宗澤主張不要遷都，以東京為基地進行抗戰；李綱借鑑了种師道的主張，認為可以遷都，但最好遷往陝西地區，利用陝西的天險與金國抗衡。還有人主張遷都應天府（即商丘），商丘是宋高宗即位的地方，仍然屬於北方地區，不至於影響士氣。這些人的主張有一個共同點，就是**皇帝不要離開北方**。不管是東京、長安，還是應天府，都在抗金的前線。皇帝只要留在北方，那麼未來收復北方失土就是有望的。

朝廷中還有另一派人主張南遷，他們有的主張遷往東晉南朝的首都建康（現江蘇省南京），有的主張遷往湖北的荊州。主張南遷的人一個始終無法回答的問題是：當朝廷距離北方邊境過遠時，很可能意味著北方領土的永久丟失。一旦皇帝離開，金國將重新蠶食中國北方，宋金將形成以淮河流域為邊境的新邊界。到那時，所有的北伐都會成為空談。

但南遷派手中又有一個王牌：**皇帝的安全**。宋高宗趙構並不是一個雄才大略的皇帝，經過靖康之變後，皇帝首先要防止的是成為下一個宋欽宗。

爭執過後，宋高宗決定遷都南方。他首先退到了揚州，將揚州建成了暫時的首都（在宋代，皇帝暫時駐紮的地方稱為行在所，或者簡稱行在）。這次搬遷也決定了宗澤、李綱等主戰派的疏遠。建炎元年（西元一一二七年），由於在漢境樹立的傀儡張邦昌退位，處於軍事極盛期的金軍再次南下。

此刻，更加了解南方地形的金軍兵分三路，對長江以北三個最重要地帶進行打擊：西路軍從山西進入陝西，試圖征服這個地處西北的戰略要地；中路軍在元帥完顏宗翰的領導下，從山西南下，渡過黃河後向洛陽進軍；東路軍的右副元帥完顏宗輔和他的弟弟完顏宗弼（又名金兀朮）從北京出發，向河北、山東地區掃蕩。東路軍和中路軍又負有另一個使命：南進後，他們將合勢再次進攻東京汴梁。

這次，金軍取得了重大勝利：西路軍攻克了長安；中路軍攻克洛陽後，繼續南向到達襄陽、房州、鄧州，並向長江流域施壓；東路軍則擄掠了山東地區。但在東京汴梁，老將宗澤成功的組織了東京保衛戰，阻止了金軍的繼續南下。後由於金軍的後勤出了問題，三路軍都不得不退軍，將所侵略的領土盡數讓出。戰爭以宋軍的戰略勝利而告結束。

這也是金軍第一次顯出疲態。由於金國是單一民族武裝的國家，女真族人口不多，這支武裝具有足夠的銳度，卻缺乏厚度，可以迅速奔襲，卻無法維持占領。

當宋高宗撤到南方後，在雙方的政治中心之間留下了龐大的空白地帶，從河北地區直到黃河，再到淮河、長江之間，直線距離有一千多里，金軍每一次發動襲擊都必須首先躍進一千多里，才能抵達宋代的新政治中心。而完成躍進後金軍已經開始疲勞，進入了衰竭時期。

如果想要克服此處不利，金國必須將前進基地遷往南方靠近淮河流域的地方。但由於金國的政治過於落後，無法形成有效統治，所以很難建立起穩定的政權來控制黃河、淮河地區。

對於金軍來說，唯一的機會就是實行閃電戰，派出軍隊進攻宋朝皇帝，迫使他迅速投降，利用皇帝的權威讓全國歸順。

建炎二年（西元一一二八年），守衛東京的老將宗澤去世，金軍隨即開始了第二次南侵。這次南侵除了與第一次一樣兵分三路，分別進攻陝西、河南和山東之外，還增加了機動性要求，在各個將領分兵掠地時，東路軍的完顏宗弼則率領人馬直搗揚州，試圖在宋高宗沒有反應過來時，就兵圍揚州，擒獲皇帝。於是，就有了本章最初的一幕，皇帝在金兵到來之前倉皇渡江，逃過了被俘的命運。由於金兵沒有準備渡江，缺乏器具，只得第二次撤軍。但是，此次偷襲揚州將宋高宗嚇破了膽，他不僅不再考慮將首都遷回北方、收復舊土，甚至連長江沿岸都認為不再安全，將首都遷往了更加遙遠的杭州。

宋高宗遷都杭州造成了兩方面的影響：第一，金軍的作戰臂長很難到達杭州，這也決定了宋金戰爭將演變成長期的對峙；第二，北宋的徹底滅亡，隨著皇帝南遷杭州，北方領土由於過於遙遠，相繼淪陷。陝西的關中平原，河南的東京汴梁、西京洛陽，河北、山東全境，逐漸被金國占領。雙方對峙線向淮河地區南移，形成了以淮河流域為主體的新防線。

由於金國無力統治如此廣大的領土，在山東、河南地區又設立了一個新的傀儡——號稱齊國的劉豫政權。直到西元一一三七年金國的政治制度更加成熟後，才廢掉了偽齊政權，對中原實行直接統治。

在宋金對峙轉化成長期之前，金軍做了最後一次嘗試。

建炎三年（西元一一二九年）冬，金將完顏宗弼以山東為基地兵下壽春，向江南撲來。在到達壽春後，又兵分兩路：一路向江西境內撲去，追襲位於洪州（現江西省南昌）的隆祐太后（宋哲宗的第一位皇后，也是汴京圍城時唯一沒有被金軍帶走的當過皇后的女人）；另一路則走傳統的巢淝故道，兵下采石磯，渡過長江後進攻建康（現江蘇省南京），再從南京向高宗所在的杭州地區進軍，意圖一舉消滅南宋王朝。

與完顏宗弼大軍相配合的，還有西路進軍陝西和東路進軍淮河岸邊楚州的軍隊。然而，對南宋真正形成威脅的還是完顏宗弼率領的中路軍。

撲向江西的金軍順贛江而上，直撲洪州，卻由於隆祐太后的南走，沒有成功，最後從江西繞道湖南，從潭州（現湖南省長沙）、嶽州（現湖南省岳陽），經過襄陽北歸。

而完顏宗弼親自率領的軍隊，在采石磯渡江，擊潰了建康的防務後，迅速南下。一路上由於進軍太快，守將根本無法完成防務。當地人即便看到金軍，也以為是宋朝的潰軍，直到金軍射箭進攻，才意識到是金軍來了，紛紛逃走避難。

金軍到達杭州時，**高宗**已經逃走，到了東海邊上的定海（現浙江省寧波市鎮海區）。在這裡，他乘船出海，這**是中國歷史上皇帝第一次為了逃難而到了海上**。

與唐明皇逃到四川不同，茫茫大海上無法保證後勤，稍有不慎就是死路。由於船隻不夠，大量的士兵和家屬都被扔下，如同國民黨逃往臺灣時一樣。金軍一直追到了舟山群島上的昌國，才由於對海洋準備不足遭到了失敗。

這次著名的逃亡，成了南宋挫敗金國速勝企圖的最後努力。如果金國失敗，必定無法再組織起下一次如此巨大規模的遠征，雙方將進入均勢狀態，以淮河為界，各自統治一半中國。

完顏宗弼撤退時，在如今南京附近的黃天蕩遭到了韓世忠的阻擊，韓世忠以八千人圍困了金兵十萬人達四十八天，金兵才由於另掘新的河道而逃走。這次戰役象徵意義遠大於實際意義，破除了金軍不敗的神話，也終結了金國軍事的上升勢頭。

金國對河南地區的經營幾經波折。由於經營不善，甚至想將汴梁、洛陽、長安地區還給南宋（紹興九年，西元一一三九年）。由於元帥完顏宗弼的力爭，金國才沒有這麼做。最終，金國不得不在征服的土地上開展政治建設，消化中國北部，即便不情願，也走上了漢化之路。

紹興十一年（西元一一四一年），宋高宗以殺害抗金名將岳飛為代價，與金朝議和，維持了以進貢換和平的傳統。此前，宋金之間的拉鋸戰又維持了十年，才以淮河為界，形成了較為穩定的新國界。金國獲得了包括陝西、山西、河南、河北、山東在內的北方地區。這是雙方軍事實力再平衡的產物，一旦進入均勢，就很難再打破。

西元一一六一年，新奪取帝位的金國海陵王完顏亮率軍南侵，試圖從采石磯過江滅亡南宋，卻遭到了決定性失敗，海陵王也在兵變中身死。這時的金國已經如同當年的遼國一樣，無力對南宋構成決定性的威脅了。

又到尷尬北伐時

南宋嘉泰三年（西元一二〇三年）底，一位飽經風霜的詞人匆匆趕往首都臨安（杭州）。他滿懷激情與希望，因為當朝宰相韓侂胄召他去參與討論一項重大的事件——北伐。

這位詞人叫辛棄疾，出身於山東淪陷區的他在海陵王南侵時，曾經參加過敵後游擊隊。來到南方後，又以激烈的主戰姿態著稱。

海陵王南侵失敗後，隆興元年（西元一一六三年），南宋孝宗乘機組織了一次北伐。這次北伐以失敗告終，宋金達成了隆興和議。隆興和議比起高宗時期的紹興和議進貢有所減少，卻被割去了商州（現陝西省商洛）和秦州（現甘肅省天水），並沒有本質上的區別。

此後，宋金進入了和平時期，辛棄疾也受到了排斥，不得已回家務農。四十年後，亟需樹立權威的宰相韓侂胄再次祭起北伐的大旗，立刻吸引了辛棄疾的注意。當時，金國北方的蒙古人已漸成氣候，金國除了考慮南方的南宋，更要防備北方的蒙古人。韓侂胄顯然想利用金國戰略地位遭削弱的態勢，來先發制人。

辛棄疾首先被任命為紹興知府兼浙東安撫使，半年後，皇帝又任命他鎮守江南重鎮京口（鎮江）。在離開紹興之前，辛棄疾拜訪了隱居在紹興的另一位主戰派詞人陸游。

陸游此刻已經七十八歲高齡，辛棄疾也已六十三歲。在起用辛棄疾之前，韓侂胄首先起用陸游擔任權同修國史、實錄院同修撰。但陸游很快看到韓侂胄軍事準備的倉促和花哨，心灰意冷，便離開了朝廷繼續隱居。

陸游並沒有用自己的情緒影響辛棄疾，而是鼓勵他上路。到達鎮江後，心懷壯烈的辛棄疾登上了鎮江的北固山。

如今的北固山已經成了著名的風景區，這座在長江邊上的小山是三國時期孫劉聯姻的所在，也是歷代長江攻伐的見證者，在山上還有吳國大將太史慈的墓葬。

距離北固山不遠，就是著名傳說「水漫金山」的金山所在。從山上向下望去，長江如同一條巨大的飄帶橫亙於北方。站在山頂上的北固亭裡，辛棄疾寫下了著名的〈永遇樂·京口北固亭懷古〉，表達了對於北伐的渴望，又表達了對於韓侂胄北伐倉促的憂慮：

> 千古江山，英雄無覓，孫仲謀處。舞榭歌臺，風流總被，雨打風吹去。斜陽草樹，尋常巷陌，人道寄奴[1]曾住。想當年，金戈鐵馬，氣吞萬里如虎。
>
> 元嘉草草，封狼居胥，贏得倉皇北顧。四十三年，望中猶記，烽火揚州路。可堪回首，佛狸祠下，一片神鴉社鼓。憑誰問，廉頗老矣，尚能飯否？

顯然，他也和陸游一樣，看到了韓侂胄北伐中的問題。當時的人們普遍認為，韓侂胄之所以想北伐，是為了用這個不世之功來替自己塗粉。但所有人都被他的草率與倉促嚇住了。韓侂胄一方面大搞內部政治鬥爭，排除異己；另一方面，卻沒有做太多軍事準備，將帥任用不當，士兵沒有經過嚴格訓練，馬匹不足，軍事後勤工作也沒有做，山寨堡壘都處於荒蕪狀態，在這種情況下，發動北伐必然引起極大的麻煩。

即便辛棄疾和陸游這樣的主戰派，最後也被排擠，不受重用。於是，這場北伐的效果就可以想像了。

1 寄奴為南朝宋開國君主劉裕小名。

不過，即便脫離當時人們的思維局限，從更大的戰略角度出發考慮，也會發現，即便充分準備，南宋仍然沒有成功的可能。很大原因，就在於**從南往北進攻的難度太大，南方缺乏地理上的戰略支撐點**，而北方只要占據了關中地區、山西、北京，就很容易在華北平原地區和淮河流域拖住南方的進軍步伐。

如果想克服這個地理上的劣勢，必須擁有絕對的軍事優勢，而南宋根本稱不上軍事優勢。雖然金國的軍事能力也因為北方蒙古的崛起而大受影響，但仍然優於南宋。更何況，由於韓侂胄的內政，南宋的經濟和金融正處於困難時期，更加大了北伐的難度。

最終，開禧北伐成了一場兒戲，宋軍還沒有打到中原地區，在淮河和襄陽一線就崩潰了。為了滿足金人的議和要求，宋寧宗不得不殺掉了韓侂胄。幸運的是，這次和議，金國只要求增加歲貢和戰爭賠償，沒有要求割地。這使得南宋政權又苟延殘喘了七十年才最終消失。

金人之所以如此慷慨，是因為他們想及早結束與南宋的衝突，好把力量用在北方與蒙古人的對抗上。金國雖然獲得了對南宋的勝利，但它只存在了二十六年，就被蒙古人滅亡了。

第五部

帝國時代：少了元朝和清朝，中國國土面積少一半

西元一一七九年～西元一九一一年，元到清

第十九章

大迂迴、大包圍，蒙亡金又亡（南）宋

西元一一七九年～西元一四四九年

蒙古人是世界上最擅長迂迴和奇襲的民族，在歷次戰爭中，將迂迴攻勢運用到了極致。比如奪取金國中都（現北京）、滅金之戰、迂迴大理進攻南宋、迂迴布哈拉包圍撒馬爾罕，都屬於迂迴戰的最高境界。

蒙古本土的地理由三座山脈組成，自東向西分別是肯特山、杭愛山和阿爾泰山，這三座山脈之間有許多山間盆地，適合各個部族居住。成吉思汗在蒙古的統一，就是依託於一個超大型盆地，將其他盆地併入統一旗幟下的過程。

西部的克烈部、乃蠻人、吉爾吉斯人，東部的塔塔兒、衛拉特、蔑兒乞、弘吉剌，以及屬於蒙古本部的泰赤烏人、札只剌部（按：一稱札達蘭部），是成吉思汗統一蒙古的攔路石。

由於蒙古地形，成吉思汗先統一了平坦但是擁有足夠縱深的東部，再進攻西部兩個巨型谷地（盆地），統一了蒙古地區。

成吉思汗在東方崛起時，花剌子模恰好在西方崛起，雙方的戰爭就成了決定誰是世界霸主的戰爭。花剌子模與蒙古的對決，是兩種戰爭模式的對決：花剌子模採取封建模式，士兵多從附庸國抽調；蒙古採取集權模式，每一個參軍的士兵都必須對上一級組織絕對服從，壓榨出最大的戰鬥力。蒙古人的震撼戰術也起到了作用，只要城市抵抗，就全部殺光，不抵抗的城市可以幾乎不受影響的生活。

蒙古第一次西征的主要目標是中亞的花剌子模國，除了滅亡花剌子模，還獲得了阿富汗、伊朗西部，最遠向南到達巴基斯坦，向西越過高加索山脈，進入俄羅斯境內。

蒙古第二次西征（又稱長子西征）的主要目標是：從裏海、黑海以北向現在的俄羅斯地區進攻，再向西南方，越過喀爾巴阡山進入歐洲的其他地區，特別是羅馬尼亞、匈牙利地區。

蒙古第三次西征的目標回到波斯和中亞，徹底滅亡了巴格達的哈里發國，並掃平了當年的伊斯蘭恐怖組織阿薩辛派（刺客派）。

西藏歸順蒙古人，給蒙古帶去了佛教作為國教。蒙古人則把西藏併入了中央帝國，並幫助藏人建立了政教合一的政治制度。

現代中國的南方界限是由蒙古人劃定的。之前有許多地區還屬於外國，但之後，那些被蒙古征服併入中央帝國的國家在未來大都成了中國的領土，而蒙古人沒有征服的地區，現在大都成了外國。

一個落後民族占領了更加先進的地區後，只有兩條路可以走：一、保持傳統，卻無法保持占領地的控制力，最後由於占領地的反抗而退走；二、被同化，從而喪失原來的民族性。元朝在這兩條路中搖擺不定，國家也在搖擺中解體成了碎片。

明朝之所以能完成歷史上唯一一次從南到北的統一，並不是自身的強大，而是蒙古政權分崩離析後的無力造成的。

明朝時，蒙古人的旁支衛拉特人（或譯瓦剌人）統一了中國北方。明朝為了限制衛拉特人，斷絕了北方的正常貿易，卻又開了一個口子，允許衛拉特人以進貢的形式開展貿易。這種貿易產生的衝突導致了土木堡之變，明英宗被衛拉特人俘虜。

元太宗窩闊臺二年（西元一二三〇年），蒙古人開始準備一次天才的進攻。這次進攻發生在本書〈楔子〉描寫的征服雲南之前，但採取的方式卻近乎一致：大迂迴。

蒙古人進攻的目標是金國。此前蒙古人奪取了金國在北京、河北、山西地區的土地，金國也將都城從中都（現北京）遷到了當年北宋的首都汴梁（現河南省開封）。金國主要的領土是河南地區，以及長安所在的關中地區。

根據經驗，要想從北方進攻開封，一般有兩條路，從山西直下上黨地區，過黃河進入河南，或者從河北直下黃河。金國對這兩條路都非常熟悉，金軍滅亡北宋時，就選擇了從這兩條路齊頭並進，利用鉗形攻勢夾擊汴梁。

但這兩條路有一個缺陷：**無法防止南方政權繼續向南逃竄**。比如金軍攻打汴梁雖然成功了，卻留下了隱患，讓宋高宗逃到了南方，金國無法完全將宋朝消滅。

在金國時期，南方還有南宋政權，本來無處可逃。但如果僅僅從一面壓迫，也容易引起困獸猶鬥。蒙古人顯然是不會這樣隨便進攻的，必須利用一次奇襲將金國徹底殲滅。

為此，窩闊臺大汗設計了一次經典的大迂迴攻擊。他派遣拖雷從山西渡過黃河，進入陝西地區。由於金國的兵力不足以同時防守陝西和河南，拖雷很快占領了關中平原。

在獲得了關中平原後，窩闊臺兵分三路向汴梁進軍，試圖將金國殘餘勢力包圍起來。前兩路採取了傳統的攻擊路線：一路從山東、河北地區向汴梁進攻；另一路由窩闊臺親自率領，從山西渡過孟津，迫近汴梁。令金國感到震驚的是拖雷所率領的第三路軍，這路兵馬只有三萬人，卻在對金戰爭中起著關鍵作用。

拖雷的兵馬從陝西出發，沿著進四川的道路，經過大散關到達漢中地區，再從漢中順著漢江而下，經過安康、襄陽，到達唐州和鄧州一帶，從南方抄後路進攻汴梁。

在中國歷史上，**蒙古人是第一次利用漢江進行大迂迴的軍隊**。當時的漢中、安康等地都屬於南宋的領土，蒙古人選擇這條路，實際上已經深入了南宋的地界，僅僅以三萬人挑戰兩個國家，可謂大膽的冒險。

為了防止腹背受敵，拖雷的軍隊進入漢中地區後，兵分兩路：一路向南對蜀道進行騷擾，避免南宋派軍隊從四川截斷蒙古人的後路；另一路則順漢江而下，到達光化（現湖北省老河口）一帶。蒙古人從光化花了四天工夫渡過漢江，與金兵遭遇。兩兵接觸之後，蒙古人突然退卻，消失得無影無蹤。金兵感到迷惑不解。實際上，蒙古人就躲藏在光化對岸的樹林裡整整四天，白天不吃飯，晚上不下馬，讓金兵以為他們離開了。

四天後，蒙古人神不知鬼不覺出現在金軍面前，將其擊敗。金國潰兵進入了鄧州城死守。由於暫時無法攻克鄧州，拖雷略過了鄧州城向北方前進。泌陽、南陽、方城、襄城、郟城等地相繼被蒙古人攻克。拖雷進軍神速，金軍在堵截中疲於奔命，顧此失彼。

雙方的主力在鈞州（現河南省禹州）以南的三峰山相遇。此刻，正值冬天，大雪紛飛。金軍中有女真人，也有漢人，對寒冷的天氣並不適應。蒙古人採取接連不斷的騷擾戰術，讓金軍得不到休息，又凍又餓，被全殲於三峰山。

至此，拖雷的大迂迴取得完勝。由於蒙古人已經獲得了金國北方、西南方、西方、東北方，而金國的東南方又與宋接壤，已經沒有了後方基地可以利用，滅亡已成必然。

蒙古人作為世界上最擅長迂迴和奇襲的民族，在歷次戰爭中，將迂迴攻勢運用到了極致。在奪取金國中都（現北京）的戰役中，蒙古人從山西迂迴紫荊關，抄中都的後路。滅金之戰中，又從陝西經過漢中進入湖北，迂迴到金國以南。在與南宋的對峙中，又迂迴到雲南大理，以圖對南宋實行全包圍。在對中亞花剌子模的戰爭中，又先迂迴到更遙遠的布哈拉，將首都撒馬爾罕包圍。蒙古人的閃電奇襲，加上殺人無數的震撼戰略，使得蒙古人成了歐亞大陸上最強大的霸權。

這個霸權在創立之初，只不過是亞洲北部一個小山谷裡的一群牧馬人而已。那個小山谷，曾經是一個叫做鐵木真的孩子眼中的整個世界。當他死亡時，他的世界卻突然暴漲了數百倍。在他的一生中，這個世界是怎樣擴張的？他又採用了什麼步驟，一點點獲得了他的家天下？

我們首先回到蒙古草原去尋找他的發跡之路。

從流亡者到蒙古之主

西元二〇一三年，我騎車穿越了整個蒙古國的西部地區，對於蒙古的地貌有了極其深刻的認識，也理解了成吉思汗是如何從這個沙漠、草原、湖泊、山脈遍布的荒涼之國崛起的。

成吉思汗之前的蒙古國境內是由許許多多的大小部落組成的。這些部落分別居住在蒙古地區眾多的山間盆地之中。打開蒙古地圖，對於軍事地理最重要的是三列山脈：

在如今首都烏蘭巴托之東是**肯特山**（Khentii Mountains），這座山沒有明顯的走向，而是一群山峰的聚合，所以也可以稱為肯特山叢。

在烏蘭巴托之西、蒙古中部偏西的位置，是**杭愛山**（Khangai Mountains），這裡也是漢代遠征匈奴最遠到達的地區，在杭愛山東側的草原上，也是匈奴、突厥等民族曾經的王庭所在。

蒙古西部與中國新疆、俄羅斯交界處則是**阿爾泰山**（Altai Mountains），這條山脈是蒙古的天然西界。中國新疆最著名的旅遊景區喀納斯湖，就深藏在阿爾泰山之中。

除了這三列主要山脈，蒙古境內其餘的山脈大都可以看成這三列的延伸或者餘脈。

三列山脈（叢）中最高的是阿爾泰山，密布著海拔四千多公尺的雪峰。其次是杭愛山，它的主峰接近四千公尺，夏天時峰頂只有少量的積雪。肯特山最低，最高峰亦不超過兩千公尺。但不要小看了最低的肯特山，從蒙古文明發展的重要程度而言，最矮的肯特山卻是最著名的。

肯特山和蒙古東部高原融為一體，在這個山叢南面還有一個巨大的河谷平原，平原上有三條河流過，分別是克魯倫河（Kherlen River）、圖拉河（Tuul River）和斡難河（Onon River，今鄂嫩

▲在蒙古地區眾多的山間盆地之中，對於軍事地理最重要的三列山脈分別為肯特山、杭愛山和阿爾泰山。

河）。這個河谷平原就成了整個東部地區最好的草場，也是成吉思汗成名之前所居的土地。

除了三河河谷之外，整個東部由於地勢平坦，生活著許多部落，這些部落又由於地形關係，更容易被統一成一個整體。成吉思汗統一東部後，就在肯特山區南面，一個叫做庫庫諾爾（Khokh Nuur）的小湖旁邊加冕成為蒙古人的首領。

西部的兩條山脈由於更加高大，從戰略地理上來看，這樣的山脈形成了若干易守難攻的戰略地點。成吉思汗統一了蒙古之後，西部的重要性逐漸上升。

在烏蘭巴托西面四百公里的地方，位於杭愛山的東麓，有另一片著名的河谷地帶——鄂爾渾谷地（Orkhon Valley），這片谷地曾經是匈奴和突厥人的王庭所在，可能是蒙古西部最大的谷地，後來成了蒙古古都哈拉和林（Kharkhorin，或者Karakorum）的所在地。

繼續往西越過杭愛山，在杭愛山和阿爾泰山之間，又有一個巨大的盆地，這個盆地中間有著兩個超大型湖泊吉爾吉斯湖（Khyargas Nuur）和烏布蘇湖（Uvs Lake），由於氣候乾燥，烏布蘇盆地宜居度遠不如東部。但這裡卻是進攻西方的前進基地。如果繼續向西，越過阿爾泰山，就進入了新疆北部，也就是準噶爾盆地所在。

除了這幾個巨大的河谷盆地之外，在蒙古還有許多小型的盆地，特別是中部和東部，每一個小盆地都可能是一個游牧部落的居所。

這些盆地都環繞著一圈山峰，部落只要占據了四周的制高點，就可以隨時發現入侵者，至於盆地中間，則是上好的馬場，也是婦女兒童的居所。這樣的地理環境非常適合游牧部族居住，一個小盆地正好可以養活一個部落，部落的大小由盆地的大小決定。只有少數幾個超大型盆地，可以容許幾個部族共同使用。

至於部落之間的兼併戰爭，也是在盆地之間發生，大的部落併吞小的部落，其實就是把對方的盆地攻打下來。超大型盆地內部的戰爭更加頻繁，直到出現一個超級部族占據了全盆地，這個超級部族由於占據了大型盆地，對於周圍小盆地的小部族就有了優勢地位。

成吉思汗的任務，就是依託於最大的三河谷地（平原），首先將東部大草原上的各個部落統一起來，變成超級部族，再向中部和西部擴張，將中西部的部落也都納入統一的旗幟之下。

與地理相對應的是成吉思汗早期的蒙古部落分布。在如今蒙古國最東部、靠近中國東北興安嶺的地方，居住著弘吉剌部，這個部族是成吉思汗妻子的部落。緊挨著弘吉剌部的西面，克魯倫河以南，居

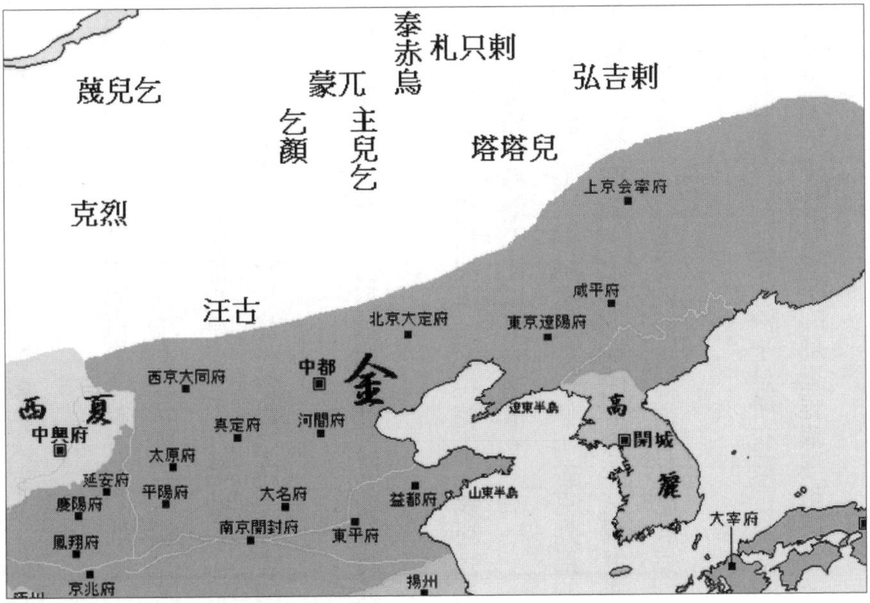

▲成吉思汗早期的蒙古部落分布圖。

住著強大的塔塔兒人。在成吉思汗時代，塔塔兒一直是金國的重要盟友，與蒙古人對立。成吉思汗的父親也速該就是被塔塔兒人毒死的。

塔塔兒的西北方，在克魯倫河、圖拉河和斡難河的河谷，就是成吉思汗蒙古人的地域。不過，成吉思汗的父親也速該死後，蒙古人的另一支系泰赤烏人與成吉思汗支系分裂了，成吉思汗所在的部族影響力因此微不足道。除了泰赤烏人，蒙古人的札只剌部也是成吉思汗的敵人，這個部族有一個領袖叫札木合，他曾經是成吉思汗的安達（拜把子兄弟），最後卻成了統一蒙古的競爭對手。

蒙古本部的北方還有兩支不容小覷的勢力，分別是分布在最北方貝加爾湖北岸的衛拉特人，以及南岸的蔑兒乞人。

蒙古人（包括與成吉思汗敵對的泰赤烏人、札只剌部）、塔塔兒人、衛拉特人、蔑兒乞人和弘吉剌部，就構成了整個蒙古東部的政治版圖，也就是如今烏蘭巴托以東的地帶。

杭愛山和阿爾泰山所在的蒙古西部，則有另兩個強權。最大的強權屬於一個叫做克烈部的部落，克烈部的首腦叫脫斡鄰勒，後來以王罕著稱於世。脫斡鄰勒（王罕）是成吉思汗父親也速該的安達。克烈部居住在杭愛山以東地區最肥沃的土地上，蒙古最著名的厄爾渾河谷就處於克烈人的控制之下。

克烈部以西，也是杭愛山以西，則是更加凶狠的乃蠻人。乃蠻人幾乎是所有蒙古部落的敵人，在成吉思汗之前，他們不被認為是蒙古人。乃蠻人的中心在現在的烏里雅蘇臺和科布多地帶，也就是杭愛山與阿爾泰山之間。

從文化上來說，克烈部和乃蠻人比成吉思汗那些人要先進得多。克烈部是一個信奉基督教（景教）的民族，乃蠻人也有不少基督信徒。

蒙古以外，在如今的新疆境內，則居住著畏兀兒人，也就是古代回紇人，現代維吾爾人的祖先。回紇人原本居住在蒙古，後來被吉爾吉斯人趕走，在唐代時進入了新疆。克烈部的景教信仰，就是從畏兀兒人那兒傳過去的。

除了克烈部和乃蠻兩個相對開化的種族之外，在他們的北方、現在的俄羅斯境內，還有一部分吉爾吉斯人。吉爾吉斯人是突厥人的一支，在唐代時，它趕走了強大的回紇人，成了蒙古中部的主人，可後來又逐漸被排擠到了邊緣地帶，在蒙古的西北方遊蕩。

西部的克烈部、乃蠻人、吉爾吉斯人，東部的塔塔兒、衛拉特、蔑兒乞、弘吉剌，以及屬於蒙古本部的泰赤烏人、札只剌部，就成了成吉思汗統一蒙古的攔路石。

由於東部地勢相對平坦，西部更加陡峭，成吉思汗在統一蒙古的過程中，採取了先統一東部、再併吞西部的策略。

他之所以崛起，得益於與兩個部落的聯盟關係，這兩個部落分別是西部的克烈部（首領王罕）和東部的札只剌部（首領札木合）。在成吉思汗年輕時，他的妻子曾經被蔑兒乞人搶走，就是在這兩個部落的幫助下把妻子搶回來的。

在統一東部的過程中，成吉思汗首先瞄準的是蒙古人的公敵塔塔兒人。塔塔兒人是較為開化的游牧部落，一直依附於金國，承擔著幫助金國守衛邊疆的責任。但由於塔塔兒人幫助金國鎮壓其他部落，成吉思汗懲罰塔塔兒人的戰爭得到了眾多部落的支持。他甚至讓金國人相信塔塔兒人背叛了金國，與金國聯合夾擊，消滅了塔塔兒。

塔塔兒人滅亡後，隨著鐵木真變得強大，東部的敵對勢力都聚集在了札木合的旗幟下。札木合曾經是鐵木真的安達，他和鐵木真同樣擁有統一蒙古東部的雄心，這兩個人遲早要發生衝突。

在與札木合的決鬥中，成吉思汗得到了克烈部的幫助。他們聯合打敗了札木合、泰赤烏人、蔑兒乞人。

弘吉剌部一直是成吉思汗的盟友，而衛拉特部遠在北方，也逐漸被蒙古人所征服。王罕地處西部，在位置上與新征服領土距離較遠。就這樣，整個東部就成了成吉思汗的天下。

統一東部後，成吉思汗與王罕的克烈部發生衝突，雙方各進行了一次奇襲。首先是王罕發動攻擊，將成吉思汗趕到了蒙古與中國東北地區交界地帶。但蒙古東部的後方卻有極大的縱深，成吉思汗透過撤退避開了打擊。蒙古人善於透過迂迴打擊敵人，截斷敵人的退路，更善於透過縱深避開敵人的打擊，避免被敵人截斷退路。王罕由於進攻臂長超過了補給能力，不得不撤回，將蒙古東部還給了成吉思汗。

東部有縱深，王罕所在的西部卻沒有足夠的撤退空間，在他的背後，還有乃蠻人頂著，不可能無限制撤退。當成吉思汗發動奇襲式遠征，王罕由於沒有縱深，被擊敗了。

王罕的滅亡，讓成吉思汗勢力擴張到了杭愛山東部，巨大的鄂爾渾谷地成了蒙古人的跑馬場。人口增加，放牧地數倍增長，使得成吉思汗擁有了更強大的實力去對付蒙古本土的最後一個敵人——乃蠻人。

乃蠻人處於蒙古西部，位在杭愛山和阿爾泰山之間，甚至擴張到了新疆北部地方。成吉思汗翻越杭愛山，擊潰了位於烏里雅蘇臺地區的乃蠻人塔陽汗。

到這時，蒙古全境都併入了成吉思汗帝國的版圖。平定了乃蠻人之後，成吉思汗一面繼續平定位於蒙古的其他小部落，一面開始準備對外戰爭了。

邁向帝國時代

成吉思汗對於蒙古之外的地理是逐漸認識的。在他統一蒙古時期，只知道在東南方向有一個大國：金國。塔塔兒人就是金國的附庸。

金國為了防範蒙古人，曾經修築了一條長達數千里的長城，從黑龍江直達山西大同之外。蒙古人和金國的邊界以大興安嶺、蘇克斜魯山（大興安嶺南段）、陰山為界，金國在這條界線上修建了一連串的長城和堡壘，防止游牧民族侵入。

除了金國，成吉思汗認識的第二個國家是西夏。

在擊敗乃蠻人的過程中，乃蠻人曾謀求與西夏合作對

▲成吉思汗時期，蒙古與周邊各國位置圖。

抗蒙古。雖然西夏沒有出兵，卻被成吉思汗當作勁敵。蒙古人與西夏邊界在陰山、賀蘭山區。

再向西，則是畏兀兒人和西遼（喀拉契丹）的地界。成吉思汗擊敗塔陽汗時，塔陽汗的兒子屈出律先是逃往了畏兀兒人處，由於畏兀兒人投靠蒙古，屈出律繼續逃竄，到了西遼，被西遼國王耶律直魯古收留。屈出律取代了耶律直魯古，篡奪了西遼。這次篡權使得西遼進入了蒙古人的視野。

在西遼更遠方，則是位於中亞地區的大國花剌子模（Khwarezmid）。花剌子模除了是一個國家名字之外，更常見的是作為一個地區的名字。花剌子模地區位於中亞鹹海南岸、裏海東岸，花剌子模國最早是這個地區的一個小國家，以此為基地進行對外擴張，最大擴張時期囊括了整個中亞。巧合的是，當成吉思汗統一蒙古時，花剌子模也恰好處於擴張時期，剛剛統一了中亞。

關於花剌子模的起源，可以追溯到塞爾柱突厥（Seljuqs）統治中亞的時代。在塞爾柱之前，從阿拉伯半島到波斯、中亞的廣大領土都屬於阿拉伯人建立的哈里發帝國。隨著哈里發國家的衰落，從中亞出發的塞爾柱突厥人攫取了帝國的守衛權，他們表面上仍然尊奉哈里發，實際上哈里發卻只是傀儡，塞爾柱人以蘇丹（這個稱號是低於哈里發的）的名義統治著伊斯蘭世界。

塞爾柱蘇丹時期，一位官員的奴隸由於勤奮和精明，在朝廷中擔任了官職。塞爾柱朝的官職與封地是聯繫在一起的，一個官職對應著一片封地，官員靠封地的出產來供養自己。這位名叫阿努什的斤（Anush Tigin Gharchai）的人封地在鹹海南岸的一個叫做花剌子模的地方。後來，這個地方就成了王朝的名字。他的兒子獲得了花剌子模沙（Khwarezm-Shah）的封號。他的孫子阿即思（Atsiz）已經強大到可以和塞爾柱蘇丹對抗。

隨後的幾代經歷了混亂，直到一位叫塔乞失（Tekish）的人在喀喇契丹（西遼）的幫助下，登上了花剌子模沙的位置。塔乞失先是和弟弟蘇丹沙（Sultan-Shah）纏鬥多年，之後開始南征北戰的征服歷程，他的鐵騎到達過中亞的每一寸土地，將大部分的城池劃入了花剌子模的勢力範圍。

西元一二〇〇年，蘇丹塔乞失死去時，花剌子模已經有了帝國的架構。接替蘇丹塔乞失的就是他的兒子蘇丹摩訶末（Muhammad II）。摩訶末在短短的十幾年時間裡歸併了伊朗和阿富汗大大小小的政權，從山區的古爾王朝，到裏海南部諸國，都統一在蘇丹的手中。

在弱小時，花剌子模曾經是契丹人建立的喀喇契丹（西遼）的附庸。摩訶末強大後，決定對西遼作戰。西遼當時占領了中亞最富裕的河中地區（Sogdiana），那裡有歷史名城撒馬爾罕（Samarkand）和布哈拉（Bukhara）。藉著和乃蠻殘部屈出律的聯盟，兩家共同瓜分了西遼。

在當時人看來，花剌子模是比蒙古還強大的國家，也是西部首屈一指的大國。成吉思汗對花剌子模並不了解，也不夠自信，最初的野心只是針對西遼、西夏和金。

他首先選擇了進攻西夏王朝。西夏位於金國和西域中間，從軍事角度講最為重要，是包抄金國的很好進攻點。西元一二〇五年到一二〇九年，成吉思汗三次攻打西夏，迫使西夏國王求和。保證了西夏的歸順之後，成吉思汗開始對金國用兵。西元一二一一年開始，成吉思汗揮兵南下金國，從山西、河北、遼寧三方面用兵進入金國的領地。蒙古兵雖然取得了無數勝仗，卻始終無法攻入重兵把守的北京城（金中都）。

幾年後，金國求和，金國皇帝在取得和平後，主動將宮廷撤出中都，重新定都開封。這給了成吉思汗機會，他再次揮兵南下，從已經喪膽的守將手中奪取了中都。這裡註定成為蒙古人未來的政治中心。

商隊遇害，成吉思汗為報仇大舉西征

但就在蒙古人要滅亡金國時，突然從西方傳來了令人震驚的消息。由於蒙古人靠掠奪和貿易來獲得軍需，他們對商人特別友好。西元一二一八年，當一群蒙古商人（四百五十人）到達訛答剌城（Otrar，位於現哈薩克斯坦奇姆肯特〔Chimkent〕附近）時，該城的主帥得到了花剌子模沙的默許，將蒙古商人盡數殺死。只有一個人逃離了災難，把悲慘的消息帶給了成吉思汗。

這件事就成了兩大強權之間對決的起點，也是蒙古人西征的開始。

在戰爭起步時，人們更看好花剌子模，這是一個蒸蒸日上的國家，蒙古人卻一直隱藏在歷史陰影之中，鮮為人知。但雙方的戰術卻又迥然不同。

花剌子模繼承的是中亞和波斯人的戰法，即：戰爭中的軍隊以聯軍為主，兵力從各個附庸國抽調，指揮形式相對鬆散。在打仗的同時，主要運用政治手段同時打擊敵人，利用合縱連橫之法引誘敵人的盟友背叛。

成吉思汗卻創建了一套嶄新的軍事架構。這個架構依靠對他的絕對忠貞來進行指揮。每一個將領對大汗本人都絕對服從，而二級將領又完全服從於一級將領。在兵員上也採取了全民皆兵的方式，蒙古社會完全按照出兵的數量進行劃分，設十夫長、百夫長、千夫長、萬夫長進行統治。

大汗一旦下命令出兵，蒙古雖然看上去是鬆散的游牧人群，卻可以在極短的時間內從社會上壓榨出最多的兵卒，並保持對於君王的絕對忠誠。他們會盡自己的全力去爭取勝利，不會背叛，更不會逃避。

另外，蒙古人在進攻西夏、金時，摸索出了一套心理震撼戰略。進攻城市時，最好的方式不是直接進攻，而是製造恐慌。將抵抗的城市夷為平地，將人口全部滅絕，對不抵抗的城市給予優待。最溫順的城市幾乎不會受任何影響，蒙古人只派一個人去擔任象徵性的最高長官，真正負責行政管理的政治架構都不改變。

西征首先解決了盤踞在新疆一帶的乃蠻人殘部，也就是屈出律取代西遼後的政權。在蒙古大將哲別的打擊下，屈出律未及交鋒就落荒而逃，被捉住後送給蒙古人處死。

解決了屈出律，蒙古大軍兵分四路向中亞撲去。在蒙古本部與中亞之間，是新疆北部的準噶爾盆地，盆地的東側靠近蒙古，隔著著名的阿爾泰山，而在盆地西側，經過天山餘脈和伊黎河谷，與中亞著名的兩河流域（河中地區）相連。這兩條河流發源於帕米爾高原的冰川之中，匯入中亞地區鹹海內陸湖，東邊的河流叫做錫爾河（Syr Darya），西邊的叫做阿姆河（Amu Darya，在成吉思汗時期，阿姆河可能匯入鹹海西面的裏海）。

錫爾河和阿姆河所在的河中地區，與伊拉克兩河地區，中國的長江、黃河地區一樣，依靠兩條河流，在河流中間地帶形成了繁榮的文明。文明的中心有三個，分別是：東南方的首都撒馬爾罕，在撒馬爾罕西側、靠近阿姆河的布哈拉，以及在阿姆河下游的玉龍傑赤（Kunya-Urgench，今的烏爾根奇，在土庫曼斯坦境內）。其中玉龍傑赤是花剌子模的發源地，撒馬爾罕、布哈拉一直是中亞最著名的兩座城市。

成吉思汗的目標是：兵分數路越過東面的錫爾河，向撒馬爾罕進軍，滅亡花剌子模。為了達到目標，他首先派出哲別向南從疏勒（現新疆喀什）進攻兩河的上游浩罕（Kokand），讓花剌子模以為蒙古人要從這裡進軍。但實際上他派出大軍從更北方的伊犁向西進入錫爾河谷。在這裡，他再將大軍一分為四：

由二子察合臺和三子窩闊臺率領一支部隊進攻戰爭的挑起城市訛答剌，就是這座城市殺害蒙古商人導致了戰爭。長子朮赤率領另一支大軍順錫爾河向下，一路廝殺，目的地是下游城市氈的。另外一支部隊向錫爾河上游進軍，進攻費爾干納、浩罕等地。成吉思汗則親率大軍越過錫爾河，向布哈拉進軍，從後方包圍撒馬爾罕。

與成吉思汗親征相比，摩訶末卻在後方指揮，依靠著各地的將軍們各自為戰。

蒙古大軍摧枯拉朽般掃到了錫爾河沿岸。在訛答剌，守城的哈爾只（也是殺害蒙古商人的守將）堅持了五個月。這座城市分成外城和內城，外城由他的部下守衛，最後，部下乘夜間逃走了，蒙古人占領了外城。哈爾只在內城又堅持了一個月，拚到只剩下他和另外兩個人才被俘。

在費爾干納首府苦盞（Khujand），守將帖木兒蔑里在河中沙洲上建立了堡壘，蒙古人的攻城器械和投石器傷害不到這裡。而他卻時常派出船隻去騷擾蒙古人。當守軍的人數終因消耗過大而越來越少時，帖木兒蔑里意識到除了逃走沒有別的辦法。他把輜重、財物搬上了七十艘船，自己率人登上一艘大艇，燃起火把，如同閃電一般順流而下。

蒙古人先是在岸上跟隨著他的船隊，被他用弓矢打退了。當船隊順著河流到達下一個城市費納客忒時，這座城市已經被蒙古人占領了。為了攔住他們，蒙古人攔江拉起了鐵鍊。但帖木兒蔑里將鐵鍊斬斷，繼續前進。

下游的兩座城市氈的和巴耳赤刊都已經被朮赤占領。朮赤在氈的拉了一排船，在船上架好了火炮，專門等待這些逃亡者前來。帖木兒蔑里上岸奔逃，一度只剩三支箭，他被三個蒙古人追上。用一支鈍箭射瞎一個蒙古人的眼睛，又對另外兩個蒙古人說：「我還剩兩支箭，捨不得用，卻剛好夠你們兩位消受。你們最好退回去，保全你們的性命。」蒙古人退走了。帖木兒蔑里抵達花剌子模，重新準備戰鬥。

但不管花剌子模的將軍們如何英勇，蒙古人蕩平了錫爾河岸之後，中亞名城布哈拉和撒馬爾罕也相繼被攻克。蘇丹摩訶末逃往了南方的呼羅珊地區（Khorasan，伊朗、阿富汗與土庫曼斯坦交界地帶）。

成吉思汗再次分兵，讓他的兒子朮赤、窩闊臺、察合臺向北進攻花剌子模的老巢玉龍傑赤，他本人率兵南下，去進攻花剌子模的阿富汗領地，他的小兒子拖雷向西南前進，征服呼羅珊，而兩位大將速不台和哲別則率兵向更西方前進，追擊逃竄的蘇丹摩訶末。

蒙古人在路上殺人無數，蕩平了大量的城市，讓中亞變成了一片血海。這次西征徹底擊潰了花剌子模，占領了花剌子模在中亞、伊朗、阿富汗等地的領地，直達印度（現在的巴基斯坦境內）。在消滅對手的同時，成吉思汗又打聽到了更遠處的消息。

原來，哲別和速不台追擊敵人時，竟然來到了裏海和黑海之間的高加索山（Caucasus Mountains）一帶。高加索山脈是亞洲和歐洲的分界線，也是世界上最難穿越的山脈之一。

哲別和速不台通過了高聳的高加索山，繞過了裏海，向北進入了現在的俄羅斯境內。他們打敗了當地的土著欽察人（Kipchaks），並擊敗了一次俄羅斯聯軍。

大勝之後，因為作戰距離太長，哲別和速不台撤回。但他們帶來的消息就構成了蒙古人第二次西征的主要內容。

第一次西征後，成吉思汗回軍繼續處理西夏和金國的問題。擁有了攻城經驗的蒙古人首先滅亡了西夏。在進攻西夏時，成吉思汗去世。

西夏滅亡後，蒙古人採取了本章引言敘述的戰略，借道南宋，迂迴進攻金國。

滅金戰爭中，南宋決定與蒙古人合作進攻金國。兩國的軍隊合力攻克了金國最後的據點——蔡州（現河南省汝南）。

由於南宋急於在滅亡金國後搶奪失地，與蒙古發生衝突，隨之而來的是南宋與蒙古的戰爭。

長子西征，蒙古最強的西征

但在敘述宋蒙之戰前，先看看蒙古的第二次和第三次西征。

由於哲別和速不台在第一次西征越過了高加索山到達了歐洲，加上成吉思汗把他的大兒子朮赤（以及朮赤的兒子拔都）封在了靠近歐洲的欽察汗國，蒙古人決定對歐洲境內發動一次新的遠征。這次遠征並非由大汗窩闊臺親征，而是交給了四大支系的長子們，所以稱為長子西征。輔佐長子們的是老將速不台，利用他第一次西征經歷和戰爭經驗來保證西征的勝利。

這次西征的主要目標是：從裏海、黑海以北向現在的俄羅斯地區進攻，再向西南方，越過喀爾巴阡山進入歐洲的其他地區，特別是羅馬尼亞、匈牙利地區。

根據俄羅斯人自己的史書《諾夫哥羅德編年史》[1]記載，西元一二二三年哲別和速不台第一次遠征時，一群語言未知、名稱未知、種族未知、信仰未知的人突然從東面的黑暗中衝出來，打敗了俄羅斯人的鄰居欽察人。俄羅斯人組織了龐大的援軍與蒙古人作戰，他們懶洋洋趾高氣揚的上馬，以為是去解決個小問題就回家。但俄羅斯援軍被蒙古人徹底擊潰，滿臉酒氣的基輔公爵沒有回家，反而被抓住折磨死了。

就在俄羅斯人戰戰兢兢等待蒙古人繼續進攻時，哲別和速不台卻撤退了，消失得無影無蹤，也不知道什麼時候回來。

俄羅斯人在忐忑中等了近二十年，幾乎忘掉了蒙古人，突然間，第二次打擊到來了。蒙古人的到來是以一種奇怪的方式進行的，他們派了一個巫婆和兩個隨從到俄羅斯的梁贊公爵那，要求俄羅斯人向蒙古人進貢。公爵回答：「只有當我們一個不剩時，那所有的一切都是你們的。」

蒙古人採納了公爵的提議，俄羅斯草原幾乎經歷了一次恐怖的毀滅，蒙古人攻陷了一座座城池，把城裡的居民全部殺光。這是一次有系統性的滅絕行為。

---

1 Nevill Forbes, Robert Mitchell, A. A. Shakhmaton, Charles Raymond Beazley: The Chronicle of Novgorod, 1016-1471, BiblioBazaar, 2009.

上演了多次屠殺之後，蒙古人稍微休息了兩年，再次開始了進攻，他們攻克了俄羅斯人的政治、文化中心基輔（Kiev）。基輔遭到了毀滅。接著，蒙古人從俄羅斯人的土地上經過，進入了東歐，他們在波蘭打敗了波蘭人和日爾曼人的聯軍，進入了摩拉維亞和匈牙利、奧地利，甚至到達了達爾馬提亞，前行到地中海附近。

就在這時，窩闊臺大汗逝世，由於蒙古人沒有很好的解決繼承問題，各派系要回去爭奪大汗之位，第二次西征結束。在蒙古人回軍時，他們最遠到達的達爾馬提亞與西歐世界的中心羅馬只有一海之隔，直線距離不到五百公里。

第二次西征使得朮赤的兒子拔都成為俄羅斯草原的主人，欽察汗國的領土到達了頂峰。

旭烈兀西征，阿拉伯帝國慘遭摧毀

在進攻了歐洲後，蒙古人第三次西征再次回到了波斯和西亞。成吉思汗第一次西征之後，隨著蒙古軍隊的撤出，花剌子模的後代札蘭丁又奪取了波斯的部分地區。蒙古派出了綽兒馬罕去重新收復波斯，札蘭丁在綽兒馬罕的緊逼下節節敗退，最後死亡。綽兒馬罕得到了波斯和亞塞拜然，他的繼任者拜住則迫使土耳其的安納托利亞地區臣服。

綽兒馬罕和拜住的征服為第三次西征創造了條件。當蒙哥進攻南宋時，他同時派出了弟弟旭烈兀進行西征。

第三次西征的地域中，有兩處顯得格外引人注目。

第一處是一個叫做阿拉木特（Alamut）的堡壘，這座堡壘在裏海的南岸，屬於一個奇怪的小教派阿薩辛派（Assassins），這個教派是什葉派下的伊斯馬儀派的一個小分支，在歷史上以刺客聞名。

旭烈兀第二個打擊目標是巴格達的哈里發。蒙古人之前，阿拔斯王朝的哈里發統治世界已經五百年了，即便哈里發早就失去了真正的權力，如同明治維新之前的天皇一樣成了政治的擺設，可是沒有人敢於廢黜他們。不管突厥人還是波斯人，他們最多敢稱為蘇丹，卻不敢僭越哈里發的稱謂。

在蒙古人的打擊下，巴格達的哈里發王朝正式結束。蒙古人一直打到了如今的敘利亞境內，繼續向南擴張時，才被埃及的馬木路克（Mamluk）王朝擊潰。這也是蒙古人擴張的極致。

西藏、大理與宋蒙戰爭

在蒙古人征服的地理範圍內，有兩個特殊的地區值得提到：大理和西藏。

西元一二四七年，在西北的涼州（現甘肅省武威），發生了一件影響深遠的事情。這時恰逢蒙古人派兵越過四川進軍大理的前期，蒙古將領、王子闊端在這裡會見了一位來自西藏的高僧薩迦班智達。這次會見史稱涼州會盟。

薩迦班智達之所以來涼州，是代表西藏商談投降條件的。當蒙古人征服了西域和中亞，並擴張到歐洲、西亞之後，西藏如同一個巨大的楔子橫亙在蒙古人的統治地域中間。在蒙古人獲得了中國北部之後，當時西藏到中原的道路經過藏東北的昌都地區，向北過無人區到達青海湖的東側[2]，這裡比鄰蒙古人控制的陝西與甘肅，已經進入蒙古人的戰爭範圍。

在宋代，大理對於中國仍然是不折不扣的附屬國，保留著相當的獨立性。而西藏在唐代（西元七世紀）時，曾經建立了強大的民族國家吐蕃，由歷代贊普進行統治。安史之亂後，吐蕃人一度成為唐朝最強大的對手，占領了西部地區，直達新疆，甚至攻陷過唐代的首都長安。

最初贊普政權是一個帶有當地宗教苯教性質的世俗政權，松贊干布做贊普時，從尼泊爾和中國內地引入佛教。佛教地位抬升，成了國教。

數代之後，由於佛寺占了社會過多的資源，世俗政權的稅收大幅度減少，吐蕃政府吃不消了。贊普朗達瑪選擇了滅佛，由此引發了嚴重的教派、宗派鬥爭。唐朝末期，統一的吐蕃也分崩離析，藏域的佛教歸於滅亡。

一個多世紀後，一位印度的僧人阿底峽再次把佛教帶回了雪域高原，佛教重新在西藏興盛。但此時西藏並不統一，各地由許多小型的世俗政權所統治，即便有的小國君皈依了某個教派，但由於存在眾多的政權競爭，很難說當時的政府是政教合一的。

當蒙古人進攻西藏時，西藏由於沒有統一政權，群龍無首，甚至連個與蒙古談判的人都不好選。這時人們突然想到了在藏域威望最高的僧人——薩迦班智達，決定請他出山與蒙古人談判。

薩迦班智達屬於西藏薩迦地區的一個佛教小支派——薩迦派（俗稱花教），薩迦班智達出使蒙古，表面上是將西藏地區和平的移交給蒙古人，實現了蒙古人在西藏的統治，但另一方面，卻意外的讓蒙古本部皈依了藏傳佛教。

西藏和蒙古的合流帶來了一系列的影響：最直接的影響是蒙古人從此有了國教，變成了宗教化的民族；其次，蒙古幫助西藏建立了政教合一的政權，雖然經過波折，卻一直保留；再次，蒙古人在西藏建立了官僚制度，這也是歷史上西藏併入中央帝國納入管轄的起始階段；最後，西藏的歸附，也讓蒙古人獲得了足夠的資訊，並經過吐蕃人的土地，對大理發動了一場堪稱經典的遠程打擊。

蒙古人與南宋的衝突，開始於蒙古從金國手中獲得河北、山東地區。由於與南宋有了小部分的接壤，兩者產生了零星的衝突。

但雙方大規模的軍事衝突則是在蒙軍與南宋聯合滅亡金國之後。由於蒙古人口少，制度落後，無力在已經征服地區維持穩定的政權，在滅亡了金國之後，將大軍撤回了北方，在黃河一帶留下了大量的空城。

南宋與蒙古聯合滅金後，獲得了湖北省西北部和河南省西南部的唐州、鄧州地區，但南宋念念不忘的三京（東京汴梁、西京洛陽、南京商丘）都在蒙古人的掌握中。南宋決定乘蒙古人北歸，襲取三京，卻遭到了慘敗。蒙古以此為藉口，開始對南宋進行大舉征伐。

南宋端平二年（西元一二三五年），在金國滅亡的第二年，窩闊臺大汗開始南征宋朝。在本書的〈楔子〉中已經詳細談到，當時，蒙古人與宋朝交界主要有三條通道，分別是西方陝西、四川交界的蜀道，中部河南、湖北交界的南襄隘道，以及東部江淮地區通道（見下頁圖）。

2　這條路現在被稱為唐蕃古道。

窩闊臺派次子闊端經過蜀道攻打四川，三子闊出走襄陽，大將口溫不花和史天澤進攻江淮。

在三路大軍中，闊端率軍從大散關進入漢中地區，擊潰了宋軍的重重抵抗，直入四川盆地。在接下來幾年內，四川遭受了蒙古軍隊的大範圍蹂躪。蒙古人甚至直達長江口，進逼湖北，只是由於蒙古人沒有能力建立穩定政權，四川才能在蒙古人蹂躪過後，重新被南宋控制。

中路軍在攻克了襄陽之後，被宋朝大將孟珙阻擋，隨後，孟珙發動反擊，取得了在中路的主動權。東路軍雖然在江淮地區燒殺擄掠，造成了社會經濟的極端凋敝，卻被名將杜杲阻擋，無法渡江。

西元一二四一年，隨著大汗窩闊

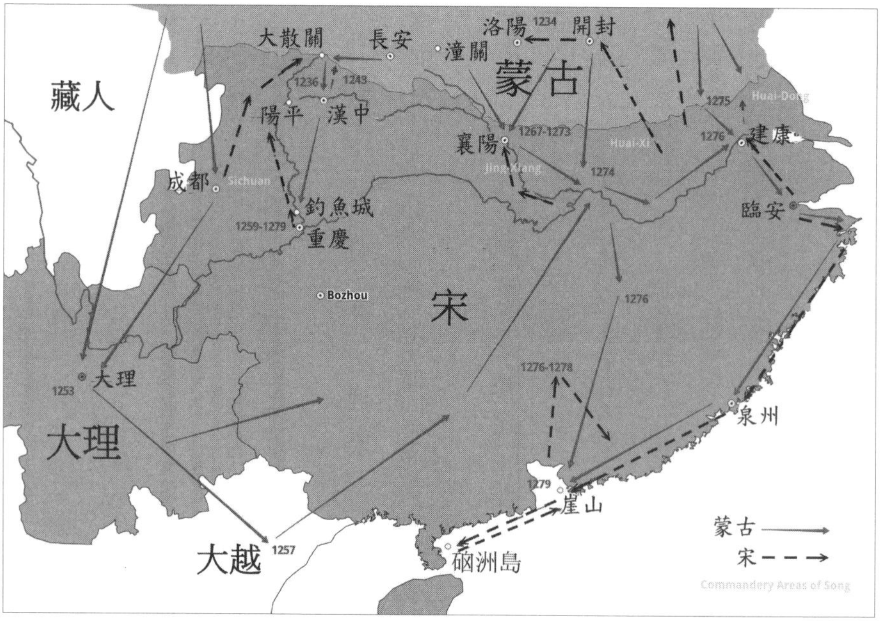

▲在蒙古窩闊臺、蒙哥、忽必烈三位君主統治時期發動了三次攻宋戰爭，在蒙古族征服的各個國家中，南宋是耗時最長的。

臺的死亡，蒙古人對南宋進攻的第一階段宣告結束。雖然南宋在對遼、金的戰爭中表現得極其糟糕，在對蒙戰爭的初期，卻表現了極高的軍事技巧。蒙古人撤退後，四川在名將余玠的鎮守下，在關鍵地帶建立一系列的城堡，利用步步防守來牽制蒙古人的進攻；荊州地區則在孟珙的領導下，建立了完備的防禦體系。在各位名將的主持下，南宋成了蒙古人最難啃的一塊骨頭。

大汗蒙哥即位後，利用將領郭寶玉幾十年前提出的計策，選擇實施遠端攻擊，利用吐蕃人的資訊進攻大理，再從大理、陝西、湖北、江淮對南宋實行多重夾擊。

於是就有了本書〈楔子〉中那一幕。西元一二五三年，忽必烈大軍兵分三路滅亡大理。大理平定後，忽必烈北歸，留下鎮守雲南的大將兀良合台率軍向西北方向，降服了雲南全境，並以雲南為基地，向南進攻越南北部（安南），迫使安南國王稱臣。

在獲得了西南地區之後，蒙哥命令南北夾擊，組織新一輪征宋。這一次征宋本應該成功，卻由於蒙哥大汗在釣魚城下突然死亡，南宋又逃過一劫。

蒙哥死時，蒙古人的凝聚力已遠不如第一、第二代大汗時期，各個支系都爭著回去選舉大汗，聯合攻宋計畫也隨之被放棄。

從戰略上講，宋蒙戰爭的戰略高峰是這次蒙哥的進攻，他利用了整個中國的寬度，從陝西到大理，再到越南、廣西、湖南，加上常規路線的配合，也是中國軍事戰略史上的一個巔峰，卻最終功虧一簣。

但進攻所造成的衝擊力讓南宋王朝也到了尾聲。為了應付蒙古人的進攻，首先垮掉的是南宋的**財政**。為了籌集軍事款項，南宋政府往往依靠濫發紙幣獲得財政收入。但由於軍事需要過大，紙幣出現了與國民黨在西元一九四八年造成的法幣災難同樣的情況，紙幣已經形同廢紙。南宋政府又想靠土地來解決財政問題，進行地權改革，但改革的結果造成了整個社會經濟的崩盤，到這時，政府再也沒有錢來進行大規模的作戰了。

南宋咸淳三年（西元一二六七年），獲得了大汗之位的元世祖忽必烈派遣大將阿朮（兀良合台之子）從中路進攻兩湖地區，蒙古人開始了對襄陽持續數年的圍困。西元一二七三年，蒙古人攻克襄陽。到這時，南方的大門終於打開。

一年後，鄂州失守，又過了一年，建康失守。年底南宋首都臨安被圍困，並於第二年元月被攻陷，南宋滅亡。

蒙古人最終以最不擅長的消耗戰獲得了對南宋的勝利。

蒙古帝國塑造的現代中國

在中國人看來，元朝只是一個如同唐、宋、明、清一樣的朝代而已，但蒙古人卻認為，他們建立了一個世界性的大帝國，中國只是這個帝國的一部分。他們把元朝看作是對漢地的征服，而不是對漢人政權的繼承。

不管誰是誰非，有一點卻是明確的：蒙古對現代中國疆域的貢獻是舉足輕重的。甚至可以說，**現代中國的南方界限是由蒙古人劃定的**。之前有許多地區還屬於外國，但之後，那些**在蒙古征服中被併入中央帝國的國家在未來大都成了中國的領土，而蒙古人沒有征服的地區，現在大都**

成了外國。

最典型的是西南方的西藏和雲南。在宋代，由於宋太祖趙匡胤放棄了大渡河以外的領土，使得雲南被排除在宋朝疆域之外，而西藏在唐宋時期也一直保留著較強的獨立性。經過蒙古征服，這兩個地方正式進入了中國的統治範圍，直到現在仍然保持在政權之內。

在宋代，與西藏、雲南類似獨立的還有東南亞的眾多國家，這些國家與大理一樣，屬於附屬國卻有獨立的統治權，蒙古人也試圖征服這些國家，卻失敗了，導致它們現在仍然是獨立的政治實體。

併吞南宋時，蒙古人的擴張已經進入尾聲，版圖邊緣的各個小國對蒙古人的抵抗越來越有成效。全世界似乎聯合起來對付蒙古。

蒙古人在東南亞遭遇了數次慘敗：他們試圖入侵越南南部的占婆，但海上的入侵行動被占婆人堅壁清野拖住了。他們又試圖借道越南北部的安南進攻占婆，當時統治安南的是一個陳姓王朝（越南人稱為陳朝），陳朝皇帝知道脣亡齒寒和假道滅虢的道理，派遣著名將領陳興道兩次擊敗了蒙古。陳興道也成了越南人最尊崇的武聖，其地位高於胡志明。

蒙古入侵過緬甸和泰國，都無法在那裡建立長久的統治，只得撤回。蒙古人進攻爪哇也沒有成功。

這些蒙古人沒能建立統治的國家（越南、緬甸、泰國）就永久性的成了外國。由於明代繼承了元代的版圖（又有縮小），清代也以蒙古為藍本來規範版圖，使得中國的疆界逐漸穩定，從帝國圈形成了更加穩定的歸附性政治體。

除了東南亞之外，蒙古人在東亞也遭到了失敗，忽必烈兩次進攻日本都以失敗告終。朝鮮雖然短暫被征服，但其反叛力量始終沒有被消除，無法像其他地區一樣形成有效統治。

唯一例外的是蒙古本土，按照這個劃分，蒙古本土也應該包括在現代中國領土之內，卻在民國時期獨立了出去，成了獨立的國家。

除了亞洲東部之外，在其他地區，蒙古的擴張也遇到了阻礙，進入了衰退期。

在南亞，蒙古曾有機會征服印度，在成吉思汗第一次西征時，就進入巴基斯坦境內（當時屬於印度），卻沒有形成有效統治。成吉思汗死後，西部的蒙古人一直處於嚴重的內爭之中，察合臺汗國和伊兒汗國之間長期敵對，察合臺汗國還和忽必烈打仗，使得他們騰不出精力來對付這個廣闊的次大陸。

後來蒙古人終於有時間對付印度了，印度卻進入了繁榮期，一個偉大的國王阿拉烏德丁（Alauddin Khalji）毫不留情的把蒙古人擊敗，把蒙古士兵的頭顱割下來疊起了金字塔。阿拉烏德丁也成了印度人的英雄。

在西方，埃及馬穆魯克王朝的蘇丹成了穆斯林的英雄，戰勝了蒙古，遏制了蒙古的擴張，埃及從此成了伊斯蘭教的中心。

在俄羅斯，蒙古始終無法接近波羅的海，他們停留在距離港口城市（也是北方文化經濟中心）諾夫哥羅德（Novgorod）數百公里的地方。俄羅斯的王公們逐漸恢復了生氣，積攢著實力，他們雖然臣服於蒙古人，卻又保持著獨立性，等他們足夠強壯時，將從蒙古人手中接管領土，建立同樣龐大的俄羅斯帝國。

帝國分崩離析時

西元一三六八年八月，朱元璋的軍隊攻陷了元大都，元順帝率軍撤往了關外的上都，之後繼續逃竄，撤回了蒙古的故地，在那兒建立起了殘餘的北元政權。北元所控制的人口只有百萬左右，與動輒上億的元帝國無法比擬。大汗國（即元朝）這個蒙古汗王之首，建立不過百年（從忽必烈算起）就在風雨飄搖中倒臺。

在元朝倒下之前的十一年前，蒙古的另一個巨大汗國——伊兒汗國已經倒下。伊兒汗國在一百零一年間換了十六位汗王，可見其內部鬥爭的激烈和不穩定。當旭烈兀打下江山之後，歷任汗王都眼睜睜看著埃及人在跟前挑釁，卻無法將其征服。

準確的說，在西元一三三五年，伊兒汗國就解體了，許多個地方政權崛起，將旭烈兀的後代們變成了傀儡。最後的汗王甚至已經沒有了記載，只能從發現的古錢上辨認他們。

位於中亞和新疆南部的察合臺汗國存在的時間更久，這個汗國本有可能征服印度，但它的汗王們更熱衷於與北面的窩闊臺汗國、西面的伊兒汗國打仗，甚至與欽察汗國、元朝發生衝突。結果印度還在那兒，察合臺汗國卻分裂了。

它曾經兼有中亞的河中地區和新疆，但隨後汗國分裂成了兩部分，西面的河中地區突厥化了，他們自稱突厥人，東面的新疆地區仍然自稱察臺人（即察合臺人）。接著，成吉思汗之後——突厥人帖木兒（Amir Timur）在河中的興起，徹底抹掉了西部的記憶。帖木兒還掃淨了伊兒汗國的殘餘，再次將中亞統一起來。

帖木兒之後，一個從血緣上是帖木兒（父系）和成吉思汗（母系）雙重後代的人──巴布林（Babur）──終於揮兵印度，將這顆最璀璨的明珠收入囊中，建立了偉大的蒙兀兒（即蒙古）帝國（Mughal Dynasty）。蒙兀兒帝國直到英國人進入印度才逐漸消亡，對印度影響深遠，可以算是蒙古人難得的遺珠。

察合臺的東部汗國存在到西元一五七〇年，被同屬於察合臺世系的葉爾羌汗國所滅。不過，蒙古人仍然是新疆的主宰，直到他們被清朝的軍隊擊敗。

欽察汗國存在了兩百多年。俄羅斯的王公們先是服從於蒙古人，再逐漸積攢力量，到了伊凡四世（Ivan the Terrible，又被稱為「伊凡雷帝」或「恐怖的伊凡」）時代終於擊敗了蒙古人。欽察汗國分裂成了喀山、阿斯特拉罕、克里米亞幾個小汗國，這些汗國有的存在到十八世紀晚期才被俄國人併吞。

蒙古帝國之所以解體和消失，源於蒙古人口稀少、社會和制度落後。這樣的民族占領了更加先進的地區後，只有兩條路可以走：一、保持傳統，卻無法保持占領地的控制力，最後由於占領地的反抗而退走；二、被同化，從而喪失原來的民族性。

蒙古人在漢族區域的統治可謂兩種選擇的搖擺，一會希望保持獨立性，一會又不得不漢化，內鬥和外部反抗同時摧毀了蒙古帝國。

元朝後期，由於蒙古人無法控制如此龐大的社會，結果元朝不是突然間死去，而是如同一個麻瘋病人，身體逐漸潰爛、脫落、解體。

由於對元帝國南方的統治始終薄弱，最先脫落的地方從南方開始。隨著元末統治的削弱，在山東、河南一帶出現了漢人反抗蒙古人的運動。但最大的反抗還是出現在原本南宋的地域內。這裡分裂出了許多不聽從蒙古人的小碎片，這些小碎片擁有著軍隊武裝，驅趕著蒙古人的統治。他們分分合合，互相競爭，試圖取代蒙古人。由於無力派軍南下，蒙古人只能眼睜睜的看著這些碎片併吞壯大。

其中最強大的幾個碎片都位於長江流域（見下圖）。在上游的四川、重慶地區，是一位叫明玉珍的軍閥，他定都重慶，建立了一個稱為大夏的政權。在中游的江州（現江西省九江）和武昌，則是軍閥陳友諒的天下，他建立了大漢政權。明玉珍和陳友諒原本都屬於紅巾軍徐壽輝的部隊，徐壽輝起家於湖北，最終被陳友諒所殺。

在陳友諒的下游，是一位前和尚的地

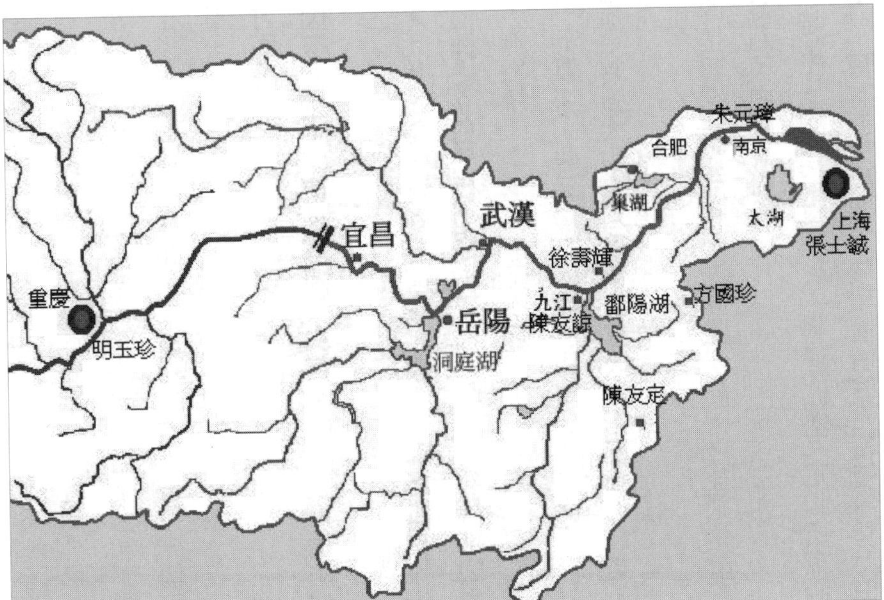

▲朱元璋掃平陳友諒、消滅張士誠，成為元末實力最強勁的割據政權。

盤。朱元璋在集慶（後來的應天府，現江蘇省南京）建立了大吳政權（朱吳）。朱元璋曾經從屬於郭子興，郭子興死後獨立，他眼光獨具，認準了南京這個古都，並以此為基地開始向外擴張。

但在朱元璋剛剛定都應天府時，他的位置卻並不是特別有利，遭受了來自長江上游和下游兩個方面的壓力，上游就是陳友諒的大漢政權，下游占據蘇州、杭州、上海一帶的，是另一個與朱吳同名的政權——張士誠建立的大吳政權（張吳）。

在張士誠南面的浙江南部，還有一個軍閥方國珍。

在方國珍的南面，如今的福建一帶，是軍閥陳友定。廣東是軍閥何真控制的地區。這兩個軍閥忠於元朝，卻無法左右政局。

真正的競爭出現在長江中下游的陳友諒、朱元璋、張士誠和方國珍之間。特別是陳友諒和朱元璋，兩人胸懷大志，任何一人擊敗了另一方，都會立刻北伐中原，取代元朝。而次級軍閥張士誠、方國珍、明玉珍，更多採取了割據的做法，無力統一全國，卻又不想被統一。

這是中國歷史上唯一一次由南到北完成統一的戰爭，朱元璋之所以能夠做到逆規律而行，其原因主要是由於**元朝勢力的薄弱**，如果北方政權足夠強大，朱元璋並沒有機會完成統一大業。

朱元璋統一的戰略是：

一、首先統一長江中下游地區，首當其衝的是盤踞在江西和兩湖的陳友諒，之後則是盤踞蘇杭一帶的張士誠。一旦獲取了這兩個地方，就得到了中國的糧倉。

二、完成第一步之後，再透過地理優勢壓迫浙江南部的方國珍、福建的陳友定和廣東的何真，將南方掌握在手中。到這時，整個中國南方，只有四川的明玉珍和雲南的元朝殘餘勢力仍然在控制之外了，不過，這兩個地方並不影響統一的大局。

三、掌握南方後，再進行北伐。北伐從與江蘇接壤的山東開始，由山東進入河南，這兩個地區被占領後，也就獲得了進攻元朝首都以及河北地區的基地。

四、北上進攻元朝首都，將河北地區收入囊中。一旦完成了將蒙古人趕出大都的任務，把守住了燕山關口，元朝就象徵性的落幕了。這時，再派軍掃蕩其他地區。

五、掃蕩其他省分的步驟是：從河北進入山西，從山西進攻陝西，從陝西和湖北兩方面進入四川，再從湖南和四川（重慶）兩道進入雲南，完成最後的統一。

如果不是蒙古的分崩離析，朱元璋要想反攻北方，會在華北平原遭到來自山西的壓迫。從南方進攻北方，暫時性獲得平原並不難，但北方只要不放棄山西、豫西、北京以北的高地，就還是可以利用暫時的撤退加大南方進攻的臂長，當敵方疲憊時，就是反攻的時機。

但蒙古人早已不似當年，缺乏戰鬥力，又得不到統治區漢人的擁護，才讓朱元璋完成了近代之前唯一一次從南到北的統一。

土木堡：蒙古旁支的逆襲

在河北省懷來縣城東面十公里的地方，有一個不起眼的小村子叫土木堡。這裡曾經聳立著一座城堡建築，可是所有的防禦設施都已蕩然無存。土木堡看上去只是北方農村一個最普通的小村子。

如果仔細打聽，可以找到一個電信發射塔下的小院子，現在是個衛生所。小院的角上有一座小廟，廟門緊鎖，水泥的門楣上寫著：顯忠祠。整個建築小到讓人無法相信它是一個重要歷史事件的發生地。

由於有了公路和汽車，從北京到土木堡只需要坐兩個小時的汽車。向北出了北京城，經過居庸關，一過官廳水庫，就到達了土木堡，公路距離不到一百公里。但這段微不足道的距離，在明代卻成了一位皇帝無法走完的行程。

明正統十四年（西元一四四九年），在大太監王振的慫恿之下，明英宗御駕親征，與屬於蒙古人遠支的瓦剌人（現在叫做衛拉特人）作戰。二十萬明軍在太原附近與瓦剌人一接觸，就感覺大事不好，連忙向北京撤退。

在北京的西方和北方，自古以來有兩條路溝通了北京與北方草原，最著名的一條是從北京向北經過居庸關到達河北的懷來、張家口；另一條不那麼有名，卻也屬於「太行八陘」之一，是從北京西面的易縣翻越紫荊關，前往蔚縣（也就是戰國時期的代地）和大同。

明英宗從居庸關出兵去往大同，卻在回師時猶豫不決。皇帝最終選擇了居庸關，為時已晚。大軍撤退到土木堡，被瓦剌人團團圍住。此時，明軍距離居庸關只有百里之遙。

土木堡處於高地之上，水資源缺乏，皇帝的大軍飢渴難忍，掘地兩丈都找不到水。瓦剌人的首領也先佯裝撤退，皇帝立刻中計，以為是逃跑機會。當明軍放棄了防守，拔營向南撤退時，也先殺了回馬槍，將明軍徹底擊潰，二十萬大軍在瞬間消失。大太監王振、英國公張輔等大臣死難。皇帝在太監喜寧的陪同下，向也先投降。這就是歷史上令人震驚的土木堡之變，也是蒙古人對中原王朝的又一次打擊。

自從朱元璋趕走了蒙古人，建立了明朝，新王朝的歷代皇帝都很重視如何防止蒙古人捲土重來。明太祖和明成祖進行了多次得不償失的北伐，以消滅蒙古人殘餘勢力為目標。真正讓蒙古衰落的，不是明朝的進攻，而是內部的紛爭。由於成吉思汗的後代們（即所謂的黃金家族）不斷內鬥，沉浸在光榮的過去無法跳出，反而是蒙古人的一個旁支衛拉特人得以壯大。

衛拉特人最早生活在貝加爾湖一帶，在成吉思汗統一蒙古之前，他們就是廣義蒙古的一支重要力量，那時候他們被稱為斡亦剌。由於蒙古人居住在草原，而衛拉特的地方屬於森林，衛拉特就是「林木中人」的意思。

草原上的居民已經進入了畜牧業時

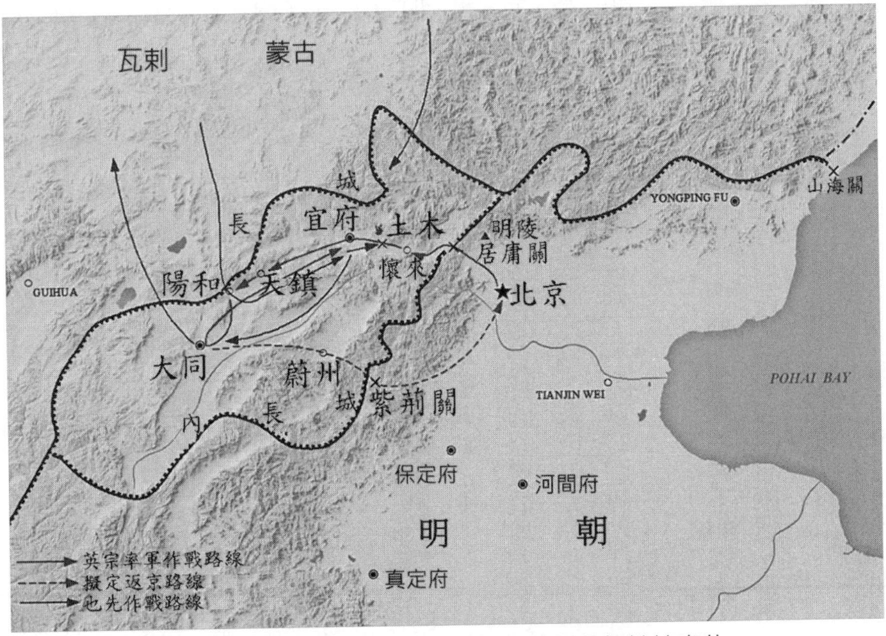

▲土木堡之變，是明朝對外政策開始由攻勢轉為防禦的標誌性事件。

期，森林中卻仍然以打獵為生，生活方式更加落後。成吉思汗統一蒙古的過程中，衛拉特人並非主角，卻先後參與了札木合的大聯盟，以及乃蠻人塔陽汗的聯盟，對抗成吉思汗，這兩次聯盟都遭敗績。

當成吉思汗將塔塔兒、克烈部、乃蠻人一一擊破，衛拉特終於順應了潮流，承認了成吉思汗的領袖地位，衛拉特人因此成了蒙古人的一支。由於他們很配合，成吉思汗和他的子孫們對衛拉特人也格外優待。在蒙古人的各個汗國中，衛拉特人出了不少皇后和妃子，也出了不少駙馬。比如，在早期，衛拉特的首領就娶了成吉思汗的一個女兒和朮赤的一個女兒，他的女兒也嫁給了成吉思汗的孫子貴由。當貴由成為第三任大汗時，這個女人就成了地位顯赫的皇后。

由於擴大領地的需要，衛拉特人也從貝加爾湖岸的森林中走了出來，向西遷移到了蒙古的西北以及鄰近的俄羅斯地方，居住在薩彥嶺和唐努烏梁海一帶，那兒有條大河叫葉尼塞河。

這裡也是重要的交通樞紐地帶，在它的北側是吉爾吉斯人，南側是曾經的乃蠻故地。蒙古各大汗國擴張時，衛拉特人恰好居住在西南的察合臺汗國、西方的欽察汗國、東方的元朝和蒙古本部之間，是各個汗國拉攏的對象。衛拉特人也在各個汗國之中服務著，不時幫助這個攻打那個，又幫助那個對抗這個。

元朝滅亡時，位於中亞和新疆的察合臺汗國也處於衰落之中。明朝的軍隊始終不夠強大，無法占據關外的廣大地域，只能用長城鎖鏈死守中原。衛拉特的各個部族乘機向四面擴張，他們進入了蒙古西部地區，占據了新疆的北部和俄羅斯、哈薩克的一部分，變得愈加強盛了。

當黃金家族的蒙古人被明朝擊敗後，衛拉特人甚至占據了烏里雅蘇臺到哈拉和林一帶的蒙古中部，成為明朝不可小覷的力量。這時的蒙古已經分裂成以衛拉特人為代表的漠西厄魯特蒙古（西蒙古），和以黃金家族為代表的東蒙古。

為了對付蒙古人，明廷採取了合縱連橫的方式。當東蒙古強大時，就支援衛拉特人，當衛拉特人強大時就支持東蒙古。但由於東蒙古從地理位置上夾在衛拉特和明朝之間，在三者的博奕中逐漸處於下風，地域廣大的衛拉特部越戰越勇，大有統一之勢。

西元一四一八年，一位叫做脫歡的衛拉特人繼承了父親的首領地位，並統一了衛拉特各部。西元一四三四年，脫歡又戰勝並殺死了東蒙古的首領阿魯台，統一了東西蒙古。這是北元衰亡後，蒙古本部第一次獲得了統一。只是權力已經不再掌握在成吉思汗的黃金家族手中，而是落入了衛拉特人之手。

由於遵從黃金家族成員才能稱大汗的傳統，脫歡並沒有稱大汗，他把一個叫做脫脫不花的黃金家族成員扶上了汗位，自己滿足於「太師」的職位。

脫歡死後，他的兒子也先繼承了太師之位。也先南征北戰，衛拉特蒙古人的勢力從朝鮮半島起，聯合了東北的女真人，橫越整個蒙古大陸，包含了新疆北部地方、甘肅省的北半部、內蒙古的長城以北，直達中亞的楚河、塔拉斯河一帶。

從地域上看，衛拉特人創造的大帝國足以和匈奴人、突厥人、柔然人，以及蒙古帝國早期相媲美，一個新的游牧帝國正在冉冉升起。最不願看到這一幕的是位於中原的明朝皇帝們，他們把衛拉特人稱為瓦剌，心懷惴惴的望著北方日益猙獰的鄰居。但在如何對抗衛拉特人的策略上，明朝政府卻採取了自傷和掩耳盜鈴的做法。

一方面，明朝政府知道衛拉特人的強大，為了遏制他們，政府關閉了與衛拉特人的邊貿，採取了閉關鎖國的方法。在明代，各個邊境城鎮出於稅收和繁榮經濟的目的是樂於設立集市的，但明廷認為，如果貿易過於繁榮，衛拉特人從中原得到更多的物資，會變得更加強大，威脅明朝的安全。他們下令限制與衛拉特人做生意，除了武器、金屬等戰略物資之外，甚至茶葉等生活物資也不准買賣。

明廷沒有意識到，貿易永遠是對雙方有利的，限制對方的同時，也限制了己方的發展。正因為這個，明朝的邊關永遠只是不發達的邊關，以軍事目的為主，軍人們生活艱苦，誰也不願意長久待下去。但明朝的禁止並不會消除衛拉特人的貿易，只會逼迫他們轉向西方和南方，從西方獲得金屬和武器，從南方的藏區直接獲得茶葉，將貿易鏈條繞開了明朝控制的區域。

繞開明朝的做法，又讓明廷感到不安。北京政府不得不在禁止貿易的同時，開闢新的口子採取懷柔政策，這就是所謂的進貢制度。

限制貿易，海盜猖獗

在明代，進貢對於外藩來說，是一件有利可圖的買賣。每次對方納貢時，朝廷給他們的賞賜總是要超過納貢的價值。外藩納貢越多，獲得的回報越豐厚。由於明朝禁止中外貿易，納貢就成了外國人和中國做買賣的唯一機會，而且是有利可圖的大機會，所以，外藩都搶著納貢，而朝廷則要限制外藩納貢的規模和次數。

比如，資源貧乏的日本為了獲得明朝的奢侈品，就接二連三向中國皇帝進貢工藝品、木材、刀具等皇帝並不需要的東西，來換取奢侈品。由於日本進貢太頻繁，來人太多，皇帝只好對日本做出限制，一方面對日本的貢品大幅度壓價，甚至只給到日本人希望價格的六分之一；另一方面規定日本人不得頻繁的進貢，每十年進貢一次，每次只允許兩艘船、兩百人。

結果，這些限制根本無法滿足日本人的貿易需求，日本就只好發展海盜行動，這就是倭寇時期[3]。所謂倭寇，並不純粹是日本人的貪婪造成的，也是明朝政府限制貿易的結果，導致許多沿海居民與日本人勾結起來，對抗中央政府錯誤的貿易政策。

與日本人一樣，衛拉特人也發現進貢可以賺錢。衛拉特的朝貢隊伍也越來越龐大，最初一次的朝貢只有幾十人，後來則達到幾百人，最後有數千人之多。蒙古人還從朝貢次數上做文章，以前一年一次，後來則一年兩次、多次。每次來人，一路上各個地方衙門就要出人出力提供馬匹車輛、樓堂館所，地方政府也叫苦不迭。朝廷在賞賜上的花費也越來越高，即便富有天下的皇帝也受不了，只得變相的允許蒙古人在邊境處做一部分貿易，不用把所有的貢品都帶往北京。即便這樣，還是有大量的人擁入，隨著衛拉特的強大，局面越來越失控。

西元一四四八年，也先又派了一個號稱三千五百人的大型朝貢團前來時，明英宗終於忍無可忍了。他一面叫人嚴格核對人數，發現貢團實際上只有兩千人；一面叫人按照實際人數以及蒙古

3 《續通考》卷二六：「嘉靖二年，日本使宗設、宋素卿分道入貢，互爭真偽，市舶中官賴恩納素卿賄，右素卿，宗設遂大掠寧波。給事中夏言言：『倭患起於市舶。』遂罷之。市舶既罷，日本海賈往來自如。海上奸豪與之交通，法禁無所施，轉為寇賊。」

人希望價格的五分之一付帳。

明英宗的做法激怒了也先，第二年，他派出了龐大的騎兵開始進攻明廷。明英宗在宦官的慫恿下決定親征，這才有了土木堡之變。

土木堡之變後，也先乘機進攻北京，被于謙挫敗。

這時，衛拉特人的勢力達到了高峰，甚至人們開始擔心它又會形成另一次帝國時代。但就在這時，情況卻發生了逆轉。也先的傀儡大汗——黃金家族的汗王脫脫不花——不再甘心受人擺布，開始反抗也先。也先只能殺死他，自己當上了大汗。

根據蒙古人的規矩，只能由黃金家族的人擔任大汗，也先遭到了部下的反對，被部下殺死。也先死後的衛拉特保持了一段時間的威懾力，但沒有人再能夠統一蒙古。黃金家族的人再次被擁立為汗王，卻並不掌握實權。直到屬於黃金家族的達延汗即位後，形勢才有了改觀。

達延汗統一了漠南蒙古和漠北蒙古，將衛拉特人趕出了蒙古的東部和中部。從此，衛拉特人開始定居在如今的新疆北部。只是，達延汗可以統一大漠南北，卻無力再向中原擴張，蒙古人的時代過去了。

第二十章

清滅準噶爾，奠定現代中國疆域雛形

西元一六一八年～西元一九一一年

山海關不是明長城的終點，明代為了防範女真人，還修建了一條以山海關為起點，向東北到鴨綠江邊的遼北邊牆，因此，長城的終點在丹東市東北虎山南麓鴨綠江畔。

清朝之所以能夠把漠南蒙古牢牢控制，是因為它建立了一套牢固的政治制度，將蒙古人分成了八旗二十四部，這些旗部互相合作，又互相監督。就這樣，漠南蒙古的游牧民族就被中央集權化了，無力再掙脫中央政府的控制。

由於在漠北喀爾喀蒙古無法建立強大的控制，只好仍然採取招撫模式，這導致清朝滅亡後，兩地出現不同的歸宿。

清朝初期，蒙古人已經分成了漠南蒙古、漠北喀爾喀蒙古和漠西厄魯特蒙古。其中漠西厄魯特蒙古屬於衛拉特人，也是清朝的勁敵。清初的歷史，也可以看作清朝和準噶爾的碰撞史，且只能有一個贏家。

噶爾丹從新疆出發，攻克了漠北喀爾喀蒙古，並借道漠北喀爾喀蒙古進攻北京，被康熙皇帝擊敗。在噶爾丹之前，漠北喀爾喀蒙古不願歸順清朝，但在噶爾丹的逼迫下，他們不得不依靠清朝對抗噶爾丹。清朝降服喀爾喀蒙古，可以說得到了噶爾丹的「幫助」。

準噶爾人為了進攻西藏，翻越崑崙山，縱穿了西藏北部的羌塘無人區。這個無人區至今仍然是中國最大的無人區，也是生命的禁區。

清朝擊敗了準噶爾人，獲得了對西藏的全面統治，還設立了駐藏大臣。又是準噶爾人「幫助」了清朝。

乾隆帝時期，下令平定了準噶爾人，使得這個割據勢力除了留下一個名字，其餘什麼都沒有剩下。清朝由此獲得了北疆地區（準噶爾盆地）。

清軍征服南疆，除了用軍事手段之外，還運用了經濟和政治手段：在征服地區使用當地人，進行懷柔統治；在未征服地區，以貿易的形式，用布匹換取當地的馬匹和糧食，從而削弱了大小和卓（見第五百九十八頁）的叛亂力量。

清代實行的改土歸流運動，將許多少數民族地區徹底併入了中央集權模式，成了現代政權的藍本。

大小金川之戰後，清朝從擴張帝國轉換成一個內斂的朝代，在當時的地理和經濟、科技條件下，中國已經達到了允許的最大邊界。

西方人到來之前，中國的戰爭戰略主要有兩個方面：

第一，對陸地地形的把握，只要掌握了中國的山川地理，就可以依據地理條件來進行防禦或者攻擊。

第二，注重戰略，不注重武器。千百年來，中國戰爭武器的進步非常有限，很難有一方在武器上有絕對優勢。

西方人到來打碎了這兩個戰略，他們從海上發起進攻，並利用船堅炮利獲得速勝，對於中國而言都是顛覆性的。海權時代到來了。

明萬曆四十六年（西元一六一八年），明朝萬曆皇帝仍然沉浸在太平盛世的美夢中，在中國東北，一位女真人將領卻發出了進攻明朝的宣言。

這份宣言列舉了所謂「七大恨」[1]，表明女真首領努爾哈赤受到了明朝的七重傷害。實際上，宣言中所指的事件，只有第一條（明軍殺死了努爾哈赤的祖父和父親）的確是巨大的傷害，其餘的只能稱為邊境上的小型衝突。關於明軍殺死他的祖父和父親，還屬於誤傷，事實上，明朝與兩人的關係很不錯，他們是幫明軍帶路時被誤傷的。

所謂七大恨，帶著很強的拼湊痕跡，與其說是雙方已經陷入了不可原諒的仇恨之中，不如說只是一種戰爭的藉口而已。發表檄文（按：檄音同席，軍中文書的通稱，用以聲討敵人、宣示罪狀、徵召等）後，兵馬強壯的努爾哈赤在戰爭中屢屢獲勝，明軍陷入了徹底的被動。

明代在遼東的疆域主要在遼寧省境內。我們常以為明長城是從西面的嘉峪關到東面的山海關，但實際上，為了防範東北的蠻人，明代還從山海關出發，向北方和東方修建了一道長城，起於遼寧省綏中縣境內的錐子山，歷經葫蘆島、錦州、阜新、盤錦、鞍山、遼陽、瀋陽、鐵嶺、撫順、本溪等市，直達丹東市東北虎山南麓鴨綠江畔，這道長城有另一個名字：遼北邊牆。明代的疆域就在這道邊牆之內，牆外是蠻人居住地。

努爾哈赤先是征服了牆外如今黑龍江、吉林和遼寧的廣大地區，然後開始進攻牆內的撫順和鐵嶺一帶。他在撫順以東的邊牆外（現新賓縣）建立了首都興京，隨後，以興京為基地，在薩爾滸挫敗了明朝的圍剿。

明清之際，從北京前往遼寧地區的主要通道是山海關。這條路靠近海邊，一面是松嶺——黑山山鏈，另一面是大海，只有一條狹窄的通道連接遼寧的瀋陽地區與北京，稱為遼西走廊。在更遙遠的古代，這裡曾經是海邊的爛泥地，唐宋時期，隨著海退，人們開始利用這條通道，明代已經形成了堅實的土地，成了連接關內外最重要的孔道。

努爾哈赤經過了幾次勝仗，已經接近了遼西走廊，卻在這裡與明代錦州、寧遠、山海關的守軍對峙，無法前進。

努爾哈赤死後，兒子皇太極數次繞道進攻北京地區。除了山海關的遼西走廊之外，古代要進軍北京，可以走河北的喜峰口、古北口等地，穿越燕山中的長城，到達河北和北京地區。這條路是山路，不便於進軍。皇太極入關後只能形成騷擾戰，劫掠一番就撤回關外，無法占領北京城。

因內亂而走向滅亡

皇太極進攻北京雖然失敗了，他的進攻卻已經造成了蝴蝶效應，產生了意料不到的後果，讓明朝在內部崩塌了。

1 《清太祖高皇帝實錄》：「我之祖父，未嘗損明邊一草寸土，明無端起釁邊陲，害我祖父，此恨一也；明雖起釁，我尚修好，設碑立誓，凡滿漢人等，無越疆土，敢有越者，見即誅之，見而顧縱，殃及縱者，詎明復渝誓言，逞兵越界，衛助葉赫，此恨二也；明人於清河以南，江岸以北，每歲竊逾疆場，肆其攘奪，我遵誓行誅，明負前盟，責我擅殺，拘我廣寧使臣綱古里方吉納，脅取十人，殺之邊境，此恨三也；明越境以兵助葉赫，俾我已聘之女，改適蒙古，此恨四也；柴河三岔撫安三路，我累世分守，疆土之眾，耕田藝穀，明不容留獲，遣兵驅逐，此恨五也；邊外葉赫，獲罪於天，明乃偏信其言，特遣使遺書詬言，肆行凌辱，此恨六也；昔哈達助葉赫二次來侵，我自報之，天既授我哈達之人矣，明又擋之，脅我還其國，己以哈達之人，數被葉赫侵掠，夫列國之相征伐也，順天心者勝而存，逆天意者敗而亡，豈能使死於兵者更生，得其人者更還乎？天建大國之君，即為天下共主，何獨構怨於我國也？今助天譴之葉赫，抗天意，倒置是非，妄為剖斷，此恨七也！」

明朝的財政已經捉襟見肘，要對付清軍的入侵，還要動用更多的軍隊。明政府只能靠加稅來籌集軍費，民間的稅賦普遍增加了一倍，社會經濟的垮塌製造了大量的流民。

為了節省財政，甚至把驛站人員（驛卒）裁撤，這些走投無路的驛卒都變成了民間叛變的一部分。明朝的士兵由於兵餉不足，也頻繁的鬧事。更意想不到的是，當清軍進攻北京與河北地區時，從各地來的勤王軍也紛紛造反。與清軍作戰的明軍被打敗後，逃兵們也加入了劫掠的隊伍。

明朝就這樣被大大小小的叛亂吞噬了。

叛亂分子經過多次整合之後，變成了兩支著名的起義武裝：李自成和張獻忠。張獻忠進攻四川建立了政權，而李自成更是從陝西進入山西，最後進攻北京得手，滅亡了明政權。

李自成進北京後，明山海關總兵吳三桂隨即投降了清廷，使得清廷獲得了遼西走廊的控制權。一個政權的內部垮塌竟然如此徹底，對清廷而言，天險得來全不費工夫。

對於歷史學家，一個有趣的問題是：金國滅亡北宋之後，宋王室隨即在南方建立了南宋政權，並存在了一百多年。為什麼明朝滅亡、清兵入關之後，在南方卻無法形成一個穩定的南明政權呢？

這同樣和明朝坍塌的形式有關。北宋雖被滅亡，但社會結構仍然存在，即便在北方區域內，也有著大量的自治勢力組織民眾與金人對抗。在南方，也形成了堅強的抵抗核心，並不時有北伐的舉措。

明朝的坍塌卻是來自內部，由於王朝過於集權化，當清人入侵後，隨著民間反叛的興起，集權式政府就徹底失靈了，它的失靈又導致了社會的崩塌。當清軍占領北京後，整個中國北方地區竟然沒有成形的反抗力量。

另外，由於明朝的集權化過於嚴重，官僚們的能動性更小，不敢自己當家做主，沒有了主子，就要趕快再找一個主子。許多地方不僅不反抗，反而在等待著清軍的南下和占領。他們沒有反抗意識，更沒有表現出對明朝的忠誠和對清朝的憤恨。

在南方，雖然明朝的宗室也建立了南明政權，但內部的不協調與紛爭毀掉了南明政權的抵抗能力。結果，清軍南下勢如破竹，各個擊破，南明的殘餘勢力兵敗如山倒，只能一次次南逃，從江淮地區撤到了浙江、江西，再繼續退往廣東、福建、雲南。清軍壓境雲南時，又只能從雲南撤往緬甸。南明最後一個皇帝永曆帝被緬甸人交給吳三桂殺害後，明朝宗室領導的抗清活動就徹底消失了[2]。

在元代，由於元政府在南中國沒有建立起有效的行政和稅收機構，導致南方分崩離析。在清代，皇帝對漢族區域的控制要比元朝徹底，也造就了清朝兩百多年的江山。清政府是中國中世紀制度中最完善的，它採取了經濟上寬容民間，但政治和思想上強力控制的方式，保持對社會的牢牢掌控，卻又有一定的靈活性。如果不是外來入侵，清朝也許還會多維持一、兩百年。

清朝的統治給現代中國也留下了一份重要的遺產：**我們現在的地理基礎就是清朝打下的。在中國，完全帝國模式的王朝只有兩個，除了元朝之外就是清朝。**明朝是一個內斂的國家，其有效

2　清朝建立後，發生了三藩叛亂，以吳三桂為首的三藩號召北伐。但這次北伐更多是異族統治和削藩引起的官僚階層的反抗，與對明朝的忠貞無關。由於吳三桂選擇從四川、陝西進軍（類似於蜀漢的諸葛武侯北伐），道路遙遠，對華北地區沒有形成有效威脅，叛亂很快就失敗了。三藩叛亂的結束，更幫助清政府有效的控制了中國南部。

疆域大都限於如今漢人主導的地區，清朝的帝國主義傳統卻將西藏、新疆、蒙古、川西的廣大地區納入了中原的有效統治，這些區域占現代中國國土面積的一半以上。

作為本書的結尾章，我們不去追究清軍在中原的作戰，因為它利用的山川地理已經在前面的章節中無數次涉及。本章只對清軍在漢域之外的征服進行回顧。

黃金家族的黃昏

清朝對後世最有影響的是對中華帝國（按：又稱洪憲帝制）周邊地區的控制，這些地區人口稀少，卻擁有著巨大的地理價值。在孱弱的朝代，它們獨立成為一個個小國，即便在強大的朝代面前，它們雖然稱臣，卻保持著一定的獨立行政權。

清朝不僅控制了這些地區，還透過改土歸流將許多地方變成了中央政府直接控制，在其餘的地區也派去了駐軍，使得它們再也無法從中央帝國分離出去。

在所有的地區中，**最早被清朝人征服的是如今的內蒙古地區**。

滿洲時期，蒙古人已經分化成了所謂漠南蒙古、漠北喀爾喀蒙古和漠西厄魯特蒙古三個部族（見左頁圖）。明朝時蒙元王室後裔回到漠北，傳承了數代，被衛拉特人脫歡和也先所取代。但也先強盛過後，蒙古黃金家族再度復興，成吉思汗的後代達延汗成了蒙古人的首領。達延汗死後，蒙古本部被劃分成了漠南和漠北兩部分。漠南繼承了大部分的人馬，由達延的長子統治，而漠北則留給了小兒子。這就是漠南蒙古和漠北喀爾喀蒙古的來歷。

而衛拉特人衰落後，向西方逃竄，進入了如今的新疆北部地方和青海省，構成了漠西厄魯特蒙古。這三個蒙古再繼續劃分，在漠南蒙古又分為察哈爾部、科爾沁部和喀爾喀部，察哈爾部就是達延汗的後代，是漠南蒙古的主體。科爾沁部靠近東北地區，是比達延汗更早的移民。喀爾喀部則是元代大臣的後裔，位於科爾沁部和察哈爾部之間。在距離滿洲人較近的地方，還有滿洲人（雜有蒙古人血統）的扈倫諸部，包括葉赫、哈達、輝發、烏拉等部族。

漠北喀爾喀蒙古分成了三個部分，從東到西分別是車臣汗部、土謝圖汗部、札薩克圖汗部。清招降漠北喀爾喀蒙古時，又增加了一部叫做賽音諾顏部，構成了漠北喀爾喀蒙古四部。

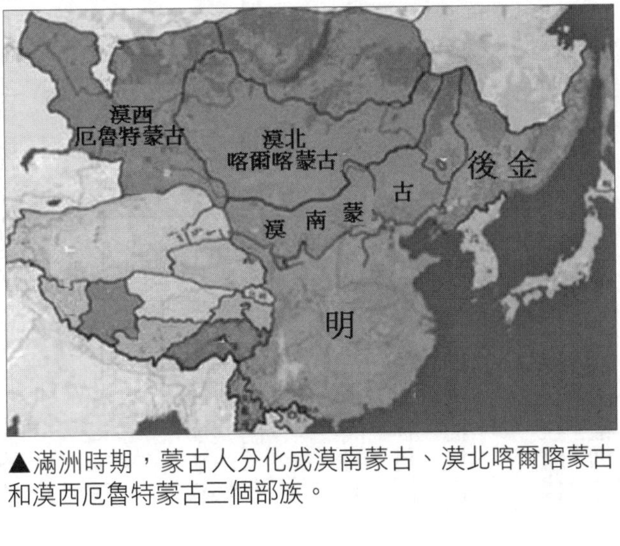

▲滿洲時期，蒙古人分化成漠南蒙古、漠北喀爾喀蒙古和漠西厄魯特蒙古三個部族。

在漠西厄魯特蒙古，衛拉特人也分成了四部，分別是準噶爾部、杜爾伯特部、土爾扈特部、和碩特部。和碩特部占據了新疆烏魯木齊一帶，隨著準噶爾部的崛起，又被排擠到了青海地區。土爾扈特最初在新疆塔城一帶，後來被準噶爾人排擠，遷往了歐亞邊界的伏爾加河地區。杜爾伯特部在北疆的額爾濟斯河流域。準噶爾部最初在新疆伊黎河流域，後來擴張征服了杜爾伯特部，趕走了土爾扈特部，將和碩特部逼往青海，並征服了南疆的維吾爾人，成了新疆地區的霸主。

努爾哈赤和皇太極除了進攻明朝、降服朝鮮之外，大部分精力都花在了這些蒙古部族上。最先被收復的是同屬於滿洲人的扈倫諸部，其次輪到了漠南蒙古的科爾沁部。

科爾沁部與滿洲人關係密切。雖然兩者曾發生過戰爭，可是，當從正統的察哈爾部誕生了一個野心勃勃的林丹汗時，情況出現了變化。科爾沁人發現，為了獲得更大的自由度，與其接受林丹汗的統治，不如與滿洲人結盟對抗林丹汗。這樣，蒙古科爾沁部就成了滿洲人最早和最忠實的盟友，在歷次作戰時都能看到科爾沁人的身影。

收服了科爾沁部之後，滿洲人要對付的是漠南蒙古的喀爾喀部。後金天命五年（西元一六二〇年），在努爾哈赤與明發生戰爭時，喀爾喀部的首領參與了紛爭，被努爾哈赤擒獲。

這次失敗並沒有讓喀爾喀部完全臣服，它不時發動叛亂。但這部分蒙古人夾在幾大勢力之中，一面是察哈爾部的林丹汗，一面是滿洲與科爾沁聯合體，另一面則是南方的明王朝，在三方勢力的壓迫下，喀爾喀部最終投向了努爾哈赤。

到這時，蒙古境內只有強大的林丹汗能夠與努爾哈赤對抗了。林丹汗的統治中心在元代的上都、忽必烈當年所建的開平。努爾哈赤死後，他的兒子皇太極率領科爾沁、喀爾喀聯軍向林丹汗進軍。林丹汗的暴虐導致了內部的叛亂，更削弱了他的力量。他被趕出了蒙古故地，向青海境內逃竄，死在路上。

清朝之所以能夠把漠南蒙古牢牢控制，是因為它在蒙古建立了一套牢固的政治制度。在歷代對付蠻族人時，總是無法將中央集權制度推行到蠻族，只能滿足於對方的臣服權，但行政權仍然保留給了對方。一旦中央政府控制力下降，對方立刻反叛。

清政府卻在漠南蒙古推行了一套與滿洲類似的旗人制度，將蒙古人分成了八旗二十四部，這些旗部互相合作，又互相監督。就這樣，漠南蒙古的游牧民族就被中央集權化了，無力再掙脫中央政府的控制。

但這套制度在漠北喀爾喀蒙古實行得並不徹底。清朝在征服了漠南蒙古之後，漠北喀爾喀蒙古也順勢歸順。但清朝對漠北喀爾喀蒙古仍然停留在傳統的招撫上。漠北喀爾喀蒙古的三大部表面上歸順於清政府，行政權卻相對獨立，清政府的控制並不牢靠。

直到漠西厄魯特蒙古的準噶爾被打敗之後，漠北喀爾喀蒙古才徹底歸順，但是獨立性仍然大於漠南蒙古，融合的時間又不夠長。清朝滅亡時，漠北喀爾喀蒙古也分離了出去。

清朝取代了明王朝，又征服了漠南蒙古，臣服了漠北喀爾喀蒙古之後，有一個人卻突然登上了歷史舞臺。這個人自認為是又一個成吉思汗，擁有著建立新帝國的野心，與清政府對抗了一輩子。但他的努力最終付諸東流。更令人感到不可思議的是，正是他幫助清朝獲得了新疆、青海、西藏，並迫使漠北喀爾喀蒙古徹底投靠了清朝。這個人就是準噶爾人噶爾丹。

準噶爾：最後的蒙古帝國

在如今蒙古西部，阿爾泰山和杭愛山之間，有一個叫做科布多盆地的平原，盆地的中央至今聳立著一座數百年的兵營廢墟。

廢墟在現代科布多城的北面，只剩下了一圈殘破的泥土城牆。城牆的殘高不超過三公尺，變得處處豁口，有些牆體已經夷平不見，但整體還能看出是個方形。

城牆裡的建築一概不剩，只是偶爾能在地面上看出一點點隆起，那可能是當初的官衙。根據記載，城區曾經有一座官衙和七座寺廟，現在都不見蹤影了。另外還有一些幾何形的土壟，那或許是建築殘存的牆體，或許是菜地的痕跡，而直線形的凹陷就可能是水渠。曾經熙熙攘攘的城門也變成了一片土堆，在這裡生活過的士兵們早已成了塵土。城牆裡殘存的大樹或許是當時的人所種，已經存在了數百年。樹下，牛在吃草，孩子們在玩耍，一切顯得和平安詳。

整個古城區除了北部的數頂帳篷之外，沒有任何持久性的建築。在北面的城牆外，緊挨著城牆，當地居民蓋了一批房屋，低矮、破舊，建造房屋的泥土可能就取自城牆。城北方是巍峨的紅羊山，整座山體都是紅色的，形狀奇特，讓人產生敬畏。這座城市在民國時期被一個叫做假喇嘛的軍閥所焚毀，當地居民在古城的南部又建起了大片的建築，就是現在的科布多城。

如今的科布多城屬於穆斯林和佛教徒的混住區。這裡有哈薩克人，也有衛拉特蒙古人。距離古城不遠處是一座帶著金頂的清真寺，清真寺馬路對面，有一個不起眼的佛教寺院。對比巍峨的清真寺和渺小的佛寺，可以看出，占據主流的宗教已經變成了伊斯蘭教。

科布多的市中心聳立著一座小型的劇院，旁邊是蘇聯式的政府大樓。大樓的前面豎立著兩座雕像，其中一座，是為了紀念一位衛拉特將領，他的雕像基座上寫著：噶爾丹，一六四四年～一六九七年。

噶爾丹是最後一個蒙古帝國的建立者。他屬於衛拉特人中的準噶爾部。科布多曾經是一座準噶爾人的城市，但現在這裡住的卻不是準噶爾人。清代的乾隆皇帝平定了準噶爾割據勢力後，把另一支衛拉特人杜爾伯特部遷到了這裡，科布多就變成了杜爾伯特人的大本營。不過，杜爾伯特人仍然記得噶爾丹，建造了這座雕塑來紀念他。

在清朝征服了漠南蒙古和漠北蒙古時，西方的新疆地區還有一個足以與清朝掰手腕的漠西厄魯特蒙古政權。漠西厄魯特蒙古屬於曾發動土木堡之變的衛拉特蒙古人。

在土木堡之變後，衛拉特人衰落了，從漠北蒙古遷移到了新疆北部，並分成了四部，分別是準噶爾部、杜爾伯特部、土爾扈特部、和碩特部。

起初和碩特部最強盛，但隨後被準噶爾部取代。準噶爾部逼走了土爾扈特部，降服了杜爾伯特部，並將和碩特部趕到了如今的青海省境內。隨後，準噶爾人又征服了南疆的維吾爾人，將整個新疆置於他們的控制之下，其影響力直達中亞。

準噶爾和清朝分別占據了中國北方的東、西兩端，都雄心勃勃的希望建立更大的帝國。幸運的是，清廷最終獲得了中原。如果是西方的準噶爾人獲勝，很可能建立一個更偏向於西部的政權，放棄中華傳統。

準噶爾大汗噶爾丹年輕時曾經在西藏學習佛法，他的一位同學叫桑結嘉措，後來當上了西藏的攝政王（第悉），噶爾丹本人也獲得了達賴喇嘛的封賞，形成了準政教合一的體制。他擁有蒙古人的身分，又占據了新疆，持有西藏的信仰，這種背景很可能讓他建成一個橫跨蒙古、新疆、西藏的大帝國，並向中原和中亞擴張。即便他不占領中國，只要他統一了蒙、疆、藏三部，那中國就被封鎖在東亞地區，從陸路上與中亞相隔絕，喪失了與絲綢之路上各國的聯繫。

清廷征服漠南蒙古、中原，並讓漠北蒙古臣服之時，恰好也是噶爾丹擴張的高峰時期。身為蒙古人，統一了新疆之後的噶爾丹首先想到的，是繼續統一蒙古各部。噶爾丹最魂牽夢縈的就是成吉思汗發源的漠北蒙古地區。

噶爾丹的大軍從新疆進入蒙古西部，橫掃了漠北蒙古四部，獲得了漠北蒙古的控制權。

漠北蒙古的喀爾喀人屬於黃金家族，並不想接受支系的噶爾丹統治，他們寧願逃到清朝求救。漠北蒙古的求救給了清政府機會。四部與清朝原本只有鬆散的宗主關係，清朝想插手他們的內部事務，會立刻遭到反對。但噶爾丹入侵後，四部已成喪家之犬，只好徹底臣服於清朝，讓清朝擁有了干預行政的權力和駐軍權。

獲得漠北蒙古後，一個新的計畫也在噶爾丹的頭腦中形成：借道漠北蒙古，從漠北蒙古東部進入中國的東北地區，再南下北京進攻清王朝。如果這個計畫成功，意味著準噶爾人將成為中國新的主人。

清康熙二十九年（西元一六九〇年），噶爾丹藉口清剿喀爾喀人，從漠北蒙古東部到達了位於中蒙邊境的呼倫湖，從呼倫湖南進，越過貝爾湖，進入察哈爾部的屬地。他擊潰了漠南蒙古的部落聯軍，向北京前進。

為了抵禦噶爾丹，康熙皇帝派遣大軍從喜峰口和古北口北進，迎擊噶爾丹，相遇在了如今赤峰附近的烏蘭布通。兩個處於擴張期的游牧民族戰鬥力都很強，幸運的是，雙方的火力水準卻決定了戰爭的成敗。

在與明軍的交戰中，清軍已經火器化了，在清朝的部隊中有了專門的火炮部隊，使用的是威力巨大的紅衣大炮[3]。噶爾丹由於地處內陸，仍然以傳統的騎兵為主，他賴以揚名的是大量的駱駝組成的駝兵部隊。

在與其他部族交戰時，駱駝兵的快速行進和吃苦耐勞成了準噶爾勝利的保障。但當噶爾丹的駱駝兵碰到清軍的紅衣大炮時，立刻處於劣勢。在炮兵營的轟擊下，駱駝陣崩潰了。噶爾丹沿著來時的路退回了漠北蒙古境內。

在噶爾丹進攻漠北蒙古和中國時，在他的老巢新疆，一位年輕人——他的侄子策妄阿拉布坦——發動了針對他的叛亂，控制了新疆地區。策妄阿拉布坦為了對付叔叔，立刻承認了清政府的權威。當噶爾丹退回漠北蒙古時，發現已經無法回新疆了。他試圖以武力進攻策妄阿拉布坦，卻以失敗告終，這位野心勃勃的君王拚盡一生，卻發現無家可歸了。他盤踞在漠北蒙古西面的科布多城等待機會。

更糟糕的是，康熙皇帝為了對付他，決定御駕親征。在中國歷史上，除了元朝之外，只有明成祖和清初諸帝能夠進入北方茫茫的草原。雙方在如今蒙古首都烏蘭巴托南面的昭莫多遭遇，並展開了大戰。這次仍然是清軍的火器決定了成敗，準噶爾人留下如山的屍堆，逃走了。噶爾丹最後的根據地也失去了。

3　原稱紅夷炮，是歐洲十六世紀製造的一種加農炮，明代後期傳入中國，軍人迷信，覆以紅布，清人諱夷字，於是改稱紅衣大炮。

離開漠北蒙古後，噶爾丹試圖回新疆哈密地區，卻被攔截。他只好南竄寧夏，試圖經過青海，回到他曾經學習的西藏。這一次，他又被清軍所阻。走投無路的他選擇了自殺。

他死後，侄子策妄阿拉布坦卻繼承了他的野心，準噶爾人的戰亂仍然沒有結束。

西藏併入帝國疆域

在明代，西藏與中央政府的關係是歸順附屬關係，中央是西藏的宗主，實際的行政管轄權卻有限。到了清代，最初中央政府也僅僅保留了象徵性權力。

當準噶爾人把和碩特部趕到青海之後，和碩特部與西藏的關係密切起來。西藏正處於教派的內鬥時期，達賴喇嘛雖然經過幾次轉世，但仍然只是眾多的活佛之一，並沒有掌握西藏的行政大權。五世達賴為了控制西藏，邀請和碩特部的固始汗從青海前往西藏，幫助他統一西藏。

和碩特蒙古由此和西藏形成了一種特殊的關聯，從理論上，達賴喇嘛是軍事和民事的最高領袖。但實際上，卻是由和碩特部的汗王出軍隊保衛西藏，而西藏的民事則掌握在達賴喇嘛任命的一位攝政王的手中。透過這種安排，和碩特部就在西藏擁有了極高的地位。

噶爾丹時期，他的同學桑結嘉措當上了攝政王，勾結噶爾丹殺掉了和碩特部的車臣達延汗（固始汗的兒子）。這時，擁有極高威望和權力的五世達賴喇嘛也去世了。攝政王桑結嘉措為了繼續掌握權力，故意隱瞞了達賴去世的消息，遲遲不任命六世達賴，自己掌握了政權，代替死去的達賴喇嘛進行統治。

噶爾丹死後，和碩特部的拉藏汗見桑結嘉措沒有了靠山，乘機從青海進入西藏，殺掉了桑結嘉措，和碩特部再次掌握了西藏的控制權。

取代了噶爾丹的策妄阿拉布坦同樣野心勃勃，妄圖建立龐大帝國。由於西藏掌握了蒙古人的信仰，他首先征服的目標就是西藏。

策妄阿拉布坦組織了一次極端大膽的攻擊[4]。在清初，從外界進入西藏的常用道路只有三條，分別是從四川進入西藏的爐藏官道、從青海進入西藏的蒙元大道，以及從尼泊爾進入西藏的蕃尼古道。最後一條路是通外國的道路，不做討論。

另兩條路中，爐藏官道從四川西部的打箭爐（現四川省康定）折向北方，經過道孚、爐霍、德格、昌都、洛隆、邊壩、嘉黎，最後到達拉薩，大略相當於從康定折向川藏北線，在昌都再走遊人稀少的川藏中線到達拉薩。蒙元大道則由蒙古人開闢，從青海西寧出發，向南到達玉樹地區，再折向西南，經過黑河（現西藏那曲）到達拉薩。和碩特部進攻西藏，大都走蒙元大道。

除了這三條常走的道路之外，在西部的阿里地區，還有一條與新疆喀什地區連接的克里雅商道，但由於過於艱險，很少有人使用。在克里雅商道與蒙元大道之間，則是一千多公里長的羌塘無人區。以崑崙山為界，山南是西藏高原的羌塘，山北則進入了新疆塔里木盆地。在歷史上，羌塘無人區是令人談虎色變的死亡地帶，幾乎有進無回。

4 這次戰爭成了本書作者的小說《告別香巴拉》的歷史背景之一。郭建龍：《告別香巴拉》，浙江大學出版社，二〇一三。

策妄阿拉布坦派出大將策凌敦多布進攻西藏，恰恰選擇了這個不可能路線。策凌敦多布先是跨越了塔克拉瑪干沙漠到達南疆，再翻越海拔五千多公尺的崑崙山，進入了西藏羌塘無人區，一路向南到達拉薩。由於他選擇的道路過於驚世駭俗，拉藏汗根本沒有想到他會出現，於是戰敗被殺，準噶爾人占據了拉薩。

策凌敦多布占領拉薩的消息傳到了北京。康熙五十七年（西元一七一八年），康熙帝派遣大軍一萬三千人從青海（走蒙元大道）進入西藏，援助西藏人驅趕準噶爾人。大軍進到了藏北的那曲地區，與準噶爾人遭遇。由於地處高寒，糧運困難，加上地形不熟，清軍被準噶爾人襲擊了糧道，彈盡援絕，支撐了百餘日之後，全軍覆沒。這是清軍在西藏地區的最大損失。

康熙帝聽說大軍失敗，立刻決定再次起兵。他吸取了前次的教訓，決定從四川和青海兩方面同時進軍。大將岳鍾琪率軍從四川沿爐藏官道直撲拉薩，與此同時，大將延信的軍隊從蒙元大道也到達了那曲地區。

準噶爾人由於在拉薩無法建立穩定的社會秩序，受到了西藏人的反對，他們立足不穩，在岳鍾琪的打擊下，向北逃竄，在那曲地區又被延信擊潰，狼狽逃走。

趕走了準噶爾人之後，清朝乘機在西藏地區建立了統治基礎，設立了駐藏大臣。雖然日常行政工作仍然由當地政府負責，但駐藏大臣擁有否決權和重大事務決定權。清政府還規定了**達賴喇嘛的轉世規則，除了由當地人尋找達賴轉世之外，還規定必須由中央政府主持金瓶掣籤儀式，加強了喇嘛轉世的監督**。同時，清政府開始扶持另一個大喇嘛班禪額爾德尼，並將後藏的部分地區劃給了班禪，試圖在達賴與班禪之間形成平衡。

經過了改造的西藏雖然仍然有很大的獨立性，卻已經嵌入了清政府的制度框架之中，形成有效管理，與其他更遙遠的屬國區分開來，西藏的特殊架構成了現代政治的基礎。

西藏歸附後，準噶爾人或叛或附，仍然是清政府最大的敵人。康熙帝之後，雍正帝和乾隆帝都曾經為征服青海和新疆的蒙古人殫精竭慮。

直到乾隆二十二年（西元一七五七年），清政府才最終平定了不馴服的準噶爾人。此時距離清朝建國已經一百多年，花了幾代人的工夫才最終將西部和北部的巨大疆土，收入中央政府的控制之中。

作為獨立性最強的**準噶爾人，在乾隆時期遭到了滅頂之災**。這個部族曾經控制了數百萬平方公里的土地，人口卻只有二十餘萬戶、六十餘萬口[5]。乾隆皇帝對這個民族恨之入骨，必讓這片土地上不剩一個準噶爾的後代[6]。曾經的龐大帝國，以種族滅絕而告終。

在新疆的土地上，只留下了一個準噶爾盆地的地名，卻再也沒有了當年那個英勇的種族。

5 魏源《聖武記》卷四：「初，準部有宰桑六十二、新舊鄂托二十四、昂吉二十一、集賽九，共計二十餘萬戶，六十餘萬口。」

6 魏源《聖武記》卷四：「一激再激，以致我朝之赫怒，帝怒於上，將帥怒於下，合圍掩群，頓天網而大獮之，窮奇渾沌檮杌饕餮之群，天無所訴，地無所容，自作自受，必使無遺育逸種於故地而後已。計數十萬戶中，先痘死者十之四，繼竄入俄羅斯、哈薩克者十之二，卒殲於大兵者十之三，除婦孺充賞外，至今惟來降受屯之厄魯特若干戶，編設佐領、昂吉，此外數千里間，無瓦剌一氈帳。」

南疆的臣服

在準噶爾與清王朝爭奪霸權的鬥爭中，現在新疆南部的維吾爾人地區最初從屬於準噶爾人，當清廷獲勝時，又成了清朝的附庸。

維吾爾人在唐朝時稱為回紇人，居住在蒙古境內。在回紇人之前，蒙古居住著突厥人，隨著突厥帝國的崩潰，回紇人占據了突厥人的領地。在唐末，回紇人又被吉爾吉斯人擊敗，逃往了河西走廊地區和新疆東部。隨著蒙古人的興起，回紇人繼續南遷來到了現在的南疆地區，居住在塔里木盆地的各個綠洲上，選擇了伊斯蘭教作為他們的宗教。

當北疆的準噶爾帝國擴張時，維吾爾人地區由於信奉了伊斯蘭教的不同支派，分成了白山派和黑山派兩大勢力。由於黑山派占了上風，噶爾丹以支持白山派為藉口入侵南疆，扶持了白山派的首領，建立了傀儡政權。

隨著準噶爾的滅亡，南疆表面上臣屬於清朝。領導南疆的是兩位兄弟波羅尼都和霍集占，當地人尊稱他們為大和卓、小和卓。出於對獨立的渴望，他們發兵對抗清王朝，於是大小和卓之亂爆發。

大和卓的基地在喀什，小和卓的根據地在葉爾羌（現新疆葉城）。兄弟兩人起兵從南疆出發，沿塔里木盆地的西北沿，向中部重鎮庫車進軍。但兄弟兩人卻被清軍擊敗，被圍困在庫車城內。只是由於清軍將領的疏忽，他們才逃回了南疆。

大小和卓出兵失敗後，就輪到清軍出擊了。為了徹底征服大小和卓，清朝將軍兆惠率軍向南疆兩和卓的老巢進軍。兆惠首先進攻了葉爾羌，不想這次他又被圍困在了葉爾羌，情況危急。

三個月後，清朝才發兵解救了彈盡援絕的兆惠，撤回了庫車。經過了此次圍困，兆惠等人意識到，由於地理廣闊，僅僅依靠戰爭是不可能獲得南疆的。

由於大小和卓在戰爭籌款時，對當地人進行了嚴苛的壓榨，加上用人不當，已經激起了當地人的不滿。兆惠展開了政治戰和經濟戰。一方面，在已征服地區進行減稅，並任用當地人擔任首領；另一方面，將南疆奇缺的物資如布匹運送來，與當地人交換糧食和馬匹。南疆雖然缺少布匹，但布匹並不是必需的軍事物資，而糧食和馬匹卻是戰爭最不可或缺的。清軍利用這種隱蔽的措施，逐漸削減了大小和卓的軍事優勢。

兆惠再次發兵時，大小和卓已經很難抵抗清軍的入侵。他們逃往了境外的巴達克山（現阿富汗境內），被當地人殺死後送給清軍。

大小和卓的滅亡，讓清政府獲得了新疆的最後一塊領土——南疆，也是新疆地區最富裕的所在，最終徹底統一了新疆。

清政府征服南疆的過程也預示著在未來統治新疆的思路。作為不隨意屈服的民族，維吾爾人並不害怕戰爭，卻又有著過好日子的渴望。只有理解和支援了他們的願望，採取懷柔的政策，避免高壓，才能夠獲得他們的認同與支持。

作為最後一塊征服的土地，新疆仍然是不穩定的。清代後期，新疆還發動了一系列的叛亂，但每次叛亂都作為契機，反而增加了中央政府的控制權。即便在沙俄手中丟失了部分領土，但作為主體的新疆最終保持了下來。

大小金川：帝國擴張的極限到了

除了新疆、西藏、蒙古等新獲得的領土外，清政府在一些內屬的領土上也取得了巨大的成果。在中國歷代的歷史地圖上，人們往往習慣於誇大中央政府的控制力。比如，秦代已經在廣東地區建立了郡級行政單位，但實際上，秦只能控制廣州等城市周邊很小的區域，而出了城市，進入廣大山區之後，這裡的山區居民並不歸秦管轄，秦也不熟悉山區的地形和社會結構。廣東雖然名義上屬於中央帝國，卻充斥著化外之地。

明代，在南方和西方各省仍然存在大量的化外之地，比如湖南、湖北西部，貴州、廣西、雲南的山區，以及四川西部。這些山區的居民不服從中央政府的領導，仍然過著近乎獨立的生活。中央政府為了顯示自己的控制力，往往滿足於給部落首領加封一個官職，委託他進行統治，算是「歸化」了他們。但實際的行政權仍然由首領們單獨行使，中央政府無權干涉。首領死後，權力歸他們的子女，不能由中央政府撤換。這些首領就是所謂的土官（或者土司）。

清代是對這些山區居民征繳最激烈的朝代，基本上將位於湖南、湖北、廣西等地的山區飛地消滅，廢除了土司制度，設立了行政區劃，派遣外地的官員前來管理，這些官員就是所謂的流官。即便在貴州、雲南等更加偏遠的地區，改土歸流運動也在進行之中。中央政府習慣於把少數民族不服從中央稱為叛亂，但實際上，是中央政府對原本近乎獨立地區的合併運動，將它們整合到中央集權統治管理的框架之下。

在清代發動的所有的合併行動中，四川的大小金川反抗是規模最大的兩次。

在北京西北方，頤和園通往香山的香山路上，路的北面是一排連綿的小山，這些小山北鄰百望山，東臨香山，南面則是玉泉山。在小山裡，有許多成為廢墟的石頭堡壘。堡壘的牆壁異常高大，如同體格巨大的房屋，帶著如同城垛的豁牙（按：指人的牙齒殘缺）。這些堡壘已經存在了兩百多年。在四川西部的金川、小金和丹巴縣境內，則有眾多的碉樓，這些碉樓是石頭所砌，高達幾十公尺，如同巨大的煙囪三五成群的屹立在群山之中。

人們很難想像，北京的廢堡壘與四川的碉樓實際上有著密切的聯繫。雖然兩者長得不怎麼像，但北京的堡壘是四川碉樓的仿製品。當年乾隆皇帝在攻打四川西部大小金川失利後，知道當地的碉樓是清軍行動的最大障礙，特別在北京仿造了碉堡，用來練兵。直到現在，北京山中的堡壘仍然作為當年大小金川之戰的遺跡而存在。

在四川省西部，有一條重要的長江支流叫大渡河。大渡河上游，在丹巴縣附近由兩條河匯聚而成，分別是東面的小金川與西北面的大金川。四川省現在有兩座縣城，金川縣和小金縣，分別坐落在兩條支流上。

大小金川總人口只有幾萬人，但從大金川第一次叛亂，到第二次被征服、改土歸流，一共經歷三十年（從西元一七四七年到西元一七七六年），其中熱戰時期也有十三年。

乾隆十二年（西元一七四七年），大金川土司莎羅奔在當地表現強勢，欺凌周邊，清朝派遣川陝總督張廣泗前往鎮壓。由於大金川位於川西的崇山峻嶺之中，易守難攻，加上碉樓的保護，張廣泗竟然吃了敗仗，被乾隆帝斬首。皇帝再次派遣名將岳鍾琪前往，大金川才投降。這次戰爭經歷了三個年頭，以莎羅奔投降、皇帝赦免而告終。雖然只是一個小土司，清朝卻一共花費了白銀兩千多萬兩（相當於鴉片戰爭的賠款額）才鎮壓下去。

西元一七六六年，乾隆帝再次聯合當地九名土司征討大金川。但這次征討讓當地土司們意識到，如果他們土著人不團結，清廷會將他們一一擊破，土司未來的權力只會更小。於是，經過時斷時續的戰爭狀態後，原本與清廷結盟的小金川反而加入了大金川的叛亂。

這次叛亂直到西元一七七六年才告平定。清軍動用了六十萬人，花費了七千萬兩白銀。由於地域狹小，具體的戰爭並不複雜，大多數時候是清軍對堡壘的圍困，卻無法攻克。

大小金川之役以當地的改土歸流而告結束，卻預示著中央帝國的邊界已經擴大到了極致。由於地理的限制，清廷哪怕想再往外擴展，都由於群山的阻隔，必須付出慘重的代價。一個數萬人、數百里的小地方在借助了地理優勢之後，都還必須花費如此高昂的代價，用如此長的時間才能攻克，那麼，在更廣闊的中亞、巴基斯坦、阿富汗、緬甸，幾乎不再具有擴展空間了。

從這時開始，清朝從擴張轉換成一個內斂的朝代，在當時的地理和經濟、科技條件下，中國已經達到了允許的最大邊界。它帶著更大的野心，卻服從了客觀條件的限制。皇帝們不知道的是，隨著技術的進步，一場天翻地覆的變化正在到來。

海權時代的來臨

咸豐十年（西元一八六〇年），在通州與北京之間一個叫八里橋的地方，發生了一場改變中國戰爭觀念的血戰。

通州是古運河的終點站，漕糧從南方運到通州後，再經過一條細小的河流通惠河運往北京城。八里橋就在通州與朝陽區交界的通惠河上。

這一年，驍勇善戰的蒙古親王僧格林沁率領三萬騎兵和兩到三萬步兵，在八里橋一帶布防，準備迎戰從海上來到的英法聯軍。

在之前一年，僧格林沁在天津的大沽口打敗了英法聯軍，擊毀擊沉了英國四艘艦船，打死打傷英法士兵五百多人。

然而第二年，捲土重來的英法聯軍依靠著陰謀詭計從大沽口北面的北塘登陸，繞到了大沽口炮臺的後面進行攻擊。炮臺的大炮都是固定的，只能對海上射擊，無法覆蓋後方的陸地。英法聯軍攻克了大沽口，並占領了天津。

隨後，聯軍向通州挺進，接近中國的首都北京城。在八里橋作戰三天之前，僧格林沁已經在通州的張家灣與英法聯軍發生了一次遭遇戰，戰鬥以清軍撤退告終。

外國人的進攻之路是一條全新的、看上去充滿了風險的路線。在中國歷史上，所有的戰爭都依靠陸地，借助山川之勝進行防守。以北京為例，自古以來，北京的威脅大都來自北方和西方的游牧區域。在游牧區域與北京之間，隔著燕山山脈和太行山脈，只要把守好燕山和太行山上的幾條孔道，就基本上保證了北京的安全。

有時候北京也會受到南方的威脅，北京之南是華北平原，千里平原不容易防守，必須借助平地上的幾條小河，在保定到滄州之間建立防禦型的城寨，駐紮大量軍隊，依靠軍隊的機動性進行防禦。

如果北方、南方、西方的兵力部署得當，北京就可以保證安全無虞。在古代的軍事家看來，最不可能出事的是北京的東南方。原因很簡單：北京東南方的天津面朝大海，而海洋對古人就是一面無限高度的牆，沒有人會從海上進攻北京。因此，這裡是不用設防的。

西方人的到來終於打破了這條鐵律，他們第一次從海上進攻中國。但清朝將領們似乎並不擔心英法聯軍的到來。海上進攻看起來是出其不意，但船隻的運輸能力是有限的。英法聯軍能夠運送上岸的不超過一萬人。北京和天津之間是一馬平川，缺乏戰略地形，進攻部隊即便登上了岸，也是背水而戰，沒有退路，很可能被擁有優勢兵力的防守方消滅。

僧格林沁為了準備八里橋殲滅戰可謂下足了功夫。張家灣之戰雖然清軍撤退，但這只是大戰的前奏，戰後，清軍的主力不僅還在，甚至還得到了加強。

在八里橋布防時，僧格林沁投入了華北地區最精銳的部隊，包括蒙古科爾沁、察哈爾部的野戰騎兵。在清朝，除了與太平天國打仗的湘軍、淮軍之外，蒙古騎兵是最驍勇善戰的部隊。英法聯軍總數不超過一萬人，僧格林沁用六倍的兵力進行決戰，擁有了必勝的把握。

英法士兵們並沒有意識到清軍已經做了埋伏。早上七點左右，他們從村子裡出來列隊上路，顯得很隨意。就在這時，突然從樹林衝出了許多蒙古騎兵，他們目標分成了兩個：第一，從正面衝擊敵人；第二，企圖繞到側翼衝擊敵人的後方。另外他們還布置了二十多門大炮，對英法陣地進行轟擊。

一方是準備充分，另一方是倉皇上陣。誰勝誰負是可以預期的。但戰爭的過程卻超出了清軍的理解。側翼的包抄確實讓英國軍隊中的印度部隊慌了陣腳，一度距離敵人只有二、三十公尺。

但就是這短短的幾十公尺卻成了無法突破的障礙。蒙古人的馬刀無法落到敵人的脖頸上，就被槍炮撂倒，無法前進。

正面衝擊也同樣無法奏效。英勇的蒙古人一次一次倒下，又一次一次從不知什麼地方冒出來。英法聯軍只能無奈的一次次裝填子彈、射擊。

戰鬥結束時，最英勇的蒙古騎兵部隊已經不存在了。他們有的死亡，有的潰散。通往北京的大門敞開了。咸豐帝聽說了戰鬥的結局，立刻決定逃往熱河避難，將北京城留給了聯軍去劫掠。

西方人的到來，徹底改變了中國的戰爭哲學。在這之前，中國的戰爭戰略主要有兩個方面：第一，對陸地地形的把握，只要掌握了中國的山川地理，就可以依據地理條件來進行防禦或者攻擊；第二，注重戰略，不注重武器，千百年來，中國戰爭武器的進步非常有限，很難有一方在武器上有絕對優勢。

但西方人到來後所展現的卻是另一種戰爭的可能性：依靠科學技術，跨越地理障礙，從原本不可能的方向發動襲擊；利用先進武器，可以達到以一當百甚至當千的作用。僧格林沁的戰術沒有問題，但落後的武器系統卻讓任何戰術都無法奏效。所謂戰術，必須在雙方武器基本對等的前提下才有可能施展。

一旦以前的戰爭規則都失效了，海洋不再是屏障，反而成了最危險的所在，武器的差距之大讓軍事家失業了。

這意味著，敵人可以從海岸的任何地方實施打擊，並且都能獲勝。清末的主戰場已經從秦嶺、太行山這些地理要素轉移到了廣州、天津、大連這些海濱地區。海權時代到來了。

直到清朝滅亡，整個國家都沒有從海權衝擊的休克中緩過神來。但是，海權時代的到來，是否就意味著中國古代戰爭的經驗都成了廢紙呢？答案也是否定的。一旦武器再次獲得了均勢，一旦防守方將海防也納入了戰爭考量，以往的經驗會再次復活。

清朝之後的陸地戰爭又回到了舊的地理限制之中，當日本人侵略中國時，國民政府與八路軍分別選擇了中國西部的高山地區進行機動。日本人雖然從海洋出發，占據了華北、華東和華南的平原地區，卻由於缺乏制高點，始終無法完全征服中國。

中國工農紅軍的長征類似於黃巢機動作戰的翻版，依靠機動尋找薄弱地區，等待對方政權財政失衡引起崩潰。長征在路線選擇上，與當年蒙古人進攻大理有很大的重合，蒙古人順著川西、甘南向南進攻，如果把路線倒過來，就是紅軍北上的路線。

當西元一九四九年國共雙方在長江對峙時，仗還沒打，國民黨政府的命運就已經決定了。中國古代的歷史告訴我們，**南京地區的命運不在長江，而在於淮河**。淮海戰役失敗後，國民政府丟失了淮河，已經註定無法堅守長江了。

未來的戰爭如果在海外發生，制空權與制海權依然是最重要因素。可戰爭一旦回到本土，或者到了占領土地與建立政權的階段，決定性的，仍然是那千年不變的山川地理。

後記

為了寫作本書，我曾經花了很多時間在中國各地遊走，訪問歷史上的戰略要地。我認為，只有透過親自觀察，才能了解一個地方為什麼會成為戰場，它的地理邏輯在哪裡。

寫作時，許多訪問時的場景總是在眼前閃現，其中最難忘的有三個。

第一個場景發生在我走訪燕國故地時，看到的滿地古代戰士的頭顱。

在河北省易縣，這裡是著名的燕下都所在。縣城之南，當年的都城還有跡可循。最令人感慨的還是燕下都南面的幾座高大土塚。這些土塚在一個不起眼的小村子旁邊，兩千多年來沒有人在意，直到有一天，人們發現土塚之下一共埋藏著數萬顆人類的頭顱。

在中國古代，人們有利用戰敗者的頭顱疊金字塔的傳統，這些金字塔有一個名字：京觀。河北易縣的土塚可能是中國唯一保存完整的京觀。這些人頭屬於戰國時期的燕國，已經有兩千多年的歷史。

不幸的是，當我去到現場，卻發現這些土塚都遭到了盜掘。在土塚的周圍，散布著大量的人類頭骨碎片，大部分都碎了，但很多還能看出來圓圓的形狀。由於年代久遠，這些碎片都變成了軟綿綿的一團，用手一碰就會粉碎。隨著被盜掘，保存兩千年的遺跡很快就會消失殆盡。

唯一能夠長久保留的是人類的牙齒。在現場還散布著大量的牙齒，它們依然堅硬，混合在一起的還有一些簡陋的陶片。除了陶片、牙齒和碎骨，沒有別的，大概戰敗者的人頭墩中不會陪葬任何有價值的東西。

對於盜墓者而言，最沒用的物品也許就是人類本身。一個箭頭、一把劍，甚至一個陶片都比一具骨骸更有價值。人頭骨與牙齒被掘出後隨即扔在了地上，任由消失。對於考古工作者，數量龐大的骨頭也沒有什麼價值，他們只是採集了幾個樣本，剩下的就任它自生自滅了。

感慨萬千的我隨手撿了一把牙齒，從磨損程度看，它來自二十歲左右的年輕人，在戰爭中死去，被當作戰利品埋葬在這裡。

第二個場景發生在另一座古戰場。

當我到達山西汾河岸邊的玉壁古城遺址時，在一片黃土臺地上，當地人指給我一個叫做萬人坑的地方。

玉壁古城是中國保留比較完整、沒有受到過多擾動的古城，這座城市專門為了打仗而建。當年東西魏的戰爭中，西魏為了封鎖東魏的汾河進攻路線，在汾河南岸的臺地上修建了玉壁城。當東西魏戰爭結束，玉壁也就慢慢荒廢了。由於沒有人類大規模居住，才保留到了現在。

從地貌上看，玉壁城如同是一座天然的巨大平臺，高高聳立著，它三面是懸崖，只有一面較為平坦，守軍在這一面修建了城牆進行防衛。在城市內，還能看到當年攻城者挖掘的地道痕跡。

在斷崖上，白色的人類、馬匹的屍骨、牙齒俯首可拾。

所謂萬人坑，實際上是在懸崖上一個密布著人類骨骸的地層。人骨之密集，令人產生毛骨悚然之感。

在懸崖之下，也散布著許多脫落的人骨。隨著懸崖的剝蝕，崖下的人骨竟然也鋪了一層。可能是由於年代短了一半，且氣候更加乾燥，這些屬於一千多年前東西魏大戰時，西魏將士的遺骨保存情況要比燕國京觀的骨殖（按：屍體經焚燒後遺留的骨灰和骨頭）更加硬實。

最後一個場景在寧夏固原的好水川戰場。這個新發現的古戰場屬於北宋與西夏戰爭時期。戰場在一座紅色的小山坡側面，同樣由於地處偏僻，在近千年後，戰場幾乎還保持著剛剛打完仗之後的原貌。唯一的不同是，當年裸露在外的將士屍骨都被歲月埋在了淺淺的地下，只要稍一留意，就會發現它們。

在一個斷層處，我發現了一個破碎的瓦罐，看上去像是士兵們煮粥用的。在瓦罐裡竟然還有許多非常輕的黑色物質，經過辨認，應該是小米粥乾掉、炭化之後的痕跡。也許在那天，北宋的士兵剛剛做好飯，還沒有來得及吃，就遭遇了滅頂之災。

瓦罐裡的粥不知道放了多久，慢慢變乾、炭化，被浮土埋沒。瓦罐在土下埋了很久才破碎，當我發現時，雖然碎成了幾塊，卻並沒有零落，仍然可以拼得嚴絲合縫。

在瓦罐的不遠處，有一個人類的頭蓋骨。再遠一點，斷層裡星星點點露出幾片白色的痕跡。我用手輕輕一摳，發現竟然是人體的第一到第四塊頸椎。它們必然屬於一位北宋的士兵。

這位士兵被殺後，就一直留在了原地，直到積土將祂埋葬，又被風雨從土中剝出、散落。當我看到它們時，只剩下了四塊脊椎，其餘都不知去向。

除了這三個場景，還有許多都能讓我立刻穿越到過去。它們共同陪伴我寫完了書稿。每一次我的思路停頓時，都回憶著那一幕幕鮮明的記憶，詛咒著該死的戰爭。

但戰爭就是人類的一部分，隔一段時間，總會有野心家冒出來，希望透過戰爭來滿足他的私欲。**戰爭和稅，是人類社會無法避免的兩種事物。和平時期，決定人類社會演化的最根本力量是**

經濟和財政；到了混亂時期，決定演化的則是戰爭。

如果要想研究人類社會的發展，戰爭是不可避免的課題。我們譴責戰爭的殘酷，卻必須了解戰爭不會遠去，做好理論上的準備，以免受人宰割。

本書追尋了從秦統一到清末這兩千年的戰爭邏輯，以中國地理要素為中心，逐漸展開，敘述了各個朝代的大戰略。

在秦朝統一時，中國的地理還局限在關中地區、洛陽盆地、華北、淮河、兩湖地區、四川這幾個單元。到了清代，已經擴張到了新疆、西藏、雲南、蒙古，隨著地圖的打開，以及經濟重心的轉移，中國的軍事戰略也發生著一定的變化。但變化中又有著持久的要素，因為中國的地理是不變的。

讀者讀完本書，可以理解中國疆域的形成，以及歷次戰爭背後的邏輯性，從而更加熱愛現在的和平與繁榮。

在寫作過程中，我腦海中不時需要將我遊走觀察的現場圖景與歷史中的記載相印證。比如，當我敘述蒙古人進攻大理時，想到的是滔滔的大渡河水、白龍江兩側高聳的山脈，以及壤塘廣闊的草原圖景，只有這樣，才能確定蒙古人策劃了一次多麼大膽的行動。

本書是「帝國密碼三部曲」之一。二〇一七年，我出版了《龍椅背後的財政祕辛》，其中提到除了「財政祕辛」，還有兩部《中央帝國的哲學統治密碼》和《拿下全中國》（按：皆由大是文化出版）正在寫作之中。實際上《龍椅背後的財政祕辛》寫成於二〇一五年春天，在那之後，我已經開始了剩下另外兩部的寫作，按照計畫，首先寫完的應該是「拿下全中國」，最後才是

《中央帝國的哲學統治密碼》。但由於《拿下全中國》的複雜度更高，反而是先寫完了《中央帝國的哲學統治密碼》，最後才完成了本書。

在體例上本書也和《龍椅背後的財政祕辛》、《中央帝國的哲學統治密碼》有所不同。兩書大都附了詳細的注釋文字，加上附錄中的參考書籍。而本書的內容主要出自中國的史書，書目見附錄的參考書籍，我都視之為常規文獻，因此，不再一一注明出處。書末的參考書籍也是我目前還在研讀的書，其中一部分並沒有在本書中得到反映，卻是我長期計畫不可分割的一部分。

與前兩本書相比，本書的特點是更注重實際地理的考證。

在未來，時機合適時，我可能還會對明末、清初、清末、民國等各個時代進行類似的考察。但是時間未定。

感謝文學鋒的幫助，我曾經在廣州你的家中住了一年，本書的寫作計畫就是在那時形成的。

感謝周杭君，大學裡的友誼已經保持了二十多年，並必將持續終生。進入中年，我們是僅剩不多仍在為理想拚搏的同學之二。周杭君除了拚勁十足之外，還保持著最活躍的思維，在我的書籍出版後，她在飯店的外賣袋上免費印上了我的《中央帝國的哲學統治密碼》的廣告，讓這本書成了世界上第一本在外賣袋上打廣告的哲學書。所有訂她飯店外賣的人都知道有一個叫郭建龍的人能吹一點哲學之水。在此，我也利用新書替周杭君做一下宣傳：在北京牡丹園和上地，各有一家叫上下亭的米粉店，在那裡，你能吃到最道地的湖南米粉。

感謝我的編輯雷戎、董曦陽所領導的整個團隊，如果沒有你們的鼓勵，我很難堅持下來寫稿，我們一直是配合最好的團隊，本書是我們共同完成的。

感謝秦旭東、張賦宇、王力，寫作過程始終得到了你們的鼓勵。

感謝我的祖父母，他們將「理想」這個詞深深的注入了我的靈魂。我多希望，他們在天之靈隨時都能看到，我仍然為了理想而不肯妥協。

感謝夢舞君的陪伴，讓枯燥的寫作充滿了溫馨。本書構思於廣州鋒子居。本書的初稿寫於大理才村走青春客棧。本書修改於雲龍夢君廬。本書的終稿完成於大理風吼居。

附錄A 全國戰略要地簡述

地名	地理位置	重要性描述	戰例
關中平原	現陝西省，以西安為核心的渭河平原。	秦漢以前，關中平原是中國兼具了形勝和富饒的核心區域。它北面有北山山系和陝北高原，西面是六盤山和隴山，南面是秦嶺，東面是崤山和黃河。著名的關中四塞保護著它的安全。如果同時擁有了關中、漢中和四川，就有了從上游統一全國的資本。但東漢以後，隨著中原更加富裕，以及長江流域的開發，關中的重要性降低。唐代是最後一個立足於關中的統一王朝。	秦借助關中統一全國。劉邦以關中為基地擊敗項羽。以及唐朝從山西攻克關中後建國。
洛陽盆地	洛陽周圍，伊河與洛河形成的小平原。	秦漢以前，洛陽的重要性僅次於關中，它西有崤山、北有邙山、東有恆山、南有龍門，也是個典型的四塞之地。洛陽盆地雖然不大，卻與中原腹地聯繫緊密，可以借助中原糧倉。同時，它比中原又擁有更多的地理優勢。在水路交通上，可以透過洛河和黃河與中原相連接。東漢以後，關中衰落，洛陽更是成為中國的軍事中心，直到宋代，仍然是中國最具價值的戰略要地。宋代以後，由於北方游牧民族成了中國最大的威脅，洛陽的地位被北京取代。	光武帝先取洛陽，再入關中。隋末李密與王世充在洛陽的鏖戰。

（續下頁表）

地名	地理位置	重要性描述	戰例
函谷關	河南省三門峽市靈寶市境內。位於關中到洛陽的古代大道上。	秦漢時期崤山以西，連接關中與洛陽的必經之路。關口在群山中的一個谷地裡，行在其中如同行在箱子裡。函谷關是關中與中原的必爭之地，哪一方占據了這裡，就封死了對方的進軍通道。漢代之後，人們在函谷關以西發現了另一個更加有利防守的地方（潼關），函谷關逐漸廢棄。	秦國統一六國。劉邦出兵中原。
武關	陝西省丹鳳縣境內。從關中穿秦嶺直達襄陽地區的道路上。	連接關中與湖北的關鍵關口，戰國時期秦楚交界地帶。自古以來，從湖北進攻關中，或者從關中進攻湖北，武關是最佳路線。至今仍然是連接湖北和陝西的關鍵通道。	劉邦進軍秦朝，經武關進入關中。
大散關	陝西寶雞境內。散關以南就是關中通往漢中的陳倉道（故道）。	大散關一直是關中通往漢中的最常用通道，從漢中可以繼續前往四川。守住了大散關，就守住了南方的進攻路線，保證了關中地區的安全。	劉邦「明修棧道，暗渡陳倉」。
蕭關	寧夏固原以南的涇河上。連接陝西與西北的重要通道。	要從西北方進攻關中，最便捷的通道是先到達固原盆地，再翻越蕭關和六盤山，順著涇河進入關中盆地。這條路是西北游牧民族最常用的道路，也是關中四塞裡防衛西北的關口。	西夏景宗進攻北宋。
潼關	陝西省潼關縣老潼關。	秦漢之後，函谷關的重要性讓位給更靠西的潼關。潼關位於一座平頂的小高地上，北臨黃河，南面是一條巨大的天然蝕溝（蝕溝），形成了幾乎不可逾越的屏障。直到近代，潼關都是關中的門戶和天險，在每一次戰爭中都發揮了重要作用。	安史之亂時哥舒翰鎮守潼關。

（續下頁表）

地名	地理位置	重要性描述	戰例
漢中盆地	夾在四川盆地和關中平原之間的關鍵性盆地。漢江的上游。	漢中是連接四川與陝西的關鍵地點。在歷史上，陝西和四川誰得到了漢中，誰就擁有了軍事優勢。秦漢時期，如果能同時擁有了關中、漢中和四川，就有了統一全國的資本。即便到了後來，漢中仍然是歷代王朝在西方爭奪的關鍵性地點之一。	秦滅蜀。劉邦從漢中起家。張魯經略漢中。劉備和曹操爭奪漢中。蒙古借道漢中滅金。
金牛道	從漢中前往四川成都的通道。古人所稱的蜀道就指這裡。	從漢中經過劍閣進入四川的通道，在秦漢時期是關中（乃至中原）唯一進入四川的通道。金牛道極其險阻，由此獲得了蜀道難的稱號。直到三國時期，由於新的道路的開發，以及長江通航，進入四川才有了其他道路。但金牛道始終是關中進入四川的第一選擇。	秦國奪取四川。劉備進攻漢中。唐玄宗入蜀。
米倉道	從漢中翻越南面米倉山進入重慶的通道。	米倉道的名氣比金牛道小，卻是一條不經過金牛道和成都，直接向南進入重慶地區的通道。	張魯從漢中退入四川盆地。蒙古人進攻重慶。
陰平道	從甘肅南部的文縣翻越摩天嶺直達四川盆地。	三國之前，人們認為進入四川只有走金牛道。但三國之後，金牛道以西的若干條道路都被開發了出來，其中最著名的就是陰平道。陰平道等道路開發出來後，進入四川就有了多種選擇。	鄧艾滅蜀。

（續下頁表）

地名	地理位置	重要性描述	戰例
子午道	從長安向南經過子午谷進入漢中的道路。	子午道是進入漢中的最捷徑，卻是最難走的一條路。由於靠東，經過它既可以去漢中，也可以去安康。	劉邦入關中燒毀的就是子午道。
儻駱道	從長安經過儻谷和駱谷進入漢中的道路。	與褒斜道和陳倉道比起來，儻駱道由於險峻也並不經常使用，卻始終是進入漢中的選項之一。	鍾會入關中的其中一條道路。
褒斜道	從長安經過褒谷和斜谷進入漢中的道路。	除了陳倉道之外，從關中進入漢中最常用的道路。秦代時伐蜀通道，三國時期魏蜀相攻的主要道路之一。	秦代滅蜀、諸葛亮進軍五丈原。
陳倉道（故道、散關道）	從長安經過大散關，進入漢中的道路。	陳倉道是從關中進入漢中最常用的道路。這條路最遠，卻最容易通過，自從開通，就是入蜀的首選通道。	劉邦從漢中暗渡陳倉。
祁山道（街亭）	從漢中經過甘肅省天水市，翻越隴山進入關中的通道。	祁山道是連接關中與漢中最西面的道路。事實上，它可以分為兩部分，一部分是從關中翻越隴山進入天水的隴山道，另一部分是從天水經過祁山前往漢中的祁山道。前者是從西方打擊關中的主要通道，後者是從天水監控漢中的最佳通道。	光武、隗囂之戰。以及諸葛亮出祁山、馬謖失街亭。

（續下頁表）

地名	地理位置	重要性描述	戰例
漢江通道	從漢中順漢江直下湖北的通道。	由於漢江沿岸過於艱險，歷史上利用漢江通道並不多。但這條通道也是唯一一條直接溝通漢中與湖北的通道，如果利用得當，會起到出其不意的效果。三國時蜀國曾經想利用這條通道溝通荊州與漢中，被魏國挫敗。蒙元時利用漢江通道包抄金國，則是成功的案例。	諸葛亮《隆中對》、蒙元滅金。
固原盆地	寧夏固原所在的盆地。	要想從西北方保衛關中，必須守住蕭關。要想守住蕭關，必須占領蕭關以北的固原。一旦固原丟失，蕭關必然是守不住的。固原也是連接關中和西北的最重要道路，是游牧民族進入華夏區域的第一站。在戰國秦時，固原是秦國的邊境。在北宋時，固原是宋夏戰爭的主要戰場。	宋夏戰爭。
太行山	山西與河北、河南的界山。	太行山是中國歷史上最重要的一條山脈，其重要程度超過了秦嶺。山的一側是河北平原，這裡是中國最大的糧食基地之一；另一側是山西高地，是整個華北地區的脊梁，俯瞰河北、河南。同時占據了山的兩側，就擁有了帝王的開基資本。北方民族打擊中原，也必須在山兩側同時進軍，才具有最大的威懾力。	光武中興、劉淵起兵、李唐開國、金滅北宋。
太行八陘	溝通太行山兩側的八條通道。	分別是軹關陘、太行陘、白陘、滏口陘、井陘、飛狐陘、蒲陰陘、軍都陘。由於太行山的重要性，這八條路溝通了山的內外兩側，就成了兵家必須吃透的最重要地形。下頁，對八陘中最重要的幾條（天井關、滏口陘、井陘）進行單獨說明。	見下頁。

（續下頁表）

地名	地理位置	重要性描述	戰例
天井關	位於太行陘上，在山西省與河南省交界以北的太行山中。	天井關是從洛陽渡過黃河後，翻越太行山前往上黨高地和山西北方的重要通道。這條路稱為太行陘，天井關是太行陘最險要的所在。自古及今，都是溝通河南與山西的最重要通道。	光武帝遏制山西省進攻洛陽。
滏口陘	連接山西省上黨與河北省邯鄲的通道。	從山西打擊邯鄲，最便捷的通道是滏口陘。滏口陘是僅次於井陘的溝通太行山東西（山西與河北）的通道。	秦趙戰爭。
井陘	為連接山西太原與河北石家莊的通道。	井陘是溝通太行山兩側最重要的通道，也是山西下高原進攻河北的最佳路線，為歷代軍事家所重視。	韓信攻趙背水列陣。
紫荊關	河北易縣西。在太行八陘的蒲陰陘上。	從北京到大同的重要通道。宋代叫金坡關。除了蒲陰陘，也控制著飛狐陘通道。	成吉思汗第一次進攻金國。土木堡之變的輔助路線。
居庸關	北京北面，軍都陘上。	防衛北京最重要的關口。	金滅遼。土木堡之變。
山海關	為溝通北京與東北地區的主要通道。	山海關在唐宋之後才具有重要意義。北宋末年，已經成了宋金連接的最主要地點。到了明清時期，是連接關內外的最重要通道。	吳三桂引清兵入關。

（續下頁表）

地名	地理位置	重要性描述	戰例
燕雲十六州	位於燕山南北和句注山以北的漢人居住的土地。	由後晉的石敬瑭割讓給契丹人。包括：幽州（現北京）、檀州（現北京市密雲）、順州（現北京市順義）、儒州（現北京市延慶）、薊州（現天津市薊州區）、瀛洲（現河北省河間）、莫州（現河北省任丘）、涿州、新州（現河北省涿鹿）、媯州（現河北省懷來）、蔚州（現河北省蔚縣）、雲州（現山西省大同）、應州（現山西省應縣）、寰州（現山西省朔州市馬邑）、朔州（現山西省右玉）、武州（現山西省神池縣）。後周收復了瀛州和莫州。後人將景州（現河北省遵化市）和易州（現河北省易縣）加入，仍然是十六州。十六州又以燕山為界，分成山前諸州（幽、順、檀、薊、涿、景、易）和山後諸州。山前州在燕山以南，更是河北的巨大威脅。	宋遼戰爭。
北京	北京。	防守燕山的鎖鑰，游牧民族進攻中原的第一站。在燕山和太行山的保護下，面向北方易守難攻。一旦失去北京，就意味著華北無法守住。但北京無法防止來自南方的攻擊。	宋金戰爭、李自成攻北京之戰爭、清軍入關。
大同	山西大同。	游牧民族在山西方向進攻漢文化的第一站。也是十六州雲州的所在、山後諸州的中樞。	宋金戰爭。
營平灤三州	營州（現河北省昌黎縣）、平州（現河北省盧龍）和灤州（現河北省灤縣）。	契丹人從劉仁恭手中獲得的三州。不屬於十六州，但同樣處於燕山山脈以南，位於河北省的東部。金軍滅亡遼國後，獲得了三州，也獲得了從燕山以南出兵直接打擊中原的基地。	宋金戰爭。

（續下頁表）

地名	地理位置	重要性描述	戰例
雁門關	大同與太原之間的關口。	從大同盆地進入太原盆地，必須經過雁門關。這裡就成了守衛山西的兵家必爭之地。	宋遼戰爭。宋金戰爭。
太原盆地	為太原市所在的盆地。	華北脊梁上的樞紐。北從雁門通大同，東過井陘去往河北。西走汾河谷地去往陝西，南向上黨去往河南。得到太原，就得到了山西最重要的基地，具有四通八達的打擊途徑。	李唐開國。後晉起家。宋金戰爭。
汾河谷地	從山西太原去往陝西地區的最便捷通道。	不管是從陝西進攻山西，還是從山西進攻陝西，汾河谷地都是首選通道。從太原沿汾河而下，經過臨汾，到達侯馬之後，可以有若干條分路線，最北方繼續沿汾河，從龍門附近渡過黃河；或者經過運城，在蒲阪過黃河；或者向南經過茅津渡，在三門峽附近過黃河。後一條路還可以進入河南。	北齊、北周大戰。李唐開國。李自成滅明。
玉壁城	山西稷山縣南白家莊附近。	位於控制汾河谷地的一個制高點上。關中的部隊占據了這裡，就卡住了從山西去往關中的道路，是一個易守難攻的理想堡壘。	北齊、北周大戰。
（黃）河內地區	黃河最後一筆大拐彎內側。山西與河南、陝西交界地帶。	河內地區曾經是戰國魏的首都，也是河南、山西、陝西交界地帶。它南有中條山和黃河，西有黃河，北有汾河，東有太行山、王屋山，經濟上有供應整個北方食鹽的鹽池。占據了河內，就控制了三省通道。	如秦晉崤之戰、秦魏戰爭、韓信滅魏、李唐起兵。
上黨	位於山西南部的太行山北側。以現長治為中心的高地。	上黨地區作為一個突出部，南可以出天井控制河南地區，東可以出滏口下太行進攻邯鄲，是山西南部最重要的地理特徵，也是歷來兵家必爭之地。	長平之戰。

（續下頁表）

地名	地理位置	重要性描述	戰例
虎牢關	鄭州西北黃河邊的汜水鎮。	虎牢以東是大平原，以西則進入了山地。北面過黃河，就是通往天井關和上黨的大路。虎牢關地形如同牢籠，是防守從平原來的敵軍的重要堡壘。	李世民大戰竇建德。
河陽三城	位於洛陽東北黃河中，橫跨黃河南北兩岸與河中島上建立的三座城市。	在東西魏時期，河陽三城是溝通南北的重要通道，不管是防止從洛陽來的軍隊，還是抵抗從山西來的軍隊，三城都可以透過調整防務，起到關鍵性作用。	如東西魏大戰、隋末戰爭。
滎陽	在鄭州與虎牢關之間。	虎牢關建立之前的秦漢時期，滎陽是防守東面軍隊的最佳位置之一。在楚漢戰爭中，劉邦守住滎陽，是防止項羽西進的關鍵。	楚漢戰爭、七國之亂。
鴻溝	位於滎陽。	魏國修建的溝通黃河與淮河的人工河。後來成為楚漢的邊境線。但實際上，從這裡劃分邊境對楚國極其不利，因為楚國占據的鴻溝以東無險可守，而漢國占據的以西卻處處是險。	楚漢戰爭。
嘉峪關	關口在甘肅嘉峪關市西。	敦煌控制的絲路南道逐漸不通後，從西域北道進入中國的最重要關口。明長城起點。	
涼州	甘肅武威。	漢武帝時期設武威郡。河西走廊的中心，歷代地方小政權割據的都城。	十六國時期諸涼王朝的割據。
大斗拔谷	祁連山扁都口。	溝通青海西寧與甘肅張掖的翻越祁連山的通道。溝通河西走廊與羌藏地帶的捷徑。	隋朝隋煬帝西征。

（續下頁表）

地名	地理位置	重要性描述	戰例
南襄隘道（方城隘道）	南陽、襄陽。	中國地理中心，也是古代溝通中國南北的正道。在中國中部，由於秦嶺到大別山一系列山脈的阻隔，中國南北被分成了兩部分，這兩部分之間只有三條通道。其中，從河南省方城有一條隘道進入南陽盆地，再向南過襄陽，進入兩湖盆地的範圍。是為三條道路的中道。南襄隘道的南面是荊州，共同構成了這條中華的中軸線。	光武起兵、三國荊州之戰、襄陽保衛戰。
荊州	湖北荊州。	中國地理中軸線的南端。荊州上可連河南，下可進湖南，東西連接了從四川到江南的廣大地區，是不折不扣的連接點。	赤壁之戰。《隆中對》
長江三峽	位於湖北、重慶交界。	在東漢之前，由於水勢太險，三峽很少成為交通通道。但從東漢開始，三峽成了溝通四川與湖北的要道。到了三國時期，圍繞著三峽摸索出了一系列的戰術。東晉南朝時，三峽已經成了通衢。	吳蜀猇亭之戰、晉滅吳之戰。
南京	江蘇南京。	除了南宋之外，歷代南方王朝的首選都城。南京面向長江，三面皆山，是南方不可多得的都城選項。但南京的地理劣勢在於縱深不足，一旦敵人渡過長江，南京就很難守住。要守住長江和南京，必須守住淮河。南京的左右拱衛是鎮江和馬鞍山，一般進攻南京是從這兩個地方渡過長江。	晉滅吳、東晉南朝內戰、太平天國。
揚州、鎮江	揚州、鎮江。	揚州、鎮江隔江相望，所謂京口瓜州一水間。這裡是防守南京的東面通道。從淮河經過大運河可以直達揚州，再渡江進攻京口，就可以包抄南京了。	金宋戰爭。

（續下頁表）

地名	地理位置	重要性描述	戰例
邗溝	大運河。	春秋時期吳國修建的人工運河。隋朝將其納入大運河的一部分，即現在的揚州段。大運河長期以來成為溝通南北的重要通道。	金兀朮長途奔襲揚州。
壽春	安徽壽縣。	壽春位於巢淝通道的中心位置。巢淝通道是連接江淮的最重要通道之一，透過巢湖可以直達長江和縣一帶。	曹魏屯田、淝水之戰。
馬鞍山	安徽馬鞍山。	經過巢淝通道到達長江後，長江對岸就是馬鞍山和當塗。當塗作為防衛長江的重要城市之一，在歷代南北對峙中都起到了關鍵作用。	戰例有晉吳戰爭、東晉南朝內戰。
湘江谷地	湖南省境內。	湖南省東西兩側皆山，南側是南嶺，只有一條湘江從南向北匯入長江，形成一條長長的谷地，如同一個布袋，形成了一條肥沃的河谷。湘江谷地還是從中原進入兩廣地區的最主要通道，順湘江直上，經過靈渠轉入灕江，進入兩廣。	太平天國進軍湖南。
靈渠	廣西北境。	靈渠是秦代開鑿的人工河，連接了湘江與灕江，是溝通湖南與廣西的連接點。由於水路運輸載重量大，成了軍事要道。	例如南北朝內戰、黃巢起義、太平天國起義。
贛江谷地	江西省境內。	與湖南地形類似，江西的地形也是東西兩面皆山，南面高，北面臨長江，中間一條贛江從南向北匯入長江。贛江還是另一條連接中原與兩廣的通道。	例如南北朝內戰。

（續下頁表）

地名	地理位置	重要性描述	戰例
梅關	江西省大餘	從贛江向南，在梅關翻越南嶺，進入廣東省南雄境內。這條路在明清時期成為入廣東的主道。	
仙霞嶺	福建與浙江之間的古道。	從浙江進入福建的主道。	黃巢起義。

附錄B

參考書籍

本書可以視為中國進入大一統帝國之後的戰爭通史性作品，但這也意味著對於每一個具體的戰爭，不能留太多的篇幅。

在寫作時，出於興趣，我將北宋末年的汴京之圍單獨抽出成書，並加入了經濟、政治和外交層面，作為本書的一個衍生品，也可以視為圍繞單獨一場戰爭的全面總結性作品。

在未來，我還有可能對明末清初、民國等資料比較齊全的時期進行類似總結。這裡列的參考書籍，不僅針對本書，也包括了我對本系列作品的整體規劃與研讀。

書單中也只列出了史籍性作品，對於筆記等其他史料，沒有列出。

最後，摻雜一句與本書無關的話：如下所列的參考書籍，除了兩本之外，都已經躺在我的私人圖書館裡。建龍是一個嗜書如命的人，卻因為半生漂泊，將所購書籍都散得精光。如今終於有了穩定的小規模藏書，每天醒來，到書架中尋覓一番，既滿足了好奇心，也更明瞭人生的意義。

紀傳表志類：

（漢）司馬遷著，《史記》。

（漢）班固撰，《漢書》。
（南朝宋）范曄著，《後漢書》。
（晉）陳壽著，《三國志》。
（唐）房玄齡等主編，《晉書》。
（梁）沈約撰，《宋書》。
（梁）蕭子顯撰，《南齊書》。
（南朝）姚察、姚思廉撰，《梁書》。
（南朝）姚思廉撰，《陳書》。
（北朝）魏收著，《魏書》。
（唐）李百藥撰，《北齊書》。
（唐）令狐德棻主編，《周書》。
（唐）李延壽撰，《南史》。
（唐）李大師、李延壽撰，《北史》。
（唐）魏征主編，《隋書》。
（後晉）劉昫等撰，《舊唐書》。
（宋）宋祁等撰，《新唐書》。
（宋）薛居正等主編，《舊五代史》。
（宋）歐陽修撰，《新五代史》。

（元）脫脫等撰，《宋史》。
（元）脫脫等撰，《遼史》。
（元）脫脫等撰，《金史》。
（明）宋濂等主編，《元史》。
（清）柯劭忞撰，《新元史》。
（清）張廷玉等修纂，《明史》。
（清）張岱撰，《石匱書》。
錢海嶽著，《南明史》，北京：中華書局，二〇〇六年五月。
（清）趙爾巽主編，《清史稿》。
（民國）佚名撰，王鍾翰點校，《清史列傳》。

編年類：

（春秋）《春秋左氏傳》。
（宋）司馬光主編，《資治通鑑》。
（清）畢沅撰，《續資治通鑑》。
（宋）李燾撰，《續資治通鑑長編》。
（清）黃以周撰，《續資治通鑑長編拾補》。
（宋）陳均撰，《皇朝編年綱目備要》。

（宋）李埴撰，《皇宋十朝綱要》。
（元）《宋史全文》。
（宋）徐夢莘撰，《三朝北盟會編》。
（宋）李心傳撰，《建炎以來系年要錄》。
（宋）劉時舉、王瑞來撰，《續宋中興編年資治通鑒》。
（宋）《續編兩朝綱目備要》。
（元）《宋季三朝政要》。
（明）談遷撰，《國榷》。
（清）夏燮撰，《明通鑒》。
（清）蔣良騏纂修，《東華錄》。
（清）文慶等編，《籌辦夷務始末》。
（清）朱壽朋編纂，《光緒朝東華錄》。

紀事本末類：

（春秋）《國語》。
（戰國）《戰國策》。
（清）高士奇編著，《左傳紀事本末》。
（宋）袁樞撰，《通鑒紀事本末》。

（明）陳邦瞻撰，《宋史紀事本末》。
（清）李有棠撰，《遼史紀事本末》。
（清）李有棠撰，《金史紀事本末》。
（清）韓善徵撰，《蒙古紀事本末》。
（明）陳邦瞻撰，《元史紀事本末》。
（清）谷應泰撰，《明史紀事本末》。
（清）楊陸榮撰，《三藩紀事本末》。

其餘史書：

（宋）王益之撰，《西漢年紀》。
（漢）荀悅、（晉）袁宏撰，《兩漢紀》。
（漢）班固等撰，《東觀漢記》。
（晉）習鑿齒撰，《襄陽耆舊記》。
（唐）許嵩撰，《建康實錄》。
（唐）溫大雅撰，《大唐創業起居注》。
（唐）樊綽撰，《蠻書》。
（清）吳任臣撰，《十國春秋》。
（宋）胡恢、馬令、陸游撰，《南唐書》。

（宋）曾鞏撰，《隆平集》。
（宋）確庵、耐庵編，《靖康稗史箋證》。
（宋）趙甡之撰，《中興遺史》。
（宋）嶽珂撰，《鄂國金佗　編續編》。
（宋）葉隆禮撰，《契丹國志》。
（清）周春撰，《西夏書》。
（金）《大金吊伐錄》。
（宋）宇文懋昭撰，《大金國志》。
（元）《元朝祕史》。
（清）薩囊徹辰撰，《蒙古源流》。
朱風、賈敬顏譯，《漢譯蒙古黃金史綱》，內蒙古：內蒙古人民出版社，一九八五年七月。
（明）五世達賴喇嘛撰，《西藏王臣記》。
（明）《明本紀》。
（明）俞本撰，《紀事錄》。
（明）陳建撰，《皇明通紀》。
（清）計六奇撰，《明季北略》。
（清）計六奇撰，《明季南略》。
（清）徐鼒撰，《小腆紀年附考》。

（清）徐鼒撰，《小腆紀傳》。
（清）阿桂撰，《滿洲源流考》。
（民國）孟森撰，《滿洲開國史講義》。
（民國）孟森撰，《清朝前紀》。
（民國）孟森撰，《明元清系通紀》。
（清）易孔昭等撰，《平定關隴紀略》。
臺灣三軍大學編撰，《中國歷代戰爭史》，北京：中信出版社，二〇一三年七月。

典制會要：

（民國）《二十五史補編》。
（唐）杜佑撰，《通典》。
（宋）鄭樵撰，《通志二十略》。
（元）馬端臨撰，《文獻通考》。
（清）黃本驥編，《歷代職官表》。
（清）顧棟高撰，《春秋大事表》。
（清）姚彥渠撰，《春秋會要》。
楊寬、吳浩坤主編，《戰國會要》，上海：上海古籍出版社，二〇〇五年十二月。
（清）孫楷撰，《秦會要》。

（宋）徐天麟撰，《西漢會要》。
（宋）徐天麟撰，《東漢會要》。
（清）錢儀吉撰，《三國會要》。
（清）朱銘盤撰，《南朝宋會要》。
（清）朱銘盤撰，《南朝齊會要》。
（清）朱銘盤撰，《南朝梁會要》。
（清）朱銘盤撰，《南朝陳會要》。
（五代）王溥撰，《唐會要》。
（唐）長孫無忌撰，《唐律疏議》。
（五代）王溥撰，《五代會要》。
陳述、朱子方主編，《遼會要》，上海：上海古籍出版社，二〇〇九年八月。
（清）徐松編，《宋會要輯稿》。
（宋）《宋大詔令集》。
龔延明編著，《宋代官制辭典》，北京：中華書局，二〇一七年十二月。
（元）《元典章》。
（元）《通制條格》。

地理類：

（唐）李泰撰，《括地志輯校》。
（唐）李吉甫撰，《元和郡縣圖志》。
（清）樂史撰，《太平寰宇記》。
（宋）王存主編，曾肇、李德芻修撰，《元豐九域志》。
（宋）祝穆撰，《方輿勝覽》。
（清）顧祖禹撰，《讀史方輿紀要》。
（清）顧炎武撰，《肇域志》。
（清）顧炎武撰，《天下郡國利病書》。
（清）徐松編撰，《唐兩京城坊考》。
（南北朝）《三輔黃圖》。
（明）李濂撰，《汴京遺跡志》。
譚其驤主編，《中國歷史地圖集》，北京：中國地圖出版社，一九八二年十月。

外國記載：

〔義〕若望．柏郎嘉賓著，《柏郎嘉賓蒙古行紀》。
〔法〕紀堯姆．德．魯布魯克著，《魯布魯乞東遊記》。
〔義〕馬可．波羅著，《馬可．波羅遊記》。

〔波斯〕拉施德丁主編，《史集》。
〔伊朗〕志費尼著，《世界征服者史》。
米爾咱·馬黑麻·海答兒著，《拉失德史》。
〔法〕勒內·格魯塞著，《草原帝國》。
〔法〕勒內·格魯塞著，《蒙古帝國史》。

國家圖書館出版品預行編目（CIP）資料

拿下全中國：仗該怎麼打，地該怎麼占？從秦到清，成就霸業統一全國的軍事戰略／郭建龍著 -- 初版 . -- 臺北市 : 大是文化 , 2022.09
640 面 ;17 x 23 公分 . --（TELL；036）
ISBN 978-986-5548-69-8（平裝）

1. 戰史 2. 古代 3. 中國

592.92 110002750

TELL 036
拿下全中國
仗該怎麼打，地該怎麼占？從秦到清，成就霸業統一全國的軍事戰略

作　　者／郭建龍
責任編輯／蕭麗娟
校對編輯／張祐唐
美術編輯／林彥君
副總編輯／顏惠君
總 編 輯／吳依瑋
發 行 人／徐仲秋
會計助理／李秀娟
會　　計／許鳳雪
版權經理／郝麗珍
行銷企劃／徐千晴
業務助理／李秀蕙
業務專員／馬絮盈、留婉茹
業務經理／林裕安
總 經 理／陳絜吾

出 版 者／大是文化有限公司
臺北市 100 衡陽路 7 號 8 樓
編輯部電話：（02）23757911
購書相關諮詢請洽：（02）23757911 分機 122
24 小時讀者服務傳真：（02）23756999
讀者服務 E-mail：haom@ms28.hinet.net
郵政劃撥帳號：19983366　戶名：大是文化有限公司
法律顧問／永然聯合法律事務所
香港發行／豐達出版發行有限公司 Rich Publishing & Distribution Ltd
地址：香港柴灣永泰道 70 號柴灣工業城第 2 期 1805 室
Unit 1805, Ph. 2, Chai Wan Ind City, 70 Wing Tai Rd,Chai Wan, Hong Kong
電話：2172-6513　傳真：2172-4355
E-mail：cary@subseasy.com.hk

封面設計／Patrice
內頁排版／Judy
印　　刷／鴻霖印刷傳媒股份有限公司
出版日期／2022 年 9 月 初版
定　　價／新臺幣 499 元（缺頁或裝訂錯誤的書，請寄回更換）
I S B N 978-986-5548-69-8
電子書 ISBN／9786267041031（PDF）
9786267041048（EPUB）

本書內文照片，部分取自維基百科網站、維基共享資源（Wikimedia Commons）公有領域（🄍）。